Lambacher Schweizer 6

Mathematik für Gymnasien

Niedersachsen

bearbeitet von
Manfred Baum
Detlef Dornieden
Heiko Harborth
Günther Reinelt
Ulrich Schönbach

Ernst Klett Schulbuchverlage
Stuttgart · Leipzig

Begleitmaterial:
Zu diesem Buch gibt es ein Lösungsheft (ISBN-10: 3-12-734563-1, ISBN-13: 978-3-12-734563-6).
sowie die Klassenarbeiten (ISBN-10: 3-12-734065-6, ISBN-13: 978-3-12-734065-5)
und den Mathetrainer (ISBN-10: 3-12-114824-9, ISBN-13: 978-3-12-114824-0).

1. Auflage

1 5 4 3 2 1 | 2010 09 08 07 06

Alle Drucke dieser Auflage sind unverändert und können im Unterricht nebeneinander verwendet werden.
Die letzte Zahl bezeichnet das Jahr des Druckes.

Internetadresse: www.klett.de

Autoren: Manfred Baum, Martin Bellstedt, Dr. Dieter Brandt, Heidi Buck, Detlef Dornieden, Prof. Rolf Dürr, Hans Freudigmann, Dieter Greulich, Prof. Dr. Heiko Harborth, Dr. Frieder Haug, Thorsten Jürgensen, Prof. Dr. Detlef Lind, Rolf Reimer, Dr. Günther Reinelt, Reinhard Schmitt-Hartmann, Ulrich Schönbach, Dr. Peter Zimmermann
Redaktion: Stefan Stöckle, Heike Thümmler
Gestaltung: Simone Glauner; Andreas Staiger, Stuttgart
Illustrationen: Uwe Alfer, Waldbreitbach; Jochen Ehmann, Stuttgart; Christine Lackner-Hawighorst, Ittlingen; Annette Liese, Dortmund
Bildkonzept Umschlag: Soldankommunikation, Stuttgart
Titelbild: Katja Krause, Würzburg
Reproduktion: Meyle + Müller, Medien Management, Pforzheim
Satz: topset Computersatz, Nürtingen, MediaOffice GmbH, Kornwestheim
Druck: Aprinta, Wemding

Printed in Germany
ISBN-13: 978-3-12-734561-2
ISBN-10: 3-12-734561-5

Moderner Mathematikunterricht mit dem Lambacher Schweizer

Mathematik – vielseitig und schülerorientiert
Ein zeitgemäßer Mathematikunterricht soll den Kindern und Jugendlichen eine **mathematische Grundbildung** vermitteln. Darunter versteht man die Fähigkeit, die Bedeutung von Mathematik in der Welt zu erkennen, zu verstehen und mathematisches Wissen zur Lösung von Problemen flexibel einzusetzen und begründete mathematische Urteile abzugeben. Diese Grundbildung zeigt sich im Zusammenspiel von Kompetenzen, die sich auf mathematische Prozesse beziehen – also **prozessbezogene Kompetenzen** – und solchen, die auf mathematische Inhalte ausgerichtet sind – also **inhaltsbezogene Kompetenzen**. Die Inhalte des Mathematikunterrichts zentralen Ideen zuzuordnen, bietet für die Schülerinnen und Schüler die Chance, Zusammenhänge über die Kapitel hinaus herzustellen und damit ein größeres Verständnis für die Mathematik zu erlangen. Aus diesem Grund werden die Kapitel fünf **Leitideen**, also inhaltsbezogenen Kompetenzen, zugeordnet, die über die Schulzeit hin Bestand haben: Zahlen und Operationen, Größen und Messen, Raum und Form, Funktionaler Zusammenhang, Daten und Zufall. Im Zusammenwirken mit diesen inhaltsbezogenen Kompetenzen werden die folgenden sechs prozessbezogenen Kompetenzen erworben: Mathematisch argumentieren; Probleme mathematisch lösen; Mathematisch modellieren; Mathematische Darstellungen verwenden; Mit symbolischen, formalen und technischen Elementen der Mathematik umgehen; Kommunizieren.

Strukturierter Aufbau
Die Lerneinheiten bauen aufeinander auf. Innerhalb der Lerneinheiten werden Begriffe und Zusammenhänge schülergerecht hergeleitet, in Merkkästen zusammengefasst, an Beispielen konkretisiert und mit entsprechenden Aufgaben gesichert, geübt und vertieft.

Vernetztes Wissen
Am Ende eines Kapitels werden unter „Wiederholen – Vertiefen – Vernetzen“ Aufgaben gestellt, welche die Themen des jeweiligen Kapitels, aber auch der zurückliegenden Kapitel integriert und vernetzt behandeln. In den Sachthemen werden darüber hinaus interessante und spannende Bezüge zu außermathematischen Themen geschaffen. Sie behandeln unter einem Oberthema Inhalte aus allen Kapiteln des Buches. Sie lassen sich sowohl nutzen, um über sie in die Kapitel einzusteigen, als auch als Wiederholung und Festigung im Anschluss an die Kapitel.

Basiswissen
Um grundlegende Fertigkeiten zu überprüfen und zu sichern, werden unter der Überschrift „Kannst du das noch?“ immer wieder Aufgaben zu bereits behandelten Themen eingestreut. Außerdem ist mit den Aufgaben zu „Bist du sicher?“ und am Ende des Kapitels in den „Trainingsrunden“ die Möglichkeit zu selbstkontrolliertem Üben gegeben.

Inhaltsverzeichnis

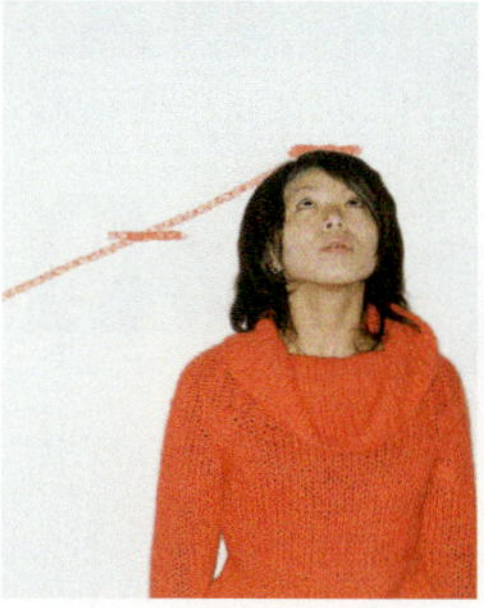

Lernen mit dem Lambacher Schweizer

Liebe Schülerinnen und Schüler,

auf diesen zwei Seiten stellen wir euer neues Mathematikbuch vor, das euch im Mathematikunterricht begleiten und unterstützen soll.

Wie ihr im Inhaltsverzeichnis sehen könnt, besteht das Buch aus sechs **Kapiteln** und zwei **Sachthemen**. In den Kapiteln lernt ihr nacheinander neue mathematische Inhalte kennen. In dem Sachthema Olympia trefft ihr wieder auf die Inhalte der Kapitel, allerdings versteckt in olympischen Rekorden. In dem anderen Sachthema lernt ihr viele allgemein hilfreiche Techniken zum Lösen von Problemen kennen. Ihr seht also, mathematischen Problemen begegnet man nicht nur im Mathematikunterricht.

Das kannst du schon
- Anteile mithilfe von Brüchen und in Prozent angeben
- Dreisatzaufgaben für proportionale Zuordnungen lösen
- Rechenvorschriften zu proportionalen Zuordnungen angeben

Alfred Nobel – er hat das Dynamit erfunden – stiftete die Nobelpreise. Zur Finanzierung der Preisgelder werden die Zinsen aus seinem Vermögen verwendet. Im Jahr 2003 wurden 10 Millionen schwedische Kronen, das sind 1,1 Millionen Euro, an die Preisträger und Preisträgerinnen verteilt.

Berühmte Nobelpreisträger/innen

Marie Curie, 1903 (Physik)
Nelson Mandela, 1993 (Frieden)
Albert Einstein, 1921 (Physik)
Christiane Nüsslein-Volhard, 1995 (Medizin)

VI Prozente und Zinsen

Fifty-fifty? Hundertpro!
Prozente, Prozente, Prozente

Luft holen
Bei jedem Atemzug werden 80 bis 90 Prozent der Luft in der Lunge von Walen erneuert – im Vergleich zu 10 bis 20 Prozent bei den meisten Landsäugetieren.

Das kannst du bald
- Mit Prozenten rechnen und Prozentangaben grafisch darstellen
- Grundaufgaben der Prozentrechnung lösen
- Zinsen berechnen
- Viele Aufgaben aus der Praxis lösen

190 VI Prozente und Zinsen
VI Prozente und Zinsen 191

In den Kapiteln geht es darum, neue Inhalte kennen zu lernen, zu verstehen, zu üben und zu vertiefen.
Sie beginnen mit einer **Auftaktseite**, auf der ihr entdecken und lesen könnt, was euch in dem Kapitel erwartet.

4 Zusammenfassen von Ergebnissen – Summenregel

Marcella ist mit dem Würfeln an der Reihe. „Meine Chancen, dich beim nächsten Zug zu überholen, sind gar nicht so schlecht", sagt sie. „Pech für dich!", kontert Max.

Ein Glücksrad ist in 20 gleiche von 1 bis 20 nummerierte Sektoren unterteilt. Das Drehen des Glücksrades und Ablesen der angezeigten Zahl hat somit die 20 möglichen Ergebnisse „1", „2", „3", …, „20". Man interessiert sich nun z.B. dafür, ob die angezeigte Zahl durch vier teilbar ist. Es gibt fünf Ergebnisse, die diese Eigenschaft haben: „4", „8", „12", „16", „20". Diese Ergebnisse fasst man zu dem **Ereignis** „Die angezeigte Zahl ist durch vier teilbar." zusammen.
Zum oben betrachteten Ereignis gehören 5 der 20 gleich wahrscheinlichen Ergebnisse (es handelt sich hier um ein Laplace-Experiment). Daher ist die Wahrscheinlichkeit für das Ereignis $\frac{5}{20} = \frac{1}{20} + \frac{1}{20} + \frac{1}{20} + \frac{1}{20} + \frac{1}{20} = \frac{1}{4}$. Die Wahrscheinlichkeit für ein Ereignis erhält man also, indem man die Einzelwahrscheinlichkeiten aller Ergebnisse, die zu diesem Ereignis gehören, addiert. Dies gilt auch dann, wenn es sich nicht um ein Laplace-Experiment handelt.

Will man wissen, mit welcher Wahrscheinlichkeit beim Würfeln mit einem LEGO-Achter eine gerade Zahl gewürfelt wird, so kann man die nebenstehende Tabelle benutzen. Die gesuchte Wahrscheinlichkeit beträgt
0,5% + 32% + 10% = 42,5%.
Mit einer Wahrscheinlichkeit von 42,5 % würfelt man also mit dem LEGO-Achter eine gerade Zahl.

Augenzahl	1	2	3	4	5	6
Wahrscheinlichkeit	10%	0,5%	47%	32%	0,5%	10%

Summenregel: Man berechnet die Wahrscheinlichkeit eines Ereignisses, indem man die Wahrscheinlichkeiten der zugehörigen Ergebnisse addiert.

Beispiel
In einer Tüte Schokolinsen sind 25% hellblaue, 19% dunkelblaue, 34% gelbe und 22% rote Schokolinsen. Anna zieht ohne hinzuschauen eine Linse. Wie groß ist die Wahrscheinlichkeit für das Ereignis
a) „blaue Linse",
b) „blaue oder rote Linse",
c) „keine rote Linse"?

Lösung:
a) Die Wahrscheinlichkeit für das Ereignis „blaue Linse" beträgt: 25% + 19% = 44%.
b) Die Wahrscheinlichkeit für das Ereignis „blaue oder rote Linse" beträgt:
25% + 19% + 22% = 66%.
c) Die Wahrscheinlichkeit für das Ereignis „keine rote Linse" beträgt:
25% + 19% + 34% = 78%.

144 IV Prognosen

Die Kapitel sind in **Lerneinheiten** unterteilt, die euch immer einen mathematischen Schritt voranbringen. Zum **Einstieg** findet ihr stets eine Anregung oder eine Frage zu dem Thema der Lerneinheit. Ihr könnt euch dazu alleine Gedanken machen, euch in der Gruppe besprechen oder mit der ganzen Klasse gemeinsam mit eurer Lehrerin oder eurem Lehrer diskutieren.

Im **Merkkasten** findet ihr die wichtigsten Inhalte der Lerneinheit zusammengefasst. Ihr solltet ihn deshalb sehr aufmerksam lesen.

Vor den Aufgaben findet ihr **Beispiel**aufgaben. Sie zeigen euch, wie ihr die nachfolgenden Aufgaben lösen sollt. Hilfreiche Hinweise sind in kursiver Schrift ergänzt.

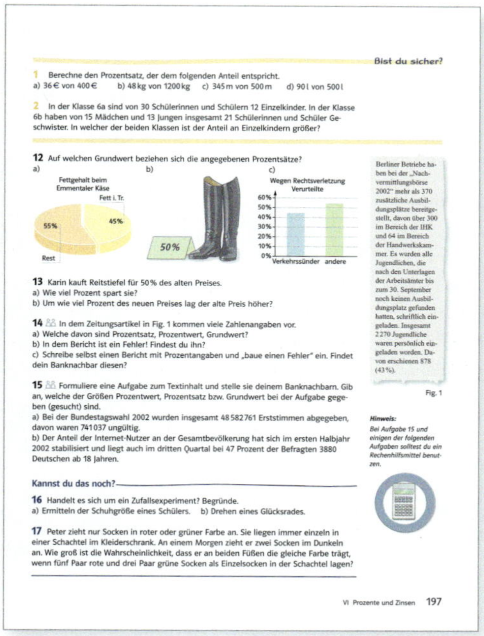

Bist du sicher?

1 Berechne den Prozentsatz, der dem folgenden Anteil entspricht.
a) 36 € von 400 € b) 48 kg von 1200 kg c) 345 m von 500 m d) 90 l von 500 l

2 In der Klasse 6a sind von 30 Schülerinnen und Schülern 12 Einzelkinder. In der Klasse 6b haben von 15 Mädchen und 13 Jungen insgesamt 21 Schülerinnen und Schüler Geschwister. In welcher der beiden Klassen ist der Anteil an Einzelkindern größer?

12 Auf welchen Grundwert beziehen sich die angegebenen Prozentsätze?
a) b) c)

Berliner Betriebe haben bei der „Nachvermittlungsbörse 2002" mehr als 370 zusätzliche Ausbildungsplätze bereitgestellt, davon über 300 im Bereich der IHK und 64 im Bereich der Handwerkskammer. Es wurden alle Jugendlichen, die nach den Unterlagen der Arbeitsämter bis zum 30. September noch keinen Ausbildungsplatz gefunden hatten, schriftlich eingeladen. Insgesamt 2270 Jugendliche waren persönlich eingeladen worden. Davon erschienen 878 (43%).

Fig. 1

13 Karin kauft Reitstiefel für 50% des alten Preises.
a) Wie viel Prozent spart sie?
b) Um wie viel Prozent des neuen Preises lag der alte Preis höher?

14 In dem Zeitungsartikel in Fig. 1 kommen viele Zahlenangaben vor.
a) Welche davon sind Prozentsatz, Prozentwert, Grundwert?
b) In dem Bericht ist ein Fehler! Findest du ihn?
c) Schreibe selbst einen Bericht mit Prozentangaben und „baue einen Fehler" ein. Findet dein Banknachbar diesen?

15 Formuliere eine Aufgabe zum Textinhalt und stelle sie deinem Banknachbarn. Gib an, welche der Größen Prozentwert, Prozentsatz bzw. Grundwert bei der Aufgabe gegeben (gesucht) sind.
a) Bei der Bundestagswahl 2002 wurden insgesamt 48 582 761 Erststimmen abgegeben, davon waren 741 037 ungültig.
b) Der Anteil der Internet-Nutzer an der Gesamtbevölkerung hat sich im ersten Halbjahr 2002 stabilisiert und liegt auch im dritten Quartal bei 47 Prozent der Befragten 3880 Deutschen ab 18 Jahren.

Hinweis:
Bei Aufgabe 15 und einigen der folgenden Aufgaben solltest du ein Rechenhilfsmittel benutzen.

Kannst du das noch?

16 Handelt es sich um ein Zufallsexperiment? Begründe.
a) Ermitteln der Schuhgröße eines Schülers. b) Drehen eines Glücksrades.

17 Peter zieht nur Socken in roter oder grüner Farbe an. Sie liegen immer einzeln in einer Schachtel im Kleiderschrank. An einem Morgen zieht er zwei Socken im Dunkeln an. Wie groß ist die Wahrscheinlichkeit, dass er an beiden Füßen die gleiche Farbe trägt, wenn fünf Paar rote und drei Paar grüne Socken als Einzelsocken in der Schachtel lagen?

VI Prozente und Zinsen 197

In dem Aufgabenblock **Bist du sicher?** könnt ihr alleine testen, ob ihr die grundlegenden Aufgaben zu dem neu gelernten Stoff lösen könnt. Die Lösungen dazu findet ihr hinten im Buch.

Immer wieder gibt es Aufgaben, die mit 👥 oder 👥👤 gekennzeichnet sind. Hier bietet es sich besonders an, mit einem Partner oder einer Gruppe zu arbeiten.

Mit den **Kannst-du-das-noch?**-Aufgaben könnt ihr altes Wissen wiederholen.

Wiederholen – Vertiefen – Vernetzen

Auf den Seiten **Wiederholen – Vertiefen – Vernetzen** findet ihr Aufgaben, die den Lernstoff verschiedener Lerneinheiten und manchmal auch der Kapitel miteinander verbinden.

Rückblick

Training Runde 1

Am Ende des Kapitels findet ihr jeweils zwei Seiten, die euch helfen, das Gelernte abzusichern. Auf den **Rückblick**seiten sind die wichtigsten Inhalte des Kapitels zusammengefasst. Und in den **Trainingsrunden** könnt ihr noch einmal üben, was ihr im Kapitel gelernt habt. Sie eignen sich auch gut als Vorbereitung für Klassenarbeiten. Die Lösungen dazu findet ihr auf den hinteren Seiten des Buches.

Exkursion Horizonte

Exkursion Entdeckungen

Exkursion Geschichten

Besonders viel Spaß wünschen wir euch bei den **Exkursionen** Horizonte, Entdeckungen und Geschichten am Ende der Kapitel. Auf den **Horizonte**-Seiten könnt ihr interessante Dinge erfahren, zum Beispiel, wie man mithilfe einer Landkarte die Dauer einer Wanderung bestimmen kann. Interessante **Entdeckungen** könnt ihr beim Bau von Sonnenuhren oder bei Spielen machen, die nicht verloren werden können. Die **Geschichten** schließlich könnt ihr vor allem einfach lesen. Vielleicht werdet ihr manchmal staunen, wie alltäglich Mathematik sein kann.

Ihr könnt euch also auf euer Mathematikbuch verlassen. Es gibt euch viele Hilfestellungen für den Unterricht und die Klassenarbeiten und vor allem möchte es euch zeigen: Mathematik ist sinnvoll und kann Freude machen.

Wir wünschen euch viel Erfolg!
Das Autorenteam und der Verlag

Das kannst du schon

- Brüche erweitern und kürzen
- Mit natürliche Zahlen rechnen
- Situationen mit Brüchen und Dezimalbrüchen beschreiben

Verbrauchszeitraum vom 06.01.2004 bis 01.02.2004

Identifikations-nummer	Zählerstand alt	Zählerstand neu	Differenz	Multi-plikator	Verbrauch	Tage
4.534.232.31	81.645.000	82.112.000	467.000	1	467 kWh	26

Arbeitspreisberechnung	11.210 ct/kWh	x	467.00	kWh	52.35 EUR
Grundpreisberechnung	93.100 EUR/jährlich		für 26	Tage	6.63 EUR
				Nettobetrag	58.98 EUR
				MWSt. 16 %	9.44 EUR
				Bruttobetrag	68.42 EUR

Stromsteuer: 2.050 ct/kWh im Arbeitspreis auf 467.000 kWh = 9.57 EUR

Aus einem Bauantrag

Grundstücksfläche
ca. $0{,}5 \cdot (12{,}5 + 3{,}0) \cdot 30{,}5 = 236{,}38$

GRZ $\frac{82{,}37}{236{,}38} = 0{,}35$

GFZ $\frac{159{,}02}{236{,}38} = 0{,}67$

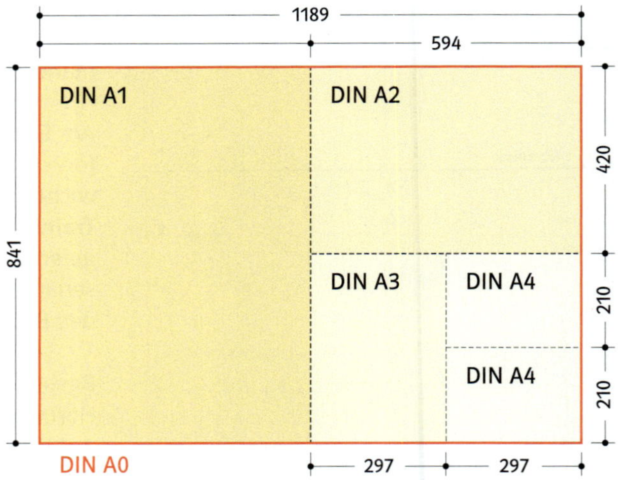

Zahlen und Operationen | Größen und Messen | Raum und Form | Funktionaler Zusammenhang | Daten und Zufall

Jetzt musst du mit allem rechnen!

Nach einer Verkehrskontrolle in Hannover gab die Polizei bekannt: Ein Drittel aller Autofahrer fuhr mit defektem Licht. Die Hälfte davon wusste es nicht. Im Mittel war also bei 16 von 100 Autos die Beleuchtung defekt.

Das kannst du bald

- Brüche und Dezimalbrüche addieren, subtrahieren, multiplizieren und dividieren
- Rechenvorteile bei Brüchen und Dezimalbrüchen nutzen

1 Addieren und Subtrahieren von Brüchen

Fläche Australiens: ca. 7,7 Mio. km²

Zum Vergleich: Die Fläche Deutschlands beträgt ca. 357 000 km².

Mit Bruchzahlen kann man ebenso rechnen wie mit natürlichen Zahlen.
Es gibt Situationen, in denen man sie in der Bruchschreibweise addieren oder subtrahieren muss.

Australien besteht zu $\frac{1}{25}$ aus Ackerland, zu $\frac{1}{20}$ aus Wald, zu $\frac{3}{5}$ aus Weideland. Der Rest ist Ödland, vor allem Wüste.

Addieren und Subtrahieren von Brüchen ist leicht, wenn die Brüche **gleiche Nenner** haben.

Addieren von Brüchen mit gleichem Nenner.

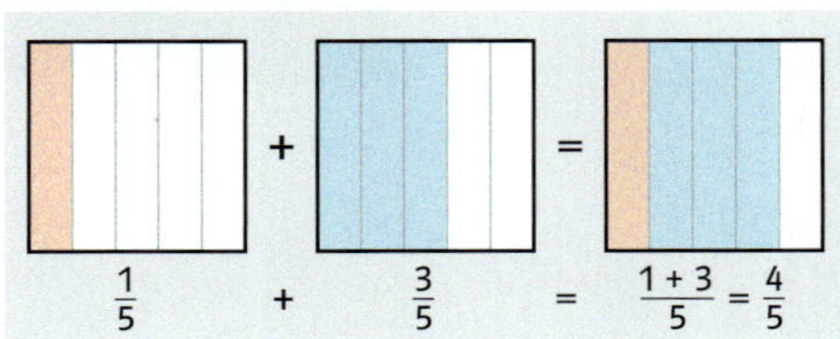

Fig. 1

Subtrahieren von Brüchen mit gleichem Nenner.

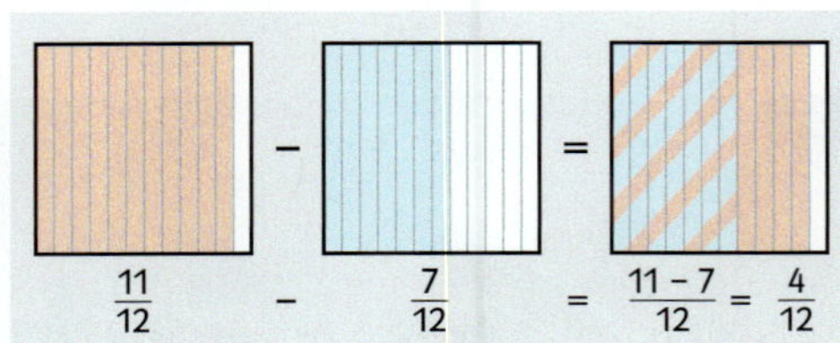

Fig. 2

Brüche mit **verschiedenen Nennern** kann man addieren, wenn man sie durch Erweitern zunächst auf gleiche Nenner bringt.

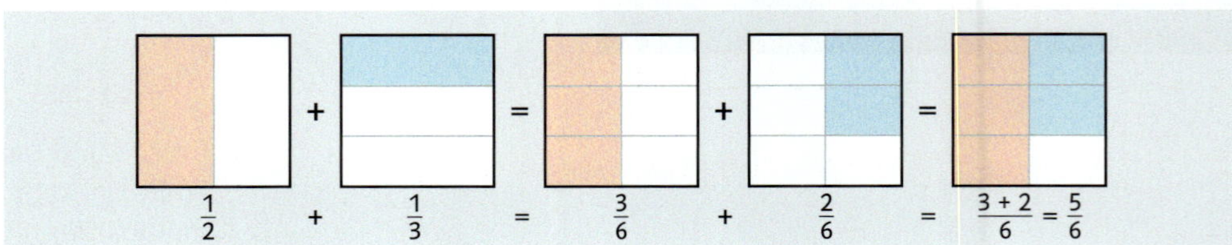

Fig. 3

Entsprechend geht man bei der Subtraktion vor: $\frac{5}{6} - \frac{4}{9} = \frac{15}{18} - \frac{8}{18} = \frac{15-8}{18} = \frac{7}{18}$.

Ergebnis kürzen nicht vergessen!

Addieren bzw. Subtrahieren von Brüchen
1. Man bringt die Brüche auf gleiche Nenner.
2. Man schreibt die Brüche auf einen gemeinsamen Bruchstrich.
3. Man addiert bzw. subtrahiert die Zähler.

Beispiel 1 Gleiche Nenner

Berechne und gib das Ergebnis mit einem vollständig gekürzten Bruch an.

a) $\frac{3}{8} + \frac{1}{8}$ b) $\frac{3}{7} - \frac{1}{7}$

Lösung:

a) $\frac{3}{8} + \frac{1}{8} = \frac{3+1}{8} = \frac{4}{8} = \frac{1}{2}$ b) $\frac{3}{7} - \frac{1}{7} = \frac{3-1}{7} = \frac{2}{7}$

In Aufgabe 1 erfährst du, woran Uta gerade denkt. Schreibe dazu die zughörigen Buchstaben in der Reihenfolge der Teilaufgaben auf.

Beispiel 2 Verschiedene Nenner

a) $\frac{3}{4} + \frac{1}{6}$ b) $\frac{5}{6} - \frac{1}{2}$

Lösung:

a) $\frac{3}{4} + \frac{1}{6} = \frac{9}{12} + \frac{2}{12} = \frac{9+2}{12} = \frac{11}{12}$ b) $\frac{5}{6} - \frac{1}{2} = \frac{5}{6} - \frac{3}{6} = \frac{5-3}{6} = \frac{2}{6} = \frac{1}{3}$

Aufgaben

1 Berechne und gib das Ergebnis mit einem vollständig gekürzten Bruch an. Die Lösungen findest du in Fig. 1.

a) $\frac{3}{4} + \frac{2}{4}$ b) $\frac{1}{7} + \frac{5}{7}$ c) $\frac{5}{3} - \frac{2}{3}$ d) $\frac{11}{5} - \frac{11}{5}$ e) $\frac{2}{17} + \frac{7}{17}$

$\frac{5}{3} - \frac{1}{3}$ $\frac{7}{10} - \frac{3}{10}$ $\frac{21}{15} + \frac{13}{15}$ $\frac{5}{28} + \frac{7}{28}$ $\frac{12}{12} - \frac{5}{12}$

$\frac{9}{19} + \frac{19}{19}$ $\frac{31}{8} - \frac{15}{8}$ $\frac{13}{6} + \frac{29}{6}$ $\frac{17}{16} - \frac{13}{16}$ $\frac{0}{5} + \frac{16}{5}$

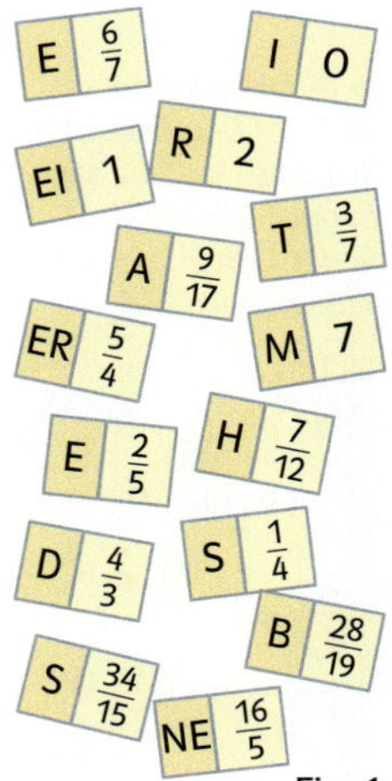

Fig. 1

2 Schreibe in dein Heft und berechne.

a) Startzahl $\frac{5}{8}$, plus $\frac{6}{8}$, minus $\frac{3}{8}$, minus 5 Achtel, plus $\frac{20}{8}$, minus dreizehn Achtel.

b) Startzahl $\frac{19}{10}$, minus $\frac{13}{10}$, plus $\frac{7}{10}$, plus $\frac{7}{10}$, plus $\frac{15}{10}$, minus 7 Zehntel, minus $\frac{3}{10}$.

3 Welche Summe ist durch die gefärbten Flächen dargestellt? Welcher Anteil der Fläche ist ungefärbt?

a) 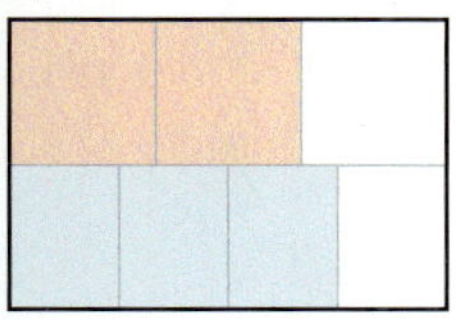

b) 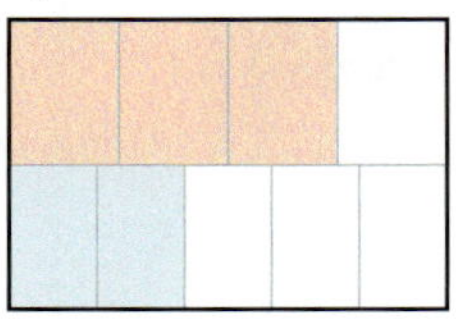

c) 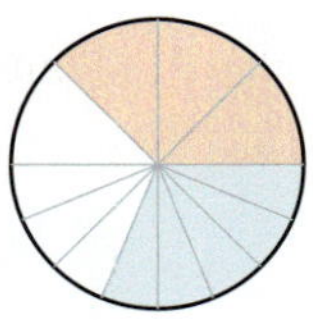

d) 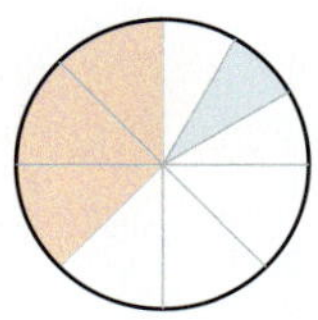

4 Schreibe in dein Heft und setze für △ die passende Zahl ein.

a) $\frac{\triangle}{14} + \frac{3}{14} = \frac{9}{14}$ b) $\frac{11}{6} - \frac{\triangle}{6} = \frac{5}{6}$ c) $\frac{6}{17} + \frac{5}{\triangle} = \frac{11}{17}$ d) $\frac{\triangle}{22} - \frac{5}{22} = \frac{22}{22}$

5 Wohin geht die Reise?

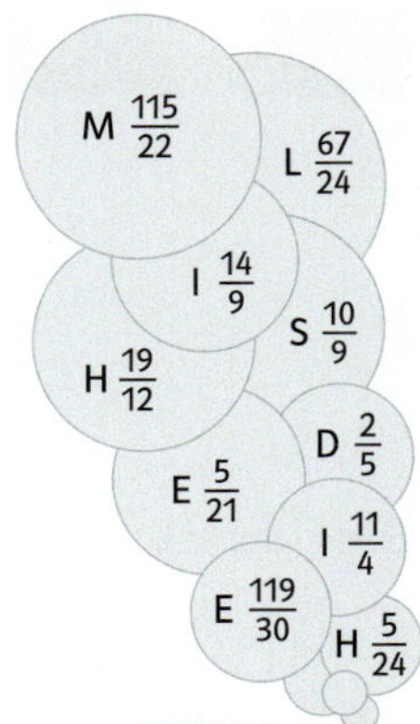

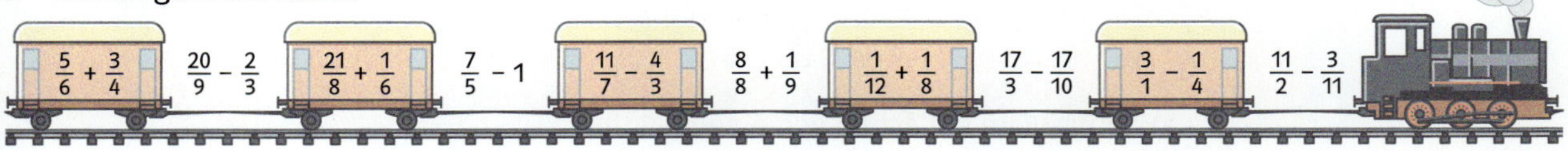

Fig. 2

6 Von zwei Brüchen sind die Nenner bekannt. Gib mehrere gemeinsame Nenner an.

a) 4; 5 b) 4; 6 c) 4; 8 d) 15; 25 e) 12; 15

f) 8; 10 g) 8; 12 h) 7; 35 i) 6; 9 j) 6; 14

7 In einem Rechteck sollen die Anteile $\frac{1}{3}$, $\frac{1}{5}$ und $\frac{1}{15}$ in verschiedenen Farben gefärbt werden. Welche Maße für das Rechteck sind günstig? Welcher Anteil des Rechtecks bleibt ungefärbt?

8 a) Vermindere dreizehn Zehntel um zwei Drittel.
b) Wie viel liegt zwischen einem Fünftel und einundzwanzig Hundertstel?
c) Wie viel muss man von zweiunddreißig abziehen, um hundert Sechstel zu erhalten?

In Aufgabe 9 erfährst du Toms Berufswunsch. Schreibe dazu die zugehörigen Buchstaben in der Reihenfolge der Teilaufgaben auf.

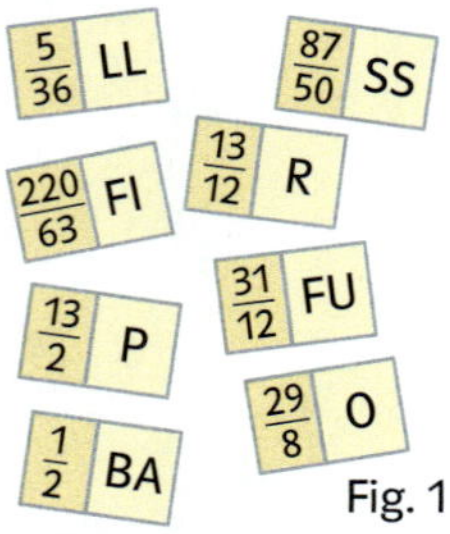

Fig. 1

9 Berechne und gib das Ergebnis als vollständig gekürzten Bruch an.

a) $\frac{1}{3}+\frac{3}{4}+\frac{3}{2}$
$\frac{6}{25}+\frac{7}{10}+\frac{4}{5}$

b) $\frac{8}{3}-\frac{1}{6}-\frac{2}{1}$
$\frac{11}{12}-\frac{2}{9}-\frac{5}{9}$

c) $\frac{30}{4}+\frac{20}{30}-\frac{10}{6}$
$\frac{1}{2}-\frac{5}{12}+\frac{8}{8}$

d) $\frac{11}{8}+\frac{11}{5}+\frac{1}{20}$
$4-\frac{9}{7}+\frac{7}{9}$

10 Vor dem Rechnen kann Kürzen nützlich sein.

a) $\frac{45}{60}+\frac{9}{72}$ b) $\frac{30}{36}-\frac{32}{80}$ c) $\frac{105}{150}+\frac{24}{144}$ d) $\frac{190}{240}-\frac{96}{256}$

11 Findest du den Fehler? Erkläre.

a) $\frac{1}{6}+\frac{3}{5}=\frac{4}{11}$ b) $\frac{5}{6}-\frac{2}{5}=\frac{1}{3}$ c) $\frac{7}{8}+\frac{2}{3}=\frac{14}{37}$

12 a) In der Zahlenmauer (Fig. 2) steht über zwei Zahlen stets deren Summe. Übertrage die Figur in dein Heft und ergänze die fehlenden Zahlen.
b) Gehe so durch das Labyrinth (Fig. 3), dass du eine möglichst große Summe erhältst.

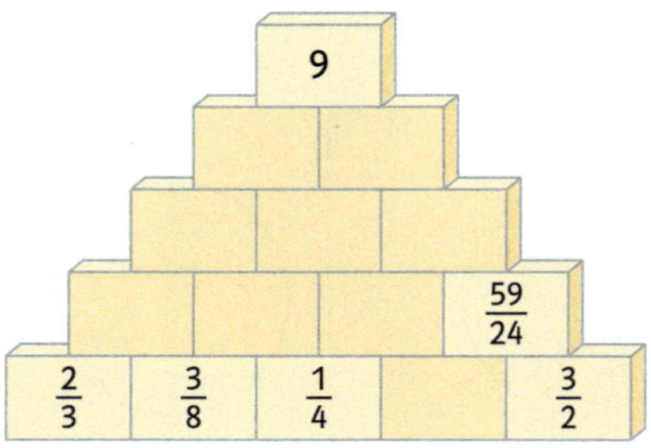

Fig. 2

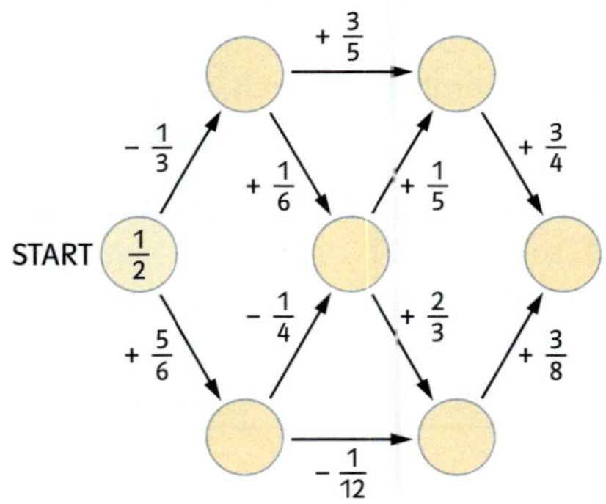

Fig. 3

Bist du sicher?

1 Berechne und gib das Ergebnis mit einem vollständig gekürzten Bruch an.

a) $\frac{7}{8}+\frac{5}{12}$
$\frac{7}{8}-\frac{5}{12}$

b) $\frac{17}{5}-\frac{9}{20}$
$\frac{11}{15}+\frac{13}{20}$

c) $3-\frac{4}{9}+\frac{7}{6}$
$\frac{7}{6}-\frac{4}{9}+3$

d) $\frac{24}{27}-\frac{20}{24}$
$\frac{36}{36}-\frac{25}{30}$

2 a) Subtrahiere ein Achtel von einem Fünftel.
b) Wie viel liegt zwischen einem Hundertstel und einem Zehntel?

13 a) Schreibe $\frac{3}{4}$ auf drei verschiedene Arten als Summe.
b) Schreibe $\frac{1}{2}$ als Summe von Brüchen, deren Nenner alle größer als 10 sind.

14 Frau Mall berichtet: „Von meinem Monatseinkommen benötige ich ein Drittel für die Miete und ein Achtel für mein Auto. Dann ist bereits mehr als die Hälfte weg." Stimmt das?

15 Peter möchte gerne ein neues Mountainbike kaufen. Die Hälfte des Kaufpreises hat er bereits gespart. Von seinen Eltern erhält er $\frac{1}{4}$ des Preises. Die Großeltern beteiligen sich mit 20%. Welchen Rabatt muss der Händler gewähren, damit Peter es sofort kaufen kann?

Fig. 1

16 Jan mixt ein Getränk nach einem neuen Rezept (Fig. 1). Hat er den richtigen Krug gewählt?

17 a) Wie viel Flüssigkeit befindet sich jeweils in den drei Gefäßen?
b) Die Flüssigkeiten werden in das hohe Gefäß zusammengeschüttet. Zeichne dieses Gefäß in dein Heft und beschrifte seine Skala.

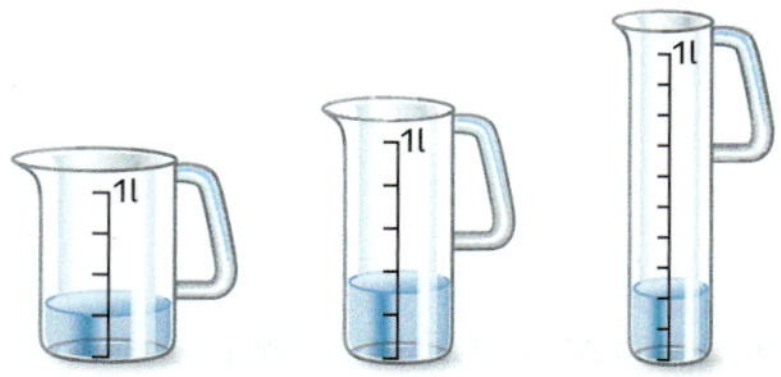

18 Was meinst du dazu?

19 Welche Aussage ist wahr, welche falsch?
a) Die Differenz zweier verschiedener Brüche ergibt nie eine natürliche Zahl.
b) Addiert man mehrmals den gleichen positiven Bruch, so ergibt sich irgendwann eine natürliche Zahl.
c) Der Nenner der Summe zweier Brüche ist stets größer als die Nenner der Summanden.

20 Zum Knobeln
Ein alter Araber bestimmte vor seinem Tode, dass der erste seiner Söhne die Hälfte, der zweite den vierten und der dritte den fünften Teil seiner Kamele erben sollte. Da der Alte 19 Kamele hinterließ, konnten sich die drei Söhne nicht einigen.
a) Warum konnten sich die Söhne nicht einigen? Wie würdest du teilen?
b) Die Söhne wandten sich an einen Derwisch, der auf einem alten Kamel dahergeritten kam, und baten ihn um Hilfe. Dieser sagte: „Ich will euch mein Kamel leihen." Nun nahm sich der Erste die Hälfte von den 20 Kamelen heraus, der Zweite $\frac{1}{4}$ und der Dritte ein Fünftel. Zum Schluss blieb das Kamel des Derwischs übrig. Der Derwisch bestieg es wieder und ritt davon. Alle waren zufrieden. Rechne nach.

2 Addieren und Subtrahieren von Dezimalbrüchen

Slalom Damen, Megève, 5. Januar 2004

Läuferin	1. Durchgang	2. Durchgang
Anja Pärson	51,88 s	50,37 s
Line Viken	53,62 s	50,25 s
Marlies Schild	51,13 s	51,46 s
Martina Ertl	52,42 s	50,28 s
Monika Bergmann-Schmuderer	51,82 s	50,88 s
Kristina Koznick	53,23 s	50,65 s

Zwei deutsche Dritte drängen sich aufs Podest
Überlegene Siegerin auf der tückischen Piste Radaz in den französischen Alpen war die Schwedin Anja Pärson, die mit einem fulminanten zweiten Lauf doch noch auf den 1. Platz kam …

Um festzustellen, ob der LKW die zulässige Zuladung von 5 t überschritten hat, kann man zunächst einen Überschlag durchführen. Man rundet die Gewichte geeignet und addiert: $2\frac{1}{2}\,\text{t} + 2\,\text{t} + \frac{1}{2}\,\text{t} = 5\,\text{t}$.
Das zugeladene Gewicht wäre zulässig.
Da nur mit gerundeten Werten gearbeitet wurde, muss man genauer nachrechnen.

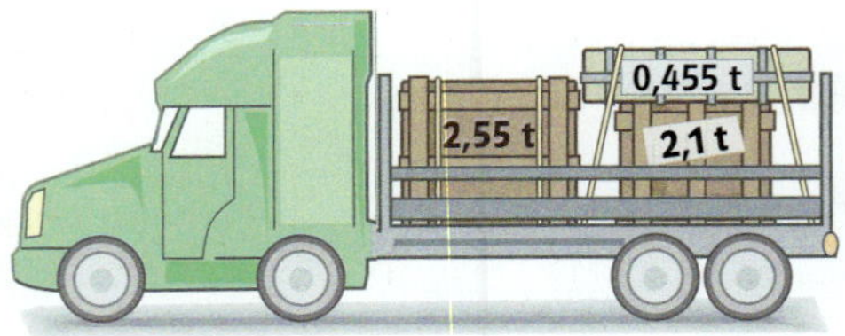

Fig. 1

Wie man Dezimalzahlen addiert und subtrahiert, kann man sich herleiten, wenn man die Dezimalzahlen als Brüche schreibt.
Die vorliegenden Zahlen reichen nicht weiter als zur Tausendstelstelle. Daher können alle als Brüche mit dem Nenner 1000 geschrieben werden.
Es ist $2{,}55 + 2{,}1 + 0{,}455 = \frac{2550}{1000} + \frac{2100}{1000} + \frac{455}{1000} = \frac{5105}{1000} = 5{,}105$.

Man trägt die Maßzahlen der einzelnen Gewichte in eine Stellenwerttafel ein und addiert sie wie bei natürlichen Zahlen stellenweise.
Die unterste Zeile zeigt die Summe.
Der LKW ist also überladen, da $5{,}105\,\text{t} > 5\,\text{t}$.

E	,	*z*	*h*	*t*
2	,	5	5	0
2	,	1	0	0
0	,	4	5	5
1		1		
5	,	1	0	5

Um festzustellen, um wie viel der LKW überladen ist, subtrahiert man 5 t von 5,105 t. Die Subtraktion ergibt 0,105 t. Der LKW ist um $0{,}105\,\text{t} = 105\,\text{kg}$ überladen.

Man addiert oder subtrahiert Dezimalbrüche, indem man sie so untereinander schreibt, dass Komma unter Komma steht. Dann addiert bzw. subtrahiert man stellenweise.

	1	2,	5	3	4
+		8,	9	1	0
	1	1			
	2	1,	4	4	4

	1	2,	5	3	4
−		8,	9	1	0
	1	1			
		3,	6	2	4

Beispiel

a) 30,125 + 1,279 b) 12,5 + 0,487 c) 2,342 − 1,4 d) 7 − 2,83

Lösung:

a)	b)	c)	d)
30,125	12,500	2,342	7,00
+ 1,279	+ 0,487	− 1,400	− 2,83
1 1		1	1 1
31,404	12,987	0,942	4,17

Aufgaben

1 Berechne im Kopf.
a) 1,4 + 0,6 b) 6,3 + 2,9 c) 7,8 − 5,6 d) 2,9 + 4,3 e) 67,7 − 15,2 f) 45,7 + 13,8

Bei Aufgabe 2 kannst du zur Kontrolle die Quersumme bilden.

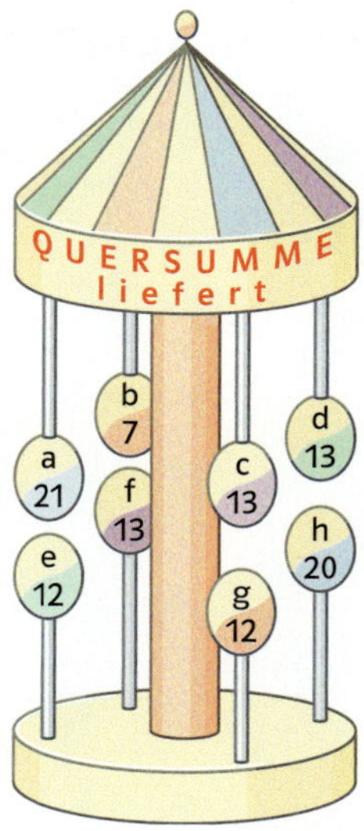

Fig. 1

2 Berechne schriftlich.
a) 5,22 + 2,73 b) 2,03 + 1,28 c) 4,27 + 16,2 d) 0,021 + 5,23
e) 3,45 − 1,89 f) 0,473 − 0,289 g) 1 − 0,097 h) 3,999 − 3,7

3 a) Um wie viel ist 1 (1,5; 1,04; 1,33; 2,22; 1,001; 10,01) größer als 1?
b) Wie groß ist der Abstand von 9,7 km (9270 m; 16,64 km; 17866 m) zu 15 km?

4 Übertrage in dein Heft und setze im Ergebnis das Komma an die richtige Stelle.
a) 4,4 + 0,8 = 52 b) 1,04 + 0,4 = 144 c) 8,4 − 6,2 = 22 d) 7,89 − 5,63 = 226

5 Berechne jeweils die Summe und die Differenz der Zahlen.
a) 5,7; 3,6 b) 1,8; 0,9 c) 99,9; 9,99 d) 10,01; 1,1

6 Welche Zahl musst du für ■ bzw. △ einsetzen?
a) 7,2 + ■ = 9,7 b) ■ + 3,8 = 9,9 c) 8,9 − ■ = 3,1 d) ■ − 4,5 = 5,6 e) ■ − △ = 2,3

7 ■■,■ − 0,■ = ?
Setze die Ziffern 4; 5; 6; 7 so ein, dass das Ergebnis
a) möglichst groß wird, b) möglichst klein wird, c) genau 55,7 beträgt.

8 Berechne. Überlege dir zu jeder Aufgabe eine passende Sachsituation.
a) 610 m + 0,45 km − 0,05 km b) $3{,}2\,m^3 + 255\,l - 3300\,dm^3$

9 a) Berechne die Summe 3,923 + 8,084 + 13,4247 + 7,031 + 0,5938 und runde das Ergebnis auf Hundertstel.
b) Runde in der Summe in a) jeden Summanden erst auf Hundertstel und addiere dann. Vergleiche das Ergebnis mit dem aus a).

10 a) Welche der drei Messbecher können in einen anderen umgefüllt werden?
b) Wie viel Wasser fehlt bei 0,75 l an 2 l?
c) Erfinde ähnliche Aufgaben und löse sie.

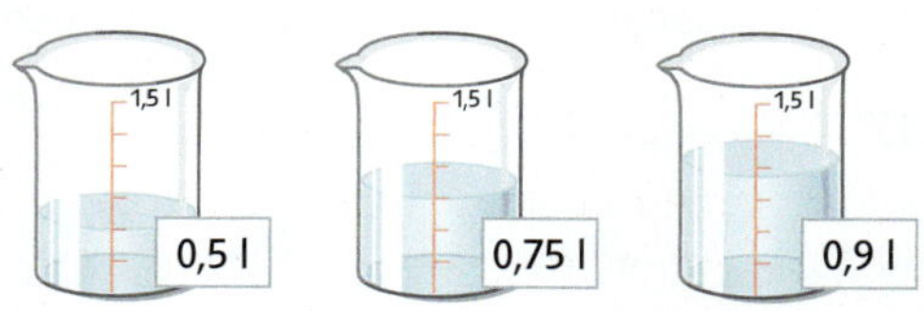

Tipp:
Fehlende Stellenwerte kannst du mit Nullen auffüllen.

11 Welche Zahlen ergeben die Summe 1? Versuche es mit zwei, drei oder vier Zahlen.

0,6 | 0,2 | 0,3715 | 0,0285 | 0,5 | 0,8 | 0,1715 | 0,3 | 0,6285

Fig. 1

12 Tim hat am Fahrrad einen Kilometerzähler (Fig. 1), der eine Dezimalstelle anzeigt.
a) Was bedeutet die Dezimalstelle?
b) Gib die Längen der gefahrenen Strecken zwischen den einzelnen Zählerständen an.
c) Wie viele Kilometer muss Tim noch fahren, bis die erste Ziffer auf 4 springt?

13 a) Die Entfernung Erde–Sonne beträgt bei Sonnenferne 152,099 Mio. km, bei Sonnennähe 147,096 Mio. km. Wie groß ist der Unterschied? Woher kommt er?
b) Der Erdumfang über die Pole gemessen beträgt 40 008,006 km und entlang des Äquators 40 075,161 km. Wie groß ist der Unterschied? Woran liegt das?

14 Niedersachsen hat eine Fläche von 47 615,71 km^2 (Stand: 1.1.2001). Davon entfielen 29 248,98 km^2 auf Landwirtschaftsflächen, 10 037,12 km^2 auf Waldflächen, 374,12 km^2 auf Erholungsflächen. Der Rest sind Gebäude- und Freiflächen, Betriebsflächen, Verkehrsflächen, Wasserflächen und Flächen anderer Nutzung. Wie viele Quadratkilometer sind das?

Bist du sicher?

1 a) Berechne im Kopf: 5,2 + 2,4, 3,9 – 2,7, 10,22 – 1,5.
b) Berechne schriftlich: 6,59 + 13,8, 3,608 + 2,22, 10,5 – 6,97.
c) Berechne: 15,8 kg + 6,3 kg, 27,2 kg – 1100 g, 47,8 m^3 – 800 dm^3.

2 a) Welche Zahl vermindert um 3,55 ergibt 7,99?
b) Welche Zahl muss man zu 6,57 addieren, um 17,22 zu erhalten?

15 In einen Güterwagen werden Kisten mit Maschinenteilen geladen.
Sie haben folgende Gewichtsaufschriften: 3,55 t; 1,520 t; 2,300 t; 1,265 t; 1,750 t; 3,050 t.
a) Berechne das Gesamtgewicht der Ladung.
b) Auf der Seitenwand des Güterwagens ist angeschrieben, mit wie vielen Tonnen er höchstens beladen werden darf. Das Ladegewicht hängt von der Streckenart (A, B oder C) und der Geschwindigkeit des Güterzuges ab (S: bis 100 $\frac{km}{h}$, SS: bis 120 $\frac{km}{h}$). Wie viele Tonnen können in den einzelnen Fällen jeweils geladen werden?

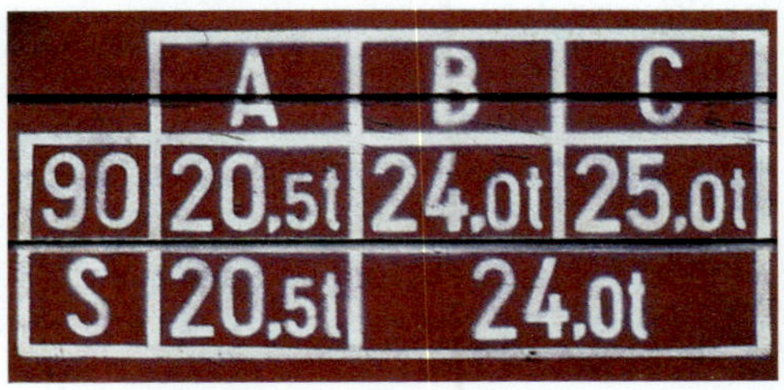

16 In Schilda wurde bei der Stadtgründung im Jahre 1594 ein Wettbewerb im Schildweitwurf ausgetragen. Der Sieger erzielte nach Auskunft der Chronik mit einer Weite von 0,01434 Meilen den ersten Stadtrekord. Im Jahre 1702 findet man folgenden Eintrag in der Chronik: „Wie jedes Jahr wurde auch gestern beim Stadtsportfest ein neuer Stadtrekord im Schildweitwurf aufgestellt. Die Siegerweite betrug 0,01541 Meilen."
Wurde tatsächlich jedes Jahr ein neuer Rekord erzielt?

17 Subtrahiere benachbarte Zahlen.

a)
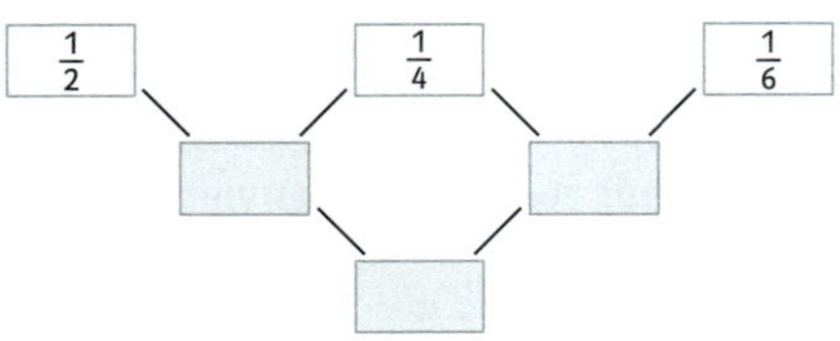

b)
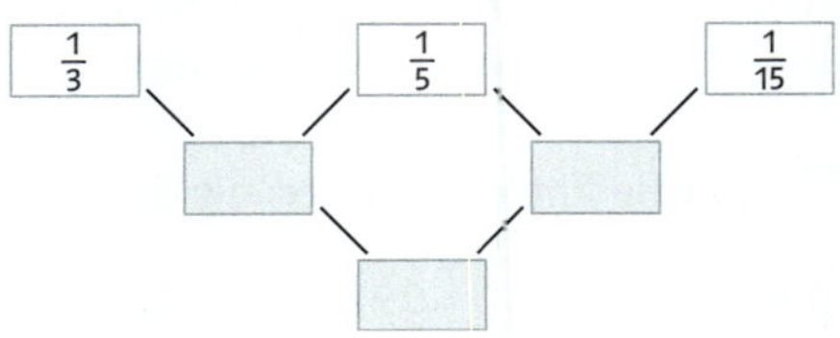

3 Vervielfachen und Teilen von Brüchen

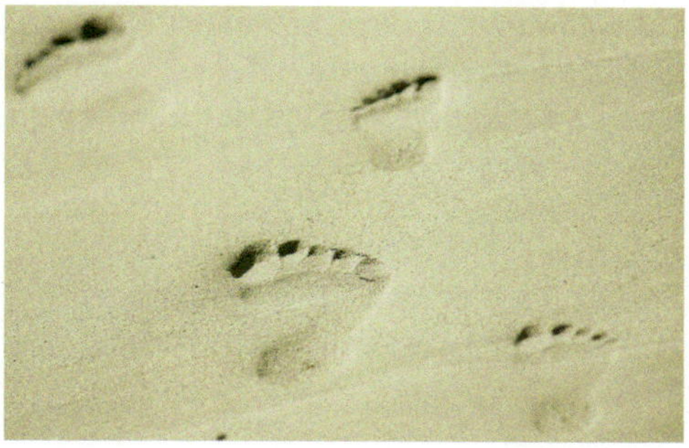

Ein Erwachsener hat eine durchschnittliche Schrittlänge von circa $\frac{4}{5}$ m. Um quer über das Grundstück zu gehen, benötigt Maximilian 16 Schritte. Sein Vater hingegen benötigt nur 12 Schritte.

Achtung: Beachte den Unterschied von $3\frac{1}{2}$ und $3 \cdot \frac{1}{2}$!

Legt man fünf Rechtecke zusammen, die jeweils einen Flächeninhalt von $\frac{3}{4}\text{m}^2$ haben, so ergibt sich die Größe der Gesamtfläche aus:
$\frac{3}{4}\text{m}^2 + \frac{3}{4}\text{m}^2 + \frac{3}{4}\text{m}^2 + \frac{3}{4}\text{m}^2 + \frac{3}{4}\text{m}^2$. Verkürzt kann man dafür schreiben: $5 \cdot \frac{3}{4}\text{m}^2$.
Das Produkt aus einem Bruch und einer natürlichen Zahl bedeutet, dass man den Bruch mehrfach addiert, man sagt vervielfacht.

$$5 \cdot \frac{3}{4} = \frac{3}{4} + \frac{3}{4} + \frac{3}{4} + \frac{3}{4} + \frac{3}{4} = \frac{5 \cdot 3}{4} = \frac{15}{4}$$

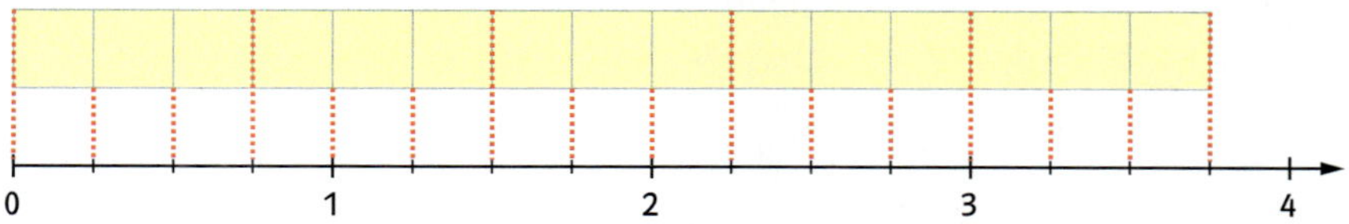

Fig. 1

Multiplizieren eines Bruches mit einer natürlichen Zahl
Ein Bruch wird mit einer natürlichen Zahl multipliziert, indem man den Zähler mit der Zahl multipliziert und den Nenner beibehält.
$3 \cdot \frac{2}{7} = \frac{3 \cdot 2}{7} = \frac{6}{7}$

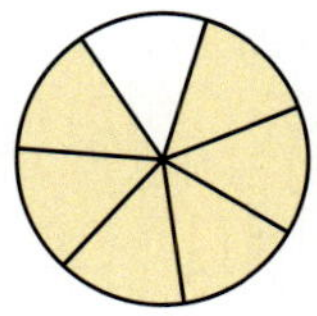

Umgekehrt kann ein Bruch durch jede natürliche Zahl außer null dividiert werden. Die Abbildung zeigt, wie ein Bruch durch eine Zahl geteilt wird, die Teiler des Zählers ist.

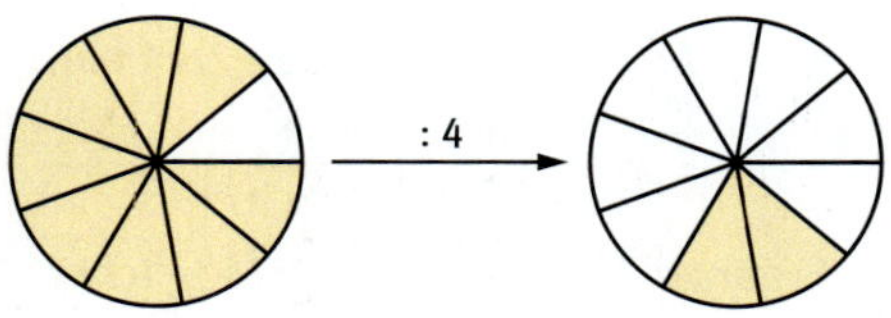

$\frac{8}{9} \quad : 4 \quad = \frac{2}{9}$

Oft ist der Zähler jedoch nicht durch die Zahl teilbar. Um beispielsweise $\frac{3}{5}$ durch 2 dividieren zu können, muss der Bruch zunächst erweitert werden, da 2 kein Teiler von 3 ist.

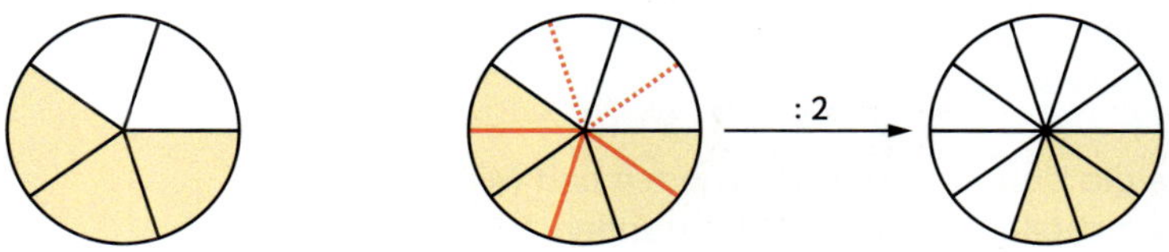

$\frac{3}{5} \quad = \frac{3 \cdot 2}{5 \cdot 2} = \frac{6}{10} \quad \frac{6}{10} : 2 = \frac{3}{10}$

Erweitern ist nicht Multiplizieren!

Erweitern:

$\frac{2}{6}$

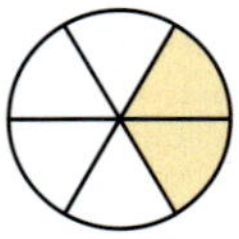

=

$\frac{4}{12}$

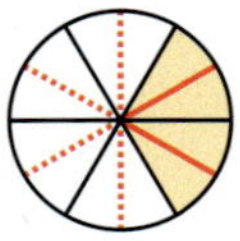

Multiplizieren:

$\frac{2}{6}$

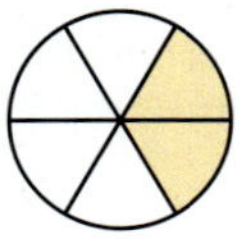

$\downarrow \cdot 2$

$= \frac{4}{6}$

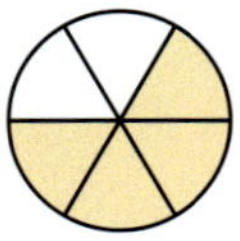

Zu Aufgabe 1:

$\frac{10}{11}$ 8 $\frac{4}{9}$ $\frac{3}{11}$ $\frac{7}{12}$ $\frac{3}{7}$ $\frac{1}{10}$ $\frac{1}{6}$ $\frac{3}{5}$ 4

Zu Aufgabe 2:

$\frac{16}{33}$ L | $\frac{63}{4}$ O | 2 L | $\frac{8}{59}$ A | $\frac{5}{27}$ T | $\frac{1}{96}$ N | $\frac{2}{33}$ L | $\frac{1}{31}$ U | $\frac{1}{2}$ F | 48 B

Dividieren eines Bruches durch eine natürliche Zahl
Man dividiert einen Bruch durch eine natürliche Zahl, indem man den Nenner mit dieser Zahl multipliziert und den Zähler beibehält.
$\frac{4}{11} : 3 = \frac{4}{11 \cdot 3} = \frac{4}{33}$

Bevor man das Produkt im Zähler oder im Nenner des Bruches ausrechnet, ist es sinnvoll zu überprüfen, ob man kürzen kann.
$3 \cdot \frac{4}{9} = \frac{3 \cdot 4}{9} = \frac{3 \cdot 4}{3 \cdot 3} = \frac{4}{3}$

Beispiel Multiplikation und Division von positiven Zahlen
Berechne a) $\frac{8}{27} \cdot 18$, b) $\frac{3}{7} : 5$, c) $\frac{8}{11} : 4$.
Lösung:
a) $\frac{8}{27} \cdot 18 = \frac{8 \cdot 18}{27} = \frac{8 \cdot 2}{3} = \frac{16}{3}$ b) $\frac{3}{7} : 5 = \frac{3}{7 \cdot 5} = \frac{3}{35}$ c) $\frac{8}{11} : 4 = \frac{8}{11 \cdot 4} = \frac{2 \cdot 4}{11 \cdot 4} = \frac{2}{11}$

Aufgaben

1 Rechne im Kopf. Die Ergebnisse findest du auf dem Rand.
a) $4 \cdot \frac{1}{9}$ b) $7 \cdot \frac{1}{12}$ c) $\frac{2}{11} \cdot 5$ d) $32 \cdot \frac{1}{8}$ e) $28 \cdot \frac{2}{7}$
$\frac{1}{5} : 2$ $\frac{1}{2} : 3$ $\frac{9}{5} : 3$ $\frac{6}{11} : 2$ $\frac{15}{7} : 5$

2 Achte auf das Kürzen. Die Ergebnisse ergeben ein Lösungswort.
a) $4 \cdot \frac{1}{2}$ b) $15 \cdot \frac{1}{30}$ c) $64 \cdot \frac{3}{4}$ d) $320 \cdot \frac{1}{660}$ e) $108 \cdot \frac{7}{48}$
$\frac{4}{31} : 4$ $\frac{25}{27} : 5$ $\frac{56}{59} : 7$ $\frac{68}{11} : 102$ $\frac{23}{24} : 92$

3 Setze die Zahlen 2; 5 und 12 in die Kästchen so ein, dass
a) eine ganze Zahl,
b) eine Zahl kleiner als 1,
c) eine Zahl größer als 1 entsteht.

$\square \cdot \frac{\square}{\square} =$

4 Setze für $\square$ die passenden Zahl ein.
a) $5 \cdot \frac{\square}{7} = \frac{10}{7}$ b) $\frac{\square}{20} \cdot 7 = \frac{49}{20}$ c) $\frac{2}{3} : \square = \frac{2}{9}$ d) $\square : 9 = \frac{2}{117}$ e) $16 \cdot \frac{\square}{35} = 1\frac{13}{35}$

5 Ergänze. Es gibt mehrere Möglichkeiten.
a) $7 \cdot \frac{\triangle}{\square} = \frac{56}{11}$ b) $11 \cdot \frac{\square}{12} = \frac{77}{\triangle}$ c) $\frac{6}{\triangle} \cdot 8 = \frac{\square}{7}$ d) $\triangle \cdot \frac{13}{15} = \frac{78}{\square}$ e) $\frac{\square}{14} \cdot 20 = \frac{90}{\triangle}$

6 Nach dem Training stürzen sich alle auf den Sprudel-Kasten ($\frac{3}{4}$-l-Flaschen).
a) Wie viele Liter enthält der Kasten insgesamt?
b) Gerd und seine Freunde trinken nach dem Sport fünf Flaschen. Wie viele Liter haben sie zusammen getrunken?

7 Berechne die Unterrichtszeit in Stunden und Minuten für
a) einen Unterrichtstag mit sechs Schulstunden,
b) eine Unterrichtswoche mit drei Tagen zu sechs und zwei Tagen zu sieben Schulstunden.

8 Petra betrachtet unter einem Mikroskop winzige Pflanzenzellen; zunächst mit 20facher, dann mit 25facher und schließlich mit 75facher Vergrößerung. Wie groß erscheinen die Zellen jeweils unter dem Mikroskop, wenn sie in Wirklichkeit $\frac{1}{5}$ mm, $\frac{1}{10}$ mm und $\frac{1}{15}$ mm groß sind?

9 In der Fleischerei werden aus $1\frac{3}{4}$ kg Schweinefleisch 14 etwa gleich große Schnitzel geschnitten.
a) Wie viel wiegt ein Schnitzel im Durchschnitt?
b) Annes Vater kauft sechs dieser Schnitzel. Wie viel wiegen sie zusammen?
c) 1 kg Schnitzelfleisch kostet 10,80 €. Wie viel hat Annes Vater ungefähr zu zahlen?

10 Sebastian und Thomas vergleichen ihre Laufleistungen.
Sebastian läuft $3\frac{1}{2}$ km in 25 Minuten, Thomas $5\frac{1}{4}$ km in 42 Minuten. Wer läuft schneller?

Bist du sicher?

1 Berechne.
a) $4 \cdot \frac{2}{11}$ b) $\frac{5}{46} \cdot 23$ c) $\frac{15}{23} : 5$ d) $\frac{3}{4} : 51$ e) $\frac{2}{21} \cdot 7$

2 In einem Kasten sind sechs Flaschen Apfelsaft. Jede Flasche enthält $\frac{3}{4}$ l Saft. Wie viele Liter Apfelsaft sind dies insgesamt?

3 Anika möchte das Kaffee-Eis mit ihrer Freundin Janine ausprobieren. Welche Menge benötigt sie, wenn das Rezept für vier Personen ist?

11 Setze die Zahlen 3; 5 und 15 in die Kästchen so ein, dass das
a) größtmögliche Ergebnis,
b) kleinstmögliche Ergebnis
entsteht.

$\square : \frac{\square}{\square} =$

12 a) Teile durch 5 bzw. kürze mit 5. Vergleiche.
$\frac{5}{45}$; $\frac{25}{90}$; $\frac{100}{135}$; $\frac{185}{10}$
b) Erläutere den Unterschied zwischen Kürzen mit 4 und Dividieren durch 4.

13 Finde drei verschiedene mögliche Rechnungen.
a) $\frac{□}{△} \cdot ○ = \frac{2}{5}$ b) $△ \cdot \frac{□}{○} = -\frac{7}{9}$ c) $\frac{△}{○} : □ = 4$ d) $\frac{○}{□} : △ = \frac{1}{12}$

14 Gib das Ergebnis in der nächstkleineren Einheit an.
a) Wie viel ist die Hälfte von $\frac{3}{4}$ kg?
b) Wie viel ist ein Viertel von einer halben Stunde?
c) Wie viel ist ein Zehntel von einem halben Kilometer?
d) Wie viel ist der achte Teil von $\frac{1}{5}$ Liter?

4 Multiplizieren von Brüchen

Der Schulgarten wird neu angelegt. Von der Gesamtfläche sollen $\frac{3}{4}$ bepflanzt werden. Die Klasse 6a soll $\frac{2}{3}$ der Beete pflegen, den anderen Teil versorgt die Klasse 6b. Die Klasse 6a möchte auf der Hälfte ihrer Fläche Radieschen und Bohnen und auf der restlichen Fläche Erdbeeren pflanzen. Die Klasse 6b plant, auf $\frac{3}{4}$ ihrer Beete Erdbeeren und auf dem Rest Zucchini anzupflanzen.

Florian zeichnet ein Rechteck in sein Heft. Davon malt er $\frac{3}{4}$ gelb aus. Malt er von der gelben Fläche $\frac{2}{5}$ blau an, so entsteht eine grüne Färbung. Diese grüne Fläche macht dann $\frac{2}{5}$ von $\frac{3}{4}$ der Gesamtfläche aus.

Um den Anteil der grünen Fläche an der Gesamtfläche zu bestimmen, rechnet man:
$\frac{3}{4} : 5 = \frac{3}{4 \cdot 5} = \frac{3}{20}$,
$\frac{3}{20} \cdot 2 = \frac{6}{20} = \frac{3}{10}$.

$\frac{2}{5}$ von $\frac{3}{4}$ bedeutet $\left(\frac{3}{4 \cdot 5}\right) \cdot 2$, also
$\frac{2 \cdot 3}{5 \cdot 4} = \frac{6}{20} = \frac{3}{10}$.

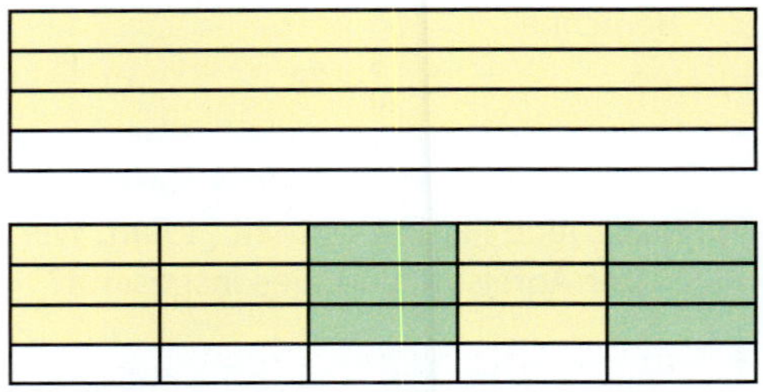

Berechnet man **Anteile von Anteilen**, so werden Zähler mit Zähler und Nenner mit Nenner multipliziert. Man sagt, die beiden Brüche werden miteinander multipliziert.

Multiplizieren von Brüchen
Man multipliziert zwei Brüche miteinander, indem man die Zähler und Nenner jeweils miteinander multipliziert.
$\frac{1}{3}$ von $\frac{4}{5}$ bedeutet $\frac{1}{3} \cdot \frac{4}{5} = \frac{1 \cdot 4}{3 \cdot 5} = \frac{4}{15}$.

$\left(\frac{1}{2}\right)^2 = \frac{1}{2} \cdot \frac{1}{2}$
$\left(\frac{1}{2}\right)^3 = \frac{1}{2} \cdot \frac{1}{2} \cdot \frac{1}{2}$
$\left(\frac{1}{2}\right)^4 = \frac{1}{2} \cdot \frac{1}{2} \cdot \frac{1}{2} \cdot \frac{1}{2}$

Bei vielen Rechnungen lässt sich der Rechenaufwand verringern, indem man so früh wie möglich kürzt. $\frac{2}{5}$ von $\frac{15}{16}$ berechnet man so: $\frac{2}{5} \cdot \frac{15}{16} = \frac{2 \cdot 15}{5 \cdot 16} = \frac{2 \cdot 3 \cdot 5}{5 \cdot 2 \cdot 8} = \frac{3}{8}$.
Tritt bei einem Produkt mehrfach derselbe Faktor auf, so lässt sich dies kürzer schreiben:
$\frac{3}{4} \cdot \frac{3}{4} \cdot \frac{3}{4} = \left(\frac{3}{4}\right)^3$.

Ist ein Faktor eine natürliche Zahl, so kann man auch diese als Bruch schreiben und dann multiplizieren:
$\frac{3}{8} \cdot 4 = \frac{3}{8} \cdot \frac{4}{1} = \frac{3 \cdot 1}{2 \cdot 1} = \frac{3}{2}$.

Beispiel 1 Multiplikation von Brüchen
Berechne: a) $\frac{5}{12} \cdot \frac{8}{25}$, b) $\left(\frac{2}{5}\right)^2$.
Lösung:
a) $\frac{5}{12} \cdot \frac{8}{25} = \frac{5 \cdot 8}{12 \cdot 25} = \frac{1 \cdot 2}{3 \cdot 5} = \frac{2}{15}$
b) $\left(\frac{2}{5}\right)^2 = \frac{2}{5} \cdot \frac{2}{5} = \frac{4}{25}$

Beispiel 2 Anteile von Größen
Berechne $\frac{2}{5}$ von $\frac{3}{4}$ kg.
Lösung:
$\frac{2}{5}$ von $\frac{3}{4}$ kg $= \left(\frac{2}{5} \cdot \frac{3}{4}\right)$ kg $= \frac{2 \cdot 3}{5 \cdot 4}$ kg $= \frac{3}{10}$ kg.

Aufgaben

1 Welche Multiplikation ist dargestellt?

a)

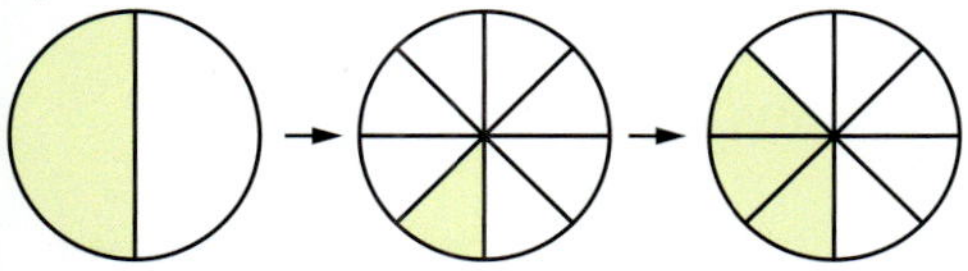

b)

2 Veranschauliche mit einem Kreisbild wie in Aufgabe 1.

a) $\frac{3}{4}$ von $\frac{4}{9}$ b) $\frac{1}{6}$ von $\frac{2}{3}$ c) $\frac{5}{4}$ von $\frac{2}{5}$

3 Berechne.

a) $\frac{1}{2}$ von $\frac{1}{4}$h b) $\frac{2}{5}$ von $\frac{5}{3}$kg c) $\frac{1}{4}$ von $\frac{2}{3}$km d) $\frac{3}{4}$ von $2\frac{1}{2}$l

4 Rechne im Kopf.

a) $\frac{1}{3} \cdot \frac{1}{2}$ b) $\frac{4}{5} \cdot \frac{3}{7}$ c) $\frac{5}{8} \cdot \frac{1}{6}$ d) $\frac{2}{7} \cdot \frac{2}{5}$ e) $\frac{3}{4} \cdot \frac{8}{9}$

$\frac{2}{5} \cdot \frac{3}{7}$ $\frac{1}{2} \cdot \frac{5}{6}$ $\frac{3}{7} \cdot \frac{9}{8}$ $\frac{4}{7} \cdot \frac{5}{3}$ $\frac{4}{5} \cdot \frac{1}{3}$

5 Berechne und kürze, wenn möglich.

a) $\frac{5}{8} \cdot \frac{44}{25}$ b) $\frac{3}{8} \cdot \frac{48}{51}$ c) $\frac{13}{14} \cdot \frac{56}{65}$ d) $\frac{48}{51} \cdot \frac{45}{64}$

e) $3\frac{1}{3} \cdot \frac{7}{10}$ f) $5 \cdot \frac{8}{15}$ g) $2\frac{1}{2} \cdot \frac{1}{3}$ h) $4\frac{1}{6} \cdot \frac{2}{5}$

6 a) Wie viel sind zwei Drittel von einem halben Liter?
b) Wie viel sind drei Viertel von einem halben Liter?
c) Wie viel sind vier Fünftel von einem drei Viertel Kilometer?
d) Wie viel sind zwei Drittel von einer Dreiviertelstunde?

7 Ergänze die Zahlenmauer. Über zwei Zahlen steht immer deren Produkt.

a)

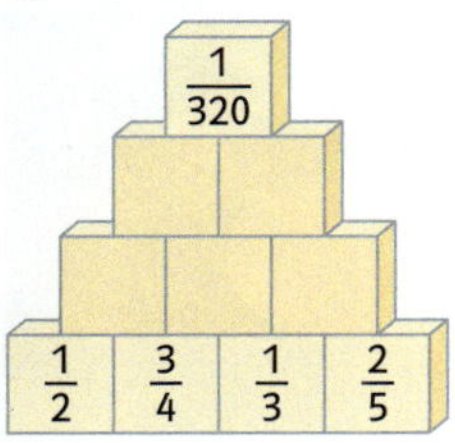

b)

c)

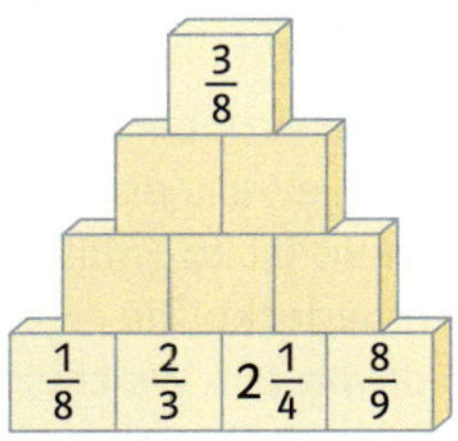

d)

8 a) In einer Klasse ist ein Drittel der Schülerinnen und Schüler erkrankt, die Hälfte davon an einer Grippe. Wie hoch ist der Anteil der an Grippe Erkrankten in der Klasse?
b) Wie viele Kinder sind dies, wenn in der Klasse 30 Kinder sind?

9 In Michaels Heft steht die Rechnung aus Fig. 1. Zeige durch eine Überschlagsrechnung, dass er nicht richtig gerechnet hat. Beschreibe, welchen Fehler er gemacht hat und bestimme das richtige Ergebnis.

$$1\frac{17}{19} \cdot 3\frac{19}{27} = 3\frac{17}{27}$$

Fig. 1

In welcher Stadt liegt diese Brücke?

Ordne dazu die Ergebnisse von Aufgabe 5.

$\frac{5}{3}$ X | $\frac{8}{3}$ D | $\frac{11}{10}$ B | $\frac{7}{3}$ O | $\frac{4}{5}$ E | $\frac{5}{6}$ A | $\frac{16}{17}$ R | $\frac{45}{68}$ U

Die Lösungsstadt von Aufgabe 5 liegt im Lösungsland von Aufgabe 4.

$\frac{5}{12}$ N | $\frac{2}{3}$ C | $\frac{1}{6}$ F | $\frac{5}{48}$ K | $\frac{12}{35}$ A | $\frac{4}{15}$ H | $\frac{6}{35}$ R | $\frac{27}{56}$ R | $\frac{20}{21}$ I | $\frac{4}{35}$ E

Bist du sicher?

Achtung: Beachte den Unterschied zwischen $3\frac{1}{3}$ und $3 \cdot \frac{1}{3}$!

1 Berechne die Anteile.

a) $\frac{2}{3}$ von $\frac{1}{2}$ kg b) $\frac{2}{5}$ von $\frac{7}{8}$ t c) $\frac{3}{2}$ von $\frac{3}{4}$ km d) $\frac{5}{6}$ von $9\,m^3$

2 Berechne.

a) $\frac{4}{3} \cdot \frac{2}{3}$ b) $\frac{6}{3} \cdot \frac{10}{3}$ c) $\frac{98}{68} \cdot \frac{51}{21}$ d) $\frac{15}{2} \cdot \frac{2}{5}$ e) $\frac{7}{9} \cdot 2\frac{7}{8}$

3 Die Ernte eines Bauernhofes besteht zu drei Fünfteln aus Getreide, davon sind zwei Drittel Weizen. Welchen Anteil hat der Weizen an der gesamten Ernte?

10 Den Goldanteil von Schmuck und Besteck erkennt man an einer eingestempelten Zahl. Ist der Stempeldruck z. B. 333, so besteht der Gegenstand zu $\frac{333}{1000}$ aus reinem Gold. Wie viel Gold enthält
a) ein Ring mit $2\frac{1}{4}$ g und dem Stempel 750,
b) eine Kette mit $28\frac{1}{5}$ g; und dem Stempel 585?

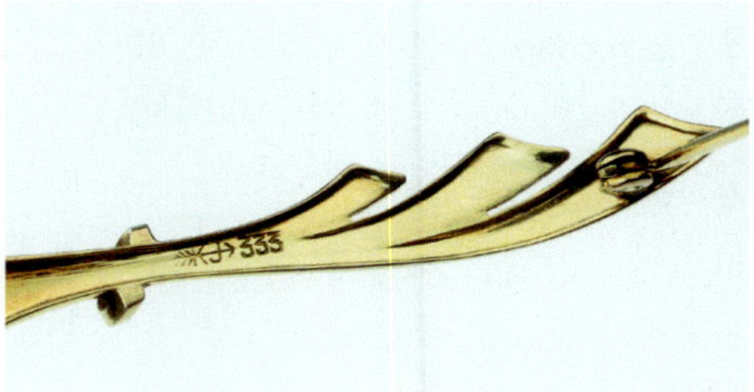

Beispiel:
$\frac{5}{2} \cdot \frac{4}{6} = \frac{20}{12}$

11 **Rechenspiel mit vier Würfeln**
Würfle und bilde aus den vier Augenzahlen zwei Brüche und multipliziere sie.
a) Wer hat ein Ergebnis, das am nächsten an der Zahl 1 liegt?
b) Wer hat das größte, wer das kleinste Ergebnis?

12 a) Die Erdoberfläche ist zu etwa $\frac{7}{10}$ mit Meeren bedeckt. $\frac{3}{10}$ der Meeresflächen entfallen auf den Atlantischen Ozean, $\frac{1}{5}$ auf den Indischen Ozean und der Rest auf den Pazifischen Ozean. Welchen Anteil der Erdoberfläche nehmen die drei Meere jeweils ein?
b) Der Rest der Erdoberfläche ist Festland, das sich wie folgt auf die Kontinente verteilt: $\frac{1}{5}$ Afrika, $\frac{4}{25}$ Nord-, $\frac{3}{25}$ Südamerika, $\frac{7}{75}$ Antarktis, $\frac{3}{10}$ Asien, $\frac{3}{50}$ Ozeanien und $\frac{1}{15}$ Europa. Welchen Anteil der Erdoberfläche nehmen die Kontinente jeweils ein?
c) Der afrikanische Kontinent ist zu $\frac{3}{5}$ mit Wüsten oder Halbwüsten bedeckt. Die Wüste Sahara nimmt $\frac{5}{12}$ davon ein. Welcher Teil des Kontinents entfällt auf die Sahara?

Die beiden Gläser sind je zu $\frac{2}{3}$ gefüllt. Man gießt aus dem linken die Hälfte in das rechte Glas, dann die Hälfte aus dem rechten in das linke Glas, nun wieder die Hälfte aus dem linken ins rechte Glas usw. Wann läuft welches Glas beim Umfüllen über?

13 Max, Bettina und Kim teilen sich eine Schale Reis so, dass jeder gleich viel erhält. Als Bernd hinzukommt, geben ihm Max und Bettina jeweils ein Drittel ab. Kim gibt ihm von ihrem Reis ein Viertel. Welchen Anteil an der ursprünglichen Menge Reis hat jetzt jedes der Kinder? Wer hat die größte, wer hat die kleinste Portion?

14 **Zum Knobeln**
Zwei Kerzen sind verschieden lang und dick. Die kürzere Kerze ist nach zwölf Stunden heruntergebrannt, die andere schon nach sechs Stunden. Nach drei Stunden sind beide gleich lang. Wie viel kürzer war die eine Kerze zu Beginn?

5 Dividieren von Brüchen

Nach den Ferien unterhalten sich Petra und Toni über die Autofahrt zum Urlaubsort und wer schneller gefahren ist. „Mein Vater hat für die Strecke von 400 km $3\frac{1}{2}$ Stunden benötigt", sagt Toni. „Meine Mutter ist in $4\frac{1}{4}$ Stunden die Strecke von 550 km gefahren", erwidert Petra.

Verteilt man 12 l Wasser gleichmäßig auf mehrere Gefäße, so hängt die Anzahl der Gefäße von deren Fassungsvermögen ab. In der Tabelle sind verschiedene Möglichkeiten notiert.

Inhalt eines Gefäßes (in l)	2	1	$\frac{1}{2}$	$\frac{1}{4}$	$\frac{3}{4}$
Anzahl der Gefäße	6	12	24	48	?

Die Anzahl der benötigten Gefäße lässt sich berechnen, indem man die Gesamtmenge des Wassers durch das Fassungsvermögen eines Gefäßes dividiert.
$12\,l : 2\,l = 6$; $12\,l : 1\,l = 12$; $12\,l : \frac{1}{2}\,l = 24$ und $12\,l : \frac{1}{4}\,l = 48$.
Man erkennt, dass die **Division** durch $\frac{1}{4}$ dasselbe bedeutet wie die Multiplikation mit 4. Nimmt man nun das Gefäß mit $\frac{3}{4}$ l Inhalt, so passt in dieses Gefäß die dreifache Menge, also benötigt man nur noch ein Drittel der Gefäße. Das sind $48 \cdot \frac{1}{3} = 16$ Gefäße.
Verteilt man 12 l auf $\frac{3}{4}$-l-Gefäße, so kann man $12 : \frac{3}{4} = (12 \cdot 4) \cdot \frac{1}{3} = 12 \cdot \frac{4}{3} = 16$ Gefäße füllen. Zähler und Nenner des zweiten Bruches wurden vertauscht, dies nennt man den **Kehrwert** des Bruches (Kehrbruch). Bei der Division durch einen Bruch wird also mit dessen Kehrwert multipliziert.

Fig. 1

Dividieren durch einen Bruch
Man **dividiert** durch einen Bruch, indem man ihn mit seinem **Kehrwert multipliziert**.

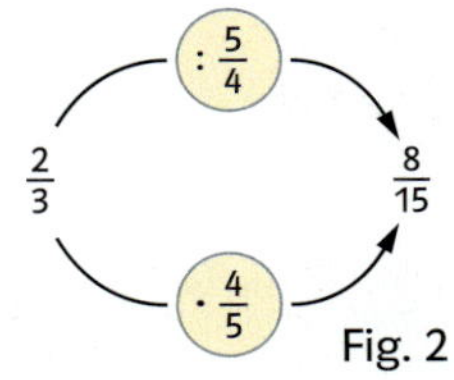

Fig. 2

$:\frac{5}{4}$ und $\cdot\frac{4}{5}$ liefern dasselbe Ergebnis.

Beispiel
Berechne: a) $\frac{3}{5} : \frac{7}{8}$, b) $\frac{6}{5} : \frac{9}{20}$, c) $2 : \frac{3}{8}$.
Lösung:
a) $\frac{3}{5} : \frac{7}{8} = \frac{3}{5} \cdot \frac{8}{7} = \frac{3 \cdot 8}{5 \cdot 7} = \frac{24}{35}$ b) $\frac{6}{5} : \frac{9}{20} = \frac{6}{5} \cdot \frac{20}{9} = \frac{6 \cdot 20}{5 \cdot 9} = \frac{2 \cdot 4}{1 \cdot 3} = \frac{8}{3}$ c) $2 : \frac{3}{8} = 2 \cdot \frac{8}{3} = \frac{2 \cdot 8}{3} = \frac{16}{3}$

Bruch	*Kehrwert*
$\frac{4}{3}$	$\frac{3}{4}$
$\frac{2}{3}$	$\frac{3}{2}$

Aufgaben

1 Rechne im Kopf.
a) $\frac{1}{2} : \frac{1}{8}$; $\frac{2}{3} : \frac{1}{4}$
b) $\frac{1}{2} : \frac{1}{3}$; $\frac{3}{5} : \frac{6}{10}$
c) $\frac{1}{5} : \frac{1}{2}$; $\frac{5}{7} : \frac{7}{15}$
d) $\frac{4}{5} : \frac{1}{10}$; $\frac{15}{21} : \frac{5}{7}$
e) $\frac{4}{9} : \frac{1}{6}$; $\frac{14}{25} : \frac{7}{5}$

Achte auf die Reihenfolge!

2 Berechne und kürze, wenn möglich, vor dem Multiplizieren.
a) $\frac{5}{12} : \frac{15}{8}$; $\frac{95}{24} : \frac{25}{36}$
b) $\frac{10}{21} : \frac{15}{14}$; $\frac{36}{45} : \frac{24}{27}$
c) $\frac{22}{21} : \frac{11}{28}$; $\frac{33}{84} : \frac{11}{48}$
d) $\frac{21}{12} : \frac{49}{16}$; $\frac{25}{49} : \frac{81}{35}$
e) $\frac{24}{49} : \frac{36}{56}$; $\frac{18}{17} : \frac{90}{34}$

Als Produkt schreiben → Kürzen → Multiplizieren

3 Berechne und kürze, wenn möglich, vor dem Multiplizieren.

a) $2\frac{2}{5} : \frac{2}{5}$ b) $10 : \frac{4}{5}$ c) $4 : \frac{3}{8}$ d) $\frac{3}{4} : 1\frac{2}{3}$ e) $\frac{1}{5} : \frac{1}{3}$

$\frac{3}{4} : \frac{6}{15}$ $\frac{2}{3} : \frac{4}{9}$ $\frac{1}{3} : \frac{1}{6}$ $\frac{3}{5} : 5$ $5 : \frac{7}{15}$

4 Welcher Bruch steht für ▢?

a) $\frac{7}{5} : ▢ = \frac{14}{25}$ b) $\frac{8}{9} : ▢ = \frac{4}{9}$ c) $▢ : \frac{1}{4} = \frac{1}{2}$ d) $▢ : \frac{7}{2} = \frac{2}{21}$ e) $▢ : 2\frac{7}{8} = \frac{8}{23}$

5 Übertrage ins Heft und fülle aus.

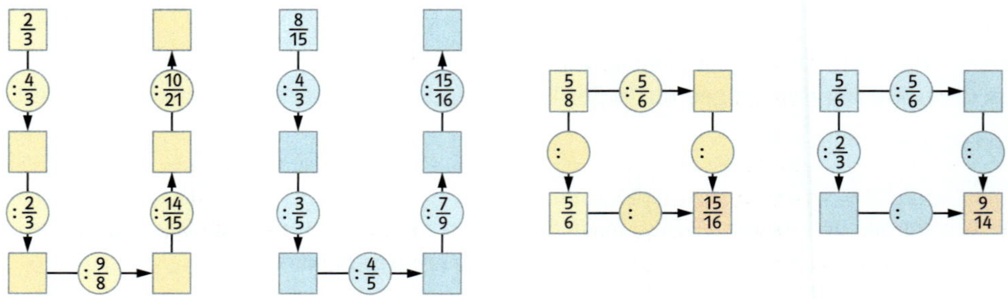

Bist du sicher?

1 Berechne.

a) $\frac{3}{4} : \frac{6}{5}$ b) $\frac{21}{16} : \frac{7}{24}$ c) $\frac{35}{36} : \frac{25}{54}$ d) $\frac{64}{75} : \frac{32}{95}$

2 Berechne.

a) $\frac{5}{7} : 2\frac{2}{5}$ b) $4 : \frac{1}{2}$ c) $\frac{4}{9} : \frac{3}{4}$ d) $9\frac{1}{2} : 2\frac{1}{9}$

3 Ein Imker füllt seine Ernte von $77\frac{1}{2}$ kg Honig in Dosen zu $2\frac{1}{2}$ kg ab. Wie viele Dosen Honig erhält er?

4 Kann man 5 so durch eine andere Zahl dividieren, dass das Ergebnis größer als 5 ist?

6 Ein rechteckiges Grundstück hat den Flächeninhalt 730 m² und eine Seite mit der Länge $18\frac{1}{4}$ m. Berechne die Länge der anderen Seite.

7 Die Zettel sollen in die Felder eingefügt werden. Gibt es mehrere Möglichkeiten?

a) b) c)

8 Die rechteckige Bodenfläche eines Schwimmbeckens von 800 m² soll mit quadratischen Fliesen der Seitenlänge $\frac{1}{4}$ m ausgelegt werden. Berechne die Materialkosten, wenn eine Fliese 12,50 € kostet.

9 In Fig. 1 und Fig. 2 soll in jedem gelben Dreieck das Produkt der Zahlen in den daneben stehenden grünen Dreiecken stehen (vgl. Fig. 3). In grünen und gelben Dreiecken, die wie in Fig. 3 übereinander liegen, sollen die Kehrwerte stehen. Übertrage Fig. 1 und Fig. 2 in dein Heft und ergänze sie.

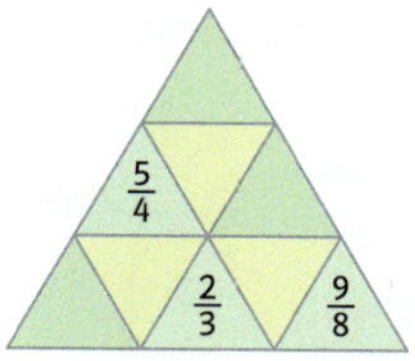

Fig. 1

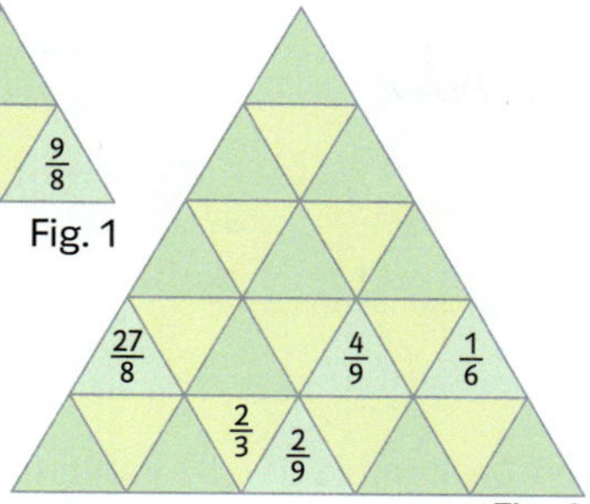

Fig. 2

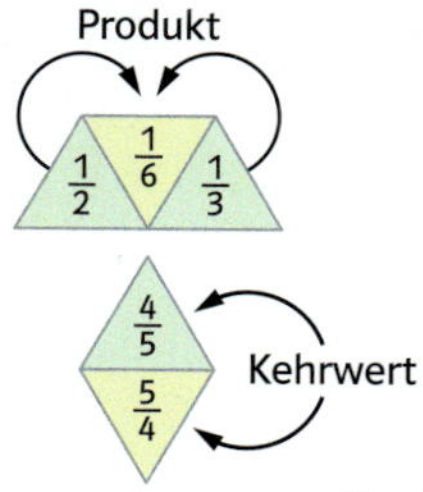

Fig. 3

10 Anika erhält $2\frac{1}{4}$-mal so viel Taschengeld wie ihr jüngerer Bruder Sebastian. Anika bekommt monatlich 9 €. Wie viel Taschengeld erhält Sebastian?

11 Ein Dominospiel besteht aus verschiedenen Steinen, auf denen je zwei Zahlen zwischen 0 und 9 dargestellt sind. Entfernt alle Steine, welche die Zahl 0 oder zweimal die gleiche Zahl zeigen. Dreht dann alle verbleibenden Steine so, dass oben die kleinere Zahl steht. Gebt alle Divisionsaufgaben an, die ihr mit den verbleibenden Steinen legen könnt.

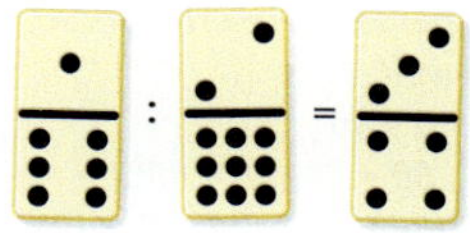

12 **Rechenspiel mit vier Würfeln**
Würfle und bilde aus den vier Augenzahlen zwei Brüche und dividiere sie.
a) Wer hat ein Ergebnis, das am nächsten an der Zahl 1 liegt?
b) Wer hat das größte, wer das kleinste Ergebnis?

Beispiel:
$\frac{2}{6} : \frac{3}{5} = \frac{5}{9}$

13 Nach Auskunft eines Autohändlers verliert ein fabrikneues Auto im ersten Jahr $\frac{1}{4}$, im zweiten Jahr $\frac{1}{6}$ und im dritten Jahr $\frac{1}{8}$ seines Neupreises an Wert.
a) Welchen Wert hat ein Auto nach drei Jahren, wenn der Neupreis 14 400 Euro beträgt?
b) Welchem Anteil vom Neupreis entspricht der Restwert nach drei Jahren?
c) Was kostet ein Auto fabrikneu, das nach drei Jahren noch 8800 Euro wert ist?
d) Welchen Bruchteil seines Wertes zu Beginn des zweiten Jahres verliert das Auto im zweiten Jahr?

14 In einem Wanderführer ist für eine Strecke von $6\frac{1}{2}$ km eine Gehzeit von $1\frac{1}{2}$ Stunden angegeben. Von welcher Geschwindigkeit (zurückgelegter Weg pro Stunde) wird hier ausgegangen?

15 **Zum Knobeln**
Kann man mit zwei Gefäßen, die $\frac{3}{4}$ Liter und $\frac{2}{3}$ Liter fassen, eine Flüssigkeitsmenge von fünf Litern abmessen? Begründe deine Antwort.

Kannst du das noch?

16 Multipliziere und schreibe in der nächstgrößeren Einheit.
a) 10 cm · 1000 b) 25 g · 10 000 c) 25 mm · 1 000 000 d) 12 kg · 1000

17 Schreibe in der nächstkleineren Einheit und dividiere dann.
a) 20 km : 1000 b) 12 t : 100 c) 2 m : 1000 d) 5 km : 10 000

18 Berechne und kürze.
a) $\frac{12}{6} - \frac{7}{5}$ b) $\frac{7}{12} + \frac{3}{4}$ c) $\frac{5}{14} + 3\frac{1}{2}$ d) $5 - \frac{2}{7}$

6 Multiplizieren mit und Dividieren durch Zehnerpotenzen

Die Schüler der Klasse 6b planen eine Fahrradtour. Zur Planung benutzen sie die abgebildete Fahrradwanderkarte. Da nicht alle geübte Radfahrer sind, soll jede der vier Etappen nicht länger als 30 km werden.

Die Zahlen 10; 100; 1000 heißen Zehnerpotenzen, weil
$10 = 10^1$,
$100 = 10 \cdot 10 = 10^2$,
$1000 = 10 \cdot 10 \cdot 10 = 10^3$
usw.

Den Dezimalbruch 0,32 kann man auch als $\frac{32}{100}$ schreiben. Multipliziert man diese Zahl mit 10, so erhält man: $\frac{32}{100} \cdot 10 = \frac{32}{10} = 3{,}2$.
Das **Multiplizieren eines Dezimalbruchs** mit 10 entspricht also einer Verschiebung des Kommas um eine Stelle nach rechts.
Bei der **Division** durch 100 wird das Komma um zwei Stellen nach links verschoben, denn es gilt $792{,}4 : 100 = \frac{7924}{10} : \frac{100}{1} = \frac{7924}{10} \cdot \frac{1}{100} = \frac{7924}{1000} = 7{,}924$.

Beim **Multiplizieren** eines Dezimalbruches mit 10; 100; 1000; ... verschiebt sich das Komma des Dezimalbruches um 1; 2; 3; ... Stellen **nach rechts**.
Beim **Dividieren** eines Dezimalbruches durch 10; 100; 1000; ... verschiebt sich das Komma des Dezimalbruches um 1; 2; 3; ... Stellen **nach links**.
Die Zahlen 10; 100; 1000; ... heißen **Zehnerpotenzen**.

Bei der Division einer ganzen Zahl durch 100 muss die Zahl zuerst mit Komma geschrieben werden, zum Beispiel $23 : 100 = 23{,}0 : 100 = 0{,}23$.
Wenn die Anzahl der Ziffern zum Verschieben des Kommas nicht ausreicht, werden Nullen vorangesetzt oder angehängt.

Beispiel 1 Rechnen mit Kommaverschiebung
Berechne.
a) $1{,}367 \cdot 100$ b) $5{,}23 \cdot 10^3$ c) $834 : 1000$ d) $2{,}74 : 10^4$
Lösung:
a) $1{,}367 \cdot 100 = 136{,}7$
b) $5{,}23 \cdot 10^3 = 5{,}230 \cdot 1000 = 5230$ *Um das Komma um drei Stellen nach rechts verschieben zu können, muss eine zusätzliche Null angehängt werden.*
c) $834 : 1000 = 834{,}0 : 1000 = 0{,}834$ *Zuerst wird die Zahl mit Komma geschrieben.*
d) $2{,}74 : 10^4 = 2{,}74 : 10\,000 = 0{,}000\,274$ *Um das Komma vier Stellen nach links verschieben zu können, müssen vier zusätzliche Nullen vorangesetzt werden.*

Beispiel 2 Bedeutung der Kommaverschiebung
Welche Rechnung wurde durchgeführt? a) 0,0247 $\xrightarrow{\square}$ 24,7 b) 25,26 $\xrightarrow{\square}$ 0,002 526
Lösung:
a) Kommaverschiebung um 3 Stellen nach rechts; es wird mit $10^3 = 1000$ multipliziert.
b) Kommaverschiebung um 4 Stellen nach links; es wird durch $10^4 = 10\,000$ dividiert.

Aufgaben

1 Berechne im Kopf.

a) $65{,}42 \cdot 100$
$272{,}6 : 10$
$0{,}0047 : 10$

b) $0{,}245 \cdot 10^2$
$0{,}6 : 100$
$10^5 \cdot 0{,}0034$

c) $100 \cdot 15$
$21 : 10^3$
$30{,}03 : 10$

d) $0{,}0004 \cdot 10^3$
$4{,}321 : 100$
$10^2 \cdot 21$

e) $10000 \cdot 0{,}0041$
$3{,}07 : 10^3$
$700 : 10^4$

2 Welche Rechnung wurde durchgeführt?

a) $0{,}2 \xrightarrow{\square} 20$
$1{,}3 \xrightarrow{\square} 0{,}13$

b) $3{,}6 \xrightarrow{\square} 360$
$75{,}2 \xrightarrow{\square} 0{,}752$

c) $0{,}0001 \xrightarrow{\square} 1$
$1 \xrightarrow{\square} 0{,}00001$

d) $0{,}0026 \xrightarrow{\square} 2600$
$0{,}05 \xrightarrow{\square} 0{,}0005$

3 Gib die kleinste Zehnerpotenz an, mit der man die folgende Zahl multiplizieren muss, um eine natürliche Zahl zu erhalten.

a) 0,04
2,102

b) 1,007
310,310

c) 0,0251
3,1413

d) 1,414123
0,600

4 Welche Angabe kann man am Drehzahlmesser im nebenstehenden Foto ablesen?

5 Ein Mikroskop ist auf tausendfache Vergrößerung eingestellt.
a) Ein Faden eines Spinnennetzes erscheint unter dem Mikroskop 5 mm dick. Wie dick ist er in Wirklichkeit?
b) Ein Bazillus ist in Wirklichkeit 0,004 mm lang. Wie lang erscheint er unter dem Mikroskop?

6 a) Ein Kilogramm Schinken kostet 18,50 €. Wie viel kosten 100 g?
b) Der Preis für 10 g eines Gewürzes beträgt 0,45 €. Wie viel kostet ein Kilogramm?
c) Der Preis für 0,1 l Parfüm beträgt 74,75 €. Was kostet ein Liter?

Bist du sicher?

1 Berechne.

a) $0{,}045 \cdot 100$ b) $10^5 \cdot 0{,}000\,31$ c) $0{,}07 : 10^2$ d) $5{,}07 : 10^3$ e) $230 : 10\,000$

2 Welche Rechnung wurde durchgeführt?

a) $1{,}441 \xrightarrow{\square} 1441$ b) $0{,}387 \xrightarrow{\square} 0{,}003\,87$ c) $0{,}07 \xrightarrow{\square} 7$ d) $111{,}1 \xrightarrow{\square} 0{,}1111$

3 Eine 1-Euro-Münze ist 2,125 mm dick und 7,5 g schwer. Wie hoch und wie schwer ist ein Stapel aus 10; 100; 1000 Münzen?

7 Berechne im Kopf.

a) $(53{,}2 \cdot 100) : 10$
$0{,}31 \cdot 100 \cdot 10 \cdot 10$

b) $(0{,}08 \cdot 1000) : 100$
$((1736{,}2 : 10) : 100) : 100$

c) $1000 \cdot (4 : 100)$
$((22{,}83 : 100) \cdot 1000) : 10$

8 Lege 100 Blätter Zeitungspapier übereinander und bestimme die Höhe und das Gewicht des Stapels.
a) Wie dick ist ein einzelnes Blatt? Gib die Dicke in cm und in mm an.
b) Wie schwer ist ein einzelnes Blatt? Gib das Gewicht in kg und in g an.

7 Multiplizieren von Dezimalbrüchen

Aus der Medizin
„1 kg Mensch" besteht aus ca.
0,65 kg Wasser
0,1 kg Fett
0,15 kg Eiweiß
0,05 kg Mineralien
0,05 kg Kohlenhydrate

Rebecca, Christian und Claudia schauen sich die nebenstehende Aufstellung an. Plötzlich fängt Rebecca an zu lachen. Als die anderen verwundert schauen, sagt sie: „Ich stelle mir gerade vor, aus wie vielen Eiern, Flaschen Wasser und Paketen Butter ich bestehe."

Will man die Dezimalbrüche 2,3 und 1,34 miteinander multiplizieren, so kann man sie als Brüche schreiben: $2{,}3 \cdot 1{,}34 = \frac{23}{10} \cdot \frac{134}{100} = \frac{23 \cdot 134}{10 \cdot 100} = \frac{3082}{1000} = 3{,}082$.

Der Zähler 3082 des Bruches $\frac{3082}{1000}$ ist das Produkt der Dezimalbrüche, wenn man das Komma nicht berücksichtigt.
Der Nenner 1000 zeigt an, dass das Ergebnis drei Stellen nach dem Komma haben muss. Das Ergebnis hat also so viele Nachkommastellen wie die beiden Faktoren zusammen.

Multiplizieren von Dezimalbrüchen
Man multipliziert zuerst, ohne auf das Komma zu achten.
Dann setzt man das Komma so, dass das Ergebnis genau so viele Stellen nach dem Komma hat wie beide Faktoren zusammen.

Komma um eine Stelle nach links – durch 10

Komma um eine Stelle nach rechts – mal 10

Die beiden Multiplikationen $0{,}15 \cdot 13{,}2$ und $1{,}5 \cdot 1{,}32$ haben das gleiche Ergebnis, da die Ziffernfolge gleich und die Summen der Nachkommastellen gleich sind.
Verschiebt man also das Komma bei beiden Faktoren eines Produkts um gleich viele Stellen in entgegengesetzte Richtungen, so ändert sich der Wert des Produkts nicht.

$0{,}008 \cdot 11\,000$
$= 0{,}008 \cdot 11\,000{,}0$
$= 8 \cdot 11 = 88$

Beispiel 1
Multipliziere: $0{,}436 \cdot 0{,}35$.
Lösung:

3 Dezimalen 2 Dezimalen

```
0,436 · 0,35
     1308
     2180
  0,15260
```

Hier muss im Ergebnis die vordere Null ergänzt werden.
Die hintere Null kann man nach dem Setzen des Kommas weglassen.

5 Dezimalen

$0{,}436 \cdot 0{,}35 = 0{,}1526$

Beispiel 2 Entgegengesetzte Kommaverschiebung bei beiden Faktoren
a) Berechne $0{,}02 \cdot 800$.
b) Überschlage $135{,}5 \cdot 0{,}0046$.
Lösung:
a) $0{,}02 \cdot 800$
$= 2 \cdot 8$
$= 16$

b) $135{,}5 \cdot 0{,}0046$
$= 1{,}355 \cdot 0{,}46$
$\approx 1 \cdot 0{,}5$
$= 0{,}5$

Aufgaben

1 Ordne Zahlen und Buchstaben mit gleichen Ergebnissen einander zu. Wie heißt das Lösungswort?

- I — 1,5 · 4
- 5 — 20 · 25
- R — 0,2 · 2,5
- E — 15 · 40
- 4 — 200 · 0,25
- S — 1,5 · 40
- 1 — 1,5 · 400
- B — 25 · 2
- 3 — 15 · 4
- Ä — 2000 · 0,25
- 6 — 2 · 0,25
- 2 — 15 · 0,4

2 Wo musst du beim zweiten Faktor das Komma setzen, damit das Ergebnis stimmt?

	1. Faktor		2. Faktor	Ergebnis
a)	8,3	·	25	20,75
b)	70,4	·	56	39,424
c)	0,23	·	79	0,01817
d)	0,076	·	48	0,3648
e)	120,3	·	62	7,4586
f)	12,25	·	35	4,2875

3 Multipliziere im Kopf.

a) 0,2 · 4
0,02 · 4
0,002 · 4

b) 0,3 · 6
0,03 · 6
6 · 0,003

c) 1,2 · 3
3 · 0,12
0,012 · 3

d) 7 · 1,3
0,13 · 7
7 · 0,013

e) 2,1 · 8
8 · 0,21
0,021 · 8

4 a) 0,05 · 90
900 · 0,005
9 · 0,5

b) 0,24 · 20
24 · 0,2
2 · 2,4

c) 22 · 0,05
0,05 · 22
2,2 · 0,5

d) 0,06 · 150
6 · 1,5
600 · 0,015

e) 0,32 · 0,5
0,032 · 5
320 · 0,0005

5 Berechne schriftlich.

a) 9,3 · 2,5
5,36 · 1,25

b) 11,25 · 7,2
4,84 · 0,64

c) 0,25 · 14,75
0,05 · 0,01

d) 13,3 · 4,44
18,4 · 9,25

Die Lösungen von Aufgabe 5 ergeben einen Berg in den Schweizer Alpen.

59,052 C *6,7 I*
23,25 P *3,0976 K*
170,2 H *81 Z*
3,6875 E *0,0005 S*

6 Führe zunächst eine Überschlagsrechnung durch und berechne dann.

a) 18,48 · 5 b) 8,368 · 204 c) 64,38 · 1,003 d) 183,4 · 0,04 e) 0,091 · 0,015

7 In Fig. 1 wurde einige Male falsch gerechnet. Suche die Fehler und schreibe die korrekte Rechnung in dein Heft.

80 · 0,3 = 2,4 0,7 · 0,05 = 0,0063
12 · 0,4 = 10,8 0,05 · 1,11 = 5,555
4 · 0,06 = 4,06 0,33 · 0,33 = 0,1089

Fig. 1

8 Gib drei Aufgaben an, die das Ergebnis a) 32,6, b) 96,4, c) 16,4 haben.

9 Berechne den Flächeninhalt und den Umfang der Rechtecke.

	a)	b)	c)	d)
Länge	3,2 m	4,6 dm	17,9 cm	1,1 m
Breite	0,5 m	4,2 dm	17,9 cm	7,2 dm

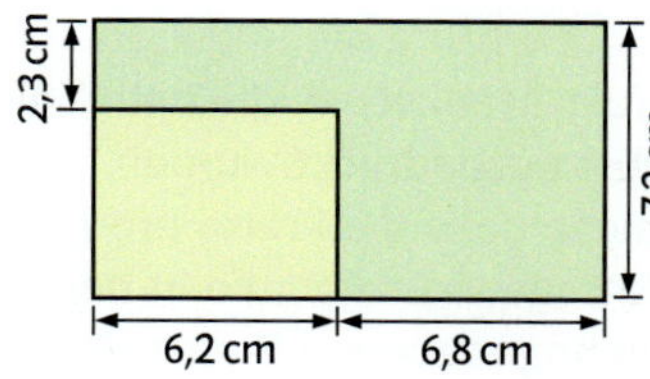

Fig. 2

10 Berechne den Flächeninhalt und den Umfang der grün gefärbten Figur in Fig. 2.

Bei Aufgabe 11 und einigen anderen Aufgaben kann ein Taschenrechner hilfreich sein.

11 Ein Liter Luft wiegt 1,29 g. Wie viel wiegt die Luft in einem Zimmer, das 8,75 m lang, 6,84 m breit und 2,5 m hoch ist? Runde das Ergebnis geeignet.

12 Zwei Dezimalbrüche werden multipliziert. Wie ändert sich das Ergebnis, wenn man
a) bei einem der Dezimalbrüche das Komma um eine Stelle nach links verschiebt,
b) bei beiden Dezimalbrüchen das Komma um eine Stelle nach rechts verschiebt?

Bist du sicher?

1 Berechne.
a) $0{,}03 \cdot 5$ b) $0{,}12 \cdot 4$ c) $0{,}02 \cdot 0{,}06$ d) $0{,}8 \cdot 0{,}8$ e) $1{,}2 \cdot 0{,}005$

2 Führe zuerst eine Überschlagsrechnung durch und vergleiche dann mit dem genauen Ergebnis.
a) $82{,}5 \cdot 0{,}29$ b) $832 \cdot 3{,}03$ c) $0{,}045 \cdot 485$ d) $0{,}049 \cdot 65{,}4$ e) $14{,}8 \cdot 19{,}3$

3 Ein rechteckiges Grundstück ist 15,5 m lang und 9,80 m breit. Die Erschließungskosten für einen Quadratmeter betragen 49,20 €. Wie viel Euro muss der Besitzer bezahlen?

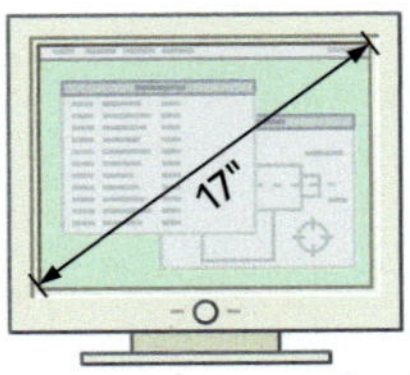

Fig. 1

Fig. 2

13 In manchen Bereichen wird noch immer das Längenmaß Zoll verwendet, das mit " abgekürzt wird. 1 Zoll ist etwa 2,54 cm lang.
a) Welche Länge hat die Diagonale des Monitors (die Breite der Diskette) in Zentimeter?
b) Suche weitere Gegenstände, bei denen Abmessungen in Zoll angegeben sind. Schreibe sie auf und rechne jeweils in Zentimeter um.

14 Der Aufzug in einem Hochhaus steigt durchschnittlich 2,6 m in einer Sekunde.
a) Wie viele Meter steigt er in einer Minute?
b) Wie lange dauert die Fahrt von der 12. in die 25. Etage, wenn die Stockwerkshöhe 4,2 m beträgt?

15 Klaus hat ausgerechnet, dass alle Einwohner Deutschlands auf dem Chiemsee Platz hätten, wenn eine Person $0{,}2\,m^2$ Standfläche benötigt.
a) Schätze ab, ob er Recht haben könnte. Bestimme dazu anhand der Karte einen ungefähren Wert für die Fläche des Chiemsees.
b) Überprüfe die Behauptung, indem du einen genaueren Wert für die Fläche ermittelst und damit rechnest.

Fig. 3

16 Überprüfe die Angaben auf den beiden Preisetiketten, die beim Wiegen von Obst ausgedruckt wurden. Vergleiche dazu die Preise pro Kilogramm, das Nettogewicht und die in beiden Währungen angegebenen Preise. Was stellst du fest? Begründe deine Antwort.

Fig. 4

8 Dividieren eines Dezimalbruches durch eine natürliche Zahl

Die Klasse 6c plant für das nächste Schulfest einen Saftstand, und Petra und Felix sollen dafür die Preisschilder entwerfen. Die Klasse hat sich darauf verständigt, dass pro 0,1-l-Glas ein Gewinn von 5 Cent für die Klassenkasse erzielt werden soll.

Die Zahl 71 ist nicht ohne Rest durch 4 teilbar. 71 ist eine natürliche Zahl, kann aber als Dezimalbruch mit Nullen hinter dem Komma geschrieben werden. Dadurch wird es möglich, die Division über die Einer hinaus fortzusetzen und so den Rest auch noch zu teilen.

```
 Z E , z h        Z E , z h
 7 1 , 0 0 : 4 = 1 7 , 7 5
-4
 3 1
-2 8
   3 0
  -  8
     2 0
    -2 0
       0
```

Das Anhängen der Null an den Rest 3 bedeutet die Umwandlung von 3 Einern in 30 Zehntel.
Beim Dividieren der 30 Zehntel entstehen im Ergebnis ebenfalls Zehntel. Deshalb muss im Ergebnis vorher ein Komma gesetzt werden.

H: Hunderter
Z: Zehner
E: Einer
z: Zehntel
h: Hundertstel
t: Tausendstel

Mit diesem Verfahren lassen sich auch Divisionen von Dezimalbrüchen durch natürliche Zahlen durchführen.

```
 Z E , z h        E , z h
 1 9 , 7 6 : 4 = 4 , 9 4
-1 6
   3 7
  -3 6
     1 6
    -1 6
       0
```

Der Rest 3 Einer wird in 30 Zehntel umgewandelt. Zusammen mit den 7 Zehntel aus 15,76 müssen also 37 Zehntel durch 4 geteilt werden. Vor dem Teilen wird im Ergebnis ein Komma gesetzt.

Rechnung so lange weiterführen, bis der Rest 0 wird, falls möglich.

Die **Division** eines Dezimalbruches durch eine natürliche Zahl wird genauso durchgeführt wie die Division zweier natürlicher Zahlen.
Beim Überschreiten des Kommas der ersten Zahl wird im Ergebnis ein Komma gesetzt.

Durch null darf man nicht dividieren!

Bei der Division eines Dezimalbruches durch eine natürliche Zahl kann es sehr lange dauern, bis der Rest 0 erscheint. Manchmal ist dies auch gar nicht der Fall! Dann sollte man die Rechnung abbrechen und sinnvoll runden.

25,5 m : 13 = 1,961……. m ≈ 1,96 m ≈ 2 m

Beispiel 1

Berechne. a) 3 : 4 b) 9,2 : 48 c) 0,24 : 6

Lösung:

```
a)  3 : 4 = 0,75        b)  9,2 : 8 = 1,15       c)  0,24 : 6 = 0,04
  - 0       ↑              - 8         ↑             - 0          ↑
   30 → Komma               12 → Komma                02 → Komma
  - 28     setzen          - 8        setzen         - 0         setzen
    20                      40                        24
  - 20                     - 40                      - 24
     0                        0                         0
```

Beispiel 2

a) Rechne schriftlich: 42,7 : 7.

b) Finde das Ergebnis von 427 : 7 und 4,27 : 7 ohne erneute Division. Begründe.

Lösung:

```
a)  42,7 : 7 = 6,1
  - 42
     07
    - 7
      0
```

b) 427 : 7 = 61, denn 427 = 42,7 · 10, also ist 427 : 7 = 6,1 · 10

4,27 : 7 = 0,61, denn 4,27 = 42,7 : 10, also ist 4,27 : 7 = 6,1 : 10.

Aufgaben

1 Das Ergebnis von 245 : 7 ist 35. Berechne damit die folgenden Divisionen.

a) 24,5 : 7; 2,45 : 7; 0,245 : 7; 0,0245 : 7

b) 245 : 70; 24,5 : 70; 2,45 : 70; 0,245 : 70

2 In Fig. 1 wurde einige Male falsch gerechnet. Suche die Fehler und korrigiere sie.

0,5 : 5 = 0,0 1	0, 2 1 : 7 = 0,3
6,0 6 : 6 = 1,1	5,6 : 8 = 7
0,9 9 : 9 = 0,9	0,1 4 4 : 1 2 = 1,2

Fig. 1

3 Berechne im Kopf.

a)	b)	c)	d)	e)
0,9 : 3	0,08 : 4	9,0 : 3	12,6 : 6	3,6 : 9
0,12 : 6	0,025 : 5	0,77 : 7	25,5 : 5	0,36 : 9
8,24 : 4	6,18 : 3	18,27 : 9	0,039 : 13	0,084 : 12

4 Berechne schriftlich.

a)	b)	c)	d)	e)
40,3 : 8	127,5 : 4	4,32 : 16	1016,6 : 13	40,5 : 110
6,05 : 5	322,8 : 5	54,3 : 12	623,9 : 17	325,6 : 120
34,2 : 9	337,8 : 6	100,5 : 15	1698,6 : 19	11,04 : 90

5 Schreibe mit Komma.

a) $\frac{1}{5}$ b) $\frac{3}{8}$ c) $\frac{7}{40}$ d) $\frac{51}{12}$ e) $\frac{91}{52}$

6 Dividiere bis zwei Stellen nach dem Komma. Runde dann auf Zehntel.

a) 7,5 : 8 b) 6,36 : 24 c) 0,98 : 14

d) 15,2 : 16 e) 28,3 : 8 f) 3,815 : 7

g) 22,5 : 12 h) 16,07 : 15 i) 128,5 : 9

Bist du sicher?

1 Berechne.

a) 0,25 : 5 b) 9,6 : 12 c) 0,301 : 7 d) 19 : 5 e) 0,55 : 4

2 Schreibe mit Komma.

a) $\frac{1}{8}$ b) $\frac{9}{20}$ c) $\frac{7}{16}$ d) $\frac{9}{40}$ e) $\frac{21}{12}$

7 Rechne jeweils nur einmal schriftlich. Finde die anderen Ergebnisse ohne erneute Division.

a) 63,2 : 8
632 : 8
632 : 80

b) 3,546 : 9
354,6 : 90
35,46 : 900

c) 51,6 : 12
5,16 : 12
516 : 120

d) 1,32 : 11
132 : 1100
0,132 : 1,1

8 a) Dividiere die Summe der Zahlen 6,4 und 27,2 durch 3.
b) Dividiere das Produkt der Zahlen 20,2 und 3,6 durch 30.
c) Dividiere den Quotienten aus 470,4 und 7 durch 24.

9 a) Welche Zahl muss man mit 3 multiplizieren, um 24,96 zu erhalten?
b) Welche Zahl muss man durch 24 dividieren, um 0,36 zu erhalten

10 Achmed vergleicht die Angebote für Hundefutter. Ein 8-kg-Beutel kostet 7,54 €, ein 5-kg-Beutel 4,49 €. Welche Packungsgröße sollte er kaufen?

11 Im 19. Jahrhundert wurden in Deutschland 10-Mark- und 20-Mark-Münzen aus Gold geprägt. Dabei hatten 500 g Gold den Wert von 1395 Mark.
a) Wie viel Gramm Gold entsprachen einer Mark? Runde auf Hundertstel Gramm.
b) Wie viel Gramm reines Gold enthielten das 10-Mark- und das 20-Mark-Stück?
c) 1 g Gold hatte 1999 einen Wert von ungefähr 20 DM. Berechne den Materialwert der beiden Goldmünzen in Euro (1 € = 1,955 83 DM).

12 a) Dana will wissen, wie schwer ein 1-Cent-Stück ist. Dazu wiegt sie vierzehn 1-Cent-Münzen. Sie wiegen zusammen genau 32,2 g. Wie viel g wiegt ein 1-Cent-Stück?
b) Dana misst auch noch die Höhe des Stapels ihrer vierzehn 1-Cent-Münzen. Er ist 19,04 mm hoch. Wie dick ist eine Münze?
c) Finde auf ähnliche Weise heraus, wie hoch ein Stapel aus lauter 10-Cent-Münzen wird, wenn du Münzen im Wert von 10 € aufstapelst.

13 Marion will ihr Zimmer streichen. Sie vergleicht die Preise für Wandfarben. Ein 12-Liter- Eimer kostet 23,40 €, ein 5-Liter-Eimer 8,95 €.
Wie groß ist der Preisunterschied pro Liter?

14 Die Bismarckschule erhält zur Ausstattung der neuen Sporthalle die nebenstehende Lieferung von Bällen.
a) Für welche der genannten Sportarten verwendet man die leichtesten Bälle?
b) Bei welcher Sportart sind die Bälle am schwersten?
c) Gibt es verschiedene Sportarten, die mit gleich schweren Bällen gespielt werden?

Ballsorte	Menge	Gesamtgewicht
Fußball	25	10,500 kg
Handball	12	4,200 kg
Volleyball	15	4,050 kg
Basketball	16	9,792 kg
Gymnastikball	30	5,400 kg
Tischtennisball	144	0,144 kg
Badminton	72	0,252 kg
American Football	4	1,680 kg

9 Dividieren von Dezimalbrüchen

„Jetzt müssten wir ohne Tanken nach Hause kommen. Immerhin habe ich 35,34 € ausgegeben."
„Klar, mit dem vollen Tank schaffen wir die 400 km bis nach Hause locker. Zeigst du mir jetzt, was du noch eingekauft hast?"

Der Quotient zweier natürlicher Zahlen ändert sich nicht, wenn man beide mit 10, 100, 1000, … multipliziert oder durch 10, 100, 1000, … dividiert.

$123 : 17 = \frac{123}{17} = \frac{12\,300}{1700} = 12\,300 : 1700$ $\qquad 130 : 120 = \frac{130}{120} = \frac{13}{12} = 13 : 12$

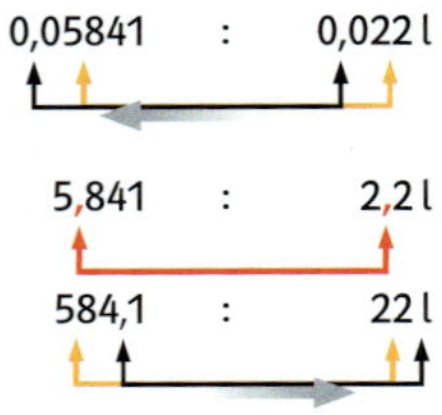

Bei Dezimalbrüchen bedeutet die Multiplikation mit 10, 100, 1000, … eine Kommaverschiebung um 1, 2, 3, … Stellen nach rechts. Die Division bewirkt eine Kommaverschiebung nach links.

Die Rechnung zeigt, dass sich der Quotient zweier Dezimalbrüche nicht ändert, wenn man das Komma bei beiden Zahlen um gleich viele Stellen nach rechts verschiebt.

$0{,}641 : 3{,}21 = \frac{641}{1000} : \frac{321}{100} = \frac{641}{1000} \cdot \frac{100}{321} = \frac{641 \cdot 100}{1000 \cdot 321} = \frac{641 \cdot 1}{10 \cdot 321} = 641 : 3210$

Eine Verschiebung des Kommas bei beiden Zahlen um gleich viele Stellen nach links ändert den Wert des Quotienten ebenfalls nicht.

Auf diese Weise kann man immer erreichen, dass bei der Division die Zahl, durch die geteilt wird, eine natürliche Zahl ist.

Division durch Dezimalbrüche
Man verschiebt das Komma der beiden Zahlen um gleich viele Stellen so weit nach rechts, dass die Zahl, durch die geteilt wird, kein Komma mehr hat. Dann führt man die Division durch.

Komma verschieben oder Nullen anhängen

Bei natürlichen Zahlen bedeutet die Verschiebung des Kommas um 1, 2, 3, … Stellen nach rechts, dass 1, 2, 3, … Nullen angehängt werden müssen.

$34 : 8{,}81 = 34{,}000 : 8{,}81 = 3400{,}0 : 881 = 3400 : 881$

Vor der Division von Dezimalbrüchen sollte man einen Überschlag machen. Dabei ist es geschickt, wenn man folgendermaßen vorgeht:

1. Schritt: Verschiebe bei beiden Zahlen das Komma um gleich viele Stellen so weit nach rechts oder nach links, bis die Zahl, durch die geteilt wird, vor dem Komma nur eine von null verschiedene Ziffer hat.

2. Schritt: Runde zuerst die Zahl, durch die geteilt wird, auf Einer. Runde dann die zu teilende Zahl möglichst so, dass du die Division im Kopf durchführen kannst. Dabei muss man sich nicht immer exakt an die Vorschriften der Regeln für das Runden halten.

$4{,}42 : 0{,}73$	Hier verschiebt man das Komma jeweils um 1 Stelle nach rechts.
$= 44{,}2 : 7{,}3$	$7{,}3 \approx 7$ und $44{,}2 \approx 42$. 42 ist die Zahl, die möglichst nahe an
$\approx 42 : 7 = 6$	44,2 liegt und im Kopf durch 7 teilbar ist.

Beispiel

Berechne: a) 5,865 : 0,17, b) 1500 : 12,5.

Lösung:

a) Überschlag: 5,865 : 0,17 = 58,65 : 1,7
≈ 60 : 2 = 30

Rechnung: 5,865 : 0,17
= 586,5 : 17 = 34,5
− 51
76
− 68
85
− 85
0

b) Überschlag: 1500 : 12,5 = 150 : 1,2
≈ 150 : 1 = 150

Rechnung: 1500 : 12,5
= 15 000 : 125 = 120
− 125
250
− 250
0
− 0
0

Diese Brücke verbindet die Insel aus Aufgabe 1 mit dem Land aus Aufgabe 2.

Aufgaben

1 Berechne im Kopf.

a) 10 : 0,2; 21 : 0,3
b) 18 : 0,1; 40 : 0,2
c) 36 : 0,6; 0,9 : 0,3
d) 0,8 : 0,2; 1,6 : 0,04
e) 0,75 : 0,05; 35 : 0,01

2 Berechne schriftlich.

a) 3,24 : 1,2; 3,08 : 1,1; 6,89 : 1,3
b) 13,84 : 0,4; 25,89 : 0,3; 31,71 : 0,7
c) 9,216 : 3,6; 29,148 : 8,4; 19,012 : 9,7
d) 1,695 : 0,03; 13,6956 : 0,303; 16,968 : 30,3

zu Aufgabe 1

3 O | 180 L | 15 E | 4 N | 50 P | 200 O | 3500 S | 40 N | 60 P | 70 E

zu Aufgabe 2

86,3 C | 1,96 L | 56,5 A | 5,3 I | 2,56 E | 45,3 H | 2,7 G | 3,47 N | 45,2 N | 2,8 R | 0,56 D | 34,6 E

3 Zwei Dezimalbrüche werden durcheinander dividiert. Wie ändert sich das Ergebnis, wenn man
a) bei einem der beiden Dezimalbrüche das Komma um eine Stelle nach rechts verschiebt,
b) bei dem zu teilenden Dezimalbruch das Komma um eine Stelle nach rechts verschiebt und bei dem anderen um eine Stelle nach links,
c) bei beiden Dezimalbrüchen das Komma um eine Stelle nach links verschiebt?

4 Rechne geschickt, indem du nur eine Rechnung schriftlich durchführst.

a) 1,792 : 0,7; 1,792 : 0,07; 179,2 : 0,7; 17,92 : 0,07
b) 15,12 : 3,6; 151,2 : 36; 1,512 : 3,6; 1,512 : 0,36
c) 30,858 : 111; 30,858 : 11,1; 308,58 : 0,111; 3,0858 : 0,0111
d) 540,1 : 49,1; 54,01 : 49,1; 5,401 : 0,491; 0,5401 : 4,91

5 Klaus hat einige Male falsch gerechnet (Fig. 1). Suche die Fehler und korrigiere sie.

0,48 : 0,06 = 0,8 1,44 : 1,2 = 1,2
3 : 0,6 = 0,2 12,4 : 0,02 = 620

Fig. 1

6 Ein Obstbauer hat 100 Liter Apfelsaft gepresst und will ihn in 0,7-Liter-Flaschen abfüllen. Wie viele Flaschen kann er damit abfüllen? Wie viele Liter Apfelsaft bleiben übrig?

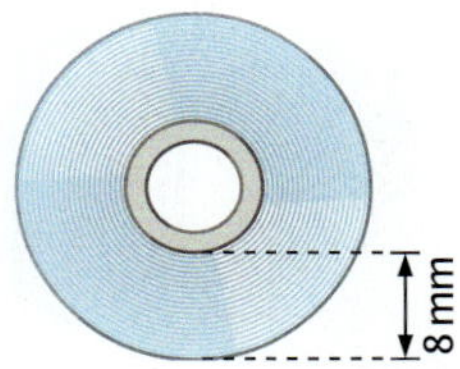

Fig. 2

7 Kunststofffolien für die Küche sind etwa 0,05 mm dick. Bestimme die Anzahl der Lagen auf einer Rolle, die 8 mm dick gewickelt ist.

Bist du sicher?

1 Berechne im Kopf.

a) 5 : 0,2 b) 4,5 : 0,5 c) 9,9 : 3,3 d) 0,14 : 0,07 e) 9 : 0,003

2 Überschlage zuerst und berechne dann schriftlich.

a) 156,96 : 0,24 b) 27,318 : 0,087 c) 0,742 : 0,7 d) 3,95 : 0,32

8 Daniela fährt in den Ferien nach Tunesien. Ein tunesischer Dinar (tD) hat einen Wert von 0,62 € (Stand 6.10.2005).

a) Wie viele Dinar erhält sie für 180 €? Runde sinnvoll.

b) Nach dem Urlaub hat sie noch 17,5 tD übrig. Wie viele Euro sind das?

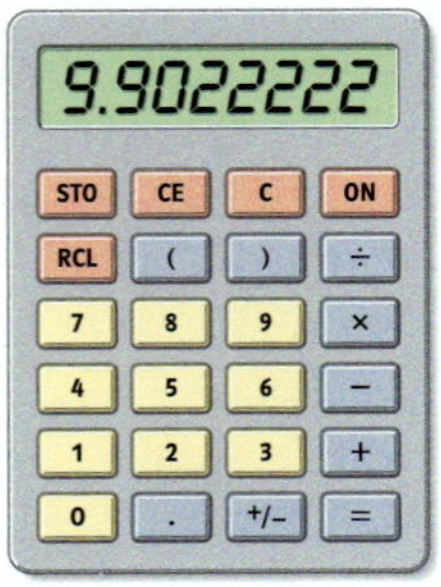

Info

Bei vielen Sachaufgaben ist es sinnvoll, einen Taschenrechner einzusetzen. Das spart Zeit beim Rechnen. So kannst du dich besser auf das konzentrieren, was bei Sachaufgaben auch wichtig ist: Die Aufgabe verstehen – festlegen, in welcher Reihenfolge du rechnen willst – die gestellten Fragen beantworten. Die Rechnung übernimmt der Taschenrechner. Ob das Ergebnis sinnvoll ist, musst du entscheiden. Eine Möglichkeit dazu ist der Überschlag. Durch dieses Vorgehen kannst du Eingabe- und Denkfehler leicht entdecken.

Beispiel: Herr Lind tankt 35,1 l Benzin für 44,54 €. Seit dem letzten Volltanken ist Herr Lind 450 km gefahren. Wie hoch sind seine durchschnittlichen Benzinkosten pro 100 km?

Lösung: Die Kosten pro 100 km sind etwa 45 € : 4,5 = 10 €. Der Taschenrechner errechnet die Zahl 9,9022222. Das kann stimmen, denn es ist nahe bei 10. Für die Antwort musst du aber sinnvoll runden: Seine Benzinkosten pro 100 km betragen etwa 9,90 €.

9 Marens Aquarium ist 1,8 m lang und 0,7 m breit. Wie hoch steht das Wasser im Aquarium, wenn 900 Liter eingefüllt sind? Berechne die Höhe in Meter auf eine Nachkommastelle genau.

10 Ein 4,5 cm langer, 3,4 cm breiter und 2,8 cm hoher Goldbarren wird zu einer rechteckigen Folie ausgewalzt. Die Folie ist 1,2 m lang und 75 cm breit. Wie dick ist sie?

11 Ein Zimmer von 3,2 m Breite und 6,3 m Länge wird mit 0,5 cm dicken Korkplatten ausgelegt. Die Rechnung lautet: „20,16 kg Kork für den Fußboden: 573,50 €."

a) Wie viel kostet 1 m² des Bodenbelages?

b) Wie viel wiegt 1 m² des Bodenbelages?

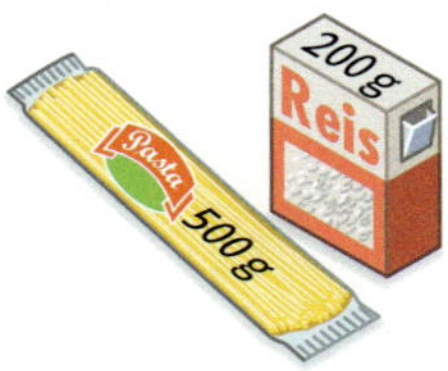

Fig. 1

12 Zum Forschen

a) Bestimme das Gewicht einer Spaghettinudel. Wie viele Nudeln sind ungefähr in dem Nudelpaket?

b) Bestimme mit einem geeigneten Verfahren näherungsweise das Gewicht eines Reiskorns. Wie viele Körner sind etwa in der Packung Reis?

c) Wie viele Reiskörner wiegen etwa genauso viel wie 300 Spaghettinudeln?

10 Vorteilhaftes Rechnen

„Ich bin schneller als dein Taschenrechner."
„Bei solchen Aufgaben benötige ich noch nicht mal einen Stift."
„Das werden wir ja gleich sehen!"

Bei Produkten mit natürlichen Zahlen darf man Faktoren vertauschen und in Produkten mit mehr als drei Faktoren beliebig Klammern setzen oder weglassen. Dadurch können Rechenvorteile entstehen. Die folgende Rechnung zeigt, dass das auch bei Brüchen erlaubt ist.

$\frac{3}{5} \cdot \frac{2}{7} = \frac{3 \cdot 2}{5 \cdot 7} = \frac{2 \cdot 3}{7 \cdot 5} = \frac{2}{7} \cdot \frac{3}{5}$

$\frac{2}{3} \cdot \left(\frac{5}{7} \cdot \frac{11}{13}\right) = \frac{2}{3} \cdot \left(\frac{5 \cdot 11}{7 \cdot 13}\right) = \frac{2 \cdot (5 \cdot 11)}{3 \cdot (7 \cdot 13)} = \frac{(2 \cdot 5) \cdot 11}{(3 \cdot 7) \cdot 13} = \left(\frac{2 \cdot 5}{3 \cdot 7}\right) \cdot \frac{11}{13} = \left(\frac{2}{5} \cdot \frac{5}{7}\right) \cdot \frac{11}{13}$

Auch das Distributivgesetz darf man für Brüche und Dezimalbrüche anwenden.

$\left(\frac{5}{13} + \frac{3}{13}\right) \cdot \frac{7}{11} = \frac{5+3}{13} \cdot \frac{7}{11} = \frac{(5+3) \cdot 7}{13 \cdot 11} = \frac{5 \cdot 7 + 3 \cdot 7}{13 \cdot 11} = \frac{5 \cdot 7}{13 \cdot 11} + \frac{3 \cdot 7}{13 \cdot 11} = \frac{5}{13} \cdot \frac{7}{11} + \frac{3}{13} \cdot \frac{7}{11}$

Beim Multiplizieren von Brüchen und Dezimalbrüchen darf man die Reihenfolge der Faktoren beliebig vertauschen **(Kommutativgesetz)**.

$\frac{3}{7} \cdot \frac{5}{9} = \frac{5}{9} \cdot \frac{3}{7}$

Wenn mehr als zwei Brüche oder Dezimalbrüche miteinander multipliziert werden sollen, darf man beliebig Klammern setzen oder weglassen **(Assoziativgesetz)**.

$0{,}31 \cdot (3{,}2 \cdot 4{,}8) = (0{,}31 \cdot 3{,}2) \cdot 4{,}8 = 0{,}31 \cdot 3{,}2 \cdot 4{,}8$

Bei Brüchen und Dezimalbrüchen darf man Klammern ausmultiplizieren **(Distributivgesetz)**.

$\frac{3}{7} \cdot \left(\frac{5}{9} + \frac{1}{3}\right) = \frac{3}{7} \cdot \frac{5}{9} + \frac{3}{7} \cdot \frac{1}{3}$ $\quad$ $0{,}6 \cdot (3{,}4 - 1{,}2) = 0{,}6 \cdot 3{,}4 - 0{,}6 \cdot 1{,}2$

Kommutativgesetz und Assoziativgesetz gelten nicht für die Division.

Es ist $\frac{1}{2} : \frac{1}{3} = \frac{3}{2}$, aber $\frac{1}{3} : \frac{1}{2} = \frac{2}{3}$.

Es ist $\left(\frac{1}{2} : \frac{1}{3}\right) : \frac{1}{4} = \frac{3}{2} : \frac{1}{4} = \frac{12}{2} = 6$, aber $\frac{1}{2} : \left(\frac{1}{3} : \frac{1}{4}\right) = \frac{1}{2} : \frac{4}{3} = \frac{3}{8}$.

Das Distributivgesetz ist mit der Division anstatt der Multiplikation nicht anwendbar.

Es ist $\frac{1}{2} : \left(\frac{1}{3} + \frac{1}{4}\right) = \frac{1}{2} : \left(\frac{4}{12} + \frac{3}{12}\right) = \frac{1}{2} : \frac{7}{12} = \frac{1}{2} \cdot \frac{12}{7} = \frac{6}{7}$,

aber $\frac{1}{2} : \frac{1}{3} + \frac{1}{2} : \frac{1}{4} = \frac{1}{2} \cdot \frac{3}{1} + \frac{1}{2} \cdot \frac{4}{1} = \frac{3}{2} + \frac{4}{2} = \frac{7}{2}$.

Beim Teilen einer Summe durch einen Bruch oder Dezimalbruch darf man aber jeden Summanden durch den Bruch oder Dezimalbruch teilen und dann die Ergebnisse addieren.

Es ist $(12{,}45 + 8{,}3) : 4{,}15 = 20{,}75 : 4{,}15 = 5$

und $12{,}45 : 4{,}15 + 8{,}3 : 4{,}15 = 3 + 2 = 5$.

Beispiel 1
Vertausche die Faktoren geschickt und berechne: $\frac{3}{2} \cdot \frac{5}{6} \cdot \frac{2}{3} \cdot \frac{6}{5}$.
Lösung:
$\frac{3}{2} \cdot \frac{5}{6} \cdot \frac{2}{3} \cdot \frac{6}{5} = \frac{3}{2} \cdot \frac{2}{3} \cdot \frac{5}{6} \cdot \frac{6}{5}$
$= \left(\frac{3}{2} \cdot \frac{2}{3}\right) \cdot \left(\frac{5}{6} \cdot \frac{6}{5}\right) = 1 \cdot 1 = 1$

Beispiel 2
Wende das Distributivgesetz an.
a) $3{,}7 : 2{,}2 + 2{,}9 : 2{,}2$ b) $(4{,}2 + 2{,}4) \cdot 2$
Lösung:
a) $3{,}7 : 2{,}2 + 2{,}9 : 2{,}2$
$= (3{,}7 + 2{,}9) : 2{,}2 = 6{,}6 : 2{,}2 = 3$
b) $(4{,}2 + 2{,}4) \cdot 2 = 4{,}2 \cdot 2 + 2{,}4 \cdot 2$
$= 8{,}4 + 4{,}8 = 3{,}2$

Beispiel 3
Rechne auf zwei Arten. Welche ist vorteilhafter?
$\frac{13}{19} \cdot \frac{5}{12} + \frac{13}{19} \cdot \frac{7}{12}$
Lösung:
1. Art
$\frac{13}{19} \cdot \frac{5}{12} + \frac{13}{19} \cdot \frac{7}{12} = \frac{13 \cdot 5}{19 \cdot 12} + \frac{13 \cdot 7}{19 \cdot 12}$
$= \frac{65}{228} + \frac{91}{228} = \frac{156}{228} = \frac{13}{19}$

2. Art
$\frac{13}{19} \cdot \frac{5}{12} + \frac{13}{19} \cdot \frac{7}{12} = \frac{13}{19} \cdot \left(\frac{5}{12} + \frac{7}{12}\right) = \frac{13}{19} \cdot 1 = \frac{13}{19}$
Die zweite Art ist vorteilhafter.

Aufgaben

1 Vertausche die Faktoren geschickt und berechne. Bilde Teilprodukte.
a) $\frac{3}{7} \cdot \frac{12}{5} \cdot \frac{14}{21} \cdot \frac{5}{6}$ b) $\frac{8}{9} \cdot \frac{5}{7} \cdot \frac{2}{5} \cdot \frac{3}{4}$ c) $9\frac{1}{2} \cdot \frac{7}{8} \cdot 2 \cdot \frac{6}{19}$ d) $7\frac{1}{3} \cdot \frac{3}{5} \cdot \frac{10}{11} \cdot \frac{2}{9}$

2 Teste, ob die Anwendung des Distributivgesetzes Vorteile bringt oder nicht. Berechne.
a) $6 \cdot \left(\frac{1}{2} + \frac{2}{3} - \frac{1}{4}\right)$ b) $\frac{1}{4}(24 + 72 - 60)$ c) $\left(\frac{1}{12} + \frac{7}{3} - \frac{7}{8}\right) \cdot 24$
d) $5{,}2 \cdot 10 - 10 \cdot 4{,}7$ e) $4{,}7 \cdot 5{,}5 + 5{,}3 \cdot 5{,}5$ f) $4{,}3 \cdot 4 + 4 \cdot 6{,}5 - 3{,}8 \cdot 4$
g) $18 \cdot \frac{4}{5} - \frac{4}{5} \cdot 18$ h) $\frac{3}{5} \cdot \frac{7}{4} + \frac{3}{4} \cdot \frac{1}{5}$ i) $\frac{4}{9} \cdot \frac{2}{3} + \frac{4}{3} \cdot \frac{2}{3}$

3 In den folgenden Rechnungen wurde ein Rechengesetz oder die Reihenfolge der Rechenschritte nicht beachtet. Finde den Fehler und berichtige
a) $\frac{5}{4} + \frac{3}{8} \cdot \frac{3}{13} = \frac{10}{8} + \frac{3}{8} \cdot \frac{3}{13} = \frac{13}{8} \cdot \frac{3}{13} = \frac{3}{8}$ b) $\frac{5}{6} : \left(\frac{4}{3} + \frac{7}{8}\right) = \frac{5}{6} : \frac{4}{3} + \frac{5}{6} : \frac{7}{8} = \frac{10}{9} + \frac{35}{48}$
c) $\frac{5}{6} \cdot \left(\frac{3}{4} + \frac{7}{8}\right) = \frac{5}{6} \cdot \frac{3}{4} + \frac{7}{8} = \frac{5}{8} + \frac{7}{8} = \frac{12}{8} = \frac{3}{2}$ d) $\frac{5}{6} : \left(\frac{3}{4} : \frac{7}{8}\right) = \left(\frac{5}{6} : \frac{3}{4}\right) : \frac{7}{8} = \frac{10}{9} \cdot \frac{8}{7} = \frac{80}{63}$

4 Prüfe, ob die folgenden Klammerungen richtig sind. Rechne dazu den Wert der Terme nicht aus. Begründe deine Antwort.
a) $\left(\frac{231}{4} \cdot \frac{7}{339}\right) \cdot \frac{2}{3} \cdot \frac{31}{49} = \frac{231}{4} \cdot \frac{7}{339} \cdot \left(\frac{2}{3} \cdot \frac{31}{49}\right)$ b) $\frac{21}{554} \cdot \left(\frac{7}{69} \cdot \frac{52}{3}\right) = \left(\frac{52}{3} \cdot \frac{7}{69}\right) \cdot \frac{21}{554}$
c) $\frac{21}{554} : \left(\frac{7}{69} \cdot \frac{52}{3}\right) = \frac{21}{554} \cdot \frac{7}{69} \cdot \frac{52}{3}$ d) $\left(\frac{5421}{765} : \frac{71}{9}\right) : \frac{52}{3} = \frac{5421}{765} \cdot \left(\frac{9}{71} \cdot \frac{3}{52}\right)$

5 Rechne geschickt.
a) $\frac{11}{47} \cdot \frac{3}{8} \cdot \frac{94}{11} \cdot \frac{8}{6}$ b) $\frac{169}{109} \cdot \frac{15}{17} \cdot \frac{109}{13} \cdot \frac{17}{225}$ c) $\frac{63}{144} - \frac{7}{36} \cdot \frac{12}{21}$
d) $\frac{1}{7} \cdot \frac{2}{3} + \frac{6}{7} \cdot \frac{2}{3}$ e) $\frac{27}{39} \cdot 18 + \frac{51}{39} \cdot 18$ f) $2\frac{1}{3} \cdot 3\frac{2}{5} \cdot 3 \cdot 5$

6 Rechne im Kopf.
a) $10{,}631 + 1{,}528 - (5{,}631 + 0{,}528) - 5$ b) $\left(\frac{1}{4} + \frac{1}{2}\right) \cdot \left(\frac{3}{4} - \frac{1}{2}\right) + \left(\frac{1}{2} + \frac{1}{4}\right) \cdot \left(\frac{1}{4} + \frac{1}{2}\right)$

1 a) Schreibe die in Fig. 1 veranschaulichte Rechenaufgabe auf.
b) Man könnte als Zwischenschritt noch zwei weitere Rechtecke einfügen. Zeichne sie und erkläre, was sie veranschaulichen.

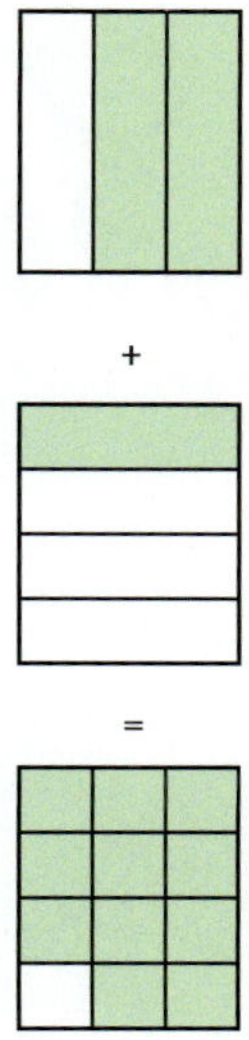

Fig. 1

2

Kakaobohnenernte (in Millionen Tonnen)	2000	1999		2000	1999		2000	1999
Elfenbeinküste	1,300	1,153	Ghana	0,410	0,409	Brasilien	0,209	0,205
			Indonesien	0,348	0,350	Kamerun	0,150	0,150
			Nigeria	0,225	0,225	Malaysia	0,098	0,100

a) Vergleiche für das Jahr 2000 durch einen Überschlag die Ernte der Elfenbeinküste mit der Ernte der anderen Länder zusammen. Berechne anschließend genau.
b) Um wie viele Tonnen war die Ernte der Elfenbeinküste im Jahr 1999 geringer als im Jahr 2000? Haben die restlichen Länder zusammen auch so viel weniger geerntet?

3 Beim alpinen Weltcup-Slalom der Herren in Flachau am 4.1. 2004 siegte der Finne Kalle Palander in 1:42,24 Minuten mit einem Vorsprung von 0,54 s vor dem Österreicher Manfred Pranger. Dieser verwies Giorgio Rocca aus Italien mit nur 2 Hundertstelsekunden Vorsprung auf Rang 3. Gib die Zeiten von Manfred Pranger und Giorgio Rocca an.

4 Mirko mischt $1\frac{1}{2}$ l Zitronenlimo mit $1\frac{3}{4}$ l Mineralwasser und $2\frac{1}{4}$ l Orangensaft.
a) Wie viele Liter Mixgetränk erhält er?
b) Gib verschiedene Möglichkeiten an, die Aufgabe $2\frac{1}{8} + 5\frac{3}{4}$ zu lösen.
c) Wie kann man bei der Subtraktion $8\frac{5}{6} - 4\frac{1}{12}$ vorgehen?

5 Ein Wasserschloss ist von einem $7\frac{1}{2}$ m breiten und $3\frac{1}{2}$ m tiefen Graben umgeben.
a) Wie viele Hektar ist die gesamte Schlossanlage (einschließlich Wassergraben) groß?
b) Wie viele Quadratmeter Grundfläche hat das Schlossgebäude?
c) Wie viele Hektoliter Wasser fasst der Graben?

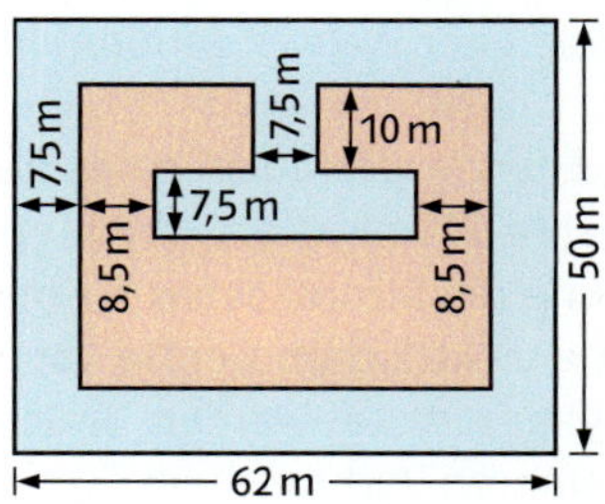

Fig. 2

6 Berechne.
a) $\left(3\frac{1}{2} \cdot 0{,}7 + 4{,}2 \cdot \frac{3}{4}\right) : 1{,}61$
b) $4{,}5 : 0{,}03 - 4{,}5 : 0{,}9 + 1{,}5 \cdot 0{,}003$
c) $\left(2\frac{1}{2} - 1\frac{1}{3} \cdot 0{,}4\right) : \left(3\frac{1}{2} \cdot 0{,}6 + 0{,}5 \cdot \frac{1}{5} - 1{,}6\right)$
d) $\left[(0{,}04 \cdot 10^2) : \frac{1}{5} - \frac{3}{25} \cdot 0{,}5\right] : 0{,}6$

7 Die Ergebnisse der Wahl zum Klassensprecher sind in dem Kreisdiagramm dargestellt.
a) Wie groß sind die Winkel der zugehörigen Kreisausschnitte?
b) Welche Winkel ergeben sich bei einer Klasse mit 30 Schülerinnen und Schülern, wenn die restlichen 6 Stimmen gleichmäßig auf die Kandidaten aufgeteilt werden?

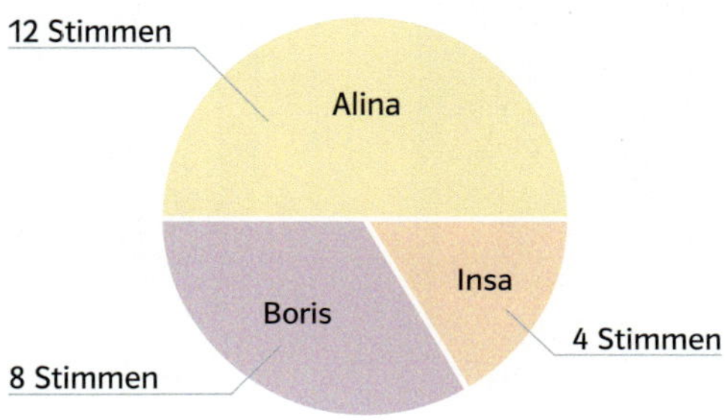

8 Tierolympiade

Nach Protesten einiger Teilnehmer beim Weitsprungwettbewerb wurde eine neue Bewertungsmethode beschlossen. Für jeden Teilnehmer wird die Sprungweite durch die Körperlänge dividiert. Aus dem Ergebnis ergibt sich die neue Reihenfolge.

Alte Wertung		Körperlänge
1. Harald Hirsch	11,03 m	2,45 m
2. Klara Känguru	8,98 m	1,32 m
3. Leo Löwe	4,98 m	1,92 m
4. Helga Heuschrecke	1,95 m	0,06 m
5. Willi Waldmaus	0,76 m	0,09 m
6. Fritz Floh	0,58 m	0,003 m

9 Die Gesamtzahl aller Menschen auf der Erde wird auf ungefähr 6,5 Milliarden geschätzt (Stand: 2005). Die Oberfläche der Erde beträgt rund 510 Millionen Quadratkilometer, davon sind $\frac{3}{10}$ Land. $\frac{2}{10}$ der Landfläche ist unbewohnbar. Wie viele Quadratmeter Nutzfläche stehen für jeden Menschen durchschnittlich zur Verfügung?

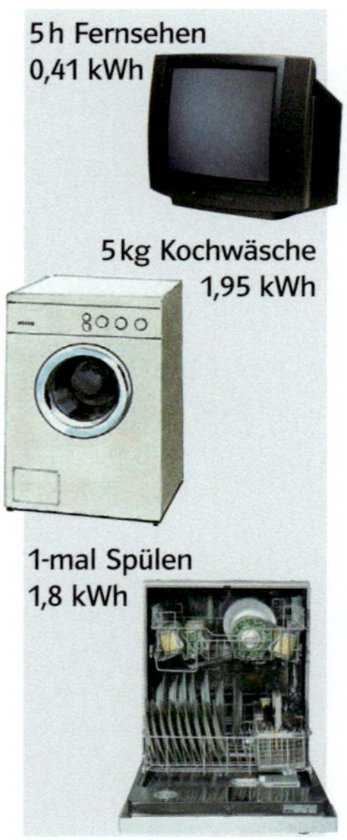

Fig. 1

10 Bei einer Tieroperation richtet sich die Menge des Narkosemittels nach dem Körpergewicht des Tieres. Bei einer einstündigen Operation rechnet man für 1 kg Körpergewicht mit 0,045 g Narkosemittel.

a) Wie viele Gramm Narkosemittel benötigt man für eine einstündige Operation eines 74,5 kg schweren Orang-Utans und die eines 2,975 t schweren Flusspferdes?

b) Wie viele Gramm Narkosemittel benötigt man für dein Lieblingstier?

11 Die Betonmischung B 25 enthält $\frac{1}{5}$ Zement, $\frac{2}{5}$ Sand, $\frac{2}{7}$ Kies, der Rest ist Wasser.

a) Wie viele Kilogramm Zement, Sand und Kies benötigt man für $3\frac{1}{2}$ t Beton?

b) Wie viele Liter Wasser gehören in die Mischung? (1 l Wasser wiegt ungefähr 1 kg.)

12 Der „Energieverbrauch“ eines Elektrogerätes wird in Kilowattstunden (kWh) gemessen. Im Jahre 2004 kostete 1 kWh etwa 11,85 Cent.

a) Berechne die Stromkosten für die Geräte in Fig. 1.

b) Manche elektrischen Geräte können beim Ausschalten in einen Bereitschaftsbetrieb (Stand-by) geschaltet werden. Welche Geräte sind das bei dir zu Hause? Ermittle für sie den ungefähren Verbrauch im Stand-by-Betrieb

13 Der Durchmesser von Fahrradreifen wird in Zoll (″) angegeben. Ein Zoll entspricht etwa 2,54 cm. Um wie viele Zentimeter unterscheidet sich der Reifendurchmesser eines 24″-Fahrrades von dem eines 28″-Fahrrades?

Fig. 2

14 Jeder der Teppiche in Fig. 2 ist 1 m² groß.

a) Gib den Flächeninhalt der einzelnen weißen Quadrate als Bruchteil von 1 m² an.

b) Gib den Flächeninhalt der einzelnen weißen Quadrate als Dezimalzahl an. Runde auf zehntausendstel Quadratmeter.

c) Wie groß sind die weißen Flächen auf den Teppichen insgesamt?

15 Alle Nährstoffe liefern dem Körper Energie. Der Energiegehalt von Nahrungsmitteln wird in Kilojoule (kJ) gemessen. Welche Energiemengen eine Person braucht, ist abhängig von Alter, Geschlecht, Körpergewicht und ausgeübter Tätigkeit.
Der Energiebedarf von 13- bis 15-Jährigen beträgt etwa 10 000 kJ pro Tag.
a) Wie viele Gramm der einzelnen Nährstoffe decken ungefähr den Tagesbedarf?
b) Die Mahlzeiten sollten sich so verteilen, dass jeweils $\frac{1}{4}$ der Nahrung auf das Frühstück und das Abendessen, je $\frac{1}{10}$ auf zwei Zwischenmahlzeiten und $\frac{3}{10}$ auf das Mittagessen entfallen. Wie viele Kilojoule sollen auf die einzelnen Mahlzeiten eines Jugendlichen entfallen?

16 Die drei Panzerknacker haben Onkel Dagoberts Tresor aufgebrochen und 1250 Goldbarren gefunden. Schnell beginnen sie, ihre Beute in die Koffer zu packen.
a) Wie viele Goldbarren passen in einen Koffer? Schätze zunächst.
b) Können sie ihre voll gefüllten Koffer schleppen, wenn jeder maximal 50 kg tragen kann? 1 cm³ Gold wiegt 19,3 g und jeder leere Koffer 750 g.
c) Wie viele Goldbarren kann jeder in einem Koffer transportieren?

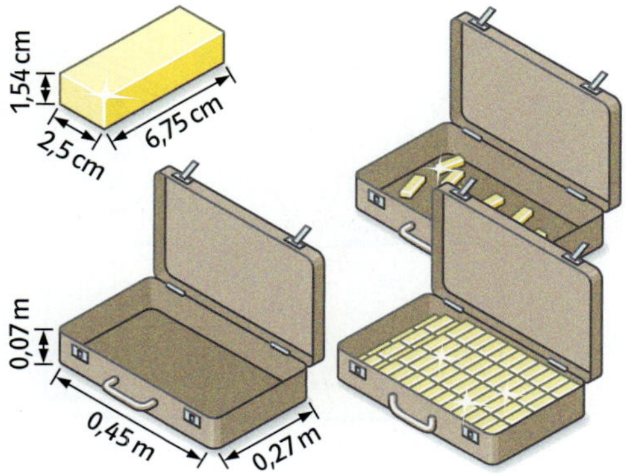

17 Familie Posselt plant, den Dachboden ihres Hauses als Wohnung auszubauen. In Gruppenarbeit könnt ihr helfen, die notwendigen Rechnungen auszuführen.
Gruppe 1 Im Grundriss fehlen die Quadratmeter-Angaben für die einzelnen Zimmer. Übertragt den Plan im Maßstab 1:100 in euer Heft. Berechnet die Größen der Flächen. Bestimmt die Gesamtfläche der Dachgeschosswohnung. Beachtet, dass Flächen unter Dachschrägen nur mit 50 % auf die Wohnfläche angerechnet werden.
Gruppe 2 Im Schnittbild kann man die Raumhöhen ablesen. Kniestöcke bis 100 cm gelten als nicht bewohnbar. Wie viel Dachbodenfläche geht durch den Kniestock verloren? Roland Posselt ist 15 Jahre alt, aber schon 185 cm groß. Er möchte wissen, auf welchem Bruchteil der Fläche seines Zimmers er aufrecht stehen kann.

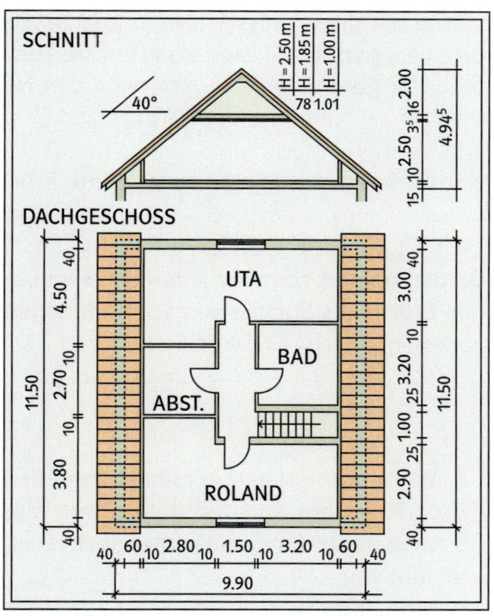

Gruppe 3 Die Wände der Kinderzimmer sollen tapeziert werden. Dazu genügt eine überschlägige Berechnung der Flächen. Wände mit schräg verlaufender Oberkante werden mit einer mittleren Höhe von 170 cm gerechnet, die Flächen für Fenster und Türen werden nicht abgezogen.
Gruppe 4
Die Wände und der Fußboden im Badezimmer werden gefliest. Wie viele Quadratmeter Fliesen werden benötigt?

Bruchrechnung ägyptisch

In Hieroglyphenschrift auf ägyptisch

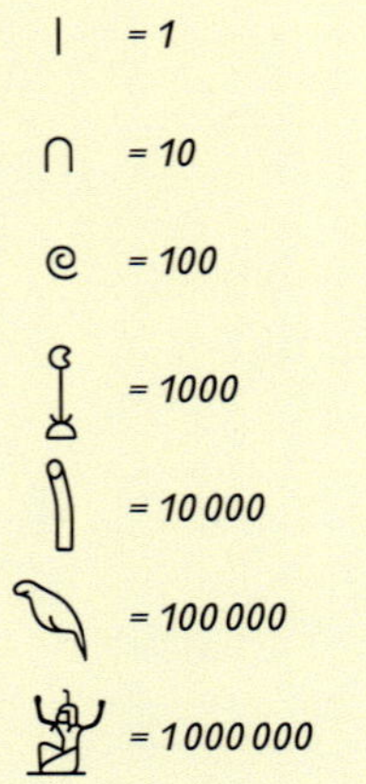

Die Ägypter hatten vor 4000 Jahren Zeichen für die Zahlen 1, 10, 100, ..., 1 000 000, die sie einfach nebeneinander setzten, zum Beispiel 123 = @ ∩ ∩ | | |.
Ein Bericht von einer Schlacht in Ägypten um 2900 v. Chr. enthält Angaben über die erbeuteten Rinder, Ziegen und Gefangenen (Fig. 1). Es handelte sich um 400 000 Rinder, 1 422 000 Ziegen und 120 000 Gefangene. An welcher Stelle hat der Berichterstatter dies vermerkt?

Fig. 1

Neben den natürlichen Zahlen haben die Ägypter auch Brüche verwendet, allerdings nur solche mit dem Zähler 1, also $\frac{1}{2}, \frac{1}{3}, \frac{1}{4}, \ldots$ Diese Brüche nennt man **Stammbrüche**. Durch die Hieroglyphe ⬭ signalisierten sie, dass ein Stammbruch zu bilden ist. Eine Zahl, die darunter geschrieben ist, gibt dann den Nenner des Stammbruchs an:

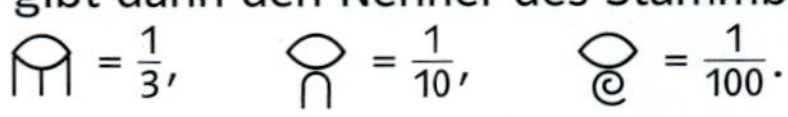

Nur für besonders häufig verwendete Brüche gab es ein eigenes Zeichen, z. B.

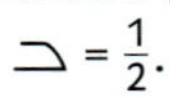

Da die Ägypter nicht für jeden Bruch ein eigenes Zeichen einführen konnten, stellten sie alle Brüche als Summe von Stammbrüchen dar. Dabei durfte kein Stammbruch doppelt vorkommen.

$$\frac{2}{19} = \frac{1}{12} + \frac{1}{76} + \frac{1}{114} \qquad \frac{4}{15} = \frac{1}{5} + \frac{1}{15}$$

1 Wie kommt man nun auf die „ägyptische Schreibweise" eines Bruches?
Experimentiere zunächst mit deinem Taschenrechner und suche eine „ägyptische Schreibweise" für $\frac{3}{11}$. Beachte dabei, dass $\frac{3}{11} = \frac{1}{11} + \frac{1}{11} + \frac{1}{11}$ bei den alten Ägyptern nicht erlaubt war.
Welche Entdeckungen kannst du dabei machen?
Findest du verschiedene Möglichkeiten, den Bruch als Summe darzustellen?

2 Ist es einfacher, eine Darstellung zu finden, wenn ein Stammbruch mehrmals vorkommen darf?

3 Wäre es für dich geschickter, wenn man auch subtrahieren könnte?

Bruchrechnung ägyptisch

Wenn man nicht lange forschen will, kann man auch mit einem systematischen Vorgehen zum Ziel kommen.

Gesucht ist die ägyptische Schreibweise für $\frac{5}{9}$.
1. Schritt: Suche den größten Stammbruch, der in $\frac{5}{9}$ enthalten ist: $\frac{5}{9} = \frac{1}{2} + \dots$
2. Schritt: Berechne die Differenz der beiden Brüche:
$\frac{5}{9} - \frac{1}{2} = \frac{10}{18} - \frac{9}{18} = \frac{1}{18}$.
Somit ist also $\frac{5}{9} = \frac{1}{2} + \frac{1}{18}$ oder wie die Ägypter schreiben würden: 
Liefert der 2. Schritt keinen Stammbruch, so musst du für die Differenz die beiden Schritte wiederholen.

4 Findest du für $\frac{5}{9}$ auch noch eine andere Darstellung? Nimm ruhig den Taschenrechner zur Hand.

Suchst du bei diesem Vorgehen nicht gleich den größten Stammbruch im 1. Schritt, so siehst du, dass man für eine Zahl verschiedene Darstellungen erhalten kann.
So ist z.B. $\frac{5}{7} = \frac{1}{2} + \frac{1}{5} + \frac{1}{70}$ und $\frac{5}{7} = \frac{1}{4} + \frac{1}{5} + \frac{1}{7} + \frac{1}{10} + \frac{1}{70} + \frac{1}{140}$.
Du kannst das mit deinem Taschenrechner schnell überprüfen.

Du hast nun gesehen, dass es sehr aufwändig sein kann, einen Bruch „ägyptisch“ darzustellen. Daher kann man gut verstehen, dass ein normaler ägyptischer Schreiber manchmal Probleme hatte, diese Summanden zu finden. Er benutzte daher eine Tabelle, in der die Quotienten 2 : 5; 2 : 7 usw. schon ausgerechnet waren.

$2:3 = \frac{1}{2} + \frac{1}{6}$

$2:5 = \frac{1}{3} + \frac{1}{15}$ $\quad$ $2:7 = \frac{1}{4} + \frac{1}{28}$

$2:9 = \frac{1}{6} + \frac{1}{18}$ $\quad$ $2:11 = \frac{1}{6} + \frac{1}{66}$

$2:13 = \frac{1}{8} + \frac{1}{52} + \frac{1}{104}$ $\quad$ $2:15 = \frac{1}{10} + \frac{1}{30}$

usw. bis $2:101 = \frac{1}{101} + \frac{1}{202} + \frac{1}{303} + \frac{1}{606}$

Lege jetzt deinen Taschenrechner beiseite und versetze dich in die Lage eines ägyptischen Schreibers.

5 Die Tabelle ist nicht vollständig. Notiere die fehlenden „Zweierquotienten“ wie 2 : 6. Wie gehst du vor, wenn du sie „ägyptisch“ darstellen sollst?

6 Nun erhältst du als Schreiber den Auftrag, auch „Dreierquotienten“ zu schreiben. Wie gehst du vor?

7 Damit du bei einem weiteren Auftrag keine Überraschungen erlebst, hast du beschlossen, vorsorglich zu überlegen, wie du Brüche mit dem Zähler 4 oder 5 schreiben könntest. Welche Idee ist dir dabei gekommen?

Zum Abschluss noch ein paar Fragen, die sich die Schreiber vielleicht auch schon gestellt haben.

8 Kann man eigentlich jeden Bruch zwischen 0 und 1 als Summe von Stammbrüchen darstellen?

9 Kann man jeden Stammbruch selbst wieder als Summe von Stammbrüchen schreiben?

Zu welchem Ergebnis sind sie wohl gekommen?
Experimentiere dazu ruhig mit deinem Taschenrechner – auch wenn die Schreiber vor 4000 Jahren ihn nicht zur Verfügung hatten!

Brüche, Dezimalbrüche und der Taschenrechner

Petra und Malte spielen nach der Mathematikstunde mit ihren Taschenrechnern. Sie stellen sich gegenseitig Divisionsaufgaben und wollen feststellen, ob sie erkennen können, ab wann sich die Ziffern im Ergebnis wiederholen. Sie rechnen: 3 : 8; 6 : 25; 21 : 50; 35 : 25 und 33 : 48. Jürgen hat zugeschaut und sagt: „So bekommt ihr nie periodische Dezimalbrüche. Da müsst ihr schon andere Nenner nehmen. Eure Brüche haben Nenner, bei denen die Dezimaldarstellung abbricht. Das sehe ich ohne Taschenrechner."

1 Hat Jürgen Recht? Finde selbst Brüche, bei denen du ohne Division erkennen kannst, dass ihre Dezimaldarstellung abbricht.

„Na gut", meint Petra. „Dann nehmen wir andere Brüche." Sie probieren es mit $\frac{5}{6}$; $\frac{3}{22}$; $\frac{5}{13}$; $\frac{1}{7}$; $\frac{3}{17}$ und $\frac{4}{7}$.
Malte versucht, die Ergebnisse des Taschenrechners zu deuten: „5 : 6 = $0{,}8\overline{3}$ und 3 : 22 = $0{,}1\overline{36}$. Der Taschenrechner muss doch irgendwann abbrechen. Manchmal rundet er die letzte Ziffer. Aber wenn man genau hinschaut, sieht man schon, welche Ziffern sich wiederholen." „Und wie siehst du das bei unseren anderen Rechnungen?", fragt Petra. Jürgen meint. „Gar nicht so einfach. Bei 1 : 7 würde ich auf $0{,}\overline{142857}$ tippen, 5 : 13 könnte $0{,}\overline{384615}$ sein, 4 : 7 ist auch klar, aber bei 3 : 17 ist die Periode wohl länger als die Anzeige des Taschenrechners. Da kann man sie nicht erkennen. Eigentlich kannst du den Taschenrechner hier vergessen."

2 Prüfe durch schriftliche Division, ob Jürgen Recht hat. Finde selbst Brüche, deren Dezimaldarstellung sofort hinter dem Komma periodisch wird, und solche, bei denen es zuerst Ziffern gibt, die sich nicht wiederholen. Woran liegt das?

Malte mag sich nicht mit dem Gedanken abfinden, dass er den Taschenrechner vergessen soll. Er meint: „Mir ist schon klar, dass er die letzte Stelle manchmal rundet, aber rechnen kann er trotzdem richtig." Er und Petra testen ihn. Malte rechnet 4 : 7 und Petra tippt auf ihrem Rechner 1 : 7 · 4. Beide Ergebnisse stimmen überein: 0,571428571. Eigentlich hätte bei Petras Rechner 0,142857143 · 4 = 0,571428572 herauskommen müssen. Jürgen meint: „Logisch, die Dinger rechnen genauer, als sie anzeigen. Meistens genügt es, wenn man auf zwei oder drei Stellen hinter dem Komma rundet."

Malte und Petra wollen Perioden besser verstehen. Sie schauen nochmals ihre Rechnungen an.

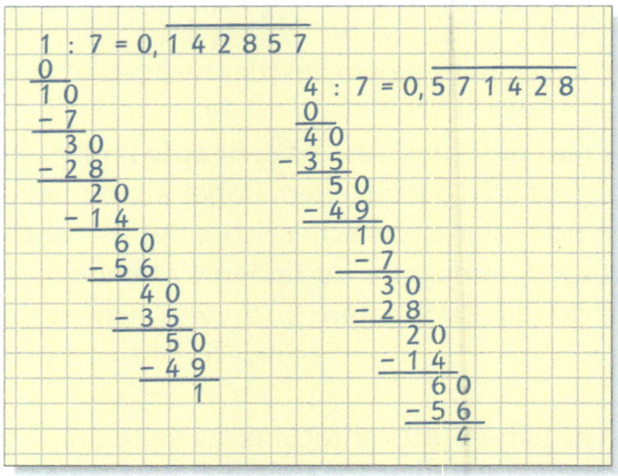

Fig. 1

Beim Vergleichen stellen sie fest, dass in beiden Divisionen dieselben Rechenschritte durchgeführt wurden. Dies können sie ausnutzen, um $\frac{3}{7}$ umzuwandeln.

3 : 7 = 0,4 ... Dann ist $\frac{3}{7} = 0{,}\overline{428571}$.
− 0
30
− 28
...

3 Bestimme den Dezimalbruch von $\frac{5}{7}$; $\frac{2}{7}$ und $\frac{6}{7}$.
Schreibe $\frac{1}{17}$ als Dezimalbruch.
Ermittle hiermit die Dezimalbrüche von $\frac{3}{17}$; $\frac{4}{17}$; $\frac{11}{17}$ und $\frac{16}{17}$ ohne weitere Rechnungen. Warum klappt dieses Verfahren nicht, um $\frac{8}{13}$ zu bestimmen?

Brüche, Dezimalbrüche und der Taschenrechner

In verschiedenen Mathematikbüchern finden Petra und Malte weitere interessante Dinge über periodische Dezimalbrüche.

Besondere Perioden

Beim Teilen durch 17 wiederholt sich der Rest erst nach 16 Stellen. Die Ziffernfolge ist aber ganz unregelmäßig. Anders ist das bei folgenden Brüchen.

$\frac{1}{81} = 0{,}\overline{012345679}$

$\frac{1}{891} = 0{,}\overline{001122334455667789}$

$\frac{1}{8991} = 0{,}\overline{000111222333444555666777889}$

$\frac{1}{89\,991} = ?$

> **4** Wie sehen die Perioden jeweils aus?
> a) $\frac{1}{9}$; $\frac{1}{99}$; $\frac{1}{999}$; ... b) $\frac{1}{9}$; $\frac{1}{90}$; $\frac{1}{900}$; ...
> c) $\frac{11}{90}$; $\frac{101}{900}$; $\frac{1001}{9000}$; ...
> d) Finde selbst weitere Reihen.

Besonders lange Perioden

$\frac{1}{61} = 0{,}\overline{016393442622950819672131147540983606557377}$
$\overline{049180327868852459}$

> **5** Bei welchem der Brüche $\frac{1}{19}$; $\frac{5}{27}$; $\frac{8}{11}$; $\frac{1}{23}$ wiederholen sich in der Dezimalbruchdarstellung die meisten Ziffern, bei welchem die wenigsten? Wie viele gibt es höchstens?

> **6** Bei welchem der Brüche $\frac{1}{13}$; $\frac{1}{17}$; $\frac{5}{37}$; $\frac{3}{22}$; $\frac{65}{26}$; $\frac{5}{24}$ würdest du die Dezimalbruchdarstellung den Taschenrechner ausrechnen lassen, bei welchem lieber nicht?
> Begründe deine Antwort und prüfe dann mit dem Taschenrechner nach.

Unendlich lang, aber nicht periodisch

Jürgen hat alle Rechnereien von Petra und Malte angeschaut und kommt zu der Überzeugung: „Alle Dezimalbrüche, die nicht abbrechen, sind periodisch, weil auch bei noch so großem Nenner sich die Reste irgendwann wiederholen." Da widerspricht Petra energisch: „Das stimmt gar nicht!" Sie schreibt folgende Zahlenreihe auf:
$0{,}1 \rightarrow 0{,}10 \rightarrow 0{,}10100 \rightarrow 0{,}101001000 \rightarrow \ldots$

„Stimmt, solche Kommazahlen sind nicht periodisch und können immer weiter fortgesetzt werden", gibt Jürgen zu. „Das heißt aber dann, dass solche Zahlen sich nicht in einen Bruch verwandeln lassen. Es gibt also außer den Dezimalbrüchen noch eine andere Sorte von Kommazahlen."

> **7** Gib die nächsten Zahlen von Petras Reihe an. Finde selbst weitere Beispiele für Kommazahlen, die nicht abbrechen, aber auch nicht periodisch sind. Frage deinen Banknachbarn, wie die nächsten Ziffern deiner Zahl lauten.

Umwandeln periodischer Dezimalbrüche in Brüche

„Und die periodischen Dezimalbrüche kann man in Brüche umwandeln. Nur habe ich keine Ahnung, wie das geht", sagt Petra. Jürgen weiß es auch nicht. Sie gehen in die Bibliothek und finden dort die folgenden Beispiele:

$$0{,}\overline{14}$$
$$\begin{aligned} 100 \cdot 0{,}\overline{14} &= 14{,}141414\ldots \\ 1 \cdot 0{,}\overline{14} &= 0{,}141414\ldots \\ \hline (100-1) \cdot 0{,}\overline{14} &= 14 \\ 99 \cdot 0{,}\overline{14} &= 14 \\ 0{,}\overline{14} &= \tfrac{14}{99} \end{aligned}$$

$$3{,}3\overline{56}$$
$$\begin{aligned} 1000 \cdot 3{,}3\overline{56} &= 3356{,}5656\ldots \\ 10 \cdot 3{,}3\overline{56} &= 33{,}5656\ldots \\ \hline (1000-10) \cdot 3{,}3\overline{56} &= 3323 \\ 990 \cdot 3{,}3\overline{56} &= 3323 \\ 3{,}3\overline{56} &= \tfrac{3323}{990} \end{aligned}$$

Petra schaut sich die beiden Rechnungen genau an und strahlt: „Schön, da gibt es einen „Trick". Wenn du den erkannt hast, ist die Umwandlung eines periodischen Dezimalbruches in einen Bruch ganz einfach. Du musst dann nicht mehr die ganze Rechnung durchführen und es klappt trotzdem." Zuerst schaut Jürgen ganz verdutzt, dann fängt er an zu probieren.

> **8** Hast du auch eine Idee, wie Petras „Trick" aussehen könnte? Probiere zunächst noch ein paar Beispiele. Am besten tust du dich mit deinem Nachbarn zusammen und ihr forscht gemeinsam...

Rückblick

Addieren und Subtrahieren von Brüchen
Man addiert bzw. subtrahiert zwei Brüche, indem man sie auf einen gemeinsamen Nenner bringt, die Zähler addiert bzw. subtrahiert und den Nenner beibehält. Falls möglich kürzt man.

$\frac{1}{3} + \frac{3}{4} = \frac{4}{12} + \frac{9}{12} = \frac{13}{12}$

$\frac{5}{8} - \frac{1}{4} = \frac{5}{8} - \frac{2}{8} = \frac{3}{8}$

Addieren und Subtrahieren von Dezimalbrüchen
Man addiert bzw. subtrahiert zwei Dezimalbrüche, indem man sie so untereinander schreibt, dass Komma unter Komma steht, und dann stellenweise addiert bzw. subtrahiert.
Fehlende Stellen füllt man mit Nullen auf.

$$\begin{array}{r} 23{,}126 \\ +\ 0{,}075 \\ {\scriptstyle 11} \\ \hline 23{,}201 \end{array} \qquad \begin{array}{r} 6{,}00 \\ -\ 0{,}07 \\ {\scriptstyle 1\ 1} \\ \hline 5{,}93 \end{array}$$

Multiplizieren von Brüchen
Zwei Brüche werden multipliziert, indem man Zähler mit Zähler und Nenner mit Nenner multipliziert.
Rechtzeitiges Kürzen vereinfacht oft die Rechnung.

$\frac{5}{24} \cdot \frac{16}{17} = \frac{5 \cdot 16}{24 \cdot 17} = \frac{5 \cdot 2}{3 \cdot 17} = \frac{10}{51}$

$\frac{2}{3} \cdot 5 = \frac{2}{3} \cdot \frac{5}{1} = \frac{2 \cdot 5}{3} = \frac{10}{3}$

$4 \cdot \frac{3}{7} = \frac{4}{1} \cdot \frac{3}{7} = \frac{4 \cdot 3}{7} = \frac{12}{7}$

Dividieren durch einen Bruch
Man dividiert eine Zahl durch einen Bruch, indem man die Zahl mit dem Kehrwert des Bruches multipliziert.

$\frac{7}{9} : \frac{5}{18} = \frac{7}{9} \cdot \frac{18}{5} = \frac{7 \cdot 18}{9 \cdot 5} = \frac{7 \cdot 2}{1 \cdot 5} = \frac{14}{5}$

$\frac{5}{3} : 7 = \frac{5}{3} : \frac{7}{1} = \frac{5}{3} \cdot \frac{1}{7} = \frac{5 \cdot 1}{3 \cdot 7} = \frac{5}{21}$

Multiplizieren mit und Dividieren durch Zehnerpotenzen
Multiplizieren mit 10; 100; 1000; ... bedeutet eine Kommaverschiebung um 1; 2; 3; ... Stellen nach rechts.
Dividieren durch 10; 100; 1000; ... bedeutet eine Kommaverschiebung um 1; 2; 3; ... Stellen nach links.

$3{,}2145 \cdot 10^3 = 3{,}2145 \cdot 1000 = 3214{,}5$

$25 : 10^4 = 25{,}0 : 10\,000 = 0{,}0025$

Multiplizieren von Dezimalbrüchen
Man multipliziert die Dezimalbrüche, ohne die Kommas zu beachten. Dann setzt man das Komma so, dass das Ergebnis genauso viele Stellen nach dem Komma hat wie beide Faktoren zusammen.

$$\begin{array}{r} \underline{2{,}1 \cdot 6{,}34} \\ 126 \\ 63 \\ 84 \\ \hline 13{,}314 \end{array} \qquad \begin{array}{r} \underline{0{,}23 \cdot 0{,}4} \\ 92 \\ \hline 0{,}092 \end{array}$$

Dividieren von Dezimalbrüchen
Man verschiebt das Komma der beiden Dezimalbrüche so weit nach rechts, bis die Zahl, durch die geteilt wird, eine ganze Zahl ist. Dann dividiert man und setzt beim Überschreiten des Kommas auch im Ergebnis ein Komma.

$$\begin{array}{l} 3{,}78 : 1{,}4 = 37{,}8 : 14 = 2{,}7 \\ \quad -28 \\ \quad\ \ 98 \\ \quad -98 \\ \quad\ \ \ 0 \end{array}$$

Rechengesetze und Rechenvorteile
Die von den natürlichen Zahlen bekannten Rechengesetze gelten auch für Brüche und Dezimalbrüche. Dazu gehören das Assoziativ- und das Kommutativgesetz bei der Addition und der Multiplikation. Auch das Distributivgesetz ist weiter gültig.

Durch die Anwendung der Gesetze können Rechenvorteile entstehen.

Gesetze:

$2{,}3 + 4{,}1 = 4{,}1 + 2{,}3$
$2{,}3 \cdot 4{,}1 = 4{,}1 \cdot 2{,}3$ — Kommutativgesetz

$\frac{3}{7} + \left(\frac{5}{9} + \frac{1}{3}\right) = \left(\frac{3}{7} + \frac{5}{9}\right) + \frac{1}{3}$
$\frac{3}{7} \cdot \left(\frac{5}{9} \cdot \frac{1}{3}\right) = \left(\frac{3}{7} \cdot \frac{5}{9}\right) \cdot \frac{1}{3}$ — Assoziativgesetz

$\frac{3}{7} \cdot \left(\frac{5}{9} + \frac{1}{3}\right) = \frac{3}{7} \cdot \frac{5}{9} + \frac{3}{7} \cdot \frac{1}{3}$
$\left(\frac{5}{9} + \frac{1}{3}\right) : \frac{2}{7} = \frac{5}{9} : \frac{2}{7} + \frac{1}{3} : \frac{2}{7}$ — Distributivgesetz

Training

Runde 1

1 Welche Zahl musst du für ▢ einsetzen?

a) $\square + \frac{4}{9} = \frac{16}{15}$ b) $\frac{2}{15} - \square = \frac{1}{25}$ c) $\square + 2{,}8 = 14{,}7$ d) $\square - 0{,}6 = 4{,}9$

2 Der Läufer Filmon Ghirmai erzielte beim 3000-m-Hindernislauf im Jahr 2003 mit 8:20,50 Minuten seine Bestzeit. Obwohl er bester Deutscher über diese Strecke ist, musste er die Hoffnung auf eine Olympiateilnahme in Athen 2004 begraben, da er in Braunschweig mit 8:38,91 Minuten deutlich über der Olympianorm (8:21,00 Minuten) geblieben ist.
a) Um wie viel hätte er für eine Olympia-Qualifikation seine Zeit steigern müssen?
b) Wie groß ist der Unterschied zwischen seinen Läufen von 2003 und 2004?

3000-m-Hindernisläufer Filmon Ghirmai holte sich 2002, 2004 und 2005 den Titel bei den deutschen Meisterschaften.

3 Berechne.

a) $3 \cdot \frac{5}{7}$ b) $\frac{5}{9} \cdot \frac{18}{25}$ c) $2\frac{1}{3} \cdot 3$ d) $\frac{69}{60} \cdot \frac{48}{23}$
e) $\frac{4}{5} : \frac{2}{3}$ f) $\frac{35}{26} : \frac{25}{39}$ g) $\frac{2}{3} : \frac{4}{9}$ h) $6 : \frac{3}{10}$

4 Berechne schriftlich.

a) $0{,}45 \cdot 0{,}002$ b) $2{,}9 \cdot 2{,}1$ c) $27{,}86 \cdot 7$ d) $0{,}5 \cdot 0{,}12$ e) $15{,}6 : 6$ f) $10 : 0{,}2$

5 Eine Tischtennisplatte ist 2,74 m lang und 1,53 m breit, ein Billardtisch ist 2,84 m lang und 1,42 m breit. Welcher Flächeninhalt ist größer? Runde die Ergebnisse auf Hundertstel.

6 Zwei Dezimalbrüche werden multipliziert. Wie ändert sich das Ergebnis, wenn man
a) bei einem der Dezimalbrüche das Komma um eine Stelle nach rechts verschiebt,
b) bei einem der Dezimalbrüche das Komma um eine Stelle nach rechts verschiebt und bei dem anderen um eine Stelle nach links?

Runde 2

1 Führe zunächst eine Überschlagsrechnung durch und berechne anschließend genau.

a) $(100{,}75 - 15{,}9) - (13{,}83 + 5{,}2)$ b) $200{,}9 - 63{,}5 - 123{,}6$ c) $(33{,}5 - 3{,}9) - (18{,}9 - 13{,}2)$

2 Berechne.

a) $5 \cdot \frac{3}{4}$ b) $\frac{4}{7} \cdot \frac{35}{12}$ c) $\frac{36}{25} : \frac{9}{24}$ d) $\frac{3}{5} : \frac{4}{7}$
e) $0{,}032 \cdot 10^3$ f) $15{,}23 : 10^2$ g) $125 : 10\,000$ h) $1000 \cdot (5 : 100)$

3 Berechne schriftlich.

a) $30{,}54 \cdot 5$ b) $3{,}5 \cdot 4{,}2$ c) $0{,}03 \cdot 0{,}25$ d) $0{,}05 \cdot 0{,}18$ e) $25{,}6 : 8$ f) $25{,}5 : 0{,}5$

4 Der Wagen von Frau Gut braucht nach Angabe des Herstellers auf 100 km durchschnittlich 7,5 l Benzin. Nach 550 km muss sie 39,6 l nachfüllen.
a) Schätze ab, ob die Angabe des Herstellers zutreffend ist.
b) Welchen durchschnittlichen Verbrauch ermittelst du für Frau Gut?

5 Eine Einheit beim Telefonieren kostet bei einem bestimmten Anbieter zurzeit 4,5 Cent. Wie viele Einheiten kann man für 5,04 €, 9,18 € und 44,91 € telefonieren?

6 Eine Ölmühle liefert 18 900 kg Öl.
Wie viele Fässer kann man damit füllen, wenn jedes Fass 175 l fasst? (1 l Öl wiegt 0,9 kg.)

7 Welches Angebot (Fig. 1) ist günstiger? Begründe deine Antwort.

Fig. 1

Das kannst du schon

- Das Geo-Dreieck zum Zeichnen und Messen von Strecken und Winkeln nutzen
- Figuren zeichnen und an Achsen und Punkten spiegeln
- Symmetrische Figuren erkennen

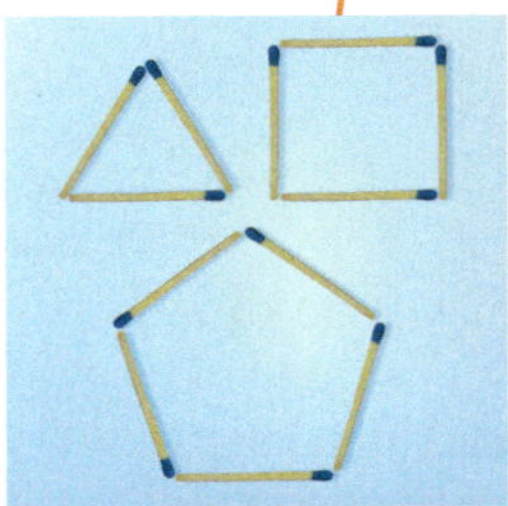

Zahlen und Operationen

Größen und Messen

Raum und Form

Funktionaler Zusammenhang

Daten und Zufall

Dreiecke, Vierecke, . . ., Vielecke und Symmetrien

Lange bevor es Menschen auf Erden gab, wuchsen in der Erdkruste schon die Kristalle.
Eines Tages sah ein Mensch zum ersten Mal solch ein glitzerndes Stückchen Regelmäßigkeit liegen, oder er stieß darauf mit seiner steinernen Hacke, und es brach ab und fiel vor seine Füße.
Er hob es auf und betrachtete es in seiner offenen Hand, und er wunderte sich.

M. C. Escher

Das kannst du bald

- Besondere Dreiecke erkennen und nutzen
- Mit Winkelsummen im Vieleck arbeiten
- Parkettierungen erkennen und erfinden
- Abbildungen von geometrischen Figuren erkennen und ausführen
- Symmetrien in Dreiecken und Vierecken ausnutzen

1 Besondere Dreiecke

Billard ist eine spannende Sportart, die für den Zuschauer sehr beeindruckend ist.
Beim Start werden die Kugeln zu einem Dreieck zusammengelegt. Diese Anordnung der Kugeln ist schön anzusehen.

Für das Schönheitsempfinden bei Gegenständen des Alltags und bei Bau- und Kunstwerken spielt die Symmetrie eine große Rolle (z. B. bei Verkehrsschildern oder Gartenanlagen). Oft sieht man Formen mit symmetrischen Dreiecken.

Im gleichschenkligen Dreieck ABC von Fig. 1 halbiert die Mittelsenkrechte zudem den Winkel γ an der Spitze. Sie wird daher auch Winkelhalbierende des Winkels γ genannt. Die ***Winkelhalbierende*** *eines Winkels ist die Symmetrieachse dieses Winkels.*

Sind bei einem Dreieck ABC zwei Seiten gleich lang, dann nennt man diese Seiten **Schenkel** des Dreiecks und das Dreieck **gleichschenkliges Dreieck**. Die Seite $\overline{AB}$ in Fig. 1 heißt Basis des Dreiecks und die Winkel α und β nennt man **Basiswinkel**.
Die Gerade s ist Symmetrieachse des gleichschenkligen Dreiecks. Da sie senkrecht zur Basis durch den Mittelpunkt von $\overline{AB}$ verläuft, heißt sie **Mittelsenkrechte** zur Basis. Es gilt:

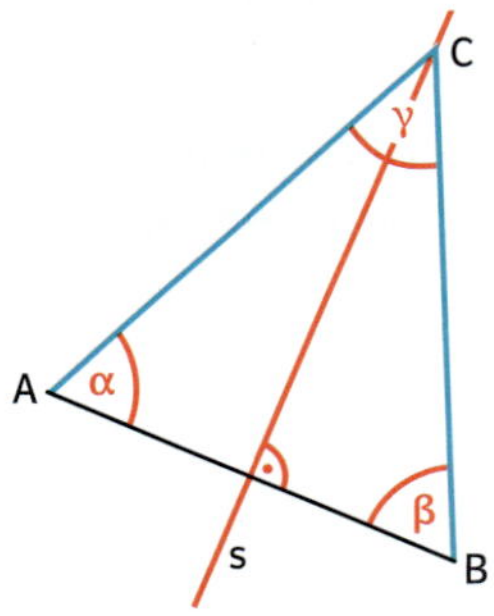

Fig. 1

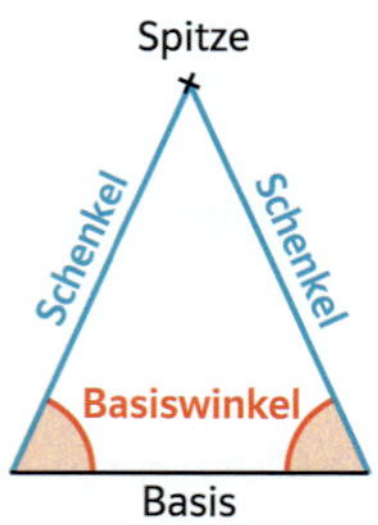

Fig. 2

Wenn ein Dreieck **gleichschenklig** ist, dann sind die **Basiswinkel** gleich groß.

Umgekehrt gilt auch: Wenn in einem Dreieck zwei Winkel gleich groß sind, dann ist das Dreieck gleichschenklig.

Sind bei einem Dreieck alle drei Seiten gleich lang, dann nennt man es ein **gleichseitiges Dreieck**. Ein gleichseitiges Dreieck hat drei Symmetrieachsen.
In einem gleichseitigen Dreieck sind daher alle drei Winkel gleich groß. Umgekehrt gilt: Wenn in einem Dreieck alle drei Winkel gleich groß sind, dann ist das Dreieck gleichseitig.

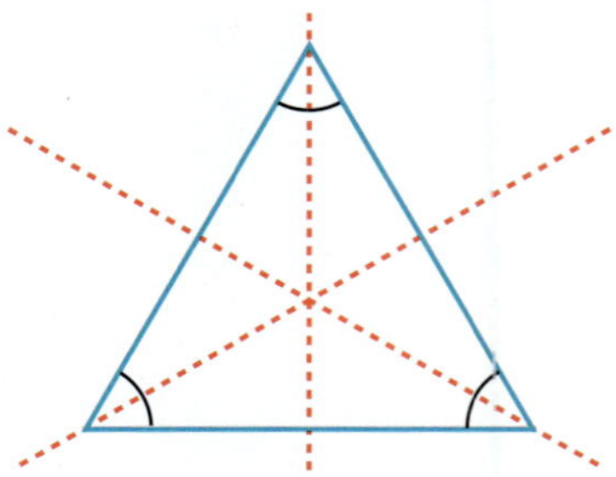
Fig. 3

Beispiel
Zeichne ein gleichschenkliges Dreieck mit der Basis 4 cm und dem Basiswinkel 35°.
Lösung:
1. Zeichne die Basis $\overline{AB}$ = 4 cm.
2. Trage in A an $\overline{AB}$ den Winkel α = 35° an.
3. Trage den Winkel β = 35° in B an $\overline{AB}$ an.
4. Die beiden gezeichneten Schenkel von α und β schneiden sich in C.

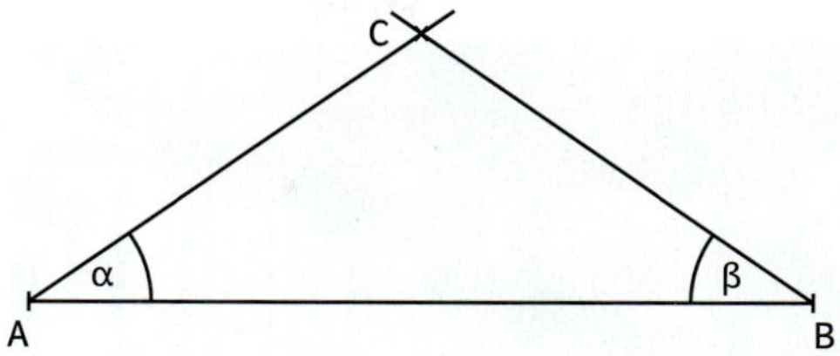

Fig. 1

Planfigur:

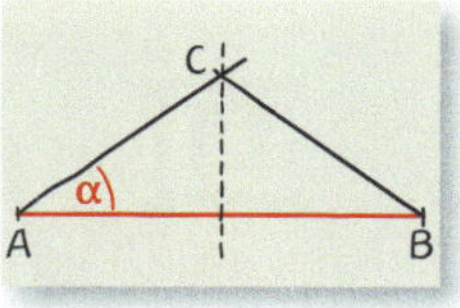

Fig. 2

Wenn man die Symmetrieachse des Dreiecks benutzt, erhält man einen anderen Lösungsweg.

Aufgaben

1 Zeichne ein gleichschenkliges Dreieck ABC mit den gegebenen Größen. Gib die nicht gegebenen Seitenlängen und Winkel an.
a) Die Länge der Grundseite $\overline{AB}$ beträgt 6,5 cm, ein Schenkel ist 5,2 cm lang.
b) Die Basis ist 10 cm lang, für den Basiswinkel α gilt α = 35°.
c) Ein Schenkel ist 12 cm lang, der Winkel an der Spitze beträgt 51°.

2 Zeichne zwei verschiedene gleichschenklige Dreiecke mit der gegebenen Eigenschaft.
a) Die Basis ist 7 cm lang.
b) Ein Basiswinkel ist 55° groß.
c) Ein Winkel ist 30° groß.
d) Zwei Winkel sind gleich groß.

3 Zeichne ein gleichschenkliges Dreieck ABC mit den gegebenen Größen. Bestimme die fehlenden Seitenlängen und Winkelgrößen durch Messen oder Überlegen. Gibt es verschiedene Lösungen?
a) $\overline{AB}$ = 5 cm; α = 65°
b) $\overline{AC}$ = 4 cm; γ = 100°
c) $\overline{AB}$ = 6 cm; $\overline{BC}$ = 5 cm
d) $\overline{AB}$ = 7 cm; $\alpha = \beta = \gamma$

4 Zeichne, wenn möglich, ein Dreieck mit der geforderten Eigenschaft.
a) Das Dreieck hat zwei gleich lange Seiten mit je 3 cm und eine Seite der Länge 8 cm.
b) Das Dreieck hat zwei Winkel der Größe 40° und zwei gleich lange Seiten.
c) Das Dreieck hat zwei gleich lange Seiten und einen rechten Winkel.

5 Die vordere Seite eines Steildachzeltes ist 2 m breit und 1,5 m hoch.
a) Zeichne in einem geeigneten Maßstab die Vorderfront. Bestimme alle Winkel und die Längen der Seiten.
b) Gib den Materialbedarf in Quadratmeter für den zugehörigen Zeltstoff an, wenn man 15 % Überschuss zur Fläche hinzurechnet.

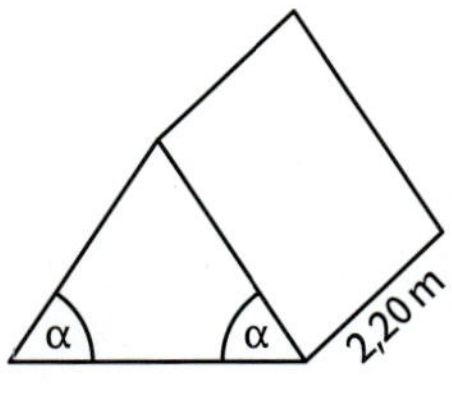

6 **Wer hat Recht?**
Marion sagt: „Ich habe ein achsensymmetrisches Dreieck mit drei verschieden großen Winkeln gezeichnet."
Manfred behauptet: „Jedes Dreieck mit zwei Symmetrieachsen ist ein gleichseitiges Dreieck."
Paul meint: „Ich habe ein gleichschenkliges Dreieck gezeichnet, in dem der Winkel zwischen den Schenkeln so groß wie ein Basiswinkel ist."

7 Im gleichseitigen Dreieck sind alle Winkel gleich groß. Formuliere diesen Satz mit Wenn-dann-Aussagen.

2 Winkel an Geradenkreuzungen

Fachwerkhäuser mit schrägen Balken und Andreaskreuzen sind Schmuckstücke in Altstadtvierteln. Der Bau dieser Häuser erfordert handwerkliche und auch mathematische Kenntnisse.

Schneiden sich zwei Geraden, dann entstehen vier Winkel mit dem Geradenschnittpunkt als gemeinsamem Scheitelpunkt (Fig. 1). Je zwei gegenüberliegende Winkel nennt man **Scheitelwinkel**. Je zwei nebeneinander liegende Winkel heißen **Nebenwinkel** (Fig. 2). Zwei sich schneidende Geraden bilden eine punktsymmetrische Figur. Deshalb sind die Scheitelwinkel gleich groß. Die Summe zweier Nebenwinkel beträgt 180°, denn die beiden Schenkel, die sie nicht gemeinsam haben, liegen auf einer der Geraden. Die Nebenwinkel bilden einen gestreckten Winkel.

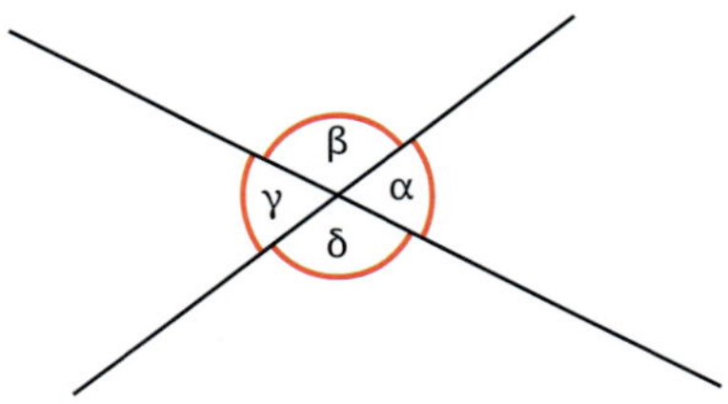

Fig. 1

α und γ; β und δ sind Scheitelwinkelpaare.

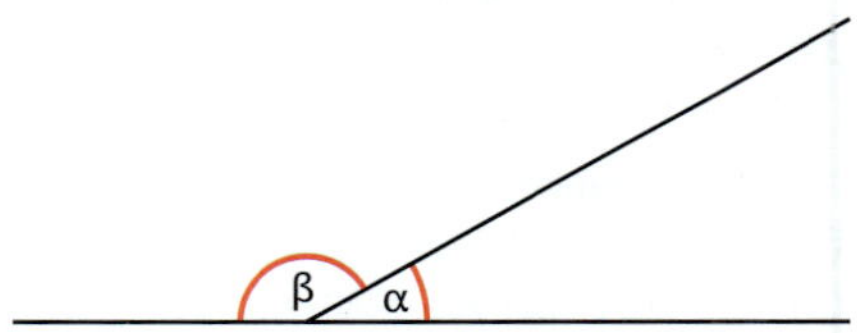

Fig. 2

α und β sind ein Nebenwinkelpaar.

Scheitelwinkel sind gleich groß. **Nebenwinkel** ergeben zusammen 180°.

Werden zwei Geraden g und h von einer dritten Geraden s geschnitten wie in Fig. 3, so bezeichnet man Winkel, die wie α_1 und α_2 (β_1 und β_2 usw.) zueinander liegen, als **Stufenwinkel** und Winkel, die wie α_1 und γ_2 (β_1 und δ_2 usw.) zueinander liegen, als **Wechselwinkel**. Wechselwinkel „wechseln" die Seite der Schnittgeraden s und die Seiten der geschnittenen Geraden g und h.

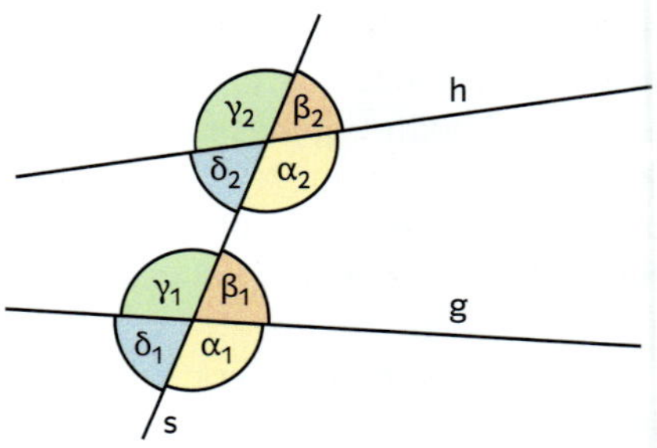

Fig. 3

Sind die Geraden g und h parallel zueinander und werden von einer dritten Geraden s geschnitten, dann gibt es besondere Beziehungen zwischen den Stufenwinkelpaaren und den Wechselwinkelpaaren.

Die drei Geraden g, h und s in Fig. 1 bilden eine punktsymmetrische Figur mit dem Zentrum M. Deshalb sind die Wechselwinkel α und γ gleich groß. Da β Scheitelwinkel von γ ist, sind auch die Stufenwinkel α und β gleich groß.

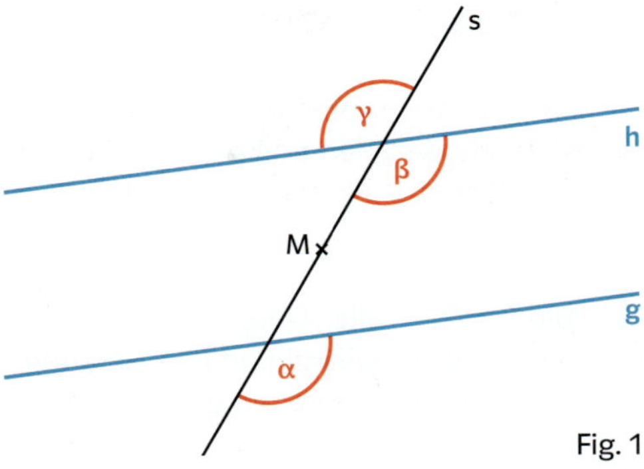

Fig. 1

Wenn parallele Geraden von einer Geraden geschnitten werden, dann sind Wechselwinkel und Stufenwinkel jeweils gleich groß.

Umgekehrt gilt auch: Wenn bei den Schnittpunkten der Geraden g und h mit der Geraden s zwei sich entsprechende Stufen- oder Wechselwinkel gleich groß sind, dann sind die Geraden g und h parallel.

Beispiel 1 Erkennen von Scheitel- und Nebenwinkeln
In Fig. 2 schneiden sich zwei Geraden. Außerdem gibt es noch einen Strahl, der den Schnittpunkt der Geraden als Anfangspunkt hat.
Gib alle Paare von Scheitelwinkeln und alle Paare von Nebenwinkeln in Fig. 2 an.
Lösung:
Scheitelwinkel: α und δ
Nebenwinkel: α und ε; δ und ε
Beachte: α und β sind keine Nebenwinkel; ebenso sind β und ε keine Scheitelwinkel.

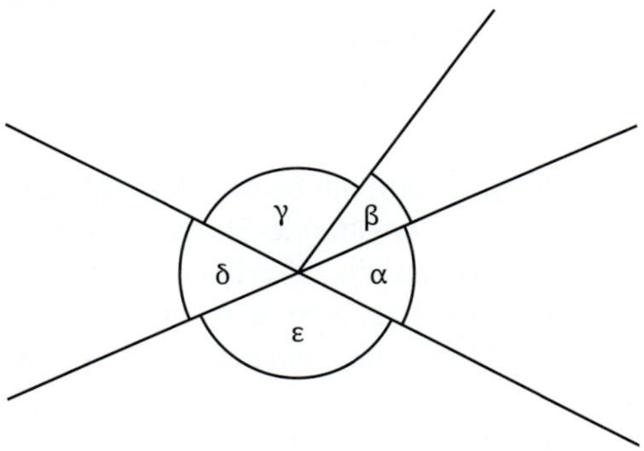

Fig. 2

Beispiel 2 Erkennen von Stufen- und Wechselwinkeln
In Fig. 3 werden zwei zueinander parallele Geraden von einer dritten Geraden geschnitten.
Schreibe alle vorkommenden Paare von Stufen- und Wechselwinkeln mit ihrer Größe auf.
Lösung:
Stufenwinkel: $\alpha_1 = \beta_2 = 70°$; $\alpha_2 = \beta_3 = 110°$; $\alpha_3 = \beta_4 = 70°$ und $\alpha_4 = \beta_1 = 110°$
Wechselwinkel: $\alpha_1 = \beta_4 = 70°$; $\alpha_2 = \beta_1 = 110°$; $\alpha_3 = \beta_2 = 70°$ und $\alpha_4 = \beta_3 = 110°$

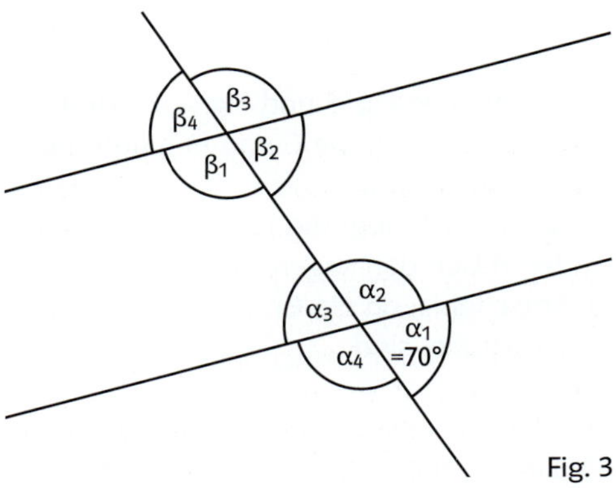

Fig. 3

Aufgaben

1 Zeichne drei sich in einem Punkt schneidende Geraden und gib den Winkeln Namen. Schreibe alle Paare von Scheitelwinkeln auf.

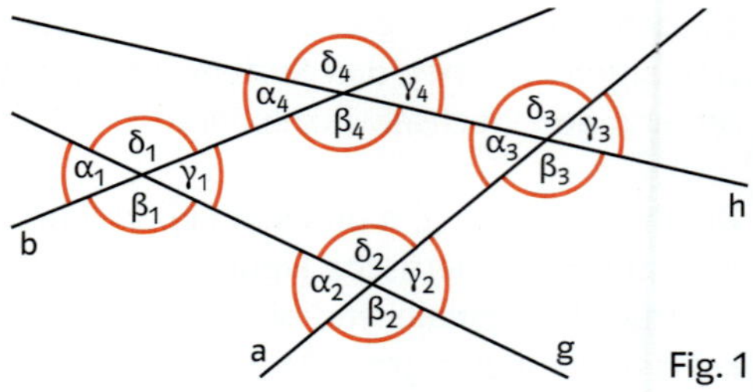

Fig. 1

2 Gib für Fig. 1 alle Paare von Stufenwinkeln und Wechselwinkeln an den Geraden a und b sowie den Geraden g und h an.

3 Übertrage die Abbildungen ins Heft. Wie groß sind die rot gekennzeichneten Winkel?

a)

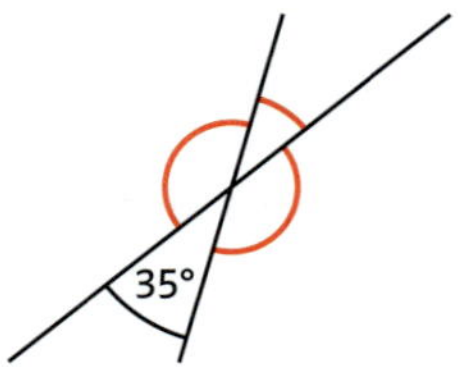

b)

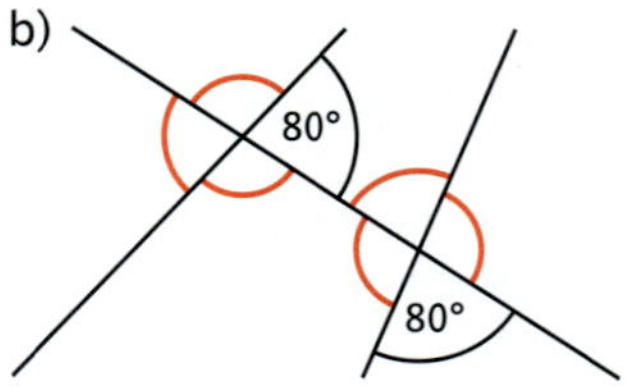

c)

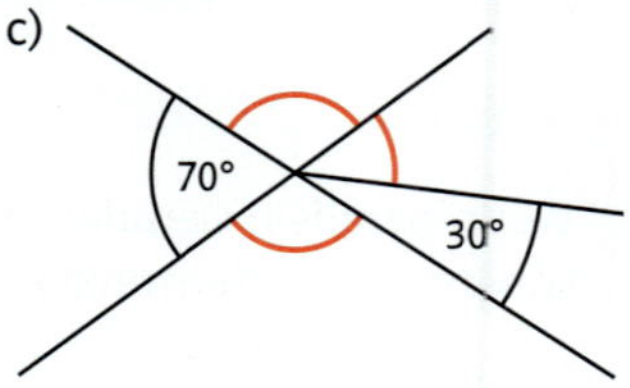

4 In der Figur ist g‖h. Bestimme alle fehlenden Winkel.

a)

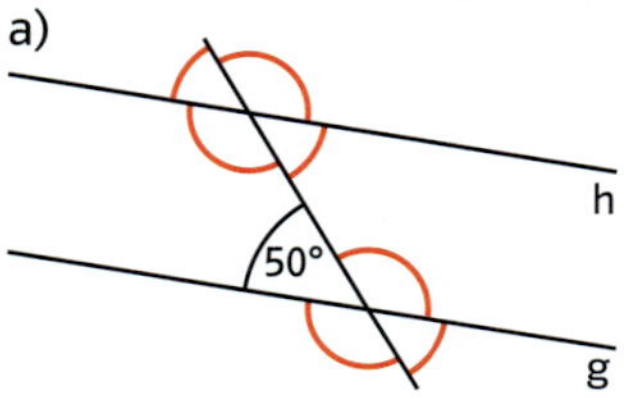

b)

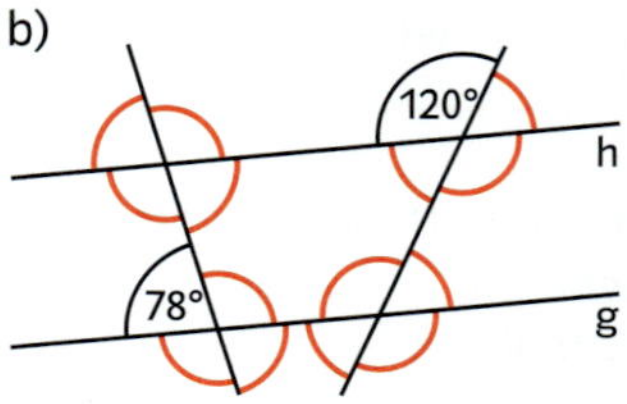

c)

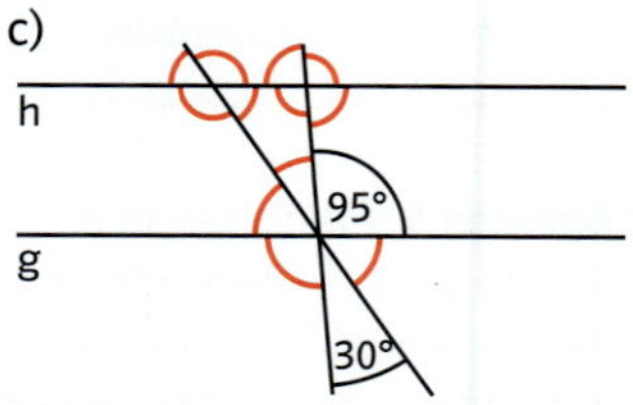

5 Wie groß sind die beiden Winkel? Zeichne zur Kontrolle.

a) Zwei sich schneidende Geraden haben gleich große Scheitel- und Nebenwinkel.

b) Ein Winkel ist um 15° größer als sein Nebenwinkel.

c) Der Winkel α ist viermal so groß wie sein Nebenwinkel.

d) Der Scheitelwinkel eines Winkels ist ein Drittel eines zugehörigen Nebenwinkels.

6 Übertrage den Buchstaben Z in dein Heft. Benenne alle Winkel und berechne ihre Größen, wenn

a) $\alpha = 32°$, b) $\beta = 117°$.

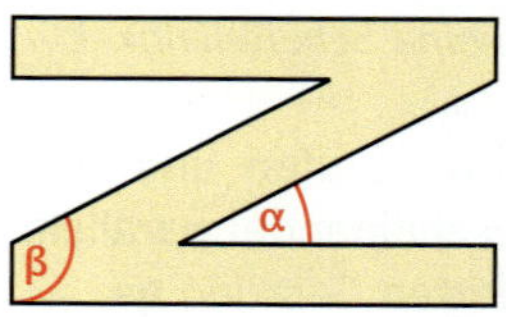

Fig. 2

7 Übertrage Fig. 3 und Fig. 4 ins Heft.

a) Entscheide, ob die Geraden g und h in Fig. 3 parallel sind.
Was lässt sich über die Lage der beiden anderen Geraden sagen?

b) Entscheide, ob die Geraden g und h in Fig. 4 parallel sind.

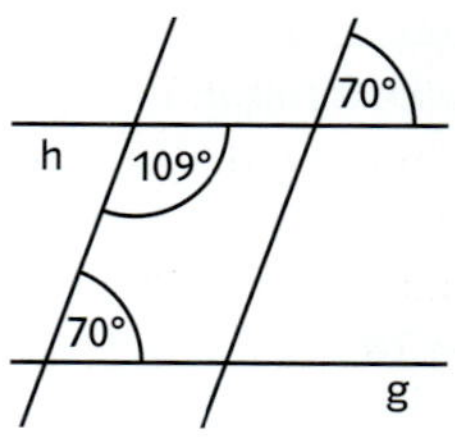

Fig. 3

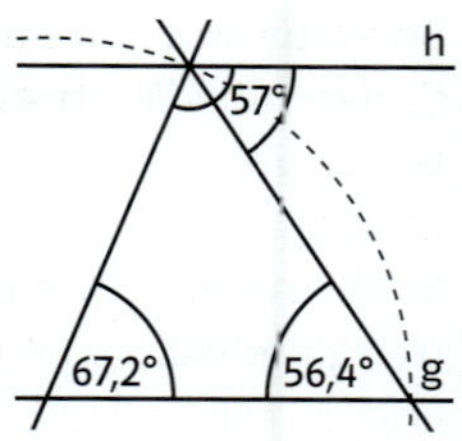

Fig. 4

8 Zeichne und beschrifte Figuren wie in Aufgabe 7a) und b) und stelle dazu Fragen. Du kannst auch Fig. 3 und Fig. 4 kombinieren.

9 Zeichne ein Rechteck und eine seiner Diagonalen. Zeichne gleich große Winkel in der gleichen Farbe ein. Begründe, warum die Winkel gleich groß sind.

10 Wenn man zwei Paare paralleler Geraden zeichnet, die sich schneiden, entsteht ein Parallelogramm.
a) Zeichne auf diese Weise ein Parallelogramm, miss einen der Innenwinkel und bestimme ohne zu messen die Größen der anderen drei Innenwinkel.
b) Aus deinen Überlegungen entstehen Aussagen über Winkel im Parallelogramm. Formuliere diese mit eigenen Worten.

11 Zeichne ein beliebiges Trapez ABCD ($\overline{AB} \parallel \overline{CD}$), bezeichne die Innenwinkel mit α, β, γ und δ. Miss die Größen der Winkel α und β. Berechne die Größen der beiden anderen Winkel.

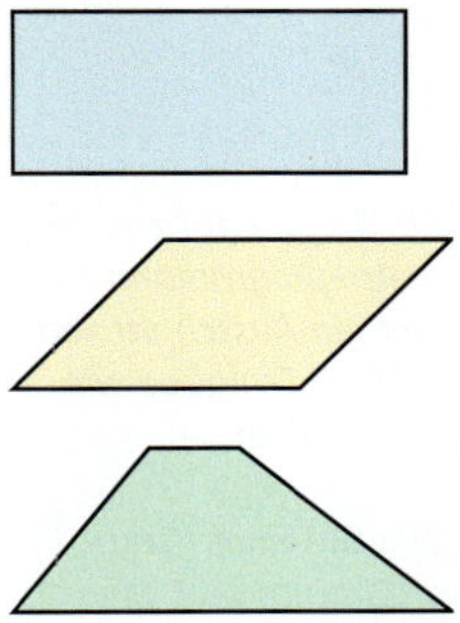

Fig. 1

Bist du sicher?

1 In Fig. 2 ist g parallel zu h. Übertrage die Figur in dein Heft. Die vorkommenden Beziehungen zwischen den Winkeln können mit Gleichungen beschrieben werden.
a) Begründe die Gleichungen $\alpha = \beta$ und $\alpha = 180° - \gamma$.
b) Beschrifte die übrigen Winkel, stelle weitere Gleichungen auf und begründe diese.
c) Kann man die Größen aller Winkel bestimmen?

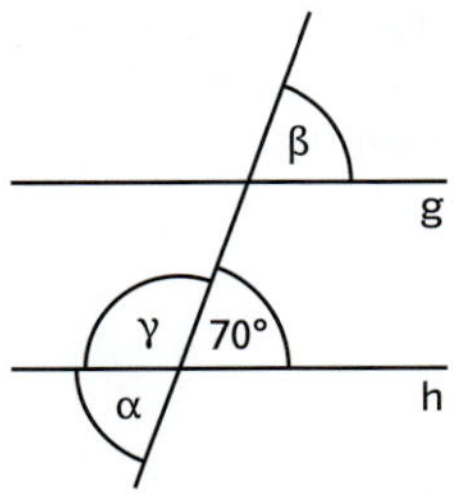

Fig. 2

2 Übertrage Fig. 3 ins Heft. Fritz behauptet, dass er zu jedem vorkommenden Winkel die Größe eintragen kann und die Begründung allein mit den Eigenschaften von Scheitel-, Neben-, Stufen- und Wechselwinkeln geben kann. Hat Fritz Recht?

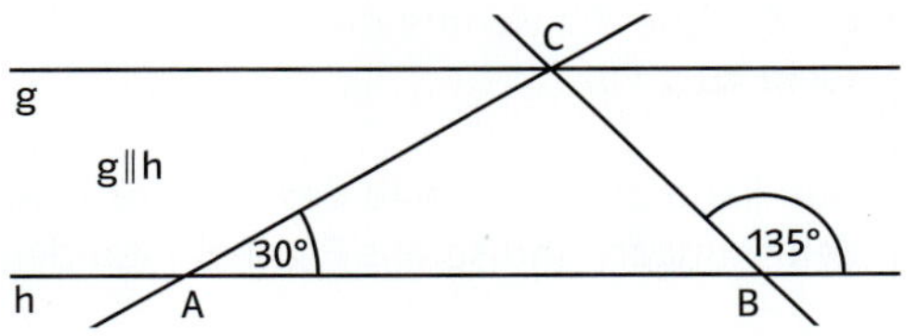

Fig. 3

12 **Hier muss man genau lesen.**
Zeichne zwei sich schneidende Geraden g und h und bezeichne den Winkel $\sphericalangle gh$ mit α.
Welche der folgenden Aussagen ist wahr, welche falsch? Begründe deine Antwort.
a) Die Winkelhalbierende von α halbiert den Scheitelwinkel von α.
b) Die Winkelhalbierenden der beiden Nebenwinkel von α bilden einen Winkel von 90°.
c) Die Winkelhalbierende eines Nebenwinkels zu α bildet mit der Winkelhalbierenden von α einen rechten Winkel.

13 **Mathematische Aussagen** werden oft in der Form „Wenn … (Voraussetzung), dann … (Behauptung)." geschrieben: „Wenn Wechselwinkel an geschnittenen Parallelen liegen, dann sind Wechselwinkel gleich groß." Vertauscht man die Voraussetzung mit der Behauptung, dann entsteht eine neue Aussage. Diese nennt man die **Umkehrung der Aussage**. Dabei müssen Voraussetzung und Behauptung sich ausschließende Gegenteile sein.
a) Nenne die Voraussetzungen und die Behauptung der Aussage über Wechselwinkel.
b) Bilde die Umkehrung dieser Aussage in der „Wenn-dann-Form". Ist sie wahr?
c) Schreibe eine Aussage über Stufenwinkel in der „Wenn-dann-Form". Bilde die Umkehrung und prüfe, ob diese wahr ist.

Wenn die Sonne untergegangen ist, dann ist es Nacht.

Wenn es Nacht ist, dann ist die Sonne untergegangen.

14 Formuliere eigene Aussagen in der „Wenn-dann-Form" und prüfe, ob sie wahr sind. Bilde danach die Umkehrung der Aussage und untersuche auch diese auf ihren Wahrheitsgehalt.

Info

Verwendung eines Geometrieprogramms

Als Beispiel für ein Geometrieprogrammm ist hier ein Ausschnitt von EUKLID DynaGeo wiedergegeben.

Wie bei einem Textprogramm gibt es eine Menüleiste, mit der häufig vorkommende Anweisungen mit der Maus ausgeführt werden können.

Mit einem Geometrieprogramm können Konstruktionen am Computer durchgeführt und Strecken und Winkel gemessen werden. Gegenüber einer Handzeichnung hat man dabei den Vorteil, dass man die Anordnung der Punkte nachträglich verändern kann. Dazu muss man die Planung der Zeichnung gewissenhaft vornehmen.

Werden zum Beispiel die folgenden Aufträge mit einem Geometrieprogramm ausgeführt, entsteht eine Zeichnung wie in Fig. 1.

Punkte und Linien können beschriftet werden.

1. Zeichne ein Dreieck aus drei Punkten.
2. Beschrifte die Ecken mit A, B und C.
3. Zeichne die Kreise um A und B durch C.
4. Zeichne die Gerade durch A und B.
5. Beschrifte sie mit g.
6. Zeichne die Gerade durch C, die senkrecht zu g ist.

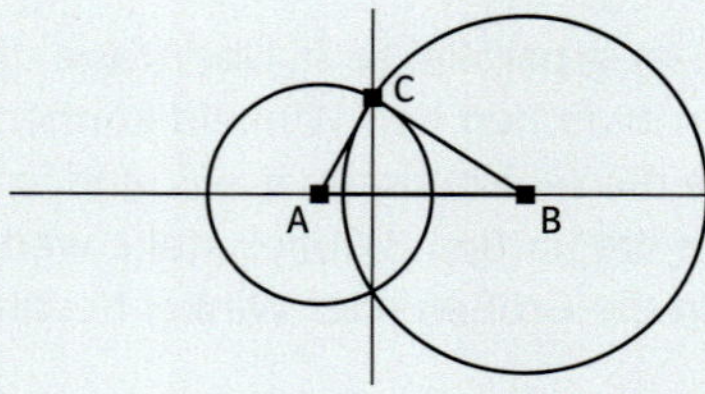

Fig. 1

Zur Übersichtlichkeit kann man einzelne Punkte und Linien auch verbergen.

Nun kann etwa die Lage des Punktes C verändert werden. Die beiden nachfolgenden Zeichnungen sind so aus Fig. 1 entstanden. Sie zeigen spezielle Lagen des Punktes C.

Das Symbol Geo nach der Aufgabennummer kennzeichnet zukünftig Aufgaben, für deren Bearbeitung ein Geometrieprogramm vorteilhaft ist.

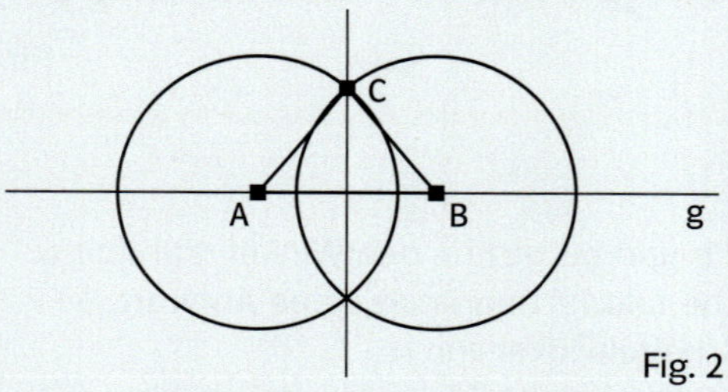

Fig. 2

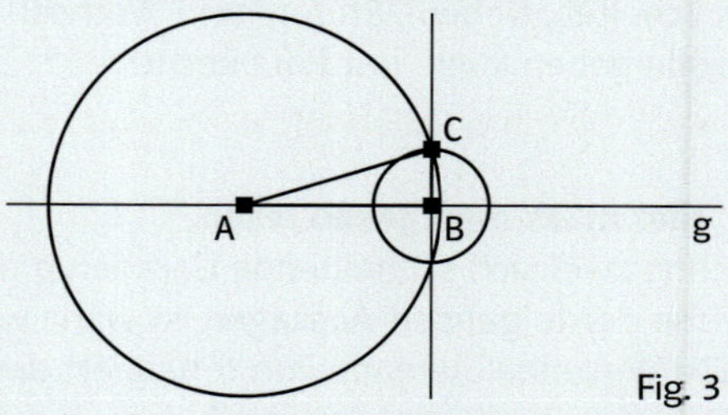

Fig. 3

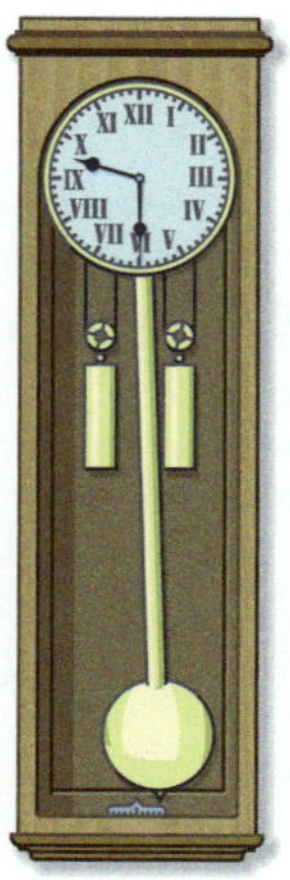

15 Geo Bei einer Standuhr sind die Mittelpunkte des Ziffernblatts und der Gewichtsscheibe 100 cm voneinander entfernt. Die Gewichtsscheibe hat einen Radius von 5 cm.
Wie breit muss der Pendelkasten mindestens sein, damit das Pendel am Aufhängepunkt bis zu 5° ausschlagen kann?

16 Geo Ein Gartenbauingenieur soll eine gerade verlaufende Straße zu einer Allee umgestalten. Er muss dabei Folgendes berücksichtigen: Die Straße ist 8 m breit und 150 m lang. Die Bäume sollen 50 cm vom Straßenrand entfernt gepflanzt werden. Jeder Baum beansprucht eine kreisförmige Ausbreitungsfläche mit 5 m Radius. Der Abstand zweier Ausbreitungsflächen soll 1 m betragen. Ein Baum kostet 80 €. Die Bäume sollen dicht stehen.
a) Erstelle zu diesen Bedingungen eine maßstabsgetreue Zeichnung für einen Abschnitt der Straße. Konstruiere die Pflanzpunkte für einige Bäume mit den Ausbreitungsflächen.
b) Wie viele Bäume werden für die Allee etwa benötigt? Wie hoch sind die voraussichtlichen Kosten, wenn die Arbeitszeit für das Pflanzen eines Baumes mit 60 € veranschlagt wird?

3 Winkelsumme im Dreieck

In einem Park gibt es einen Weg in Form eines Dreiecks. Beim Rundgang von A aus in Richtung von B drehst du dich an jeder Ecke, um in die neue Richtung zu kommen. Wenn du wieder bei A bist und in Richtung von B schaust, hast du dich genau um 360° gedreht.

Durch Winkelmessungen bei Dreiecken kann man vermuten, dass die Summe der drei Winkel 180° ergibt. Diese Eigenschaft soll nun für alle Dreiecke begründet werden.

Solche Winkelmessungen kannst du mit einem Geometrieprogramm vornehmen.

In Fig. 1 ist ein Dreieck ABC durch eine zur Strecke $\overline{AB}$ parallele Gerade g ergänzt.
Die Winkel α und ε sind Wechselwinkel an parallelen Geraden, also gilt $\alpha = \varepsilon$.
Die Winkel β und δ sind ebensolche Wechselwinkel, also gilt $\beta = \delta$.
Da δ, γ und ε zusammen einen gestreckten Winkel bilden, gilt $\varepsilon + \gamma + \delta = 180°$.
Somit gilt auch $\alpha + \beta + \gamma = 180°$.

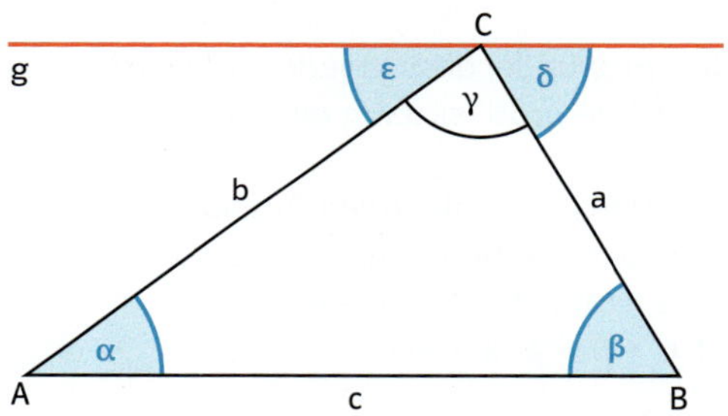

Fig. 1

Winkelsumme im Dreieck
In jedem Dreieck beträgt die Summe der Innenwinkel 180°.
Speziell: Wenn alle drei Seiten gleich lang sind, dann beträgt jeder Innenwinkel 60°.

Beispiel 1
Bestimme die fehlenden Winkelgrößen zu den in Fig. 2 und Fig. 3 abgebildeten Dreiecken.
Lösung:
Fig. 2: $\gamma = 180° - (\alpha + \beta)$ (Winkelsumme im Dreieck). Mit $\alpha = 87°$ und $\beta = 28°$ gilt
$\gamma = 180° - (87° + 28°) = 65°$.
Fig. 3: Das Dreieck ist gleichschenklig mit den Basiswinkeln $\alpha = \beta = 52°$.
$\gamma = 180° - (52° + 52°)$
Somit ist $\gamma = 76°$.

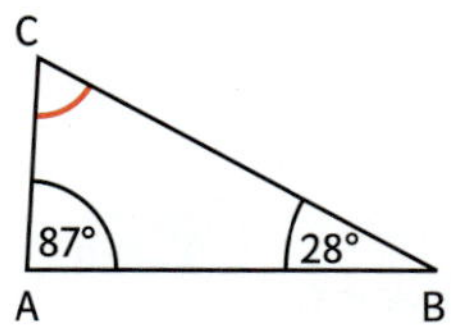

Fig. 2

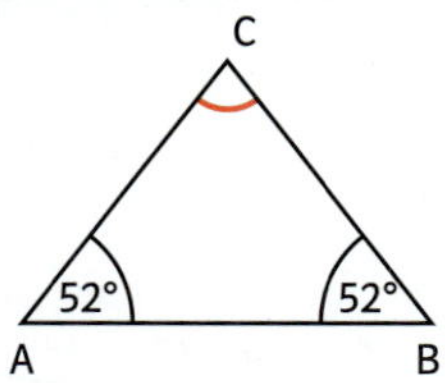

Fig. 3

Beispiel 2
Warum kann in einem Dreieck höchstens ein Winkel größer als 90° sein?
Lösung:
Wenn in einem Dreieck zwei Winkel größer als 90° wären, dann wäre die Summe dieser beiden Winkel größer als 180°. Dies kann nicht sein.

Aufgaben

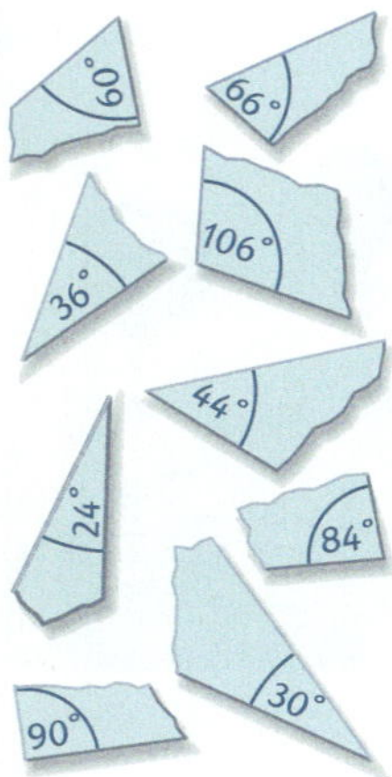

Fig. 1

1 Berechne den fehlenden Winkel im Dreieck ABC. Zeichne ein zugehöriges Dreieck.
a) $\alpha = 54°$; $\beta = 37°$ b) $\beta = 76°$; $\gamma = 24°$ c) $\alpha = 11°$; $\gamma = 22°$ d) $\alpha = 55°$; $\beta = 35°$

2 Die neun Schnipsel in Fig. 1 waren die Ecken von drei Dreiecken.

3 Zeichne die Dreiecke in ein gemeinsames Koordinatensystem. Überprüfe die Winkelsumme durch Messung.
a) A(2|2); B(5,5|2); C(5|5) b) A(0,5|1,5); B(4|1); C(2,5|4)
c) A(4|2,5); B(5|5); C(1|2) d) A(0|4); B(3,5|1); C(2|4)

4 Wie viele spitze, rechte bzw. stumpfe Winkel kann ein Dreieck besitzen?

5 Ein Dreieck mit den gegebenen Größen soll gleichschenklig sein. Berechne aus den Angaben die fehlenden Winkel und zeichne jeweils ein entsprechendes Dreieck.
a) $\alpha = 46°$; $\beta = \gamma$ b) $\alpha = 90°$ c) $\alpha = 35°$; $\beta = 35°$ d) $\alpha = 70°$; $\gamma = 40°$

6 Begründe, dass in jedem gleichseitigen Dreieck ABC die Winkel α, β und γ gleich groß sind. Wie groß ist dann ein Winkel?

7 Durch die folgenden Angaben ist ein spezielles Dreieck festgelegt. Gib eine Konstruktionsbeschreibung an, zeichne das Dreieck und berechne die fehlenden Winkel.
a) $\alpha = 90°$; $\beta = 45°$; c = 6 cm b) a = 5 cm; b = 5 cm; $\gamma = 50°$
c) $\alpha = \beta = \gamma$; a = 5 cm d) $\beta = 50°$; c = 6 cm; b = 6 cm

8 Bestimme die Winkel α, β und γ.

a)
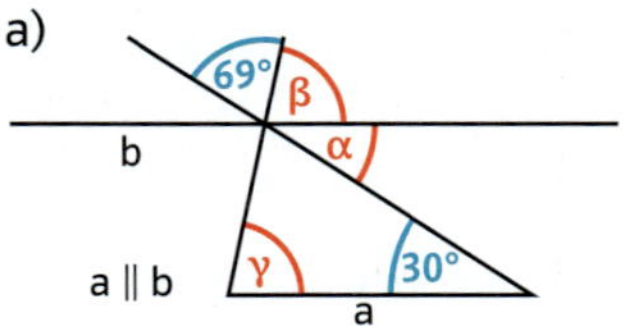

b)
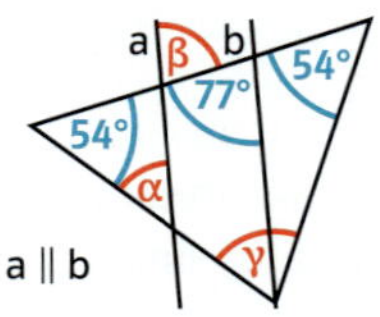

c)
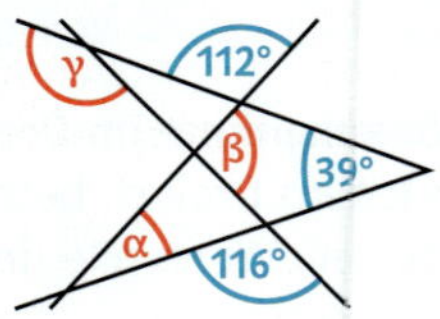

9 Im Dreieck ABC in Fig. 2 ist w die Winkelhalbierende des Winkels bei A. Wie groß sind die Winkel γ und δ?

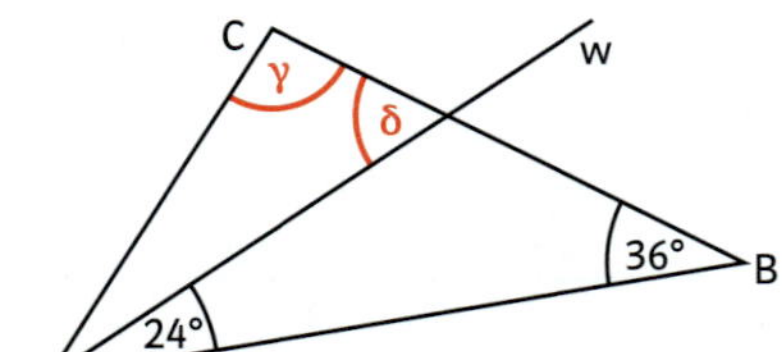

Fig. 2

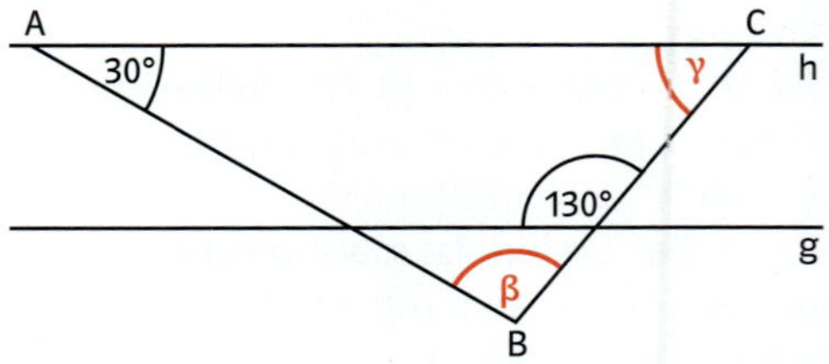

Fig. 3

10 Die Geraden g und h in Fig. 3 sind parallel. Berechne β und γ.

11 Gibt es ein Dreieck ABC mit den verlangten Eigenschaften? Wenn ja, bestimme die Größe der fehlenden Winkel. Nenne gegebenenfalls Besonderheiten des Dreiecks.
a) $\alpha = 38°$; $\beta = 71°$ b) $\beta = 57°$; $\gamma = 33°$ c) $\alpha = 112°$; $\gamma = 58°$ d) $\beta = 125°$; $\gamma = 80°$
e) $\alpha = 30°$; $\beta = 30°$ f) $\gamma = 90°$; $\alpha = \beta$ g) $\alpha = 56°$; $\alpha = \beta = \gamma$ h) $\gamma = 89°$; $\alpha = 91°$

12 Geo **Experimente zur Winkelsumme im Dreieck**
Zeichne einen Kreis mit dem Radius 5 cm und ein Dreieck ABC, dessen Eckpunkte auf dem Kreis liegen. Führe die folgenden Aufträge aus.
a) Bestimme für verschiedene Dreiecke die Längen der Seiten und die Größen der Winkel und bilde ihre jeweilige Summe. Stelle die Beispiele und Ergebnisse jeweils in einer Tabelle zusammen.
b) Verändere die Lage des Dreiecks auf dem Kreis so, dass spezielle Dreiecke entstehen, etwa ein gleichschenkliges, gleichseitiges oder rechtwinkliges Dreieck. Gehe dann wie in a) vor.

Bist du sicher?

1 a) Berechne den fehlenden Winkel eines Dreiecks mit $\alpha = 54°$ und $\beta = 32°$.
b) Ein gleichschenkliges Dreieck ABC hat die Basiswinkel α und β. Zeichne das Dreieck mit $c = 4\,cm$ und $\gamma = 76°$.

2 Gib an, ob die folgenden Aussagen wahr oder falsch sind. Begründe deine Antwort.
a) Es gibt ein Dreieck mit einem rechten und zwei gleich großen Winkeln.
b) Es gibt ein Dreieck mit zwei stumpfen Winkeln (größer als 90°).
c) Es gibt ein gleichschenkliges Dreieck mit einem Winkel über 70° und einem Winkel über 60°.

13 Erstelle eine Skizze für das Dreieck ABC mit den angegebenen Werten. Bestimme ohne Zeichnung die Größe aller Winkel. Gibt es weitere Seitenlängen, die man durch Überlegen bestimmen kann?
a) $c = 8\,cm$; $\alpha = 60°$; $\beta = 30°$
b) $c = 5\,cm$; $b = 5\,cm$; $\alpha = 40°$
c) $a = 6\,cm$; $c = 6\,cm$; $\beta = 50°$
d) $\alpha = \beta$ und $c = b = 5\,cm$

14 Was muss man beachten, wenn man ein Dreieck durch die Angabe von drei Winkeln bestimmen will? Warum reicht diese Angabe noch nicht aus, um genau ein Dreieck festzulegen?

15 Berechne den Winkel ε. Schreibe die zugehörigen Überlegungen auf.
Dabei bezeichnen w_γ und w_α die Winkelhalbierenden der Winkel γ und α.

a)
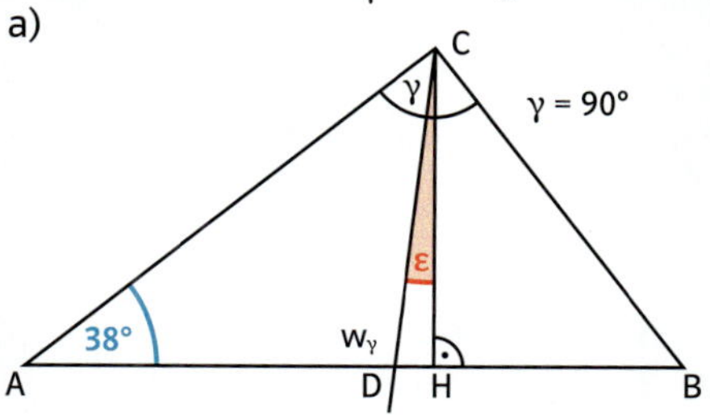

b)
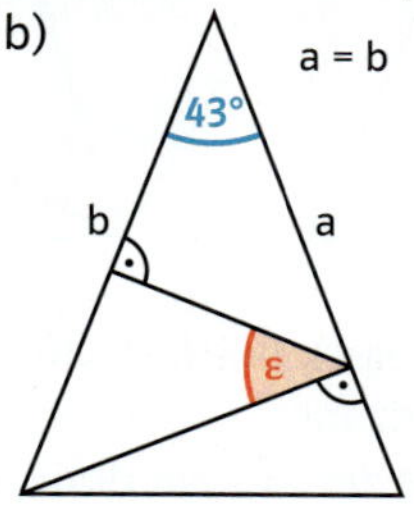

c)
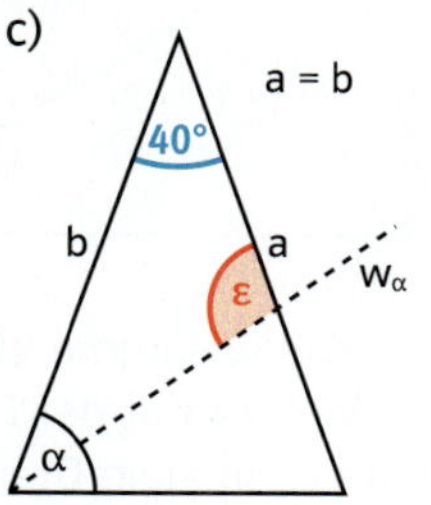

16 In Fig. 1 ist der Punkt M die Mitte der Strecke $\overline{AB}$. Die Strecke $\overline{MC}$ ist genau halb so lang wie die Strecke $\overline{AB}$.
Bestimme die fehlenden Winkel des Dreiecks ABC. Zeichne eine Figur mit den gegebenen Größen.

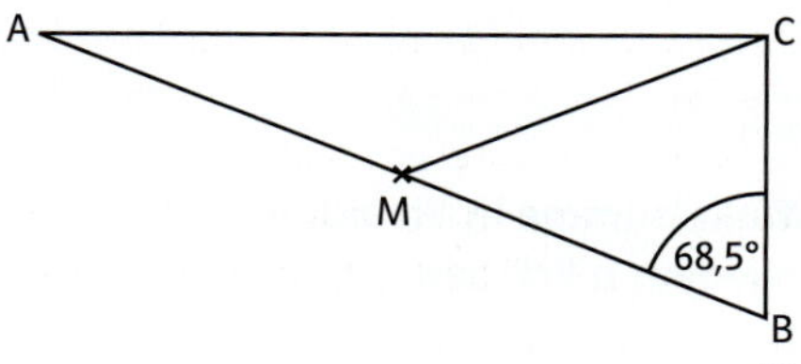

Fig. 1

4 Winkelsumme im Vieleck

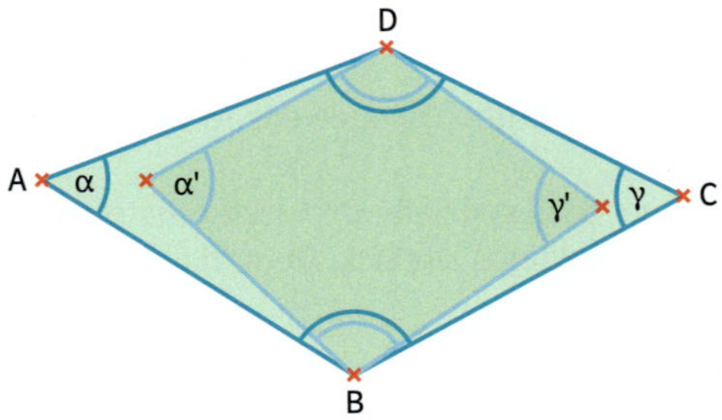

Zeichne mit einem dynamischen Geometriesystem ein beliebiges Viereck und lass die Größe seiner Innenwinkel anzeigen. Kannst du die Ecken des Vierecks so verändern, dass alle Innenwinkel größer (alle kleiner) werden? Wie verändern sich die einzelnen Winkel, wenn man gegenüberliegende Ecken auseinander (aufeinander zu) bewegt?

*Ein „eingedrücktes" Viereck heißt **konkav**. Bei ihm ist ein Innenwinkel größer als 180°.*

*Sind alle Innenwinkel kleiner als 180°, so heißt das Viereck **konvex**.*

Jedes Viereck, auch ein „eingedrücktes", lässt sich durch eine Diagonale in zwei Dreiecke zerlegen.
Die Winkel des Vierecks sind daher zusammen so groß wie die Summe der Winkel der beiden Dreiecke, also 2 · 180° = 360°.

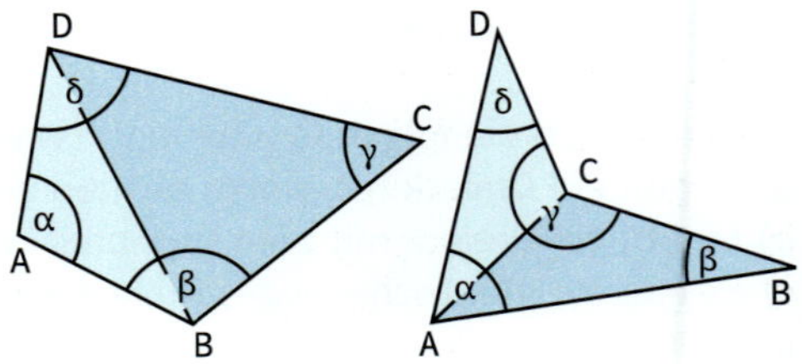

Winkelsumme im Viereck
In jedem Viereck beträgt die Summe der Innenwinkel 360°.

Hinweis:
Es können immer Eckpunkte so verbunden werden, dass sich die Diagonalen nicht überschneiden.

Allgemein gilt:
Jedes Vieleck kann man so in Dreiecke zerlegen, dass aus den Innenwinkeln der Dreiecke die Innenwinkel des Vielecks entstehen. Die folgenden Abbildungen zeigen Beispiele.

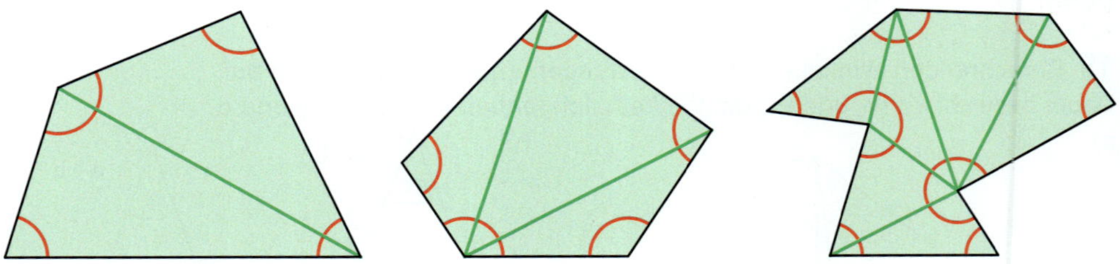

Die Winkelsumme im Dreieck beträgt 180°.

Ein Vieleck mit der Eckenzahl	4	5	6	… n
kann in so viele Dreiecke zerlegt werden:	2 = 4 − 2	3 = 5 − 2	4 = 6 − 2	… n − 2
und hat deshalb die Winkelsumme	2 · 180° = 360°	3 · 180° = 540°	4 · 180° = 720°	… (n − 2) · 180°.

Winkelsumme in Vielecken
In jedem n-Eck beträgt die Summe der Innenwinkel (n − 2) · 180°.

Beispiel 1

Das Viereck in Fig. 1 hat die Winkel $\alpha = 70°$; $\beta = 50°$; $\gamma = 140°$. Bestimme den Winkel δ.

Lösung:

Der vierte Winkel lässt sich folgendermaßen berechnen:

$\delta = 360° - (\alpha + \beta + \delta)$ (Winkelsumme im Viereck).

Also gilt: $\delta = 360° - (70° + 50° + 140°)$

$= 100°$.

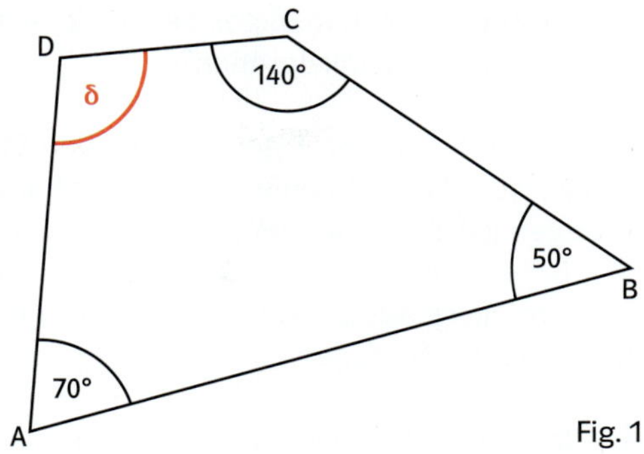

Fig. 1

Beispiel 2

Berechne die Größe der Innenwinkel eines regelmäßigen Fünfecks (Fig. 2).

Lösung:

Die Winkelsumme des Fünfecks beträgt: $(5 - 2) \cdot 180° = 3 \cdot 180° = 540°$. Da alle fünf Innenwinkel gleich groß sind, haben sie eine Größe von jeweils $540° : 5 = 108°$.

Ein regelmäßiges Fünfeck hat einen Mittelpunktswinkel von 72°. Betrachtet man die gleichschenkligen Dreiecke im Fünfeck mit dem Winkel 72° an der Spitze, kann man über die Basiswinkel der Dreiecke ebenfalls die Innenwinkel bestimmen und kommt zum selben Ergebnis.

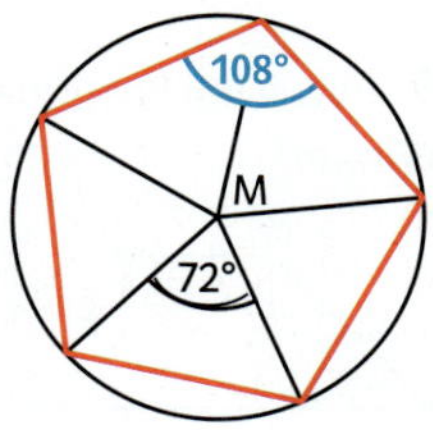

Fig. 2

Ein regelmäßiges Vieleck ist ein Vieleck, dessen Seiten alle gleich lang sind und dessen Innenwinkel alle gleich groß sind. Seine Ecken liegen alle auf einem Kreis.

Beispiel 3

In einem Viereck mit dem Winkel $\alpha = 95°$ ist der Winkel β dreimal so groß wie der Winkel γ, und der Winkel δ ist um 50° größer als der Winkel α (Fig. 3). Berechne die fehlenden Innenwinkel des Vierecks.

Lösung:

Wegen $\alpha = 95°$ und $\delta = 95° + 50° = 145°$ gilt $\beta + \gamma = 360° - (95° + 145°) = 120°$ (Winkelsumme im Viereck). Da β das Dreifache von γ ist, muss man 120° durch 4 dividieren, um γ zu erhalten. Somit sind $\gamma = 30°$ und $\beta = 90°$.

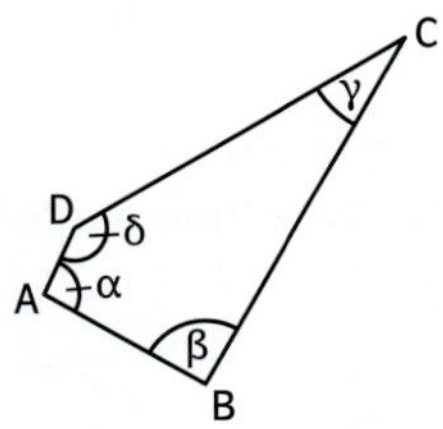

Fig. 3

Aufgaben

1 Von einem Viereck sind drei Winkel gegeben. Wie groß ist der vierte Winkel?

a) $\alpha = 100°$; $\beta = 80$; $\gamma = 50°$ b) $\alpha = 82°$; $\beta = 45$; $\gamma = 112°$ c) $\beta = 92$; $\gamma = 48°$; $\delta = 90°$

2 Berechne in einem Viereck die restlichen Winkel für

a) $\alpha = 47°$; $\beta = 63°$; $\gamma = 115°$, b) $\gamma = 57{,}5°$; $\alpha = 82{,}4°$; $\delta = 71{,}3°$, c) $\alpha = 60°$; $\beta = \gamma = \delta$.

3 Zeichne das Viereck ins Heft und miss die Winkel. Stimmt die Winkelsumme?

a) A(1|1); B(10|1); C(9|9); D(2|5) b) A(1|1); B(9|0); C(8|6); D(1|8)

4 Zeichne ein beliebiges Viereck. Verbinde die Mittelpunkte von aneinander stoßenden Seiten. Schneide die entstandenen Dreiecke ab (Fig. 4). Was kannst du aus ihnen legen? Was erkennst du daraus?

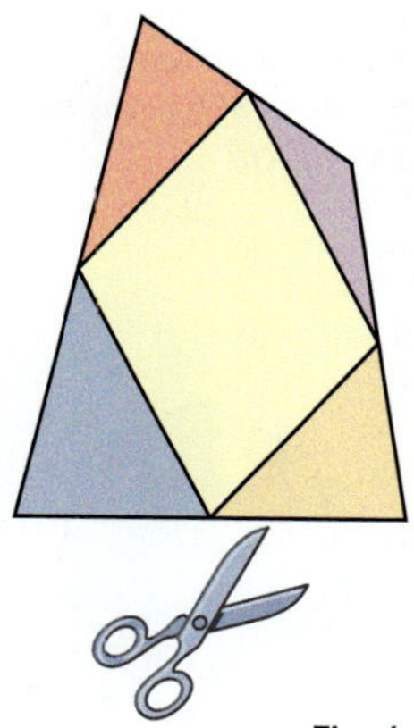
Fig. 4

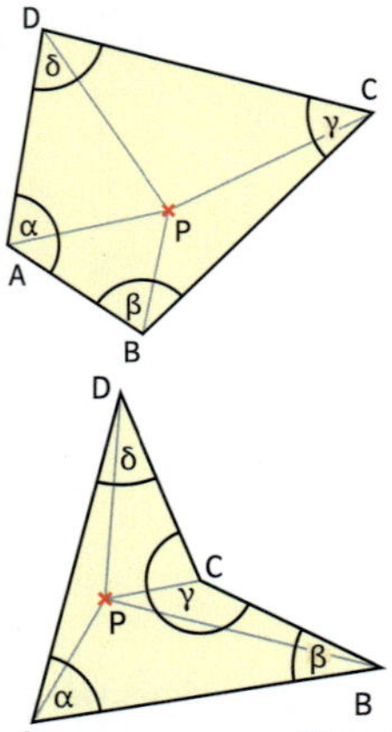

Fig. 1

5 Zeichne ein regelmäßiges Sechseck. Miss die Innenwinkel. Welche Summe ergeben die gemessenen Winkelgrößen?

6 Begründe mit den Eigenschaften von Stufen- und Wechselwinkeln.
a) Die zwei Winkel an einer Seite eines Parallelogramms ergeben zusammen 180°.
b) Gegenüberliegende Winkel eines Paralellogramms sind gleich groß.

7 Formuliere Aussagen über die Winkel im symmetrischen (gleichschenkligen) Trapez. Begründe die Aussagen.

8 Begründe, dass auch mit der Zerlegung in Fig. 1 gezeigt werden kann: Die Winkelsumme in jedem Viereck beträgt 360°.

9 Welche Besonderheiten hat das Viereck ABCD? Wie groß sind die rot markierten Winkel?

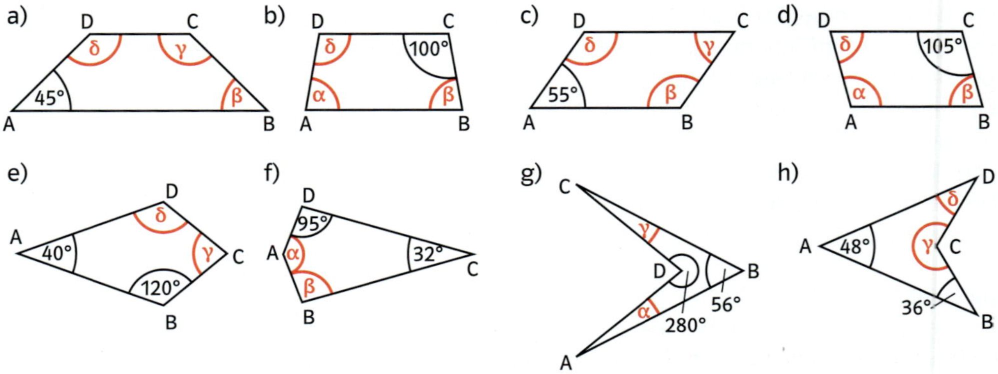

Paul hat ein Fünfeck in folgender Weise in Dreiecke zerlegt:

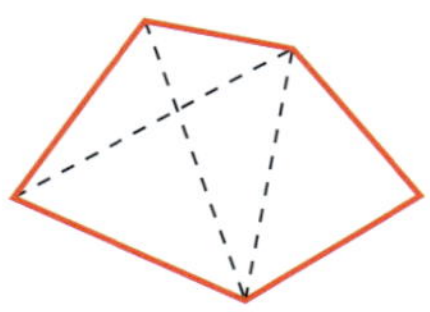

Als Winkelsumme errechnet er daraus: 5 · 180° = 900°. Was ist hier falsch?

10 Berechne die rot markierten Winkel.

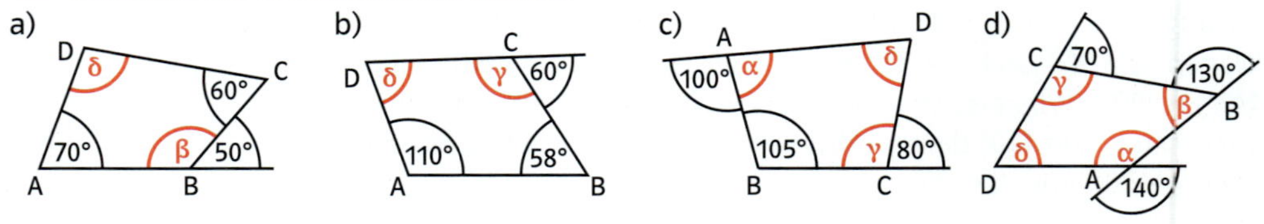

11 Berechne die Viereckswinkel.
a) β ist doppelt so groß wie α; γ ist dreimal so groß wie α; δ ist viermal so groß wie α.
b) β ist doppelt so groß wie α; γ ist doppelt so groß wie β; δ ist doppelt so groß wie γ.
c) β ist um 20° größer als α; γ ist um 20° größer als β; δ ist um 20° größer als γ.
d) β ist halb so groß wie α; γ ist halb so groß wie β; δ ist halb so groß wie γ.

12 Bestimme die Anzahl der Ecken eines Vielecks mit der Winkelsumme 900°.

13 Wie groß sind die Winkel α, β, γ und δ in einem Viereck, wenn β genauso groß wie α, γ doppelt so groß wie α und δ viermal so groß wie α ist?

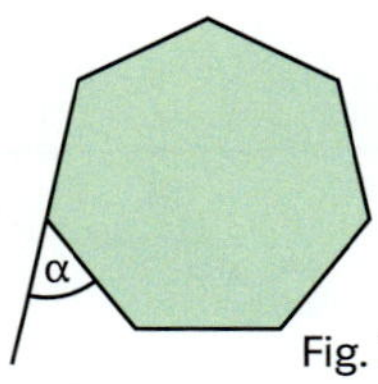

Fig. 2

14 Bestimme die Größe des Winkels α für das in Fig. 2 abgebildete regelmäßige Vieleck.

15 a) Wie viele Ecken hat ein regelmäßiges Vieleck, dessen Innenwinkel 135° betragen?
b) Gibt es ein regelmäßiges Vieleck mit dem Innenwinkel α = 100°? Begründe.

5 Parkettierungen

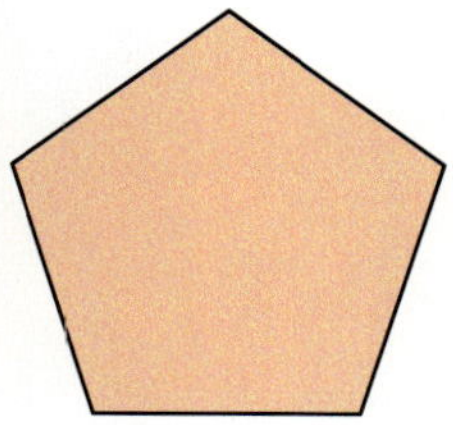

Miriam betrachtet eine Bienenwabe. Sie überlegt sich, ob man auch mit einem regelmäßigen Fünfeck ein Gebilde herstellen könnte, bei dem sich die Zellen so exakt wie bei der Bienenwabe zusammenfügen.

Von Straßenpflastern oder Fußböden weiß man, dass man Flächen lückenlos mit ebenen geometrischen Figuren auslegen kann.

Je nachdem, wie breit Straße oder Zimmer sind und welche Figuren man zum Auslegen verwendet, muss man am Rand eventuell die Figuren abschneiden. Dies soll aber nicht weiter untersucht werden. Im Folgenden wird angenommen, dass die gesamte Ebene ausgelegt wird.

Solche Auslegungen von Flächen kann man auch mit anderen ebenen Figuren erreichen.

Eine lückenlose Auslegung der Ebene mit geometrischen Figuren nennt man **Parkettierung**.

Parkettierungen findet man unter anderem in folgenden Bereichen,
- im täglichen Leben:

Fußböden

Straßenpflasterung

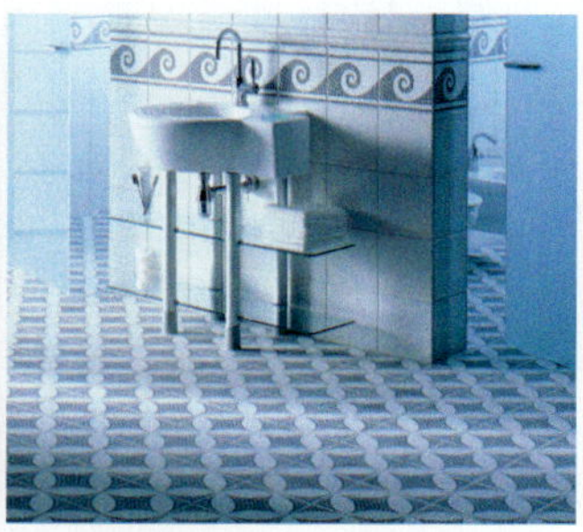

Badezimmer

– in der Kulturgeschichte:

Moscheen

Kirchenfenster

römische Bäder

– in der Natur:

Schlangenhaut

eingetrockneter Flussbereich

Salzsee

Beispiel
Untersuche, ob mit der nebenstehenden H-Figur eine Parkettierung der Ebene möglich ist.
Lösung:
Man kann die H-Figuren so ineinander stecken, dass man die ganze Fläche damit lückenlos ausfüllen kann.

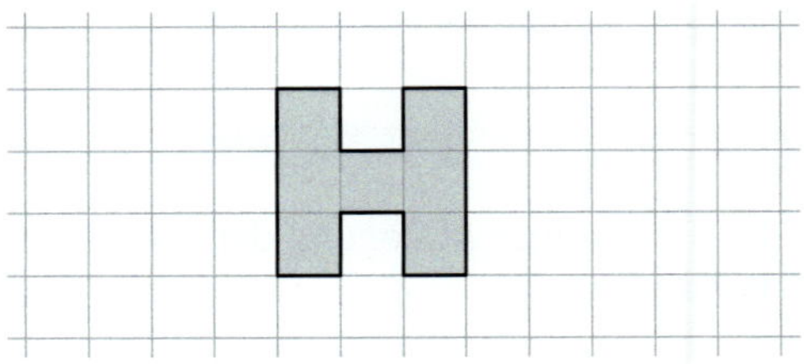

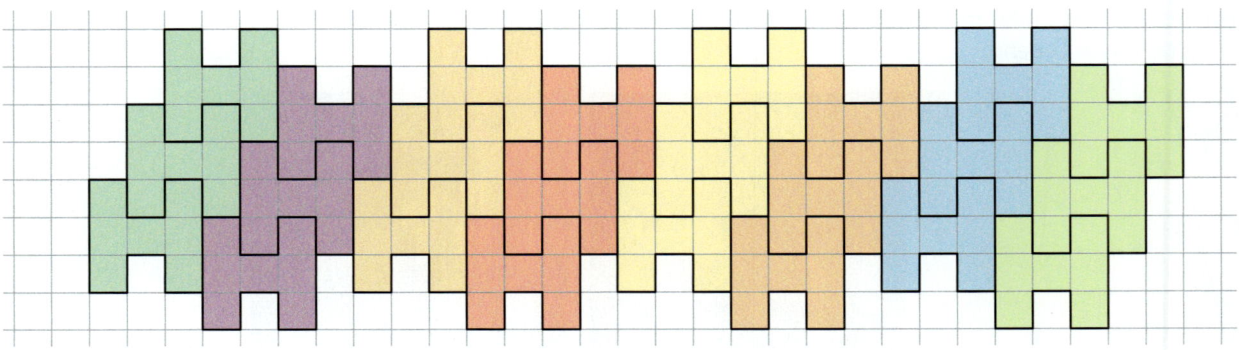

Aufgaben

1 Suche zu Hause Parkettierungen und zeichne jeweils einen Ausschnitt.

2 Aus welchen Grundfiguren sind die Parkettierungen in Fig. 1–3 aufgebaut?

Fig. 1

Fig. 2

Fig. 3

3 Welches sind die Grundfiguren, aus denen die Parkettierung des Streifens in Fig. 4–7 jeweils besteht?

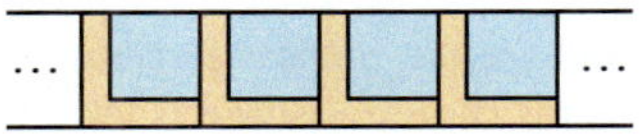
Fig. 4

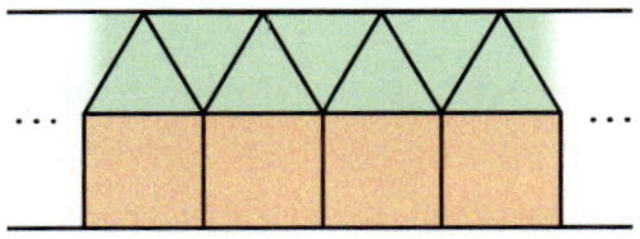
Fig. 5

Fig. 6

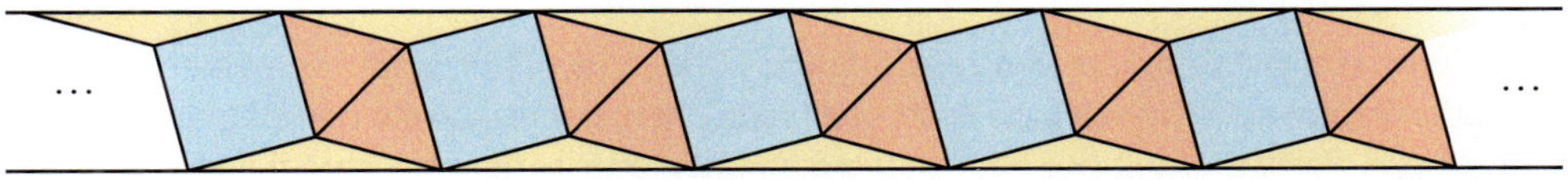
Fig. 7

4 a) Untersuche, ob man mit den Flächen in Fig. 8–11 als Grundfiguren Parkettierungen herstellen kann.

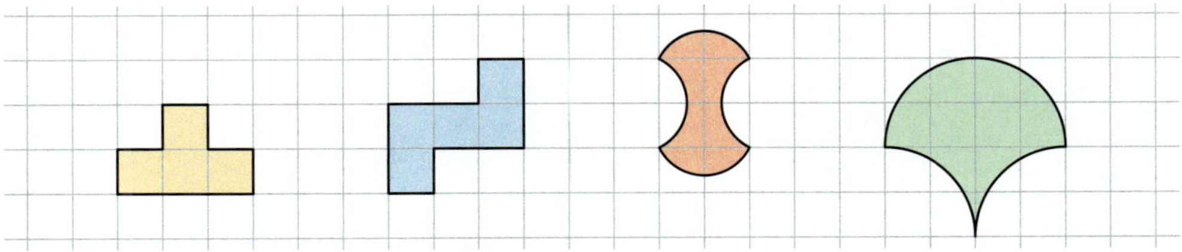
Fig. 8 Fig. 9 Fig. 10 Fig. 11

b) Entwirf selber weitere Parkettierungen.

5 Aus welchen Grundfiguren sind die Parkettierungen in Fig. 12–15 aufgebaut?

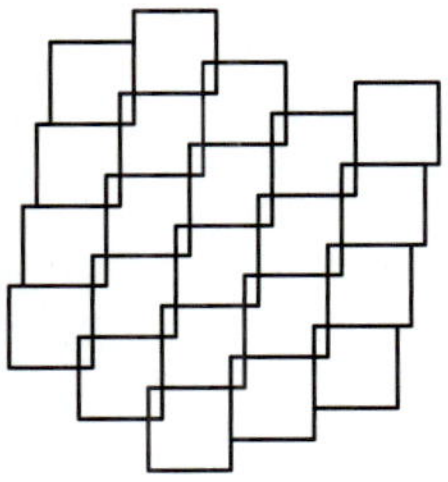
Fig. 12

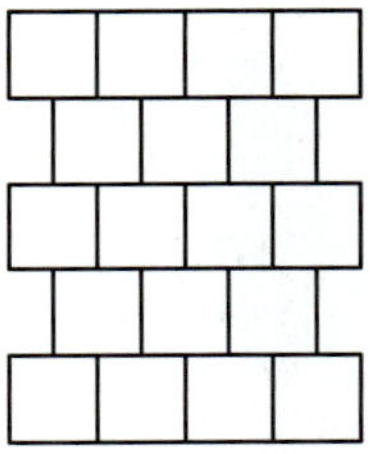
Fig. 13

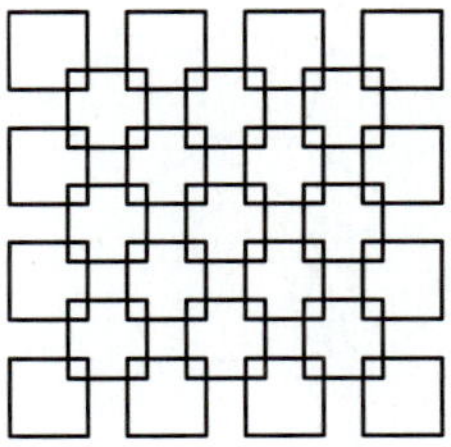
Fig. 14

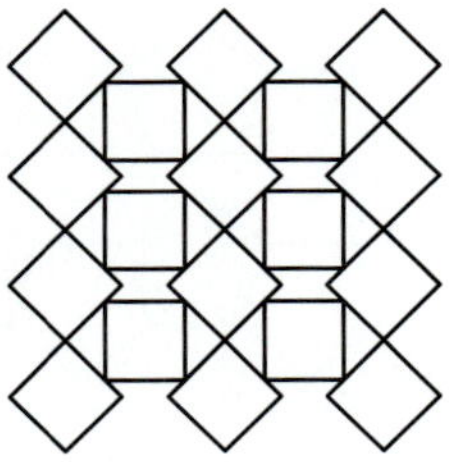
Fig. 15

6 Euklidische Parkettierungen

Viele Parkettierungen benutzen jeweils nur eine geometrische Figur. Diese ist oft ein regelmäßiges Vieleck. Dabei werden die Exemplare dieser Vielecke ganz bestimmt angeordnet.

Statt regelmäßiges Dreieck sagt man auch gleichseitiges Dreieck.
Statt regelmäßiges Viereck sagt man auch Quadrat.
Statt regelmäßig sagt man auch regulär.

Im Folgenden werden regelmäßige Dreiecke, Vierecke, Fünfecke und Sechsecke betrachtet. Ein regelmäßiges n-Eck hat n gleich lange Seiten und n gleich große Innenwinkel.

Fig. 1

Euklid von Alexandria
Der griechische Mathematiker lebte um 300 v. Chr. und lehrte in Alexandria.
Er verfasste das berühmte Buch „Elemente", das über 2000 Jahre lang als das Lehrbuch der Mathematik galt. Die „Elemente des Euklid" ist nach der Bibel das Buch mit den meisten Exemplaren.

Ein Schüler fragte einst Euklid: „Was kann ich verdienen, wenn ich diese Dinge lerne?" Euklid rief einen Sklaven und sagte: „Gib ihm etwas Geld, der arme Mann muss Geld verdienen mit dem, was er lernt."

Nun wird nach Parkettierungen gesucht, die nur gleich große regelmäßige Vielecke benutzen. Werden regelmäßige Vielecke so angeordnet, dass sie immer ganze Seiten gemeinsam haben (Seite-an-Seite-Parkettierung), so spricht man von einer **regelmäßigen** oder **euklidischen Parkettierung**.

Wenn man einige Exemplare von regelmäßigen Drei-, Vier-, Fünf- und Sechsecken aus Papier oder Pappe ausschneidet, so kann man versuchen, damit jeweils den Beginn einer regelmäßigen Parkettierung der Ebene zu legen. Dabei muss man manchmal auch die Figur umdrehen, um sie anlegen zu können.

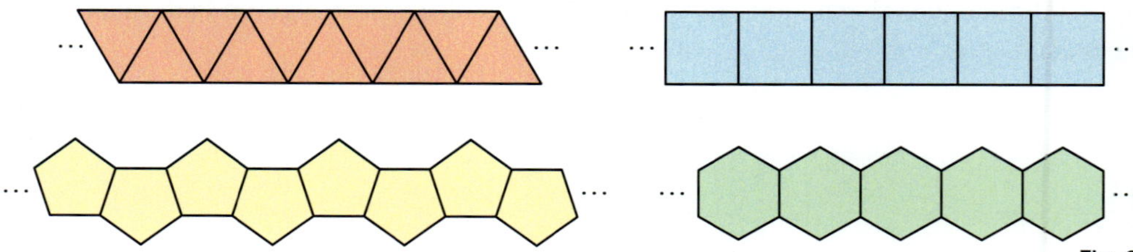

Fig. 2

Die Drei-, Vier-, Fünf- und Sechsecke lassen sich zu unendlichen Streifen wie in Fig. 2 Seite an Seite zusammenlegen. Für Dreiecke, Vierecke und Sechsecke lassen sich zwei Streifen lückenlos aneinander fügen. Dann lässt sich ein dritter Streifen lückenlos anfügen und so weiter, bis die Ebene ganz parkettiert ist. Für Fünfecke passen schon zwei Streifen nicht lückenlos aneinander (vgl. Fig. 3).

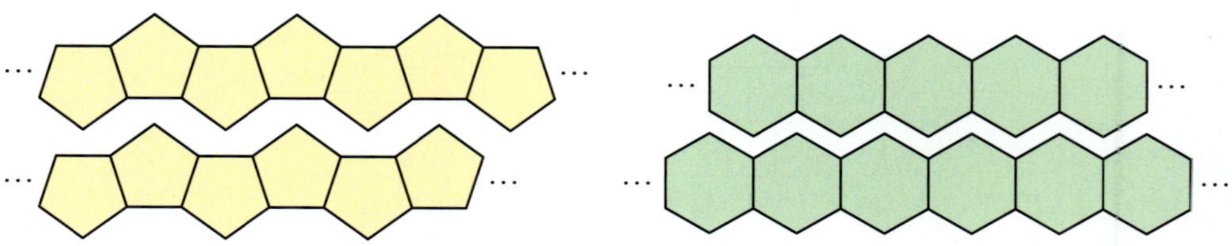

Fig. 3

Ist es möglich, mit anderen gleich großen regelmäßigen Vielecken die Ebene Seite an Seite (euklidisch) zu parkettieren?
Bei regelmäßigen Parkettierungen ist es notwendig, dass die Summe der Winkel um einen Eckpunkt herum den vollen Winkel von 360° ergibt.
Alle n Innenwinkel in einem n-Eck ergeben zusammen $(n-2) \cdot 180°$ (vgl. Seite 60). Da im regelmäßigen n-Eck die Innenwinkel alle gleich groß sind, muss man $(n-2) \cdot 180°$ durch n teilen, um die Größe eines Innenwinkels zu erhalten.

Für $n = 3$	gleichseitiges Dreieck	ergeben sich die Innenwinkel zu 60°.
Für $n = 4$	Quadrat	ergeben sich die Innenwinkel zu 90°.
Für $n = 5$	regelmäßiges Fünfeck	ergeben sich die Innenwinkel zu 108°.
Für $n = 6$	regelmäßiges Sechseck	ergeben sich die Innenwinkel zu 120°.
Für $n \geqq 7$	regelmäßiges Siebeneck, Achteck, …	sind die Innenwinkel größer als 120°.

Man erkennt, dass es nur möglich ist, einen Winkel von 360° in $6 \cdot 60°$ (gleichseitige Dreiecke), $4 \cdot 90°$ (Quadrate) oder $3 \cdot 120°$ (regelmäßige Sechsecke) aufzuteilen. Dass dies nicht nur um einen Eckpunkt herum, sondern in der ganzen Ebene klappt, ist durch das Aneinanderlegen der obigen Streifen nachgewiesen worden.

Es gibt nur die drei euklidischen Parkettierungen mit regelmäßigen Dreiecken, Vierecken und Sechsecken.

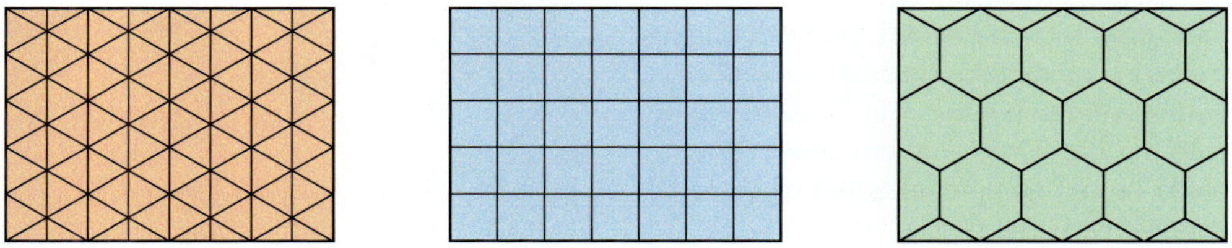

Fig. 1

Gibt es noch andere Möglichkeiten, als mit den Streifen, um einzusehen, dass die Ebene mit gleich großen Quadraten Seite an Seite (euklidisch) zu parkettieren ist?

Fig. 2

Man startet mit einem Quadrat (blau) und legt alle acht Nachbarquadrate (rot) an, die also mit dem ersten Quadrat mindestens eine Seite oder einen Eckpunkt gemeinsam haben. Es ergibt sich ein 3x3-Quadrat-„Schachbrett“. Dann legt man alle 16 neuen Nachbarquadrate (grün) an und erhält ein 5x5-Quadrat. Wenn man so weiter fortfährt, ergeben sich immer größere „Schachbretter“ mit einer ungeraden Anzahl von Quadraten an einer Seite. Damit wird schließlich die ganze Ebene parkettiert.

Nun beginnt man mit vier Quadraten (blau) um einen Eckpunkt herum (Fig. 1). Dann legt man alle zwölf Nachbarquadrate (rot) an und erhält ein 4x4-„Schachbrett". Als Nächstes legt man alle 20 möglichen Nachbarquadrate (grün) an und erhält ein 6x6-„Schachbrett". Dann erhält man immer größer werdende „Schachbretter" mit einer geraden Anzahl von Quadraten an einer Seite. Auch hiermit wird schließlich die gesamte Ebene parkettiert.

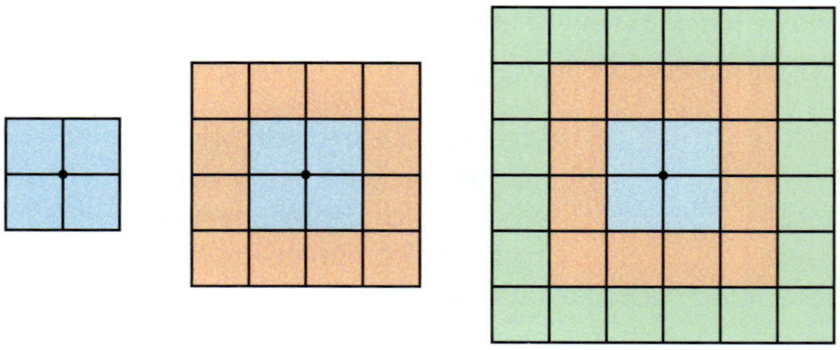

Fig. 1

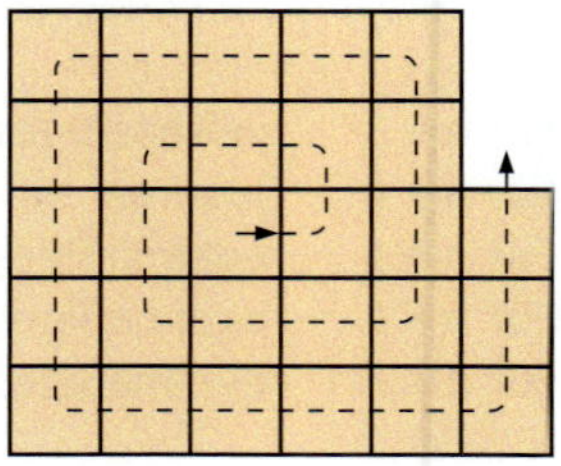

Fig. 2

Man kann auch mit einfachen Schritten vorangehen. Dazu legt man Quadrat an Quadrat und fährt in spiralförmiger Art wie in Fig. 2 fort. Auch hiermit ist nachgewiesen, dass schließlich die gesamte Ebene parkettiert ist.

Mit entsprechenden Methoden ergibt sich auch noch einmal, dass es keine Parkettierung mit regelmäßigen Fünfecken gibt. Legt man nämlich alle regelmäßigen gleich großen Fünfecke an, die mit einem Fünfeck eine Seite gemeinsam haben, so erkennt man, dass Lücken bleiben, die nicht durch weitere regelmäßige Nachbar-Fünfecke gefüllt werden können (Fig. 3). Auch wenn man mit drei Fünfecken um einen Eckpunkt herum beginnt, entsteht eine nicht zu füllende Lücke (Fig. 4).

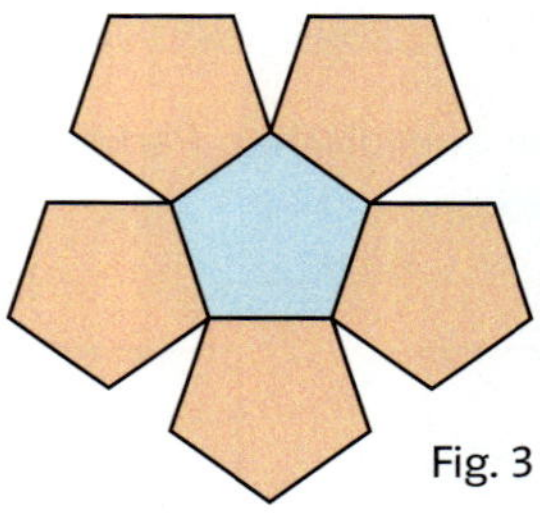

Fig. 3

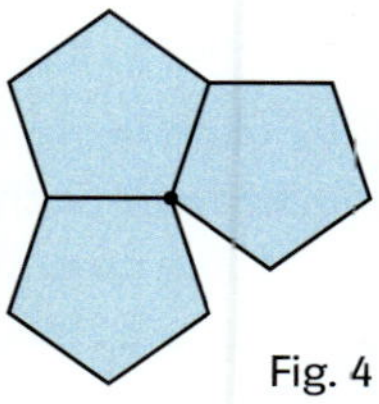

Fig. 4

Info

Lässt man die Bedingung weg, dass Seite an Seite gepackt wird, so gibt es beliebig viele verschiedene Parkettierungen für gleichseitige Dreiecke und für Quadrate.

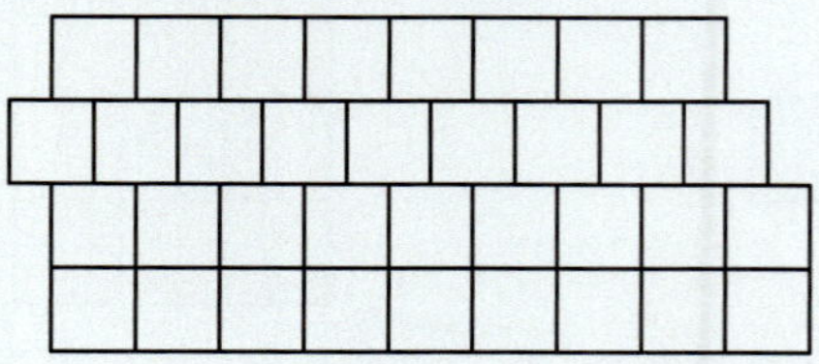

Aufgaben

1 Kommst du mit zwei Farben aus, die Dreiecke (Quadrate) in einer euklidischen Parkettierung so zu färben, dass Dreiecke (Quadrate) mit gemeinsamer Seite nicht die gleiche Farbe haben?

2 a) Warum kommt man bei der euklidischen Parkettierung mit regelmäßigen Sechsecken nicht mit zwei Farben aus, ohne dass Sechsecke mit gemeinsamer Seite gleichfarbig sind?
b) Geht es mit drei Farben? Zeichne und begründe.

3 Wie groß ist der Winkel der nicht zu füllenden Lücken beim Vorgehen mit regelmäßigen Fünfecken wie in Fig. 3 und Fig. 4 auf Seite 68?

4 Beginne wie in Fig. 2 auf Seite 67 mit einem
a) regelmäßigen Dreieck, b) regelmäßigen Sechseck.
Welche Figuren ergeben sich, die den „Schachbrettern“ für Quadrate entsprechen?

5 Starte wie in Fig. 1 auf Seite 68 mit
a) sechs gleichseitigen Dreiecken, b) drei Sechsecken
um einen Punkt herum. Welche Figuren ergeben sich, die den „Schachbrettern“ für Quadrate entsprechen?

6 Zeichne den Anfang der Spirale für
a) regelmäßige Dreiecke, b) regelmäßige Sechsecke,
wie es in Fig. 2 auf Seite 68 für Quadrate gemacht wurde.

Bist du sicher?

1 Zeichne Ausschnitte der euklidischen Sechseck- und Dreieckparkettierung. Verbinde geradlinig gegenüberliegende Eckpunkte der Sechsecke bzw. die Mittelpunkte der Dreieckseiten. Welche Parkettierungen ergeben sich jeweils?

7 Markiere in der euklidischen Parkettierung für Quadrate die Mittelpunkte der Quadrate. Verbinde dann geradlinig alle Paare von Mittelpunkten von Seite an Seite benachbarten Quadraten. Was erhältst du als Gesamtheit aller dieser Verbindungsstrecken?

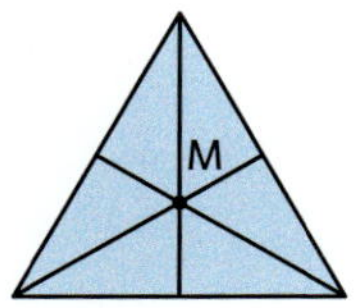

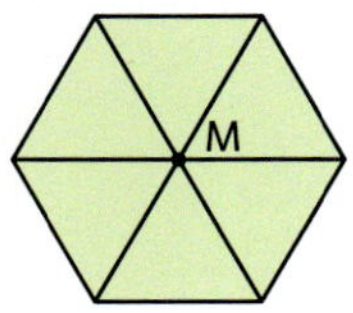

8 Verfahre wie in Aufgabe 7 mit den euklidischen Parkettierungen für Dreiecke und für Sechsecke. Was erhältst du jeweils als Gesamtheit aller dieser Verbindungsstrecken? Was fällt auf?

9 Benutze kariertes Papier.
a) Zeichne Ausschnitte von Parkettierungen für jede der geometrischen Figuren.
b) Gibt es mehrere verschiedene Parkettierungen?

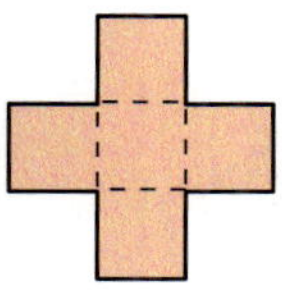
Fig. 1

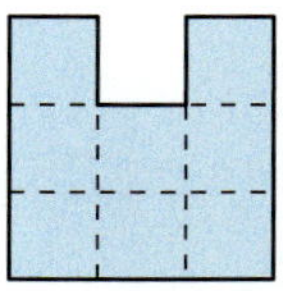
Fig. 2

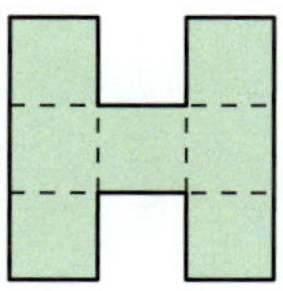
Fig. 3

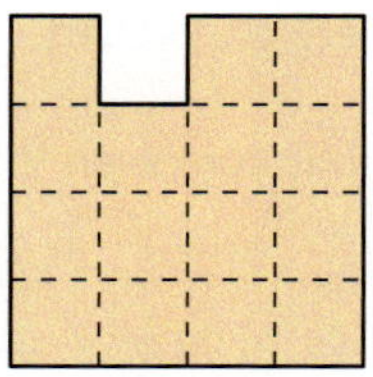
Fig. 4

10 Suche andere Ausschnitte einer euklidischen Parkettierung mit Quadraten entsprechend Aufgabe 9. Untersuche, ob damit die Ebene parkettiert werden kann.

11 Suche entsprechend Ausschnitte einer euklidischen Parkettierung mit Dreiecken und Sechsecken wie in Aufgabe 10. Untersuche, ob damit die Ebene parkettiert werden kann.

7 Parkettierungen mit beliebigen Vielecken

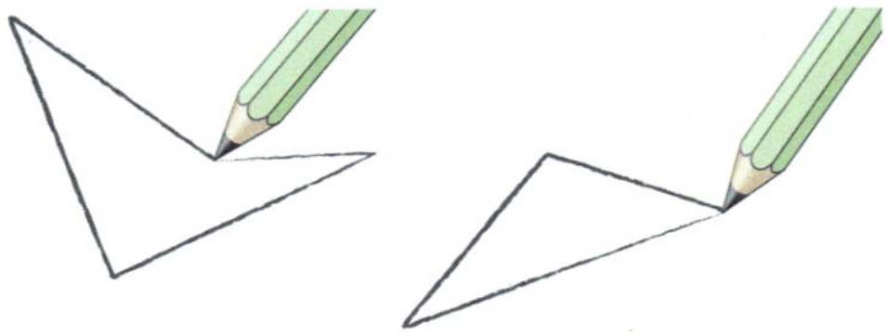

Max behauptet, dass er mit jedem Viereck, das Susi zeichnet, die Ebene parkettieren kann. Susi entgegnet, dass das nur mit Dreiecken gehen würde.

Man schneidet gleich große Exemplare eines beliebigen Vierecks aus Pappe aus und legt zwei Vierecke an einer gemeinsamen Seite wie in Fig. 1 aneinander. Dabei sind die Winkel an der gemeinsamen Seite Wechselwinkel an Parallelen.

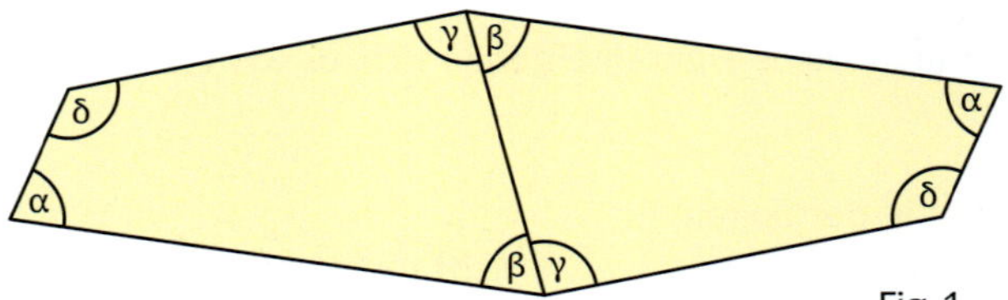

Fig. 1

Wenn man rechts und links der beiden Vierecke in gleicher Weise fortfährt, erhält man einen Streifen wie in Fig. 2.

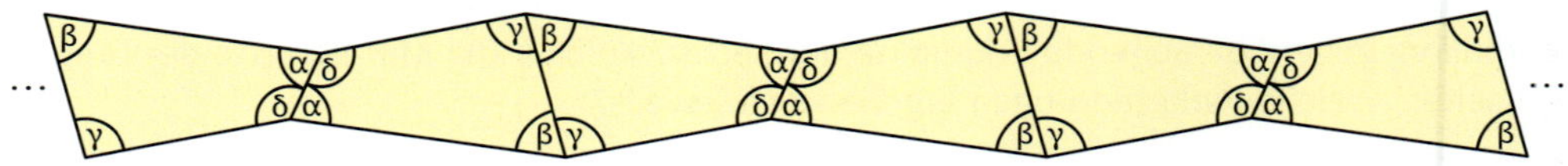

Fig. 2

Zwei solcher Streifen lassen sich aneinander legen, sodass die Vierecke Seite an Seite liegen (Fig. 3). An den Eckpunkten stoßen alle vier Winkel des Vierecks zusammen und ergeben die Winkelsumme $\alpha + \beta + \gamma + \delta = 360°$.

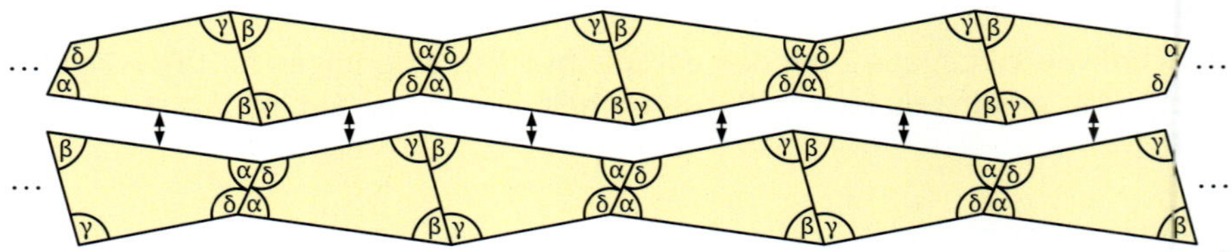

Fig. 3

Legt man in dieser Art weitere Streifen an, so wird schließlich die Ebene durch das Viereck parkettiert.

Mit konkaven Vierecken geht dies genauso.

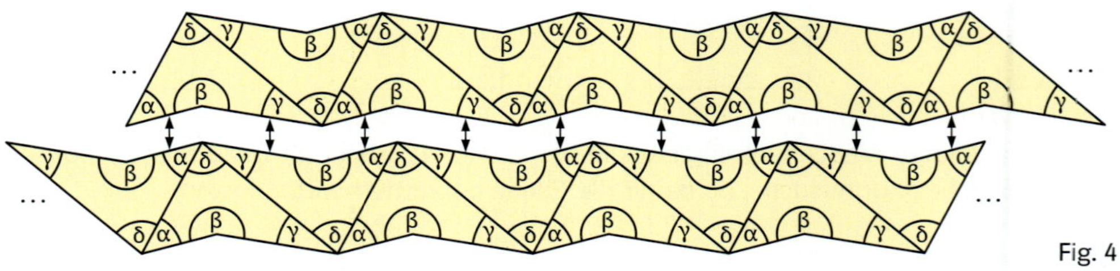

Fig. 4

Mit einem beliebigen Viereck lässt sich die Ebene Seite an Seite parkettieren.

Ist auch mit einem beliebigen Dreieck eine Seite-an-Seite-Parkettierung möglich?

Zwei gleiche Dreiecke lassen sich an einer gemeinsamen Seite so zusammenlegen, dass die Winkel an dieser gemeinsamen Seite Wechselwinkel sind. Daher entsteht ein Parallelogramm, mit dem die Ebene Seite an Seite parkettiert werden kann.

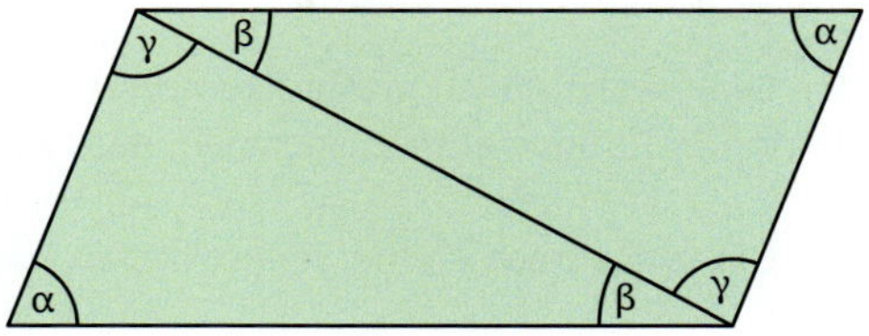

Mit einem beliebigen Dreieck lässt sich die Ebene Seite an Seite parkettieren.

Beispiel
Teile gleich große regelmäßige Fünfecke entlang einer Symmetrieachse in zwei gleiche Teile. Zeichne einen Ausschnitt einer Parkettierung der Ebene mit diesen Teilen.
Hinweis: Die Symmetrieachsen erhält man, indem man jeden Eckpunkt mit dem Mittelpunkt der jeweils gegenüberliegenden Seite verbindet.
Lösung:

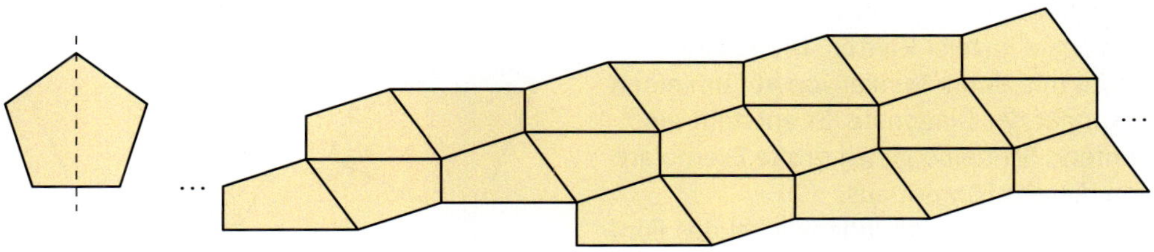

Info

Für alle Fünfecke gilt die obige Aussage nicht. Das regelmäßige Fünfeck war ja schon ein Beispiel, für das es keine Seite-an-Seite-Parkettierung gibt. In der Figur ist ein Streifen mit einer Seite-an-Seite-Parkettierung von einem gleichseitigen (nicht regelmäßigen) Fünfeck dargestellt.

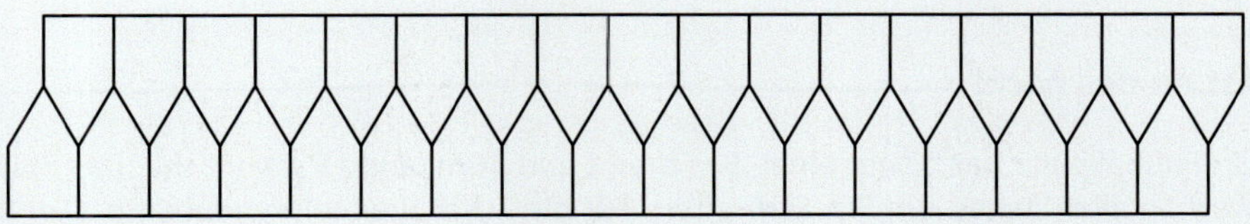

Bis heute sind aber noch nicht alle Fünfecke bekannt, mit denen eine Parkettierung möglich ist. Alle konvexen Sechsecke mit einer Parkettierung sind bekannt.
Für kein konvexes n-Eck mit $n > 6$ gibt es eine Seite-an-Seite-Parkettierung der Ebene.

Aufgaben

1 Lege zwei gleiche Dreiecke an einer Seite zusammen, sodass gleiche Winkel benachbart sind. Kann man weitere solche Dreiecke so anlegen, dass die Ebene parkettiert wird?

2 Begründe, dass eine Seite-an-Seite-Parkettierung mit einem regelmäßigen Fünfeck nicht möglich ist.

3 Lege sechs gleich große Exemplare eines Dreiecks Seite an Seite um einen Punkt (ohne Überlappung) so zusammen, dass keine Lücke bleibt.

4 Gib drei verschiedene Sechsecke an, die die Ebene parkettieren.

5 Schneide gleich große Exemplare eines beliebigen Dreiecks aus. Kann man diese in spiralförmiger Weise (wie mit Quadraten auf Seite 68 in Fig. 2) Seite an Seite so um Eckpunkte herum anlegen, dass sich eine Parkettierung der Ebene ergibt?

Bist du sicher?

1 Aus einem regelmäßigen Sechseck kann man wie in Fig. 1 dargestellt ein konkaves Siebeneck erzeugen. Kann man damit die Ebene parkettieren?

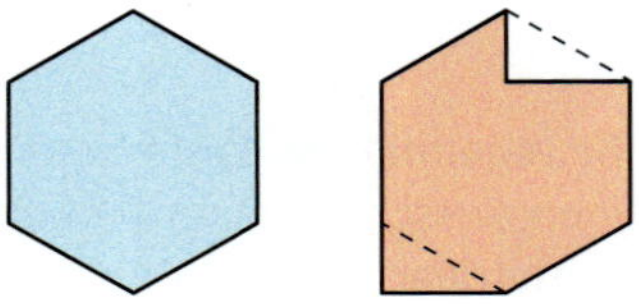

Fig. 1

6 Schneide ein Quadrat entlang einer Diagonale in zwei Hälften. Drehe eine Hälfte mit einem Winkel von 40° um einen Eckpunkt der Diagonale. Es entsteht ein Fünfeck. Schneide gleich große Exemplare von diesem Fünfeck aus.
a) Wie groß sind die Innenwinkel des Fünfecks?
b) Lege oder zeichne einen Ausschnitt der Parkettierung der Ebene mit diesen Fünfecken.
c) Färbe die Fünfecke dieser Parkettierung mit drei Farben so, dass Fünfecke mit gemeinsamer Seite von verschiedener Farbe sind.

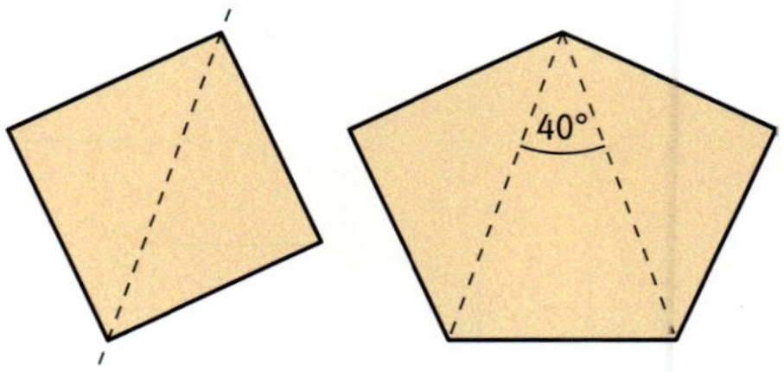

Fig. 2

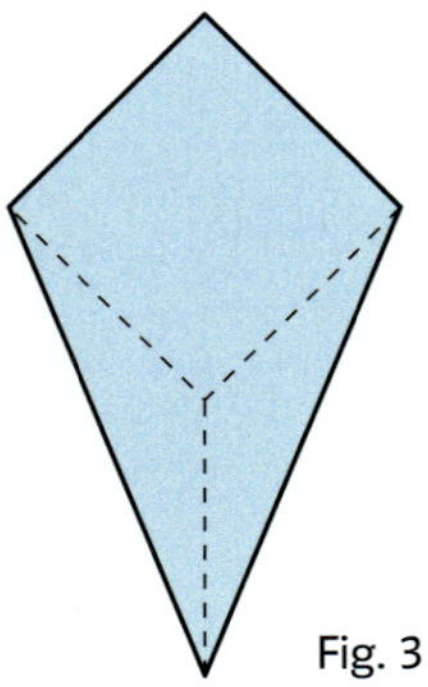

Fig. 3

7 Aus einem Quadrat kann man wie in Fig. 3 dargestellt ein Drachenviereck erzeugen (die gestrichelten Strecken sind gleich lang). Wie groß sind die Innenwinkel des Vierecks? Zeichne einen Ausschnitt einer Parkettierung der Ebene mit diesem Viereck.

Kannst du das noch?

8 Ein Fußballplatz hat bisher eine 45 m breite und 86 m lange Rasenfläche. Das Spielfeld wird an allen Seiten um 5 m verbreitert. Für die Zuschauer soll rundum ein 10 m breiter Streifen angelegt werden.
a) Zeichne in einem geeigneten Maßstab.
b) Wie lang sind die Diagonalen des bisherigen Spielfeldes und des neuen Spielfeldes?
c) Wie groß ist der Flächenanteil des Zuschauerbereichs an der Gesamtfläche?

8 Achsenspiegelungen

Heiko und Ines haben ihre Vornamen in Druckbuchstaben aufgeschrieben und betrachten sie nun in einem Spiegel.

Eine euklidische Parkettierung kann man sich durch fortgesetztes Spiegeln an freien Vielseiten (regelmäßiges Dreieck, Viereck, Sechseck) entstanden denken. Die Doppelpfeile in der Figur weisen auf mögliche Spiegelachsen hin.

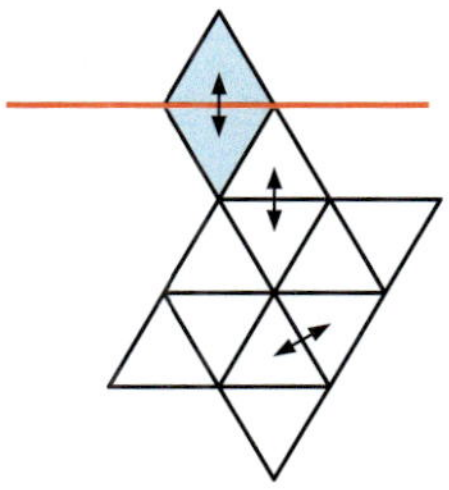
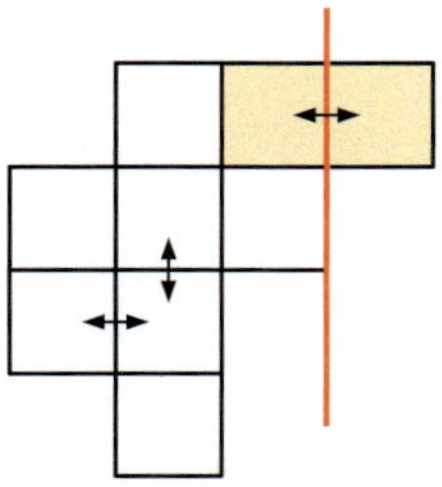
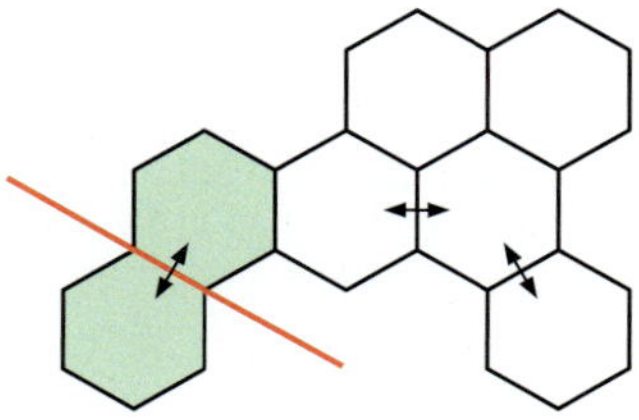

Das Spiegelbild einer gezeichneten Figur kann man etwa durch Falten und anschließendes Durchstechen der Eckpunkte erzeugen.

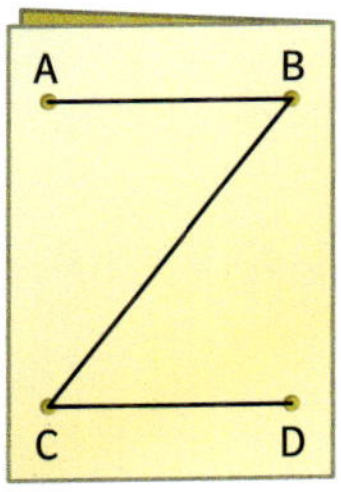

Original

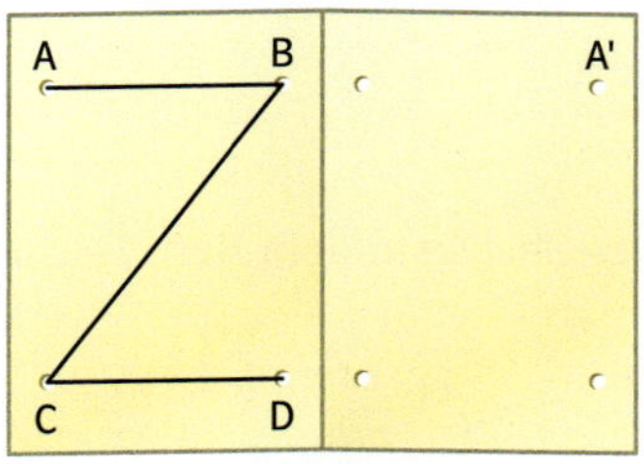

durchgestochene Ecken

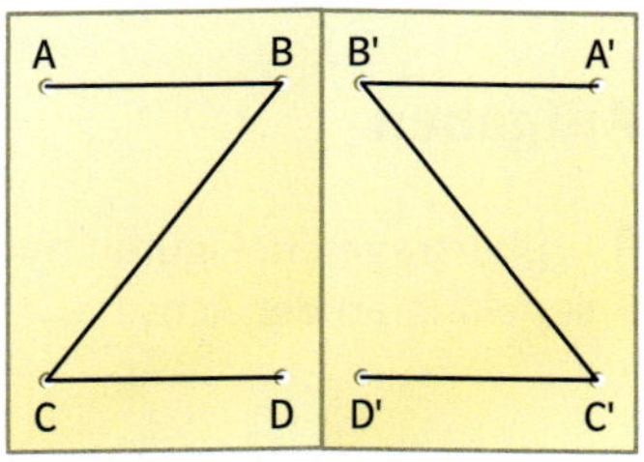

Original Bild

Einfacher ist es jedoch, mit einem Geodreieck zu spiegeln.

Bei einer **Achsenspiegelung** wird jedem Punkt P ein Bildpunkt P′ zugeordnet.
Dabei gilt:
1. $\overline{PP'}$ ist senkrecht zur **Spiegelachse** a.
2. P und P′ haben den gleichen Abstand von der Spiegelachse a.

Die Punkte auf der Spiegelachse stimmen mit ihren Bildpunkten überein. Man nennt sie daher auch **Fixpunkte**.

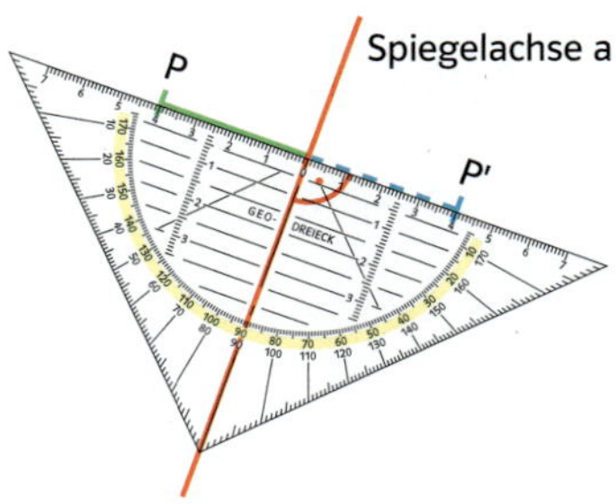

Statt Achsenspiegelung sagt man auch Reflexion.

Vergleicht man Figuren und Bildfiguren bei Achsenspiegelungen, so stellt man fest:
Eine Strecke und ihre Bildstrecke sind gleich lang.
Ein Winkel und sein Bildwinkel sind gleich groß.
Der Umlaufsinn von Figuren ändert sich.

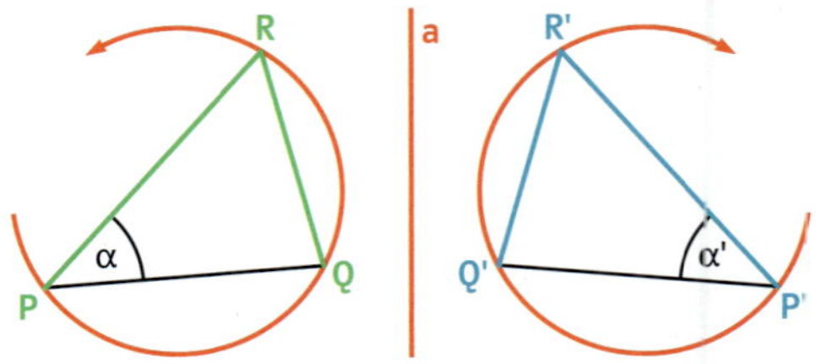

Beispiel
Das Drachenviereck PQRS soll an der Achse a gespiegelt werden.
Lösung:
1. *Zeichne das Drachenviereck PQRS und die Spiegelachse a.*
2. *Zeichne die Senkrechten zu a durch die Punkte P, S, R.*
   Trage auf den Senkrechten für jeden Punkt noch einmal den Abstand des Punktes von der Achse a ab.
3. *Zeichne das Bildviereck P'Q'R'S'.*

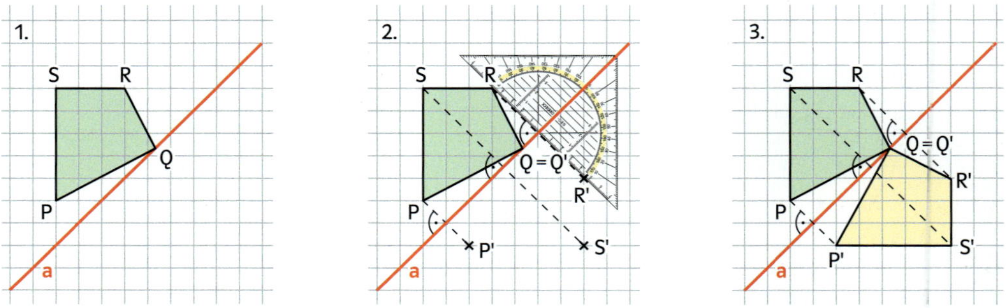

Aufgaben

1 Übertrage die Figuren mit der Spiegelachse in dein Heft. Zeichne die Bildfiguren bei Spiegelung an der Achse a.

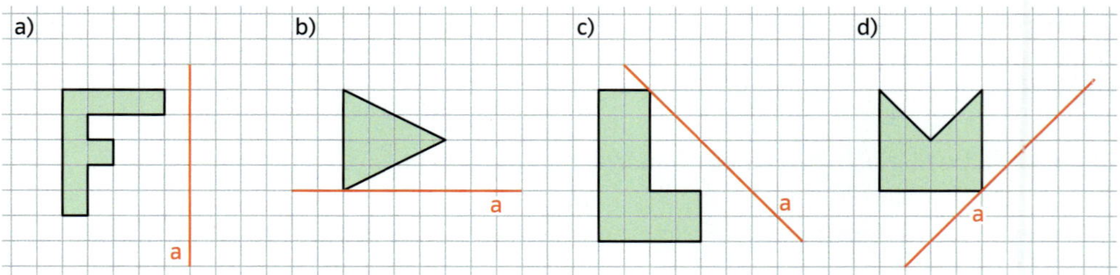

2 Zeichne die Vierecke und Achsen ins Heft. Spiegele dann die Vierecke an der Achse a.

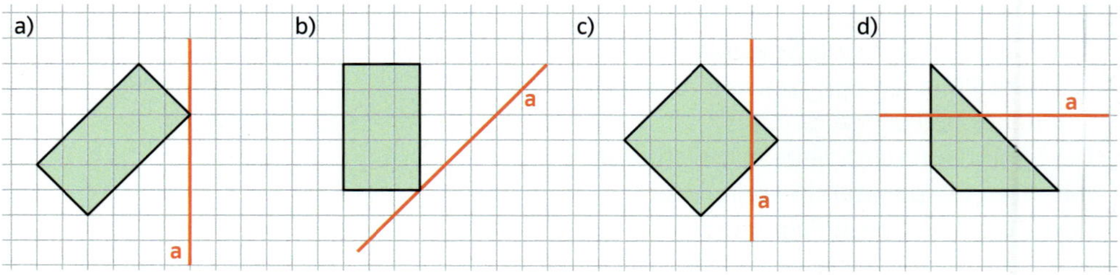

3 Zeichne das Dreieck ABC, dessen eine Seite 4 cm lang ist und dessen an dieser Seite anliegende Winkel 35° und 80° betragen. Spiegele es anschließend jeweils an einer der drei Seiten.

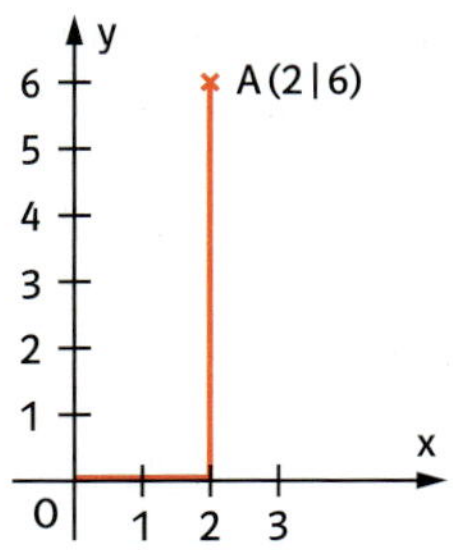

„2 nach rechts, 6 nach oben"

4 Zeichne das Viereck ABCD und bestimme sein Bild bei der Spiegelung an der Achse PQ mit P(0|0) und Q(8|8). Gib die Koordinaten der Bildpunkte A′, B′, C′, D′ an.

a) A(0|3); B(2|3); C(2|6); D(0|6)
b) A(6|2); B(8|4); C(7|5); D(5|3)
c) A(0|2); B(2|2); C(4|4); D(4|6)
d) A(0|1); B(3|1); C(3|5); D(0|5)

5 Zeichne das gleichschenklige Dreieck ABC, dessen Basis 5 cm lang ist und dessen Basiswinkel 70° betragen. Spiegele es dann an der Basis.

6 Zeichne ein Rechteck mit den Seitenlängen 6 cm und 3,5 cm und spiegele es an einer seiner Diagonalen.

Bist du sicher?

1 Übertrage die Figuren mit der Spiegelachse in dein Heft. Spiegele dann die Figuren an der Geraden a.

a)

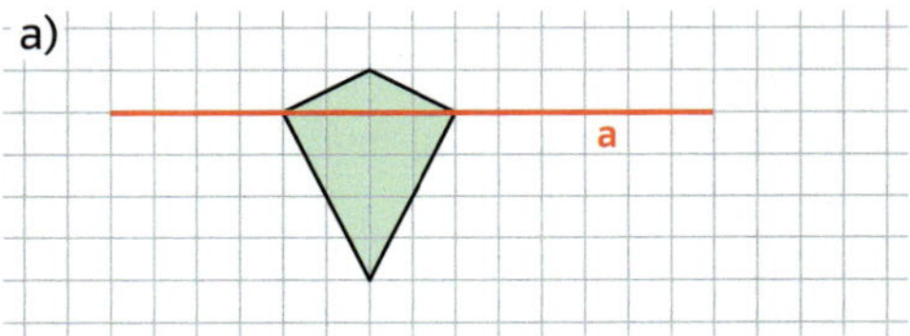

b)

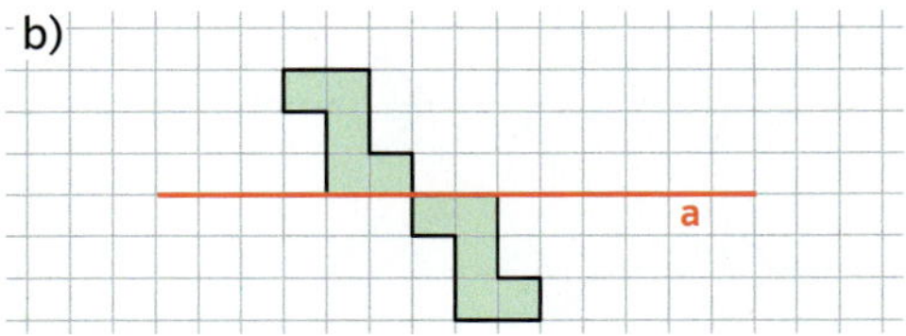

2 Beim Spiegeln an der Winkelhalbierenden von α soll ein Dreieck ABC auf sich selbst abgebildet werden. Was kannst du über das Dreieck aussagen?

7 Das Dreieck ABC soll so gespiegelt werden, dass A′ der Bildpunkt von A ist (vgl. Fig. 1).
a) Wie muss die Spiegelachse liegen?
b) Übertrage die Figur in dein Heft, zeichne die Spiegelachse a ein und spiegele das Dreieck ABC an a.

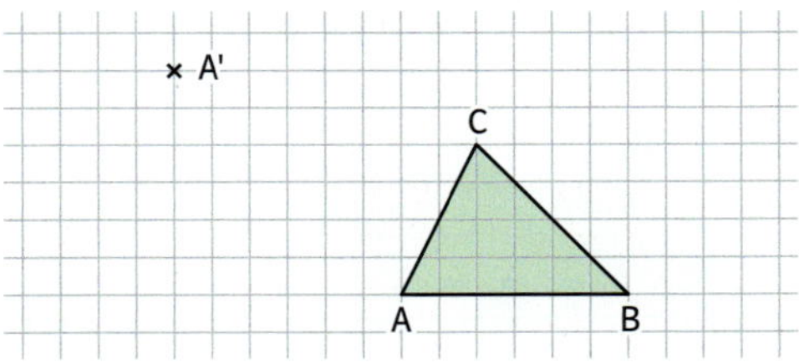

Fig. 1

8 Bei einer Achsenspiegelung hat A(1|3) den Bildpunkt A′(9|3). Bestimme die Spiegelachse a und die Bildpunkte von B(3|4); C(1|0); D(5|1) und E(7|2). Lies die Koordinaten der Bildpunkte ab.

9 Übertrage Fig. 2 in dein Heft.
a) Spiegele die Punkte A und B an der Achse a. Zeichne dann die Bildgerade A′B′.
b) Welcher Punkt der Geraden AB stimmt mit seinem Bildpunkt überein?

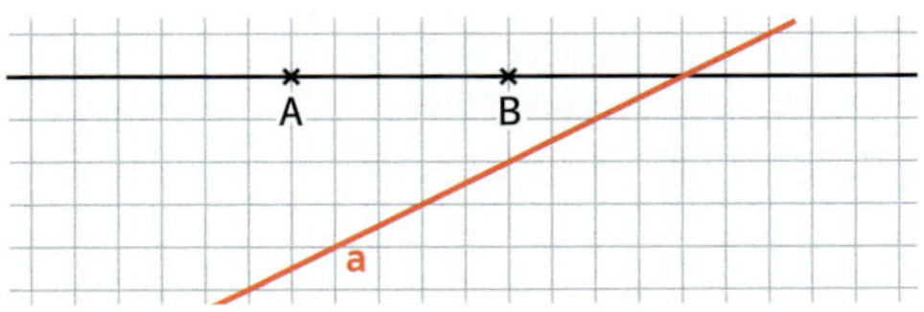

Fig. 2

10 a) Zeichne eine Spiegelachse a und eine Gerade g, die senkrecht zu a ist. Bestimme das Bild der Geraden g. Welche Lage hat die Bildgerade?
b) Zeichne das Bild einer Geraden h, die parallel zur Spiegelachse a ist.

9 Verschiebungen

Die Gondel der Burgbergbahn in Bad Harzburg fährt zwischen Berg- und Talstation hin und her. Johannes fotografiert die Gondel in verschiedenen Positionen an verschiedenen Stellen.

Die folgenden Parkettierungen kann man sich durch fortgesetzte Verschiebungen mit den angegebenen Verschiebungspfeilen entstanden denken.

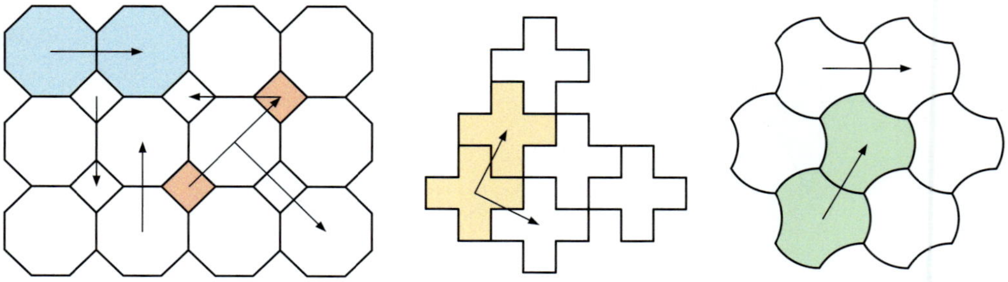

Bei einer Verschiebung werden alle Punkte gleich weit und in die gleiche Richtung verschoben. Deshalb beschreibt man eine Verschiebung durch einen **Verschiebungspfeil**, der durch seine Länge und Richtung die Verschiebung festlegt.

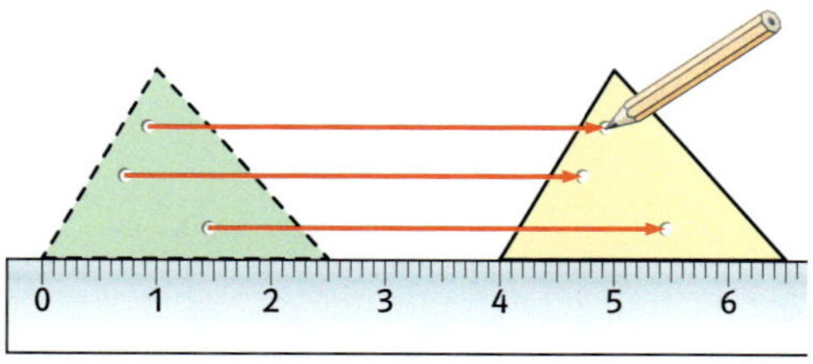

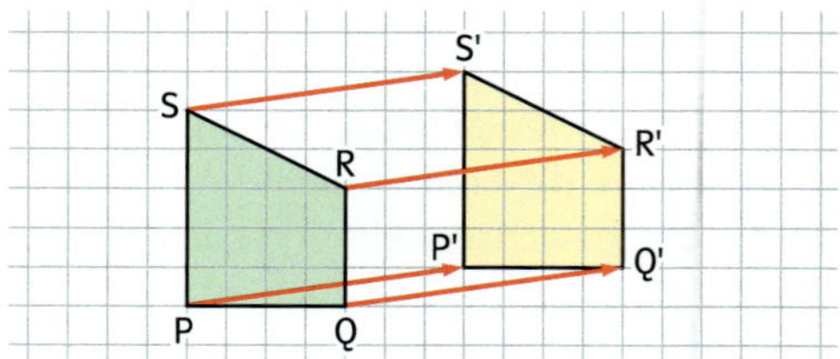

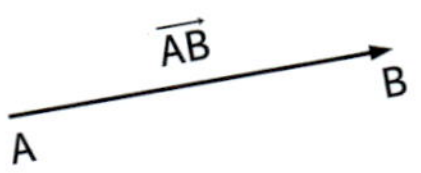

Statt Verschiebung sagt man auch Translation.

Bei einer **Verschiebung**, die durch einen **Verschiebungspfeil** $\overrightarrow{AB}$ festgelegt ist, wird jedem der Punkte P; Q; R; . . . ein Bildpunkt P'; Q'; R'; . . . zugeordnet. Dabei gilt: Die Pfeile von P nach P', von Q nach Q' usw. sind zueinander parallel. Sie haben die gleiche Richtung und die gleiche Länge wie der Verschiebungspfeil $\overrightarrow{AB}$.

Hinweis:
Bei Verschiebungen gibt es, anders als bei Achsenspiegelungen, keine Fixpunkte. Jedoch wird jede Gerade parallel zum Verschiebungspfeil auf sich selbst abgebildet. Man nennt sie **Fixgerade**.

Beispiel 1
Der Punkt P soll so verschoben werden, wie es der Verschiebungspfeil $\overrightarrow{AB}$ angibt.
Lösung:
1. Zeichne die Parallele zu AB durch P.
2. Zeichne einen Kreis mit dem Mittelpunkt P und dem Radius $\overline{AB}$.
3. Der Schnittpunkt des Kreises mit der Parallelen ist der gesuchte Punkt P'.

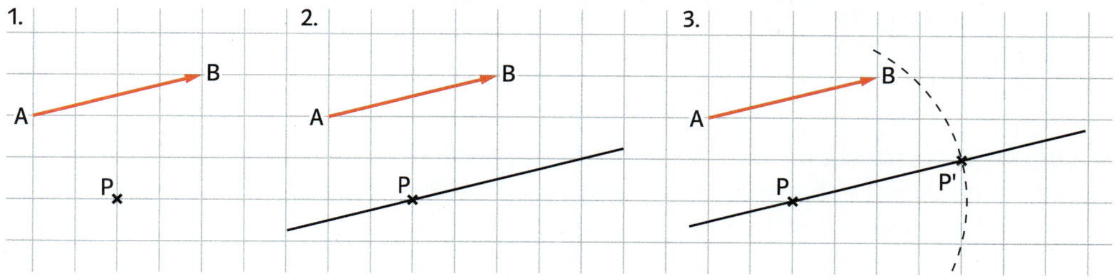

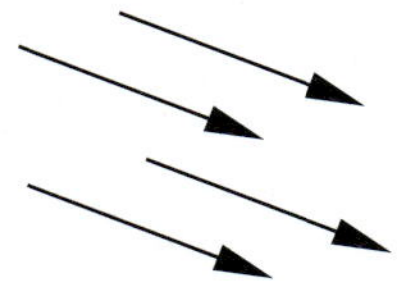

Verschiedene Pfeile, aber die gleiche Verschiebung

Beispiel 2
Das Dreieck PQR soll so verschoben werden, dass der Bildpunkt von R mit Q zusammenfällt.
Lösung:
1. Zeichne das Dreieck PQR und den Verschiebungspfeil von R nach Q.
2. Zeichne die Parallele zu dem Verschiebungspfeil durch die Eckpunkte P und Q des Dreiecks. Trage auf den Parallelen die Länge des Verschiebungspfeils ab.
3. Zeichne das Bilddreieck P'Q'R'.

Vergleiche den Umlaufsinn der Dreiecke PQR und P'Q'R'. Gibt es einen Unterschied zur Achsenspiegelung (vgl. Seite 74)?

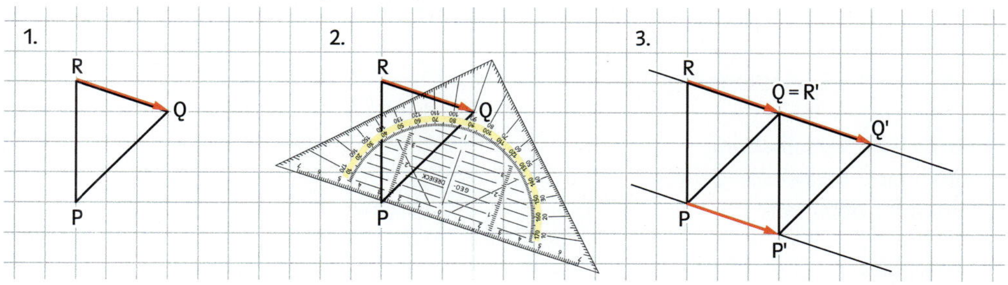

Aufgaben

1 Übertrage die Figuren mit dem Verschiebungspfeil in dein Heft. Zeichne die Bildfiguren zu der Verschiebung, wie sie der Pfeil angibt.

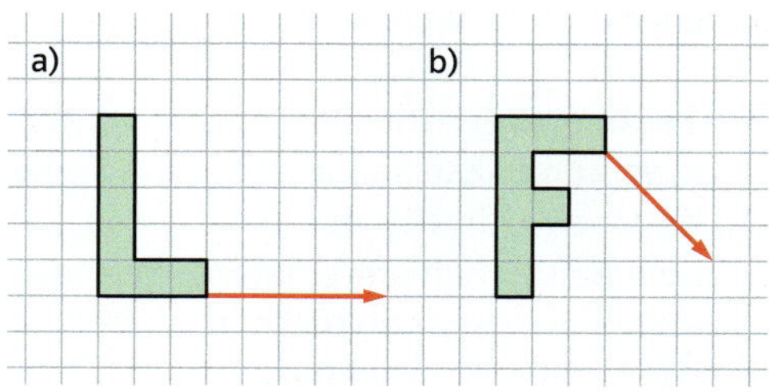

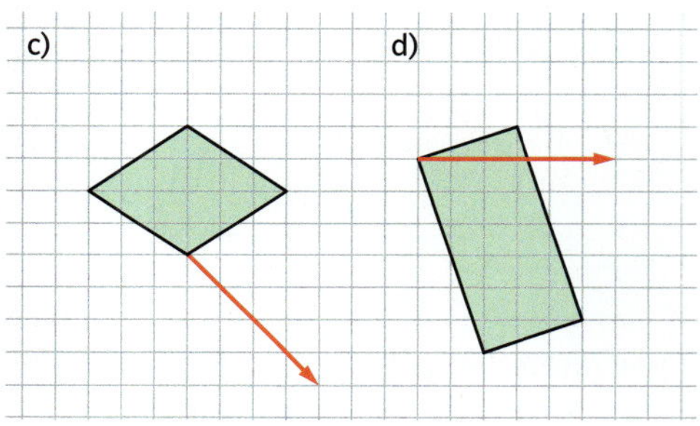

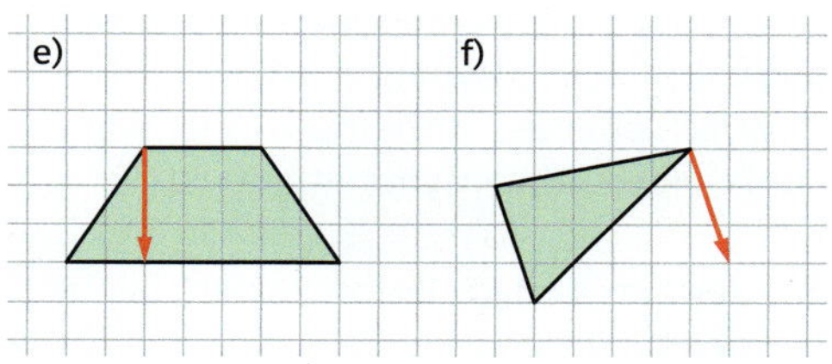

2 Zeichne das Viereck PQRS mit P(2|3); Q(6|3); R(5|5) und S(5|6). Verschiebe es so, dass die folgenden Bildpunkte entstehen.

a) P'(2|0) b) Q'(5|5) c) S'(3|8)

Gib jeweils auch die Koordinaten der anderen Bildpunkte an.

3 Zeichne das Dreieck ABC mit A(6|5); B(12|7) und C(6|10). Zeichne das Bilddreieck bei einer Verschiebung, die

a) A auf B, b) B auf A, c) C auf die Mitte von $\overline{AB}$

abbildet.

4 Bei einer Verschiebung wird der Punkt P(1|2) auf P'(5|3) abgebildet.

a) Welche Koordinaten haben die Bildpunkte von A(1|0); B(4|3); C(5|3)? Zeichne.

b) Welche Koordinaten hat der Bildpunkt von D(36|57)?

5 Können die folgenden Figuren durch eine Verschiebung aufeinander abgebildet werden? Wenn ja, übertrage die Figuren in dein Heft und zeichne einen passenden Verschiebungspfeil ein.

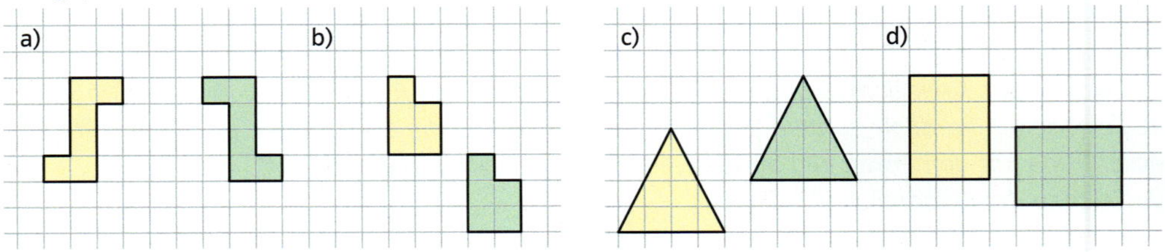

Solche Bandornamente nennt man auch Mäander. Sie wurden nach dem krümmungsreichen kleinasiatischen Fluss Maiandros benannt.

6 Welche der Dreiecke in Fig. 1 lassen sich

a) durch eine Verschiebung,

b) durch eine Achsenspiegelung

aufeinander abbilden?

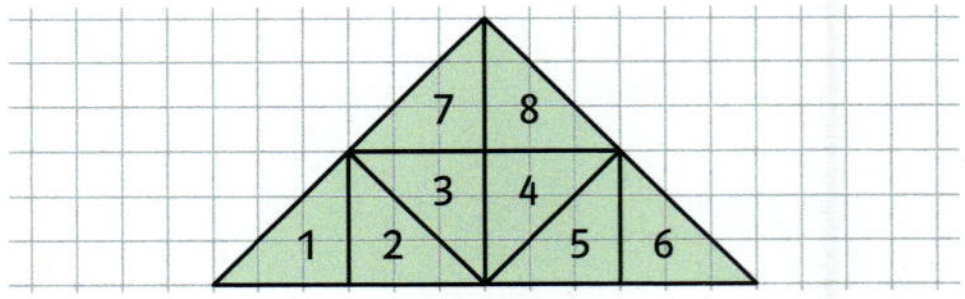

Fig. 1

7 Wird eine Grundfigur längs einer Geraden immer gleich weit verschoben, so erhält man ein **Bandornament**. Übertrage den Anfang der Bandornamente aus Fig. 2 in dein Heft und setze sie fort.

8 Zeichne zwei parallele Geraden im Abstand von drei Kästchen in dein Heft. Färbe die Kästchen zwischen den Geraden so, dass ein Bandornament entsteht, welches

a) verschiebungssymmetrisch, punktsymmetrisch und achsensymmetrisch ist,

b) verschiebungs- und punktsymmetrisch, aber nicht achsensymmetrisch ist,

c) verschiebungssymmetrisch, aber weder punkt- noch achsensymmetrisch ist.

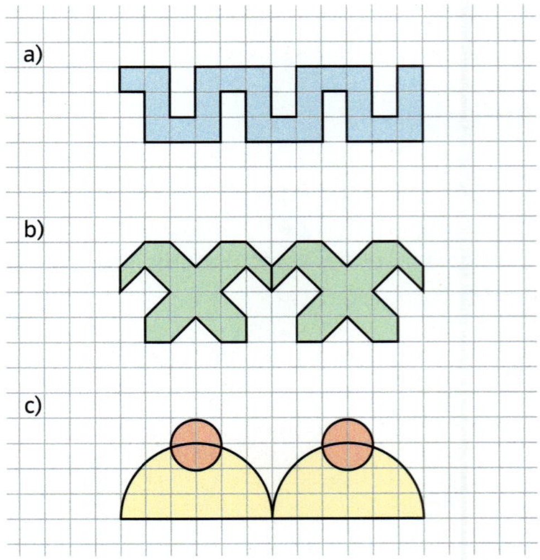

Fig. 2

9 Zeichne zu den „Betonsteinen" (siehe Fig. 3) geeignete Parkettierungen. Gib ihre Symmetrien an. Trage dazu Verschiebungspfeile und gegebenenfalls Spiegelachsen ein.

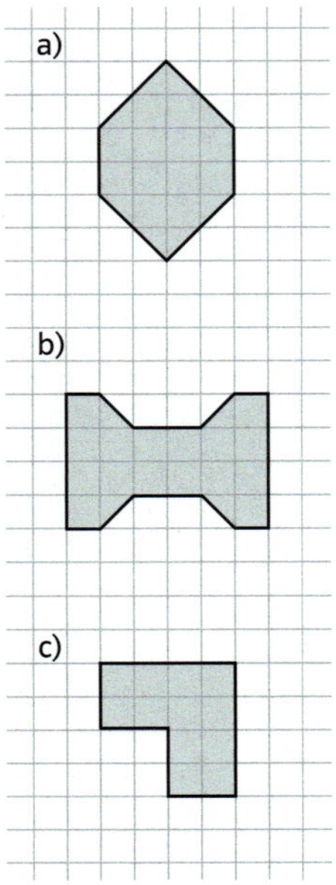

Fig. 3

10 Drehungen

Orlando beobachtet die Flügel einer Windmühle. Sie sehen mal wie ein Pluszeichen und mal wie ein X aus. Dazwischen haben sie viele Stellungen.

Die drei euklidischen Parkettierungen kann man sich auch entstanden denken durch Drehungen um die Eckpunkte mit Winkeln von 60° (Dreiecke), 90° (Vierecke) und 120° (Sechsecke).

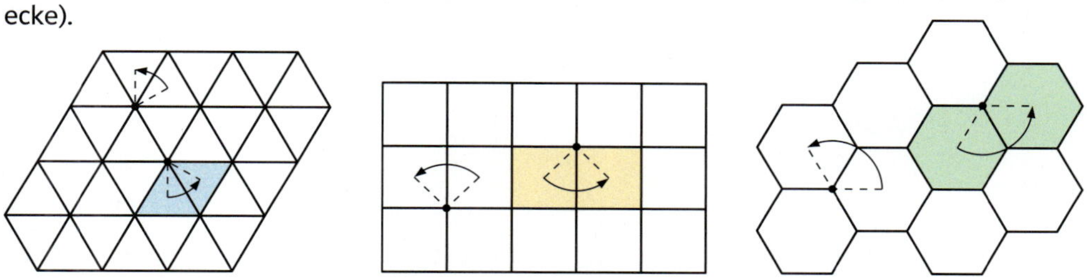

Ein Streifen von Vierecken (Seite 70) entsteht auch durch fortgesetztes Drehen um den Mittelpunkt der gemeinsamen Seite mit einem Winkel von 180°.

Eine Drehung beschreibt man durch das Drehzentrum und den Drehwinkel. Die Richtung der Drehung ist in der Mathematik linksherum (entgegen der Bewegung des Uhrzeigers) festgelegt.

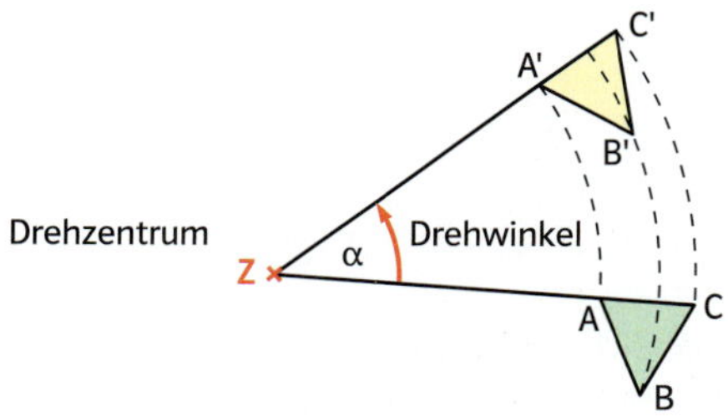

Eine **Drehung** ist durch ein **Drehzentrum** Z und einen **Drehwinkel** α festgelegt. Durch sie wird jedem Punkt P ein Bildpunkt P′ zugeordnet. Dabei gilt:

1. P und P′ liegen auf einem Kreis um das Drehzentrum Z.
2. Alle Punkte P und ihre Bildpunkte P′ bilden mit Z denselben Drehwinkel α: $\sphericalangle PZP' = \alpha$.

Statt Drehung sagt man auch Rotation.

Das Drehzentrum ist stets Fixpunkt der Drehung.
Lassen sich zwei geometrische Figuren durch Spiegeln, Verschieben oder Drehen aufeinander abbilden, dann sind sie deckungsgleich. Man nennt sie auch kongruent.

Die Drehungen um 180° werden auch Punktspiegelungen genannt.

Beispiel
Das Dreieck PQR soll um Z mit 90° gedreht werden.
Lösung:
1. Zeichne das Dreieck PQR und das Drehzentrum Z.
2. Verbinde Z mit P, Q und R. Trage jeweils den Drehwinkel von 90° an. Zeichne um Z einen Kreisbogen von P (bzw. Q, R) zum zweiten Schenkel des Drehwinkels.
3. Zeichne das Bilddreieck P'Q'R'.

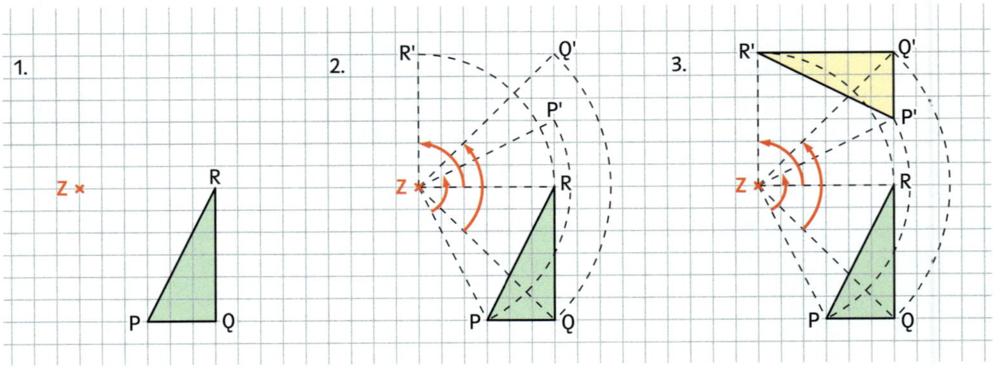

Aufgaben

1 Die grüne Figur kann jeweils durch eine Drehung um Z auf die gelbe Figur abgebildet werden. Wie groß ist jeweils der Drehwinkel?

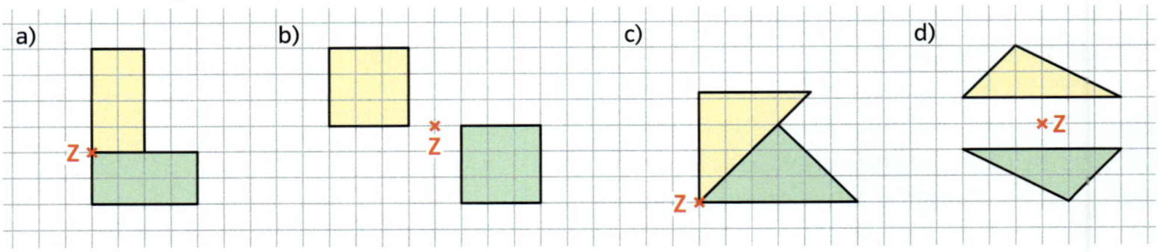

2 Welche Figuren können durch eine Drehung aufeinander abgebildet werden? Gib die Lage des Drehzentrums an. Wie groß ist der Drehwinkel?

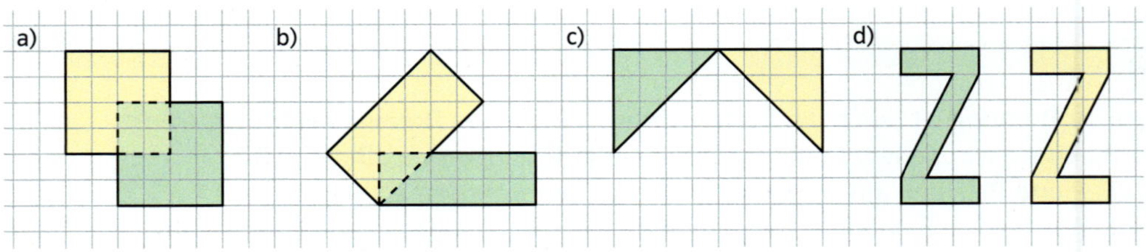

Was für ein Tier wurde hier gezeichnet? Drehe die Zeichnung auch einmal um 90°.

3 Bei einer Drehung um das Zentrum Z wird der Punkt A auf A' abgebildet. Zeichne die Punkte in ein Koordinatensystem und bestimme den Drehwinkel.
a) Z(0|0); A(5|1); A'(1|5)
b) Z(4|2); A(7|1); A'(5|5)
c) Z(5|5); A(6|1); A'(9|4)
d) Z(5|5); A(1|6); A'(6|1)

4 Übertrage das Rechteck und den Punkt Z in dein Heft. Zeichne das Bildrechteck für eine Drehung um Z mit 90°.

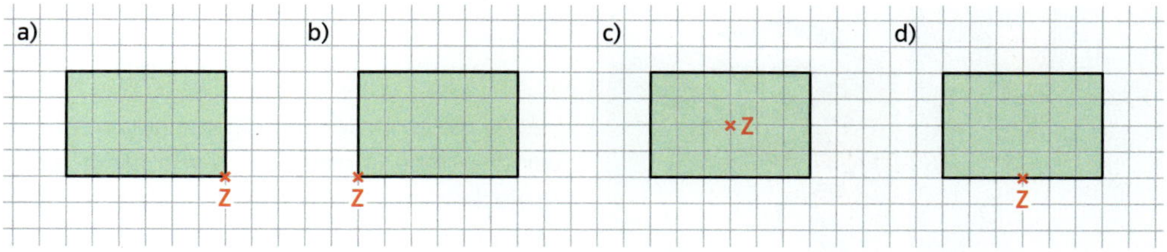

5 Übertrage das Dreieck ABC in dein Heft. Zeichne zum Dreieck ABC das Bilddreieck bei der Drehung
a) um A mit 90°,
b) um B mit 50°,
c) um C mit 150°.

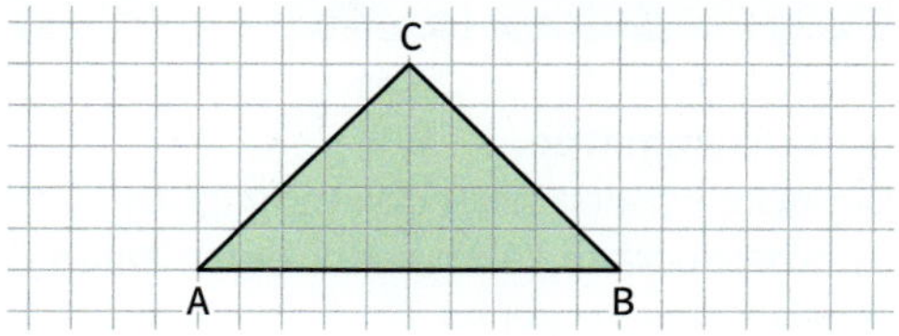

6 Bestimme den Bildpunkt P′ des Punktes P bei der Drehung um Z mit α.
a) Z(0|0); α = 50°; P(7|1)
b) Z(1|1); α = 83°; P(10|2)
c) Z(5|2); α = 22°; P(8|7)
d) Z(5|2); α = 30°; P(7|8)

7 Zeichne die Bildfigur für die angegebene Drehung.
a) Strecke $\overline{AB}$ mit A(2|5); B(6|3); Drehzentrum Z(5|1); Drehwinkel 32°
b) Dreieck ABC mit A(2|5); B(3|2); C(6|3); Drehzentum Z(2|5); Drehwinkel 110°
c) Viereck ABCD mit A(2|5); B(3|2); C(6|3); D(5|6); Drehzentrum Z(2|5); Drehwinkel 45°
d) Fünfeck ABCDE mit A(2|0); B(5|1); C(6|3); D(3|5); E(1|2); Drehzentrum Z(4|4); Drehwinkel 90°

8 a) Zeichne in ein Koordinatensystem die Punkte A(2|0); P(7|0); P′(6|3). Bestimme den Drehwinkel der Drehung um A, die P auf P′ abbildet.
b) Trage die Punkte B(11|3); C(8|7); D(4|5) ein. Verbinde sie zum Viereck ABCD. Zeichne das Bild des Vierecks bei der Drehung um A mit dem Drehwinkel aus a).

9 Übertrage das Dreieck ABC in dein Heft.
Zeichne das Bild bei der Drehung
a) um das Zentrum A mit α,
b) um das Zentrum A mit γ,
c) um das Zentrum B mit β,
d) um das Zentrum C mit γ,
e) um das Zentrum C mit α.

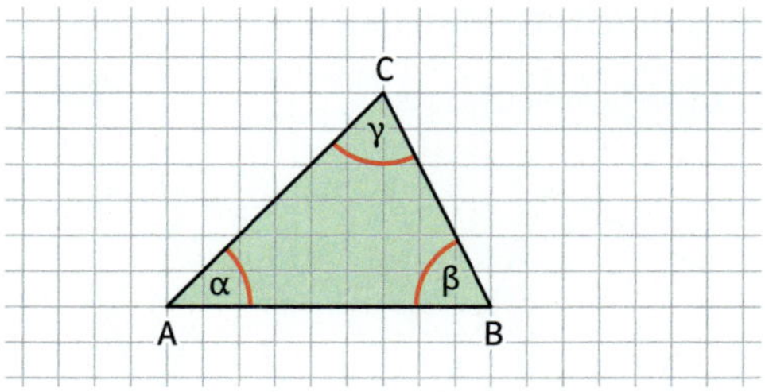

10 Eine Gerade g soll durch eine Drehung auf eine Bildgerade g′ abgebildet werden. Gib ein Drehzentrum und einen Drehwinkel so an, dass
a) g′ parallel zu g ist,
b) g′ senkrecht zu g ist,
c) g′ mit g zusammenfällt.
Zeichne.

11 In einem (sonst leeren) 5 m langen und 4 m breiten Zimmer liegt ein Teppich, der von allen Wänden 50 cm Abstand hat. Wie groß ist der Drehwinkel beim Drehen um seine Mitte, wenn zwei Ecken an den Längswänden anstoßen? Zeichne.

11 Symmetrieeigenschaften von Dreiecken und Vierecken

Beim Drachensteigen kann man verschiedene Formen von symmetrischen Dreiecken und Vierecken beobachten. Alexander überlegt, ob es eine symmetrische Form gibt, die er noch nicht gesehen hat.

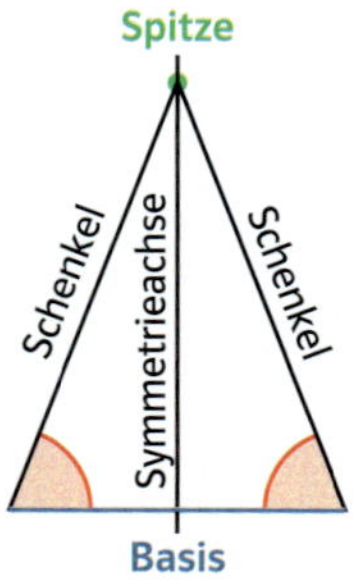

Achsensymmetrie:
Dreiecke können nach den möglichen Symmetrieachsen unterschieden werden. Eine Symmetrieachse kann es nur durch einen Eckpunkt und den Mittelpunkt der gegenüberliegenden Seite geben.
Das trifft für die gleichschenkligen Dreiecke zu, bei denen die Symmetrieachse die Winkelhalbierende des Winkels an der Spitze ist.
Hat ein Dreieck zwei Symmetrieachsen, so müssen alle drei Seiten gleich lang sein. Damit ist auch die dritte Symmetrieachse bestimmt. Es gibt also kein Dreieck mit genau zwei Symmetrieachsen. Als Dreieck mit drei Symmetrieachsen gibt es nur das gleichseitige Dreieck.

keine Symmetrieachse	1 Symmetrieachse	2 Symmetrieachsen	3 Symmetrieachsen
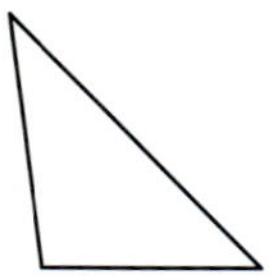		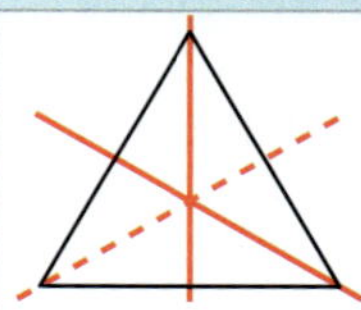	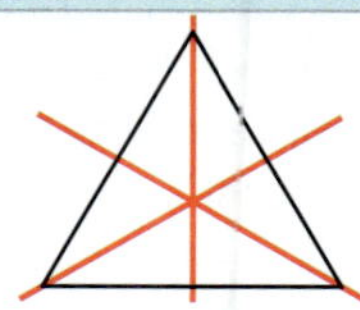
	gleichschenkliges Dreieck	gleichseitige Dreiecke	

Hinweise:
*Ein **Drachenviereck** ist ein Viereck mit zwei Paaren gleich langer benachbarter Seiten. Seine Diagonalen stehen senkrecht aufeinander.*
*Ein **Trapez** ist ein konvexes Viereck mit (mindestens) einem Paar paralleler Seiten.*
*Sind bei einem Trapez die nicht parallelen Seiten gleich lang, so nennt man es **gleichschenklig**.*
*Sind bei einem Trapez je zwei gegenüberliegende Seiten zueinander parallel, so ist es ein **Parallelogramm**.*
*Ein Viereck mit vier gleich langen Seiten heißt **Raute (Rhombus)**.*

Auch **Vierecke** können nach den möglichen Symmetrieachsen unterschieden werden. Eine Symmetrieachse kann nur durch zwei gegenüberliegende Eckpunkte gehen (Drachen) oder durch die Mittelpunkte von gegenüberliegenden Seiten (gleichschenkliges Trapez).

keine Symmetrieachse	1 Symmetrieachse		
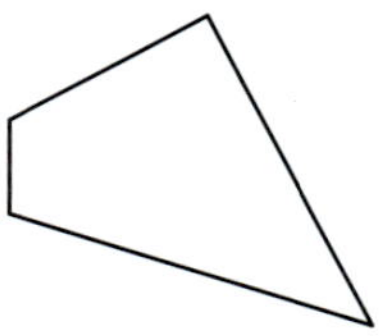	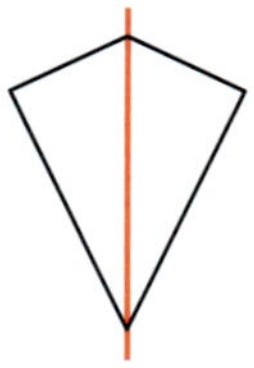	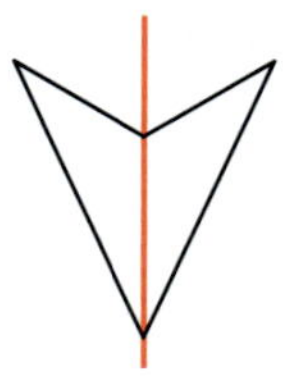	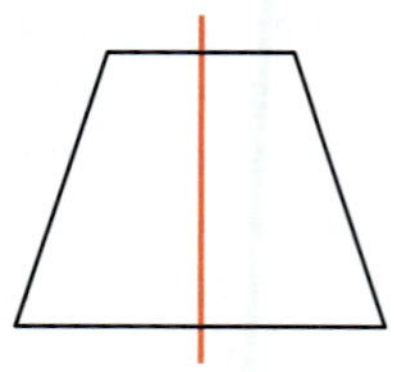
	Drachenvierecke		gleichschenkliges Trapez

Sind zwei Symmetrieachsen vorhanden, so können sie durch zwei Paare von gegenüberliegenden Eckpunkten (Raute oder Rhombus) oder durch die Mittelpunkte von den zwei Paaren von gegenüberliegenden Seiten (Rechteck) verlaufen. Weiter kann auch eine der beiden Symmetrieachsen durch zwei Eckpunkte und die andere durch die Mittelpunkte gegenüberliegender Seiten gehen, sodass ein Quadrat festgelegt ist.

2 Symmetrieachsen		
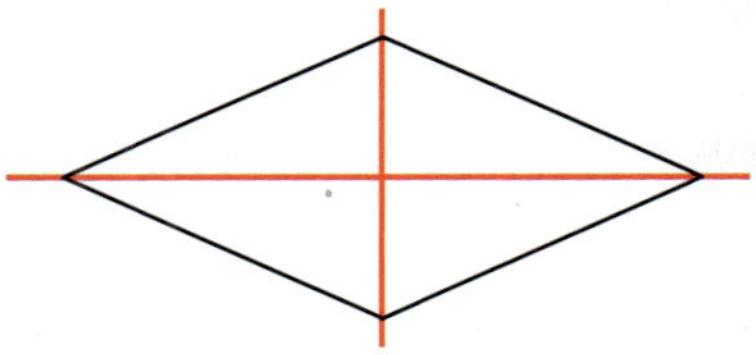	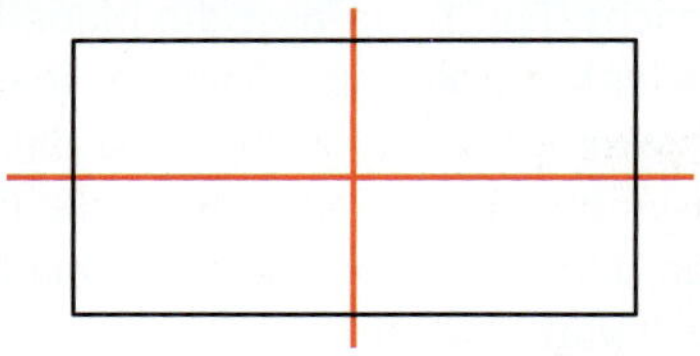	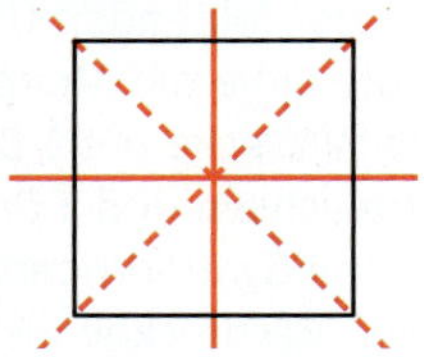
Raute (Rhombus)	Rechteck	

Liegen drei Symmetrieachsen vor, so sind folgende Fälle möglich:
- Zwei Symmetrieachsen verlaufen durch die Mittelpunkte gegenüberliegender Seiten (siehe Rechteck) und eine durch zwei Eckpunkte. Diese Eigenschaft erfüllen nur die Quadrate.
- Zwei Symmetrieachsen verlaufen durch Eckpunkte (siehe Raute) und eine durch die Mittelpunkte gegenüberliegender Seiten. Diese Eigenschaft erfüllen wieder nur die Quadrate.

3 Symmetrieachsen		4 Symmetrieachsen
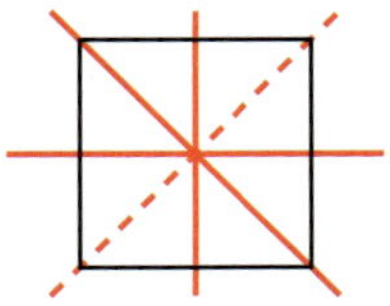	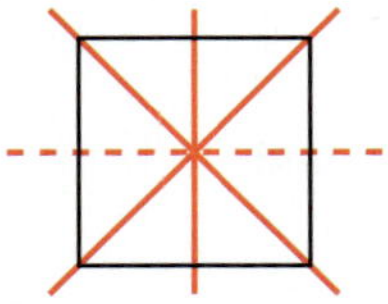	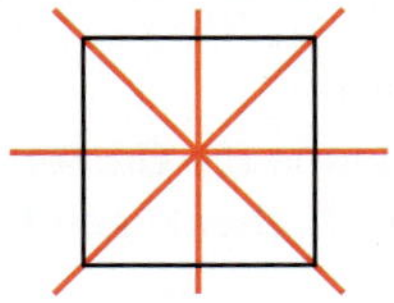
Quadrate		Quadrat

In beiden Fällen ist damit die vierte Symmetrieachse festgelegt. Ein Viereck mit genau drei Symmetrieachsen gibt es also nicht. Als Viereck mit vier Symmetrieachsen gibt es somit nur das Quadrat.

Drehsymmetrie:
Bei **Dreiecken** ist nur das gleichseitige Dreieck drehsymmetrisch um den Mittelpunkt (Schnittpunkt der drei Symmetrieachsen). Die Drehwinkel sind 120° und 240°.

2 Drehwinkel: 120°; 240°

gleichseitiges Dreieck

Bei drehsymmetrischen **Vierecken** müssen gegenüberliegende Eckpunkte auf Kreisen mit gemeinsamem Mittelpunkt liegen (konzentrische Kreise).
Liegen die beiden Paare von gegenüberliegenden Eckpunkten auf Kreisen mit verschiedenen Radien, so liegt ein Parallelogramm vor. Der Drehwinkel beträgt 180°.
Haben die beiden Kreise den gleichen Radius, so handelt es sich um ein Rechteck mit dem Drehwinkel 180° oder um ein Quadrat mit den Drehwinkeln 90°, 180° und 270°.

1 Drehwinkel: 180°	3 Drehwinkel: 90°; 180°; 270°
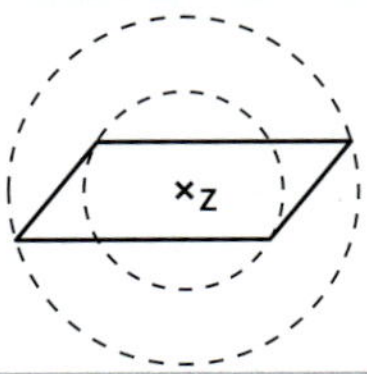	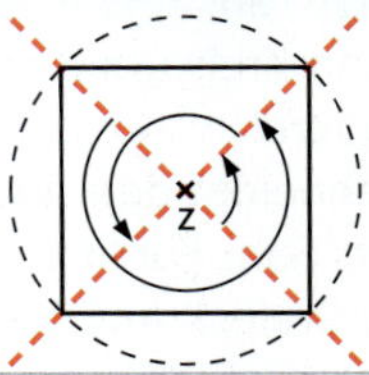
Parallelogramm	Quadrat

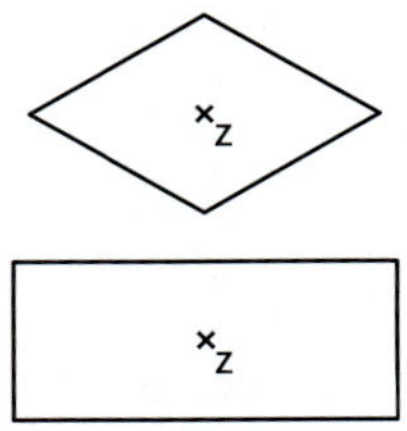

Fig. 1

Raute, Rechteck und Quadrat sind wegen der Symmetrieachsen besondere Parallelogramme.

Systematisierung von Vierecksarten

In der folgenden Übersicht (Fig. 1) umfasst die blaue Linie die Menge aller Vierecke, die rote Linie die Menge aller Vierecke mit 1 Symmetrieachse, die braune Linie die Menge aller Vierecke mit 1 Drehsymmetrie, die grüne Linie die Menge aller Vierecke mit 2 Symmetrieachsen und 1 Drehsymmetrie und schließlich die lila Linie nur das Quadrat als Viereck mit 4 Symmetrieachsen und 3 Drehsymmetrien. Quadrate haben sowohl die Symmetrien von Rechtecken als auch von Rauten.

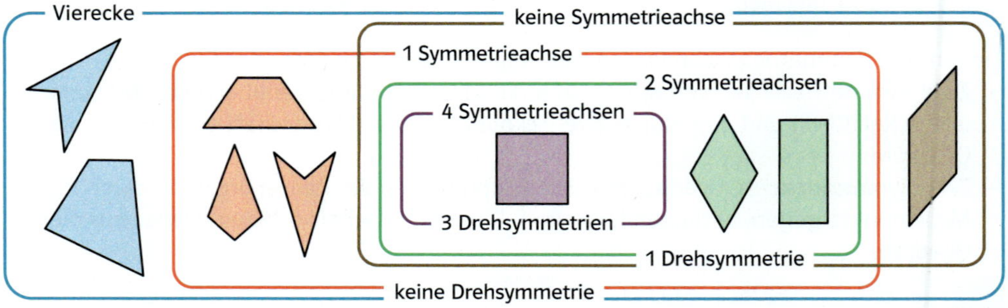

Fig. 1

Beispiel 1

a) Bestimme die Größen der Winkel β und γ im gleichschenkligen Dreieck ABC in Fig. 2.

b) Bestimme die Winkel in einem gleichseitigen Dreieck (Fig. 3).

Lösung:

a) Das gleichschenklige Dreieck hat eine Symmetrieachse. Es gilt $a = b$ und somit auch $\alpha = \beta = 40°$. Mit der Winkelsumme erhält man $\gamma = 180° - (40° + 40°) = 100°$.

b) Das gleichseitige Dreieck mit $a = b = c$ besitzt drei Symmetrieachsen. Deswegen gelten $\alpha = \beta$ und $\alpha = \gamma$. Also ist $\alpha + \beta + \gamma = \alpha + \alpha + \alpha = 3 \cdot \alpha = 180°$ und somit $\alpha = 180° : 3 = 60°$. Im gleichseitigen Dreieck beträgt jeder Winkel 60°.

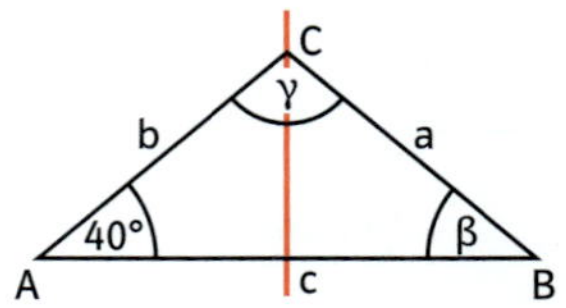

Fig. 2

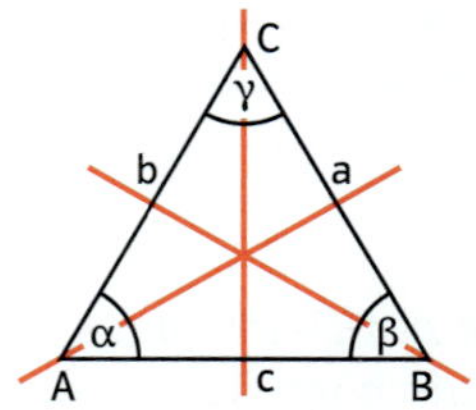

Fig. 3

Beispiel 2

Zeichne ein Drachenviereck ABCD mit $\overline{AB} = 3{,}5\,cm$; $\overline{BC} = 2{,}5\,cm$ und $\beta = 120°$.

Lösung:

1. Zeichne die Strecke $\overline{AB}$ mit $\overline{AB} = 3{,}5\,cm$.
2. Trage in B an $\overline{AB}$ rechtsherum den Winkel β mit $\beta = 120°$ an.
3. Zeichne einen Kreis um B mit dem Radius $\overline{BC} = 2{,}5\,cm$.
4. Der Kreis schneidet den zweiten Schenkel des Winkels β im Punkt C.
5. Spiegle das Dreieck ABC an der Geraden AC. Der Bildpunkt von B ist der Punkt D.

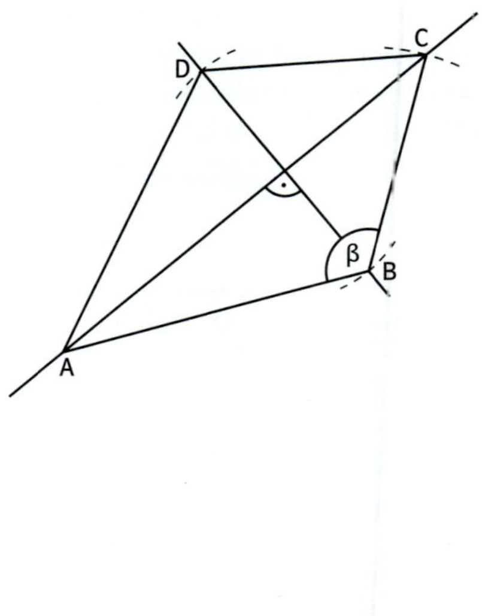

Aufgaben

1 a) Welche Symmetrien erkennst du auf den Flaggen (mit und ohne Berücksichtigung der Farbe)?
b) Finde die zugehörigen Länder zu den Flaggen und suche fünf weitere Nationalflaggen, in denen Symmetrien auftreten. Zeichne sie.
c) Entwirf selbst symmetrische Flaggen.

2 Berechne die restlichen Innenwinkel des Drachenvierecks ABCD. Beachte, dass es mehrere Möglichkeiten geben kann.
a) $\alpha = 65°$; $\beta = 100°$ b) $\alpha = 70°$; $\gamma = 130°$ c) $\alpha = 45°$; $\gamma = 3\beta$ d) $\alpha = 65°$; $\gamma = 2\alpha$

3 Überprüfe, ob die Aussagen wahr sind.
a) Es gibt achsensymmetrische Vierecke, die keine Drachenvierecke sind.
b) Besitzt ein Drachenviereck ein Symmetriezentrum, dann ist es eine Raute.
c) Es gibt Vierecke, die sowohl Drachenvierecke als auch Trapeze, aber keine Rauten sind.

4 Zeichne mit den gegebenen Stücken ein Drachenviereck ABCD. Bestimme aus der Zeichnung die Größen der fehlenden Stücke.
a) $b = 1{,}5\,cm$; $d = 4\,cm$; $\gamma = 80°$ b) $\alpha = 50°$; $e = 5{,}5\,cm$; $f = 4\,cm$
c) $a = 3\,cm$; $\alpha = 35°$; $\beta = 135°$ d) $d = 3{,}5\,cm$; $\gamma = 60°$, $f = 2\,cm$

5 Untersuche, ob die Vierecke in Fig. 1 Drachenvierecke sind. Begründe.

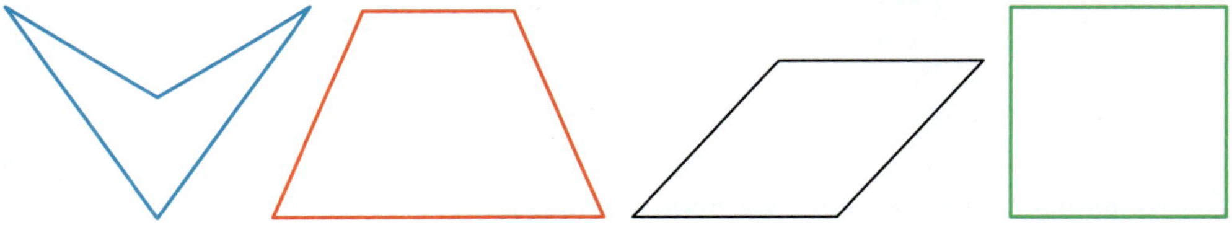

Fig. 1

6 a) Welche Rechtecke sind Drachenvierecke?
b) Welche Parallelogramme sind Drachenvierecke?
c) Zeichne ein Viereck, das sowohl ein Trapez als auch ein Drachenviereck ist.
d) Zeichne ein achsensymmetrisches Viereck, das keine Raute ist.
e) Zeichne ein achsensymmetrisches Viereck, das kein Drachenviereck ist.

7 Lege mit Streichhölzern Beispiele für die sieben möglichen symmetrischen Vierecke (vgl. Fig. 1 auf Seite 84). Wie viele Streichhölzer benötigt man jeweils mindestens?

8 Lege drei (vier) Streichhölzer jeweils so, dass sie alle an einem Endpunkt zusammentreffen. Gib zwei (drei) Winkel zwischen den Streichhölzern so an, dass sich
a) keine, b) nur eine, c) zwei Symmetrieachsen und
d) keine, e) nur eine, f) zwei, g) drei Drehsymmetrien
ergeben.

9 Wie viele Symmetrieachsen hat ein regelmäßiges
a) Fünfeck, b) Sechseck, c) Siebeneck, d) Achteck?

10 Wie viele Drehsymmetrien hat ein regelmäßiges
a) Fünfeck, b) Sechseck, c) Siebeneck, d) Achteck?

Wiederholen – Vertiefen – Vernetzen

1 Die vier Dreiecke in Fig. 1 bis 4 sind besondere Dreiecke. Schreibe die Besonderheiten auf.

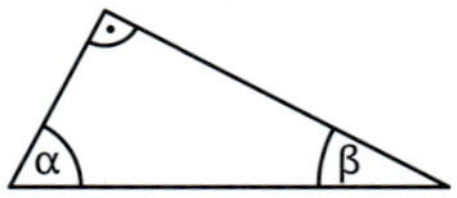

Fig. 1

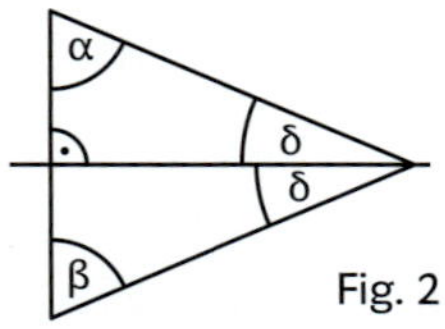

Fig. 2

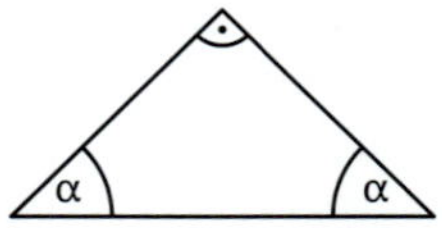

Fig. 3

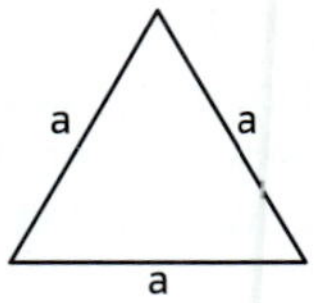

Fig. 4

2 Zeichne drei Kreise mit gleichem Radius so, dass jeder durch die Mittelpunkte der beiden anderen geht. Welche Eigenschaft hat das Dreieck mit den Mittelpunkten als Eckpunkten?

3 Ist die Eigenschaft für jedes Dreieck erfüllt, liegt ein spezielles vor oder gibt es keines?
a) Zwei Winkel sind gleich groß und es gibt zwei verschieden lange Seiten.
b) Alle drei Winkel sind gleich groß und zwei Seiten sind verschieden lang.
c) Das Dreieck hat genau zwei Symmetrieachsen.
d) Der Schnittpunkt zweier Mittelsenkrechten liegt auf einer Winkelhalbierenden.

Tipp zu Aufgabe 4: Verlängere die Strecke $\overline{AB}$ bis zur Geraden h.

4 In Fig. 5 ist g || h. Bestimme die fehlenden Winkelgrößen, ohne zu messen.

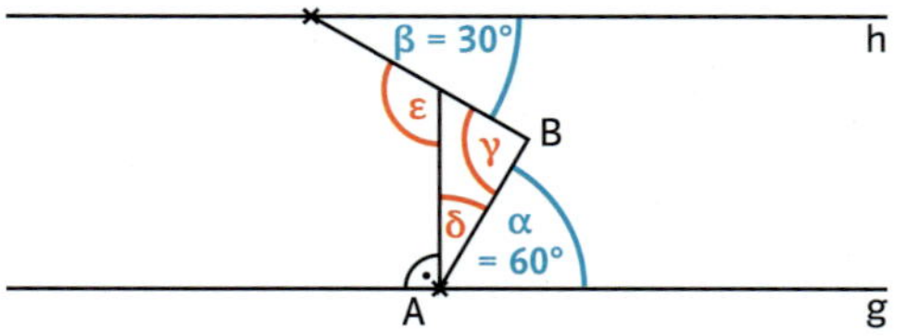

Fig. 5

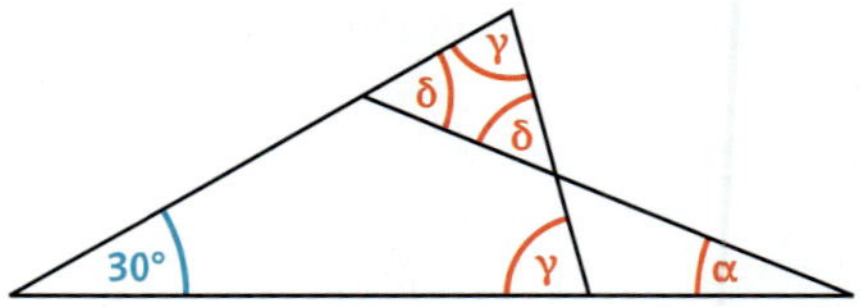

Fig. 6

5 Bestimme die Größen der bezeichneten Winkel in Fig. 6. Begründe deine Ergebnisse.

6 Gilt g || h in allen drei Abbildungen in Fig. 7? Begründe deine Antwort.

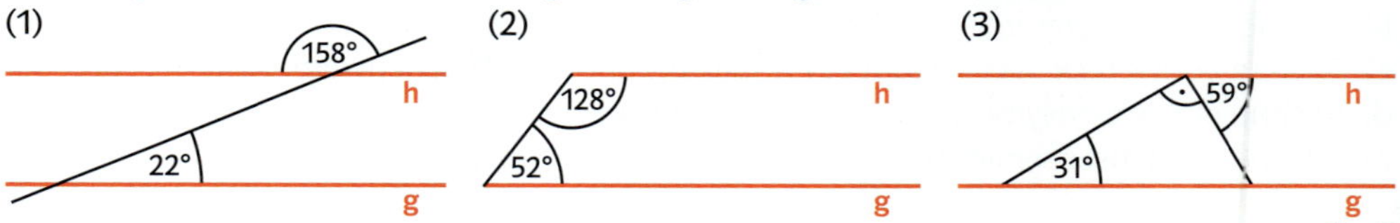

Fig. 7

7 Sind die Geraden a und b in Fig. 8 zueinander parallel, wenn
a) α = 101°; β = 99°,
b) α = 104°; β = 76°,
c) α = γ = 110°; β = δ = 75°,
d) α = β = 90°; δ = γ?
Begründe deine Antwort.

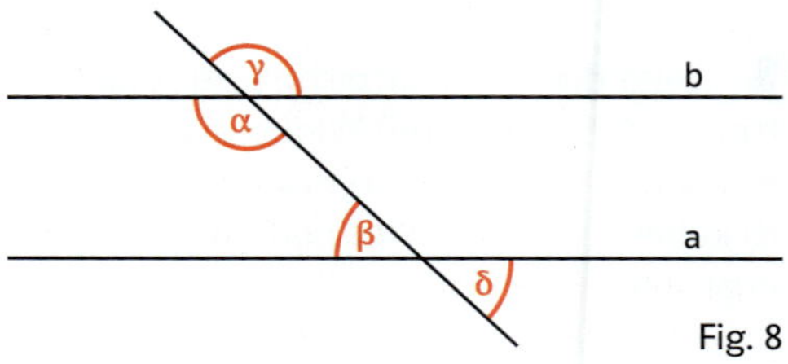

Fig. 8

8 Welche Eigenschaften müssen zwei Dreiecke haben, damit man sie zu einem der folgenden Vierecke zusammenlegen kann?

a) Parallelogramm
b) Rechteck
c) Quadrat
d) Raute
e) symmetrisches Trapez
f) Drachen

9 Berechne den Winkel ε.
a) ABCD ist eine Raute, ABED ein Drachen (Fig. 1).
b) ABCD ist eine Raute, DCEF und ADGH sind symmetrische Trapeze (Fig. 2).

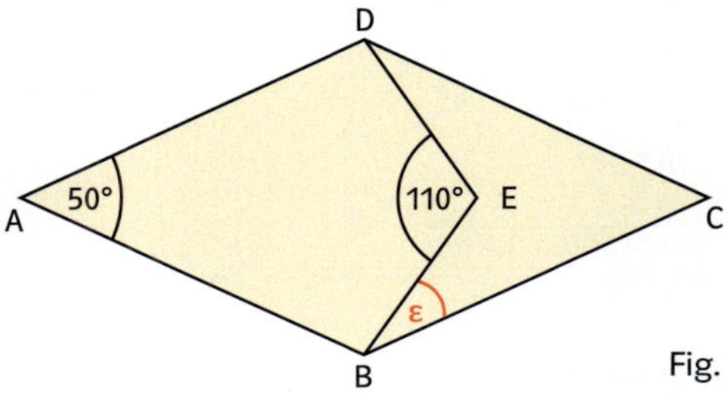

Fig. 1

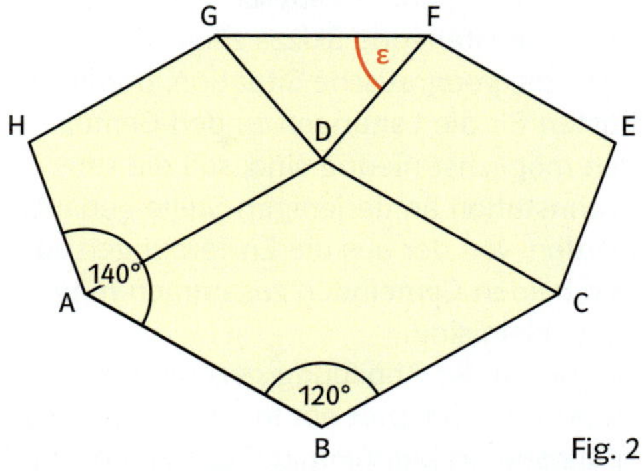

Fig. 2

10 Das regelmäßige Sechseck hat sechs Symmetrieachsen. Drei gehen durch Eckpunkte, drei sind Mittelsenkrechten der Seiten. Das Sechseck ist auch drehsymmetrisch zum Mittelpunkt des Sechsecks mit den Drehwinkeln 60°; 120°; 180°; 240°; 300°.
In Fig. 3 sieht man sieben Sechsecke mit weniger Symmetrien. In (1) bis (3) sind jeweils Dreiecke an den Seiten eines gleichseitigen Dreiecks angelegt. In (4) bis (6) sind von einem gleichseitigen Dreieck jeweils die Ecken abgeschnitten. Das Sechseck in (7) ist anders aufgebaut. Gib die Symmetrien der Sechsecke an.

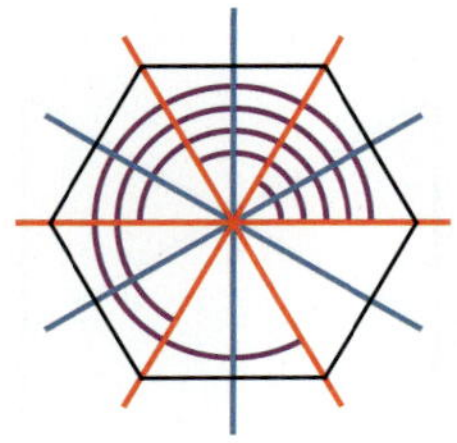

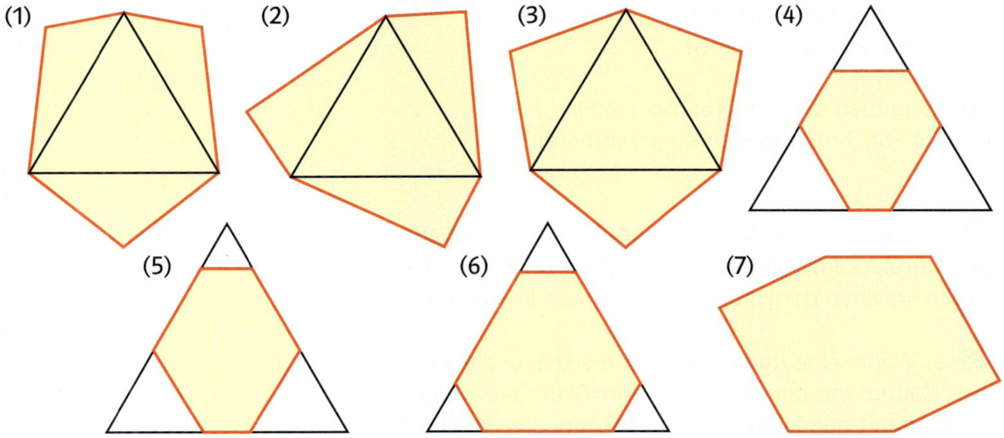

Fig. 3

11 Zeichne ein Rechteck ABCD mit $\overline{AB} = 5\,\text{cm}$ und $\overline{BC} = 3\,\text{cm}$. Drehe das Rechteck so um seinen Mittelpunkt, dass dabei der Eckpunkt C und der Bildpunkt B′ von B zusammenfallen. Miss den Drehwinkel.

12 a) Durch welche Abbildungen kann das grüne Viereck auf die benachbarten Vierecke abgebildet werden?
b) Setze die Pflasterung im Heft fort.
c) Wie viele Farben benötigt man mindestens, um das Muster so zu färben, dass Vierecke mit einer gemeinsamen Seite stets verschiedene Farben haben?

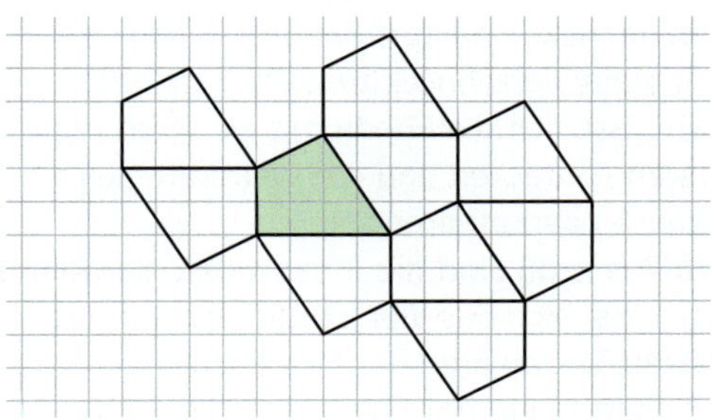

13 Die Gemeinden A und B sollen mit einer Umspannstation an eine Hochspannungsleitung angeschlossen werden.
Die nebenstehende Skizze zeigt vereinfacht die geografische Situation. Damit die Kosten für die Leitungen zu den Gemeinden möglichst niedrig sind, soll die Umspannstation an derjenigen Stelle gebaut werden, von der aus die Entfernungen zu den beiden Gemeinden zusammen möglichst klein sind.
Mit der in der Abbildung gezeigten Konstruktion behauptet ein Ingenieur, die beste Lösung für das Problem mit einer Umspannstation beim Punkt C gefunden zu haben. Begründe seine Aussage. Beschreibe die Lage der Stelle C.

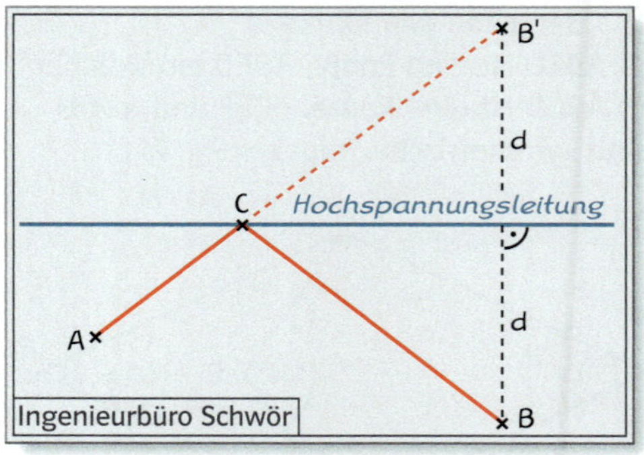

Fig. 1

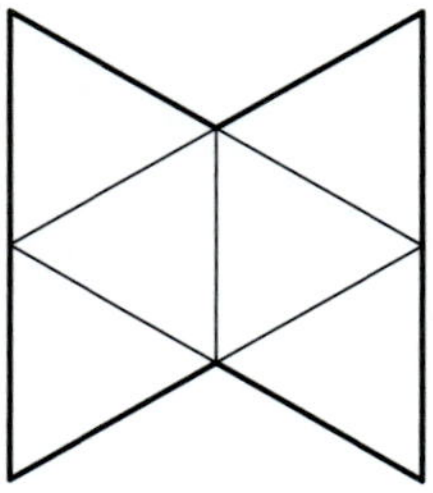
Fig. 2

14 Wie viele verschiedene Rechtecke kann man mit bis zu zehn Streichhölzern legen?

15 Ein Sechseck ist wie in Fig. 2 aus sechs gleich großen gleichseitigen Dreiecken zusammengelegt. Lässt sich die Ebene mit dem Sechseck parkettieren?

16 Kann man die größeren beiden Flächen in Fig. 3 mit der kleinen parkettieren?

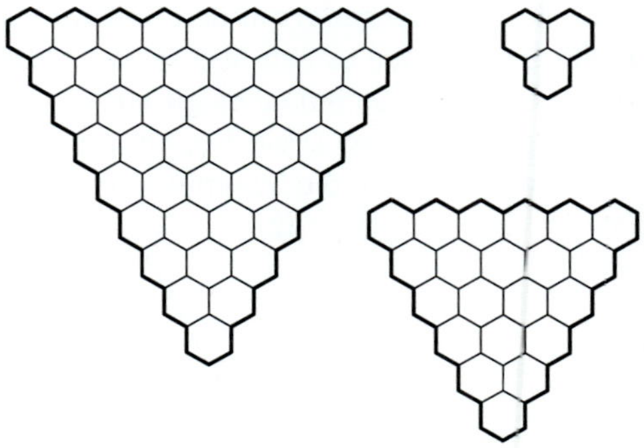
Fig. 3

17 a) Lege Seite an Seite alle möglichen Figuren aus jeweils zwei, drei und vier gleichseitigen Dreiecken, Quadraten und regelmäßigen Sechsecken.
b) Mit welchen der Figuren lässt sich die Ebene parkettieren?

18 a) Wähle eine Raute, bei der eine Diagonale so lang ist wie die Seiten. Lege sechs solcher Rauten mit dem kleineren Winkel um einen Punkt herum zu einem Stern.
b) Zeige mit nur sechs weiteren Rauten, dass die Ebene zu einer Parkettierung mit den Rauten aufgefüllt werden kann.
c) Lässt sich die Ebene auch zu einer Parkettierung auffüllen, wenn niemals drei große Winkel der Rauten um einen Punkt herum gelegt werden?

19 In Fig. 4 sind sechs gleich große reguläre Fünfecke und eine Raute zu einem gleichseitigen Vierzehneck zusammengelegt.
a) Lässt sich die Ebene mit weiteren regulären Fünfecken und mit weiteren gleichen Rauten parkettieren?
b) Wie groß sind die Innenwinkel der Raute?
c) Lässt sich das Vierzehneck nur mit weiteren Exemplaren der Raute zu einer Parkettierung der Ebene auffüllen?

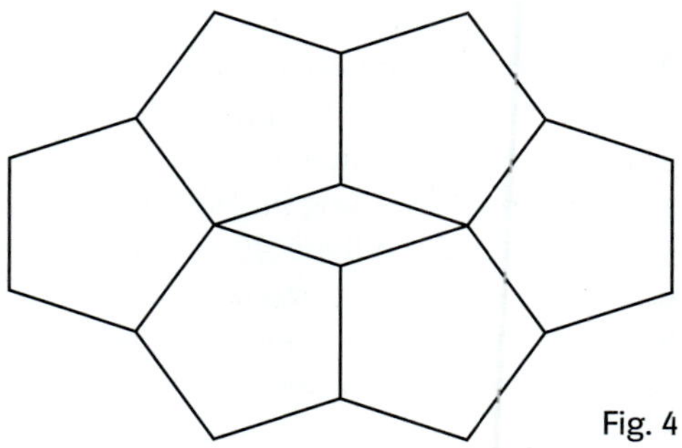
Fig. 4

Archimedische Parkettierungen

Werden verschiedene regelmäßige Vielecke, alle mit der gleichen Seitenlänge und gleichen Innenwinkeln, für eine Seite-an-Seite-Parkettierung zugelassen, so ergeben sich die elf so genannten archimedischen Parkettierungen. Es ist wieder notwendig, dass um einen Eckpunkt herum die Innenwinkel der regelmäßigen Vielecke eine Summe von 360° ergeben. Wird auch die Reihenfolge der Vielecke um einen Eckpunkt herum beachtet, so gibt es 21 Möglichkeiten (Eckentypen), um 360° zu erhalten. Aber nur elf davon lassen sich zu einer Parkettierung der Ebene zusammenfügen.
Die Schreibweise 3.4.6.4 soll die Reihenfolge von Dreieck (3), Viereck (4), Sechseck (6) und Viereck (4) um einen Eckpunkt herum beschreiben. Nachfolgend sind die elf archimedischen Parkettierungen (einschließlich der drei euklidischen) dargestellt.

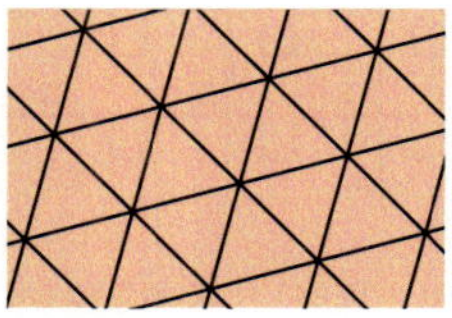
3.3.3.3.3.3

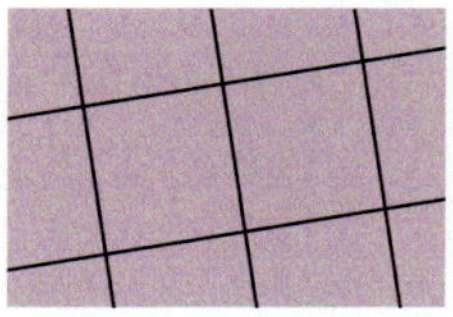
4.4.4.4

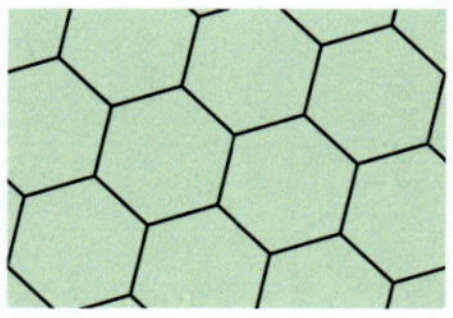
6.6.6

3.3.3.4.4

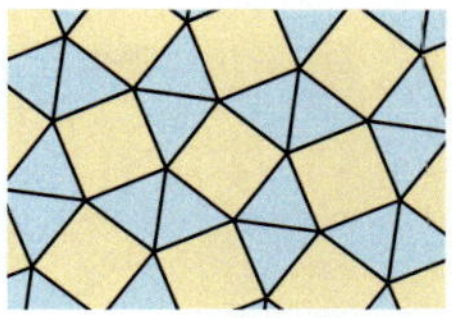

3.4.6.4

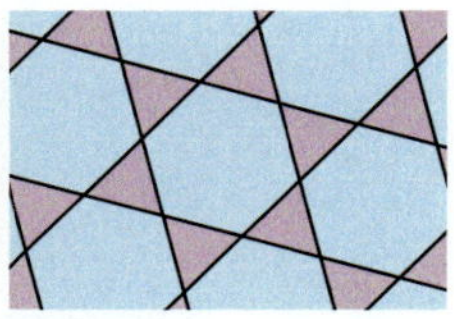
3.6.3.6

3.12.12

4.6.12

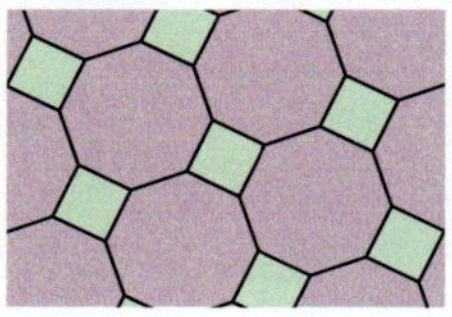
4.8.8

Archimedes von Syrakus (287 v. Chr. – 212 v. Chr.)

Auf seinem Grabstein fand man folgende geometrische Figur:

1 Bei zwei der elf archimedischen Parkettierungen fehlt die Bezeichnung. Gib sie an.

2 Prüfe, ob bei den archimedischen Parkettierungen die Winkelsumme stets 360° ist.

3 Bestimme einige der 21 Eckentypen, die nicht archimedisch sind. Begründe für einen Eckentyp, warum er nicht parkettiert.

Info

Archimedes wurde äußerst bekannt durch seine Beteiligung an der Verteidigung von Syrakus gegen die römische Belagerung im zweiten Punischen Krieg.
Der Legende nach soll er, als er den Goldgehalt einer Krone des Herrschers prüfen sollte, ohne sie jedoch zu beschädigen, durch einen Geistesblitz beim Baden die Lösung entdeckt haben. Vor Freude glücklich über seine Entdeckung lief er mit dem Ausruf „Heureka!" (griechisch „Ich hab's gefunden!") nackt auf die Straße.
Er war der Erfinder der archimedischen Schraube und Entdecker des archimedischen Prinzips, nämlich des Auftriebsprinzips.
Carl Friedrich Gauß nannte Archimedes den bedeutendsten Mathematiker der Antike.
Archimedes wendete Mathematik auch auf Fragen der Physik und Technik an.

Künstlerische Parkettierungen (M. C. Escher)

Der niederländische Künstler Maurits Cornelis Escher lebte von 1898 bis 1972.

Geometrische Figuren, aus denen Parkettierungen entstehen, können an den Rändern so verändert werden, dass ganz andere Muster entstehen.

Verändert man in einer Parkettierung mit Vierecken gegenüberliegende Seiten der Vierecke in gleicher Weise, so ergeben sich ganz anders aussehende Pflasterungen. In Fußgängerzonen kann man solche Muster finden.

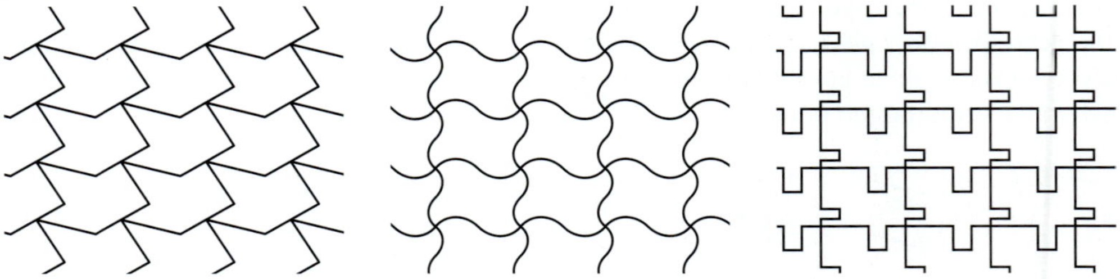

Bilder oder Muster von M. C. Escher sind wohl so ähnlich aus Parkettierungen mit einfachen Vielecken entstanden (vgl. Seite 65).

Fig. 1

Fig. 2

1 Entwirf neue Muster durch Verändern der euklidischen Parkettierungen.

2 Verbinde in Fig. 1 jeweils die Schnabelspitzen von den Vögeln einer Farbe mit den benachbarten Punkten dieser Art. Welche Parkettierung ergibt sich?

3 Verbinde in Fig. 2 die gemeinsamen Punkte von jeweils drei Reptilienköpfen geradlinig mit den benachbarten Punkten dieser Art. Welche Parkettierung ergibt sich?

4 Zeichne für die Vögel ein parkettierendes Viereck mit gleichermaßen veränderten gegenüberliegenden Rändern, sodass nur die Ränder der Vögel benutzt werden.

Ein Spiel mit geheimer Parkettierung

Anja und Bernd markieren abwechselnd jeweils ein Kästchen auf einem karierten Papier. Anja benutzt zur Markierung X und Bernd O. Anja beginnt und sie gewinnt, wenn sie alle vier Kästchen um einen Gitterpunkt herum markiert hat. Bernd versucht, das zu verhindern. Kann Bernd so geschickt spielen, dass Anja niemals zu ihrem Gewinn kommt?

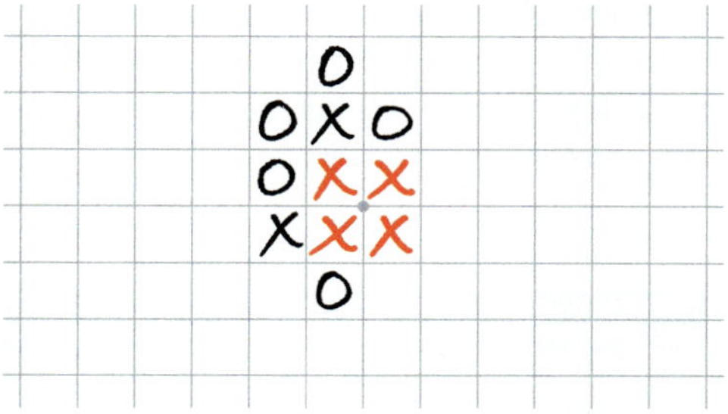

Anja hat gewonnen.

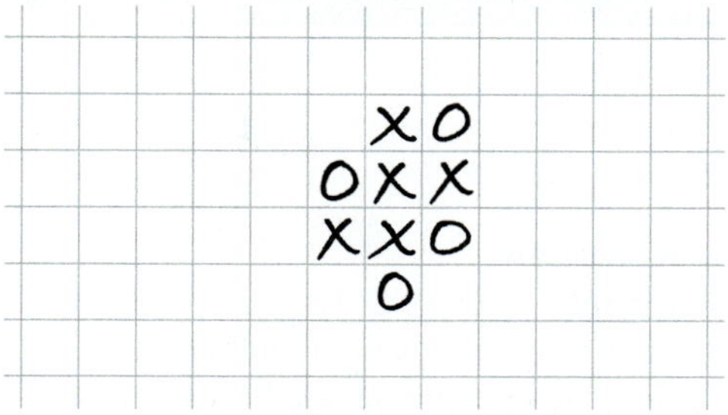

Das Spiel geht weiter.

Bernd kann Anja in der Tat am Gewinnen hindern. Eine Ziegelsteinparkettierung hilft ihm. Bernd denkt sich die Rechenkästchen zu Paaren von Seite-an-Seite-Quadraten (Ziegelsteine, Dominosteine) zusammengefasst, so wie in einer Ziegelsteinmauer. Anja darf das aber nicht sehen und wissen. Dann geht Bernd so vor: Wenn Anja ein Kästchen besetzt, dann besetzt Bernd als nächstes das andere Kästchen des gedachten Ziegelsteins. Da nun jeder Gitterpunkt der Karos zu den zwei Kästchen eines Ziegelsteins gehört, kann also Anja nicht gewinnen.

1 Spiele dieses Spiel mit Verwandten und Freunden, die dieses Buch nicht kennen. Verrate möglichst lange nicht die Verteidigungsmethode mit der Parkettierung.

2 Versuche, Parkettierungen mit Ziegelsteinen zu finden, mit denen Bernd den Gewinn von Anja verhindern kann, wenn Anja die angegebenen Kästchen als Ziel hat.

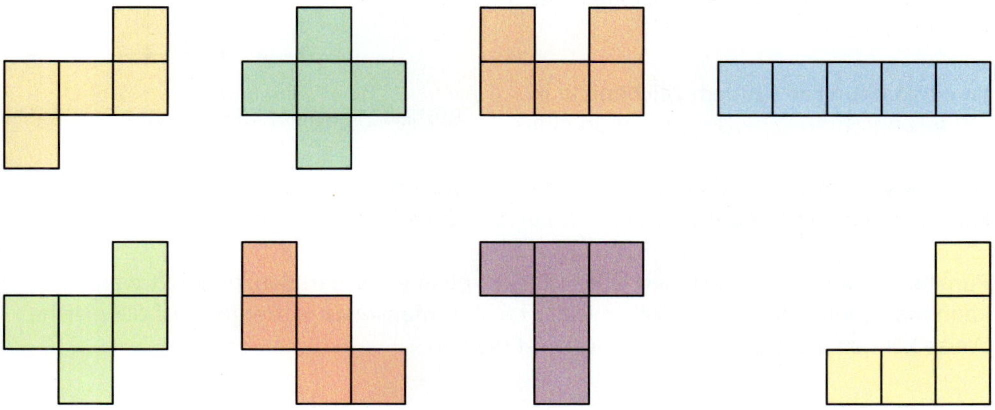

DGS – Geometrie mit dem Computer

Um Veränderungen in geometrischen Figuren leicht vornehmen zu können, benötigt man ein Geometrieprogramm.
EUKLID DynaGeo ist ein solches Programm. Natürlich gibt es auch noch andere Geometrieprogramme wie GeoNext, die man unter dem Begriff „Dynamische Geometrie Software" im Internet findet.

Konstruieren

Wählt man in EUKLID den Abschnitt „Konstruieren", dann erscheinen oberhalb der Arbeitsfläche Icons (kleine Bildchen), die zum Ausführen der Arbeitsschritte dienen. Diese Schaltflächen werden erklärt, sobald man den Mauszeiger über das entsprechende Icon zieht.
Einige dieser Schaltflächen sind am Rand zusammengestellt.

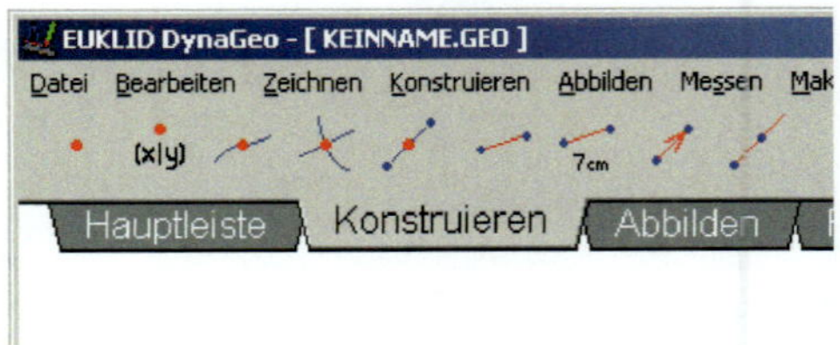

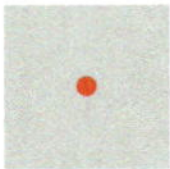

Einen Punkt zeichnen

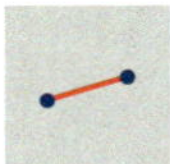

Zwei Punkte durch eine Strecke verbinden

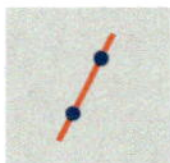

Eine Gerade durch zwei Punkte zeichnen

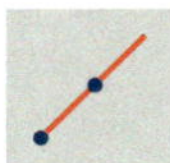

Eine Halbgerade zeichnen

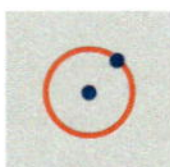

Einen Kreis zeichnen

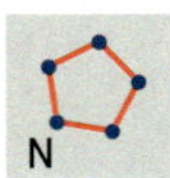

Ein Vieleck zeichnen

Nach dem Erzeugen einer Zeichenfläche kann man mit wenigen Schritten eine kleine Zeichnung erstellen. Durch das Anklicken eines Icons wählt man die gewünschte Zeichenfunktion aus.
Die blau gekennzeichneten Elemente sind auf der Zeichenfläche mit dem Mauszeiger festzulegen. Die rot gekennzeichneten Elemente erzeugt der Computer.

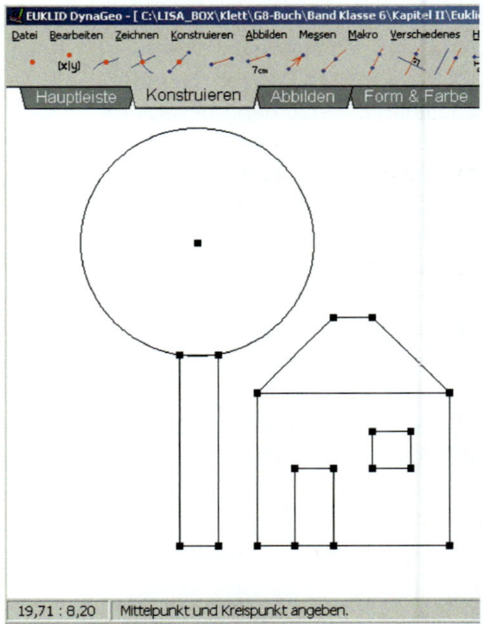

In der grauen Leiste unterhalb der Zeichenfläche wird zusätzlich darauf hingewiesen, welche Elemente der Benutzer bei dem Erstellen eines Objektes angeben muss.
Bei einigen Elementen kann man auch die gewünschten Maße, etwa die Länge einer Strecke, angeben.

Ist ein Punkt nicht auf dem Zeichenfeld in der gewünschten Lage, so kann er an eine andere Stelle verschoben werden.
Dazu bewegt man den Mauszeiger auf diesen Punkt. Mit der jetzt angezeigten „Zange" kann der Punkt mit gedrückter linker Maustaste angefasst und verschoben werden.

Punkte, die nur für das Erstellen eines Objekts, etwa einer Geraden, benötigt werden, kann man später durch Anklicken mit der rechten Maustaste verbergen. Auf die gleiche Weise können erzeugte Objekte beschriftet werden.

DGS – Geometrie mit dem Computer

Form und Farbe

In EUKLID gibt es die Möglichkeit, verschiedene Farben für Objekte zu verwenden, oder Flächen mit unterschiedlichen Farben und Füllmustern zu gestalten.

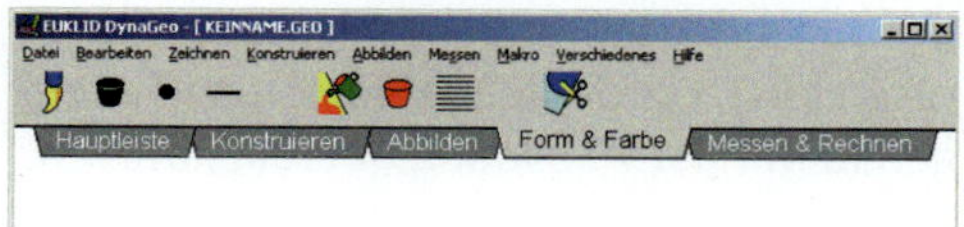

Dazu wählt man den Abschnitt „Form & Farbe“. Die einzelnen Funktionen sind oberhalb der Zeichenfläche durch Icons dargestellt. Einige dieser Funktionen sind am Rand erklärt. Zeichnet man mit EUKLID ein Dreieck oder ein Vieleck, wird dieses automatisch mit einer Füllfarbe und einem Füllmuster versehen.

Aktuelle Punkt- und Linienfarbe

Aktuelle Füllfarbe

Aktuelles Füllmuster

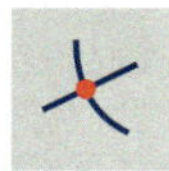

Schnitt zweier Linien

1 Zeichne eine Figur (Person, Auto, Haus, Baum, …) nach deiner Wahl. Probiere dabei die verschiedenen Funktionen von EUKLID aus.

2 Zeichne mehrere Geraden, die sich schneiden. Markiere die Schnittpunkte mit dem Icon „Schnitt zweier Linien“ und färbe die entstehenden Vielecke mit unterschiedlichen Farben und Mustern.

Messen und Rechnen

EUKLID bietet die Möglichkeit, bestimmte Größen in Objekten zu messen. Im Abschnitt „Messen & Rechnen“ gibt es beispielsweise die Möglichkeit, den Abstand zwischen zwei Objekten zu bestimmen und die Größe eines Winkels auszumessen.

Soll beispielsweise die Länge einer Strecke bestimmt werden, so kann dies durch die Bestimmung des Abstands vom Anfangs- zum Endpunkt der Strecke geschehen. Beim Messen eines Winkels müssen drei Punkte angegeben werden, durch die der Winkel festgelegt wird. Dabei muss die Reihenfolge der Punkte beachtet werden.

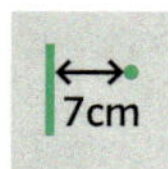

Abstand messen

Winkel messen

3 Zeichne ein Dreieck und bestimme die Längen seiner Seiten sowie die Größen der drei Innenwinkel. Verändere die Lage der Punkte so, dass ein rechtwinkliges Dreieck entsteht.

4 Zeichne eine beliebige Gerade. Zeichne eine zweite Gerade, die parallel zur ersten Geraden verläuft und von dieser einen Abstand von 3 cm hat.

5 Zeichne zwei Geraden, die sich schneiden. Überlege, was du über die vier Winkel sagen kannst. Miss alle Schnittwinkel und überprüfe deine Aussagen. Was stellst du fest, wenn du nun eine der Geraden bewegst und damit die Winkel veränderst?

6 Zeichne ein beliebiges Viereck und bestimme seine Innenwinkel und Seitenlängen. Nun soll deine Partnerin oder dein Partner dieses Viereck nachbauen. Anschließend wechseln die Rollen. Wer ist schneller?

DGS – Geometrie mit dem Computer

7 Zeichne das abgebildete Trapez, indem du die Lage der vier Eckpunkte so lange veränderst, bis die Maße deiner Zeichnung genau mit der Abbildung übereinstimmen. Miss dann die Länge der Diagonalen.

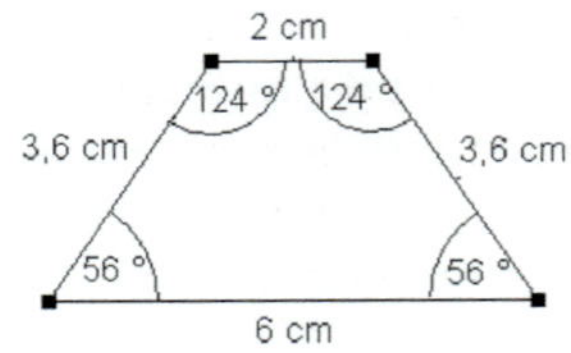

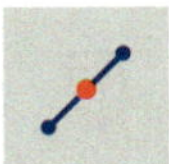

Mittelpunkt einer Strecke

8 Zeichne ein beliebiges Viereck ABCD. Bestimme den Mittelpunkt jeder Seite des Vierecks und verbinde diese Mittelpunkte zu einem neuen Viereck EFGH.
a) Welches besondere Viereck entsteht?
b) Überprüfe deine Vermutung durch Messen der einzelnen Größen.
c) Verändere die Ausgangsfigur durch Verschieben eines Punktes. Was stellst du fest?

Abbilden

EUKLID bietet die Möglichkeit, die verschiedenen Abbildungen
- Achsenspiegelung,
- Punktspiegelung,
- Verschiebung,
- Drehung

mit dem Computer durchzuführen.

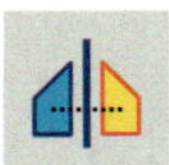

Achsenspiegelung

Soll etwa das rote Dreieck an der Geraden gespiegelt werden, wählt man unter der Rubrik „Abbilden“ das Icon „Achsenspiegelung aus.

Punktspiegelung

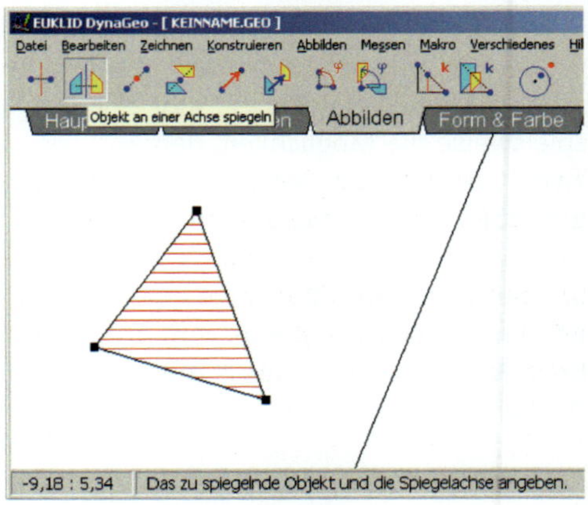

Auch hier werden die jeweils erforderlichen Angaben in der grauen Leiste unterhalb der Zeichenfläche angezeigt. Für eine Achsenspiegelung muss man das zu spiegelnde Objekt und die Spiegelachse durch Anklicken angeben.
Die Achsenspiegelung wird dann automatisch durchgeführt.

Verschiebung

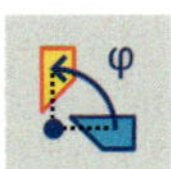

Drehung

Ist die Lage der Spiegelachse nicht vorgegeben, besteht auch die Möglichkeit, einen Punkt und seinen Bildpunkt anzugeben und so die Lage der Spiegelachse festzulegen. Die Spiegelachse wird dann nach diesen Vorgaben erzeugt.

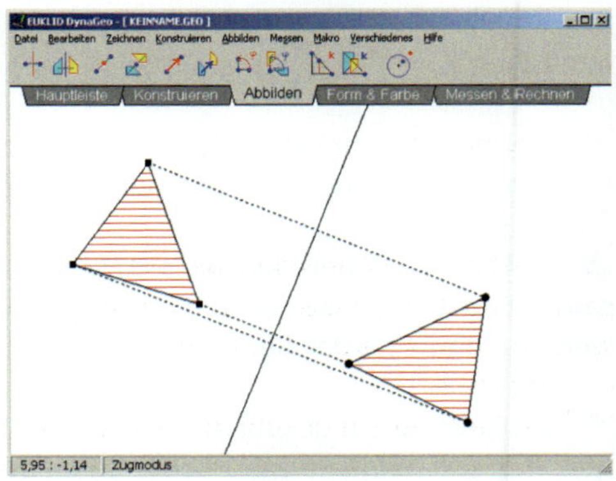

In ähnlicher Weise geht man bei der Punktspiegelung und bei der Verschiebung vor.
Für die Durchführung einer Verschiebung muss zuvor ein Verschiebungspfeil festgelegt werden.

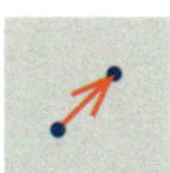

Verbindungsvektor zweier Punkte

DGS – Geometrie mit dem Computer

Um eine Drehung durchführen zu können, sind die Angabe eines Drehzentrums sowie die Angabe des Drehwinkels notwendig. Dabei ist es hilfreich, zunächst einen Punkt und seinen Bildpunkt anzugeben und so die Drehung zu definieren. Soll mit einem bestimmten Winkel gedreht werden, so kann später dieser erste Bildpunkt nachträglich verschoben werden, bis die gewünschte Winkelgröße erreicht ist.

9 Lege für die folgenden Teilaufgaben jeweils eine neue Datei an.
a) Zeichne ein beliebiges Dreieck und eine Gerade. Führe eine Achsenspiegelung durch.
b) Zeichne ein beliebiges Dreieck und führe eine Drehung mit 180° durch.
c) Zeichne ein beliebiges Dreieck und einen Verschiebungspfeil. Verschiebe das Dreieck. Verändere Länge und Richtung des Pfeils und beobachte das Dreieck und sein Bilddreieck.

10 a) Zeichne ein beliebiges Dreieck und einen Punkt, der außerhalb des Dreiecks liegt.
b) Verwende diesen Punkt als Drehzentrum und definiere die Drehung, indem du den Bildpunkt einer Ecke des Dreiecks festlegst.
c) Führe die Drehung des Dreiecks um das Drehzentrum durch.
d) Miss den Drehwinkel und verändere ihn so, bis eine Drehung mit 70° vorliegt.

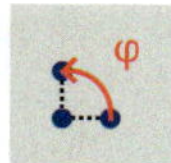

Drehung definieren

Koordinatensystem
EUKLID bietet die Möglichkeit, ein Koordinatensystem zu verwenden. Wenn das Koordinatensystem nicht bereits angezeigt wird, kann man unter „Messen & Rechnen" das Symbol „Koordinatensystem" anklicken und hier das Koordinatensystem sichtbar machen.
In das Koordinatensystem werden Punkte eingezeichnet, indem man ihre x- und ihre y-Koordinate angibt. Punkte können durch Anklicken mit der rechten Maustaste benannt werden.

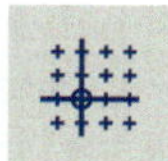
Koordinatensystem

11 a) Zeichne das Dreieck mit den Eckpunkten A(0|1); B(3|2) und C(2|5) in ein Koordinatensystem und spiegle es an der Geraden durch die Punkte P(5|0) und Q(5|7). Benenne die Bildpunkte mit A′, B′ und C′ und bestimme ihre Koordinaten.
b) Lege eine neue Datei an und zeichne das Dreieck ABC aus Aufgabenteil a) ein. Bei einer Achsenspiegelung wird der Punkt C auf den Punkt C′(6|9) abgebildet. Bestimme die Lage der Spiegelachse sowie die Koordinaten der übrigen Bildpunkte.

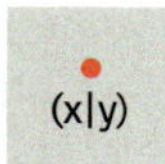

Punktkoordinaten angeben

12 Zeichne das Dreieck ABC mit A(5|5); B(1|9); C(0|5) und die Punkte A′(11|3,5) und A″(7|9).
a) Verschiebe das Dreieck ABC so, dass A auf A′ abgebildet wird. Verschiebe dann das Bilddreieck so, dass A′ auf A″ abgebildet wird. Beschreibe das Ergebnis dieser Nacheinanderausführung von zwei Verschiebungen.
b) Drehe das Dreieck ABC um A mit 90°, dann das Bilddreieck um A mit 180°. Beschreibe das Ergebnis möglichst genau.

Der Ursprung des Koordinatensystems kann ebenso wie jeder andere Punkt mit der Zange verschoben werden.

13 a) Übertrage die Figur in eine Datei. Verschiebe das Viereck so, dass A auf B abgebildet wird. Verschiebe dann das Bild so, dass B auf C abgebildet wird. Beschreibe das Ergebnis.
b) Übertrage die Figur und den Punkt B in eine Datei. Drehe das Viereck um B mit 60° und anschließend das Bild um B mit 180°. Beschreibe das Ergebnis.

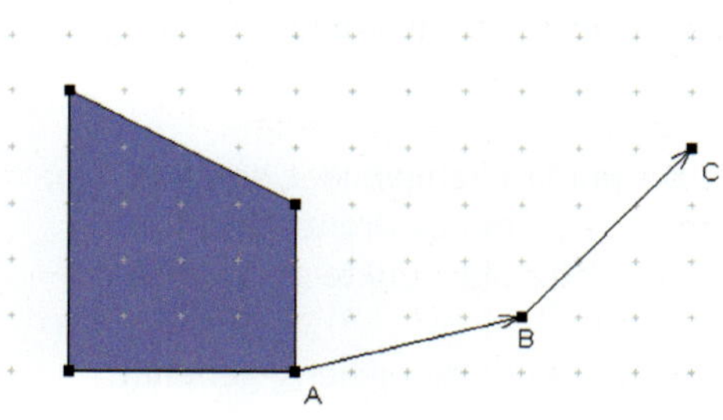

Gleichschenkliges und gleichseitiges Dreieck
Wenn ein Dreieck gleichschenklig ist, dann sind die Basiswinkel gleich groß.
Wenn in einem Dreieck zwei Winkel gleich groß sind, dann ist es gleichschenklig.
In einem gleichseitigen Dreieck sind alle Winkel gleich groß.

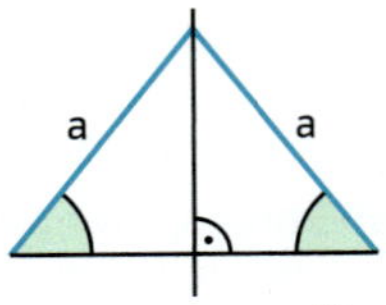

Fig. 1

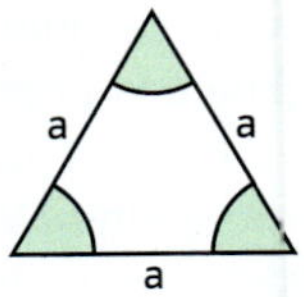

Fig. 2

Scheitelwinkel und Nebenwinkel
An zwei sich schneidenden Geraden sind Scheitelwinkel gleich groß. Nebenwinkel ergeben zusammen 180°.

Stufenwinkel und Wechselwinkel
Wenn parallele Geraden von einer Geraden geschnitten werden, dann sind Wechselwinkel und Stufenwinkel jeweils gleich groß.
Wenn bei den Schnittpunkten der Geraden g und h mit der Geraden k zwei sich entsprechende Stufen- oder Wechselwinkel gleich groß sind, dann sind die Geraden g und h parallel.

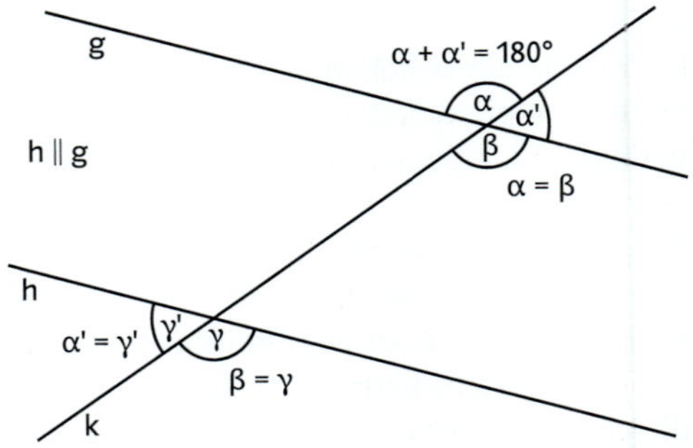

Fig. 3

Winkelsumme in Vielecken
In jedem Dreieck beträgt die Summe der Innenwinkel 180°.
Speziell gilt: Im gleichseitigen Dreieck ist jeder Winkel 60° groß.
In jedem Viereck beträgt die Summe der Innenwinkel 360°.
Speziell gilt: Im gleichseitigen Viereck ist jeder Winkel 90° groß.
Die Winkelsumme in einem n-Eck beträgt $(n - 2) \cdot 180°$.

Parkettierungen
Eine lückenlose Auslegung der Ebene heißt Parkettierung.
Es gibt nur die drei euklidischen Parkettierungen mit regelmäßigen Dreiecken, Vierecken und Sechsecken.
Jedes Dreieck und jedes Viereck parkettiert die Ebene.

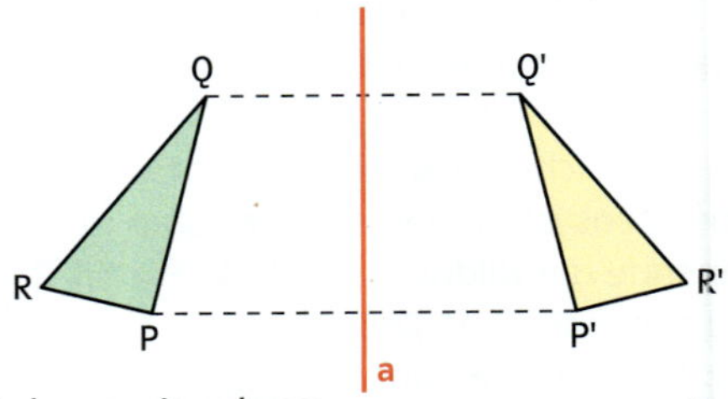

Achsenspiegelung
Fig. 4

Achsenspiegelungen
Bei einer Achsenspiegelung wird jedem Punkt P ein Bildpunkt P′ zugeordnet. Dabei gilt:
1. $\overline{PP'}$ ist senkrecht zur Spiegelachse a.
2. P und P′ haben denselben Abstand von der Achse a.

Verschiebung
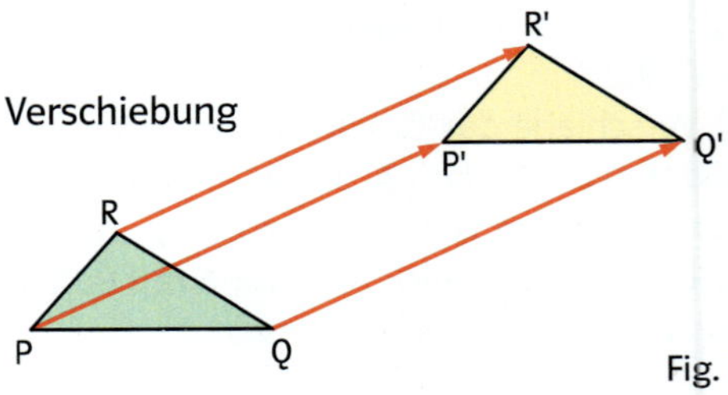

Fig. 5

Verschiebungen
Werden P; Q; R; … auf P′; Q′; R′; … abgebildet, so gilt:
Die Pfeile von P nach P′, von Q nach Q′ usw. sind zueinander parallel. Sie haben alle die gleiche Richtung und die gleiche Länge.

Drehungen
Wird der Punkt P auf den Bildpunkt P′ abgebildet, so gilt:
1. P und P′ liegen auf einem Kreis um das Drehzentrum Z.
2. Der Drehwinkel $\alpha = \sphericalangle PZP'$ ist für alle Punkte gleich groß.

Eine Drehung mit 180° wird auch Punktspiegelung genannt.

Drehung
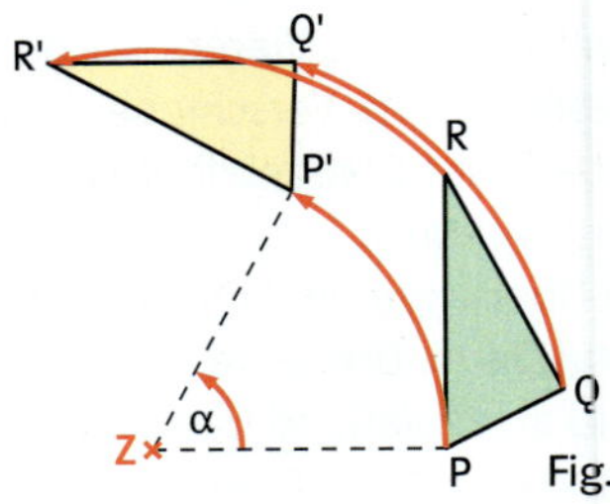

Fig. 6

Training

Runde 1

1 Zeichne ein Parallelogramm ABCD mit $\alpha = 60°$; $a = 5\,cm$ und $b = 4\,cm$.
a) Spiegele die Figur einmal an der einen kurzen und einmal an der anderen kurzen Seite.
b) Drehe die Figur um ihren Eckpunkt A mit einem Winkel von 30°.
c) Untersuche das Parallelogramm auf seine Symmetrieeigenschaften.

2 In Fig. 1 wird das Dreieck ABC zuerst gedreht (das Bilddreieck ist A'B'C') und dann parallel verschoben.
a) Bestimme das Drehzentrum und den Drehwinkel.
b) Wie weit wurde A'B'C' verschoben?
c) Übertrage das Dreieck ABC in dein Heft. Führe die Drehung und Verschiebung aus.

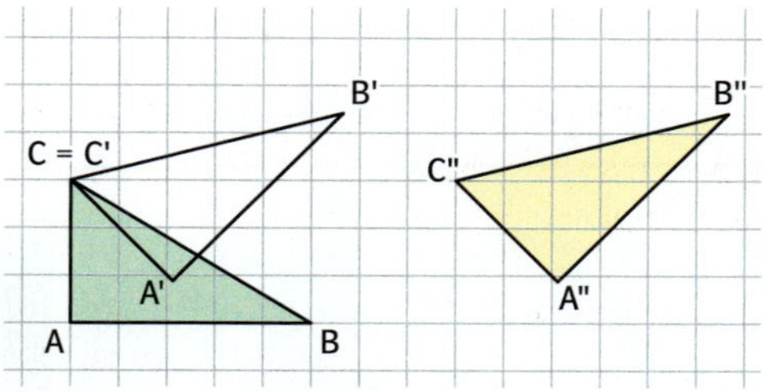

Fig. 1

3 Zeichne in ein Koordinatensystem die Gerade durch A(2|0) und B(9|2). Zeichne das Bild der Geraden bei der Punktspiegelung an Z(5|4) und bestimme die Koordinaten des Punktes, in dem die Bildgerade die y-Achse schneidet.

4 Aus einem Karton ist die Ziffer 1 ausgeschnitten. Wie sieht man die Ziffer, wenn man von innerhalb des Kartons schaut oder wenn man den Karton auf den Kopf stellt? Vergleiche die Ziffer 1 mit ihren Bildern. Welche Abbildung führt jeweils von der 1 zu ihrem Bild?

5 „Jede Figur ist drehsymmetrisch mit einem Drehwinkel von 180°."
Ist diese Aussage wahr?

Runde 2

1 Die Fünfecke in Fig. 2 sind deckungsgleich zueinander. Beschreibe eine Abbildung, die die rote Figur
a) auf die grüne Figur abbildet,
b) auf die blaue Figur abbildet,
c) auf die gelbe Figur abbildet.

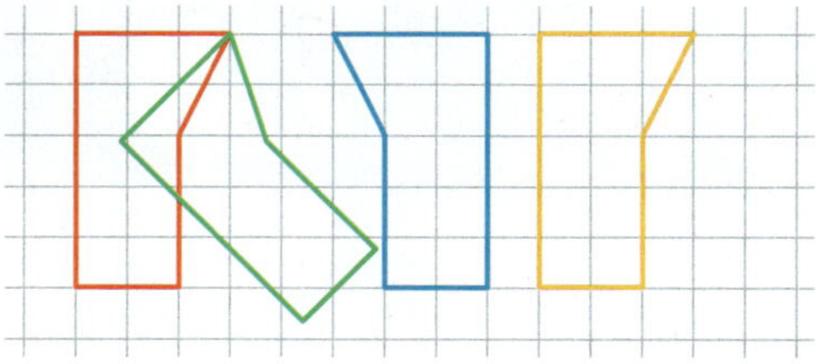
Fig. 2

2 Erstelle in einer Tabelle eine Übersicht über die Symmetrieeigenschaften der folgenden Vierecke: Quadrat, Rechteck, Parallelogramm, gleichschenkliges Trapez. Die Tabelle soll eine Skizze, Symmetriearten, die Anzahl der Symmetrieachsen und den Drehwinkel enthalten.

3 Zeichne das Rechteck ABCD mit $a = 7\,cm$ und $b = 3\,cm$. Markiere auf der Seite a den Punkt E, der 2 cm vom Punkt A entfernt ist, und auf der Seite c den Punkt F, der 2 cm von C entfernt ist. Spiegle dann das Rechteck ABCD an der Geraden durch E und F.

4 Zeichne das Dreieck ABC mit $c = 3{,}5\,cm$ und den Winkeln $\alpha = 60°$ und $\beta = 60°$. Drehe das Dreieck zuerst um seinen Eckpunkt B mit 180°. Spiegele danach das Bild A'B'C' an der Geraden durch A' und B'. Wie hätte man das Bild A"B"C" durch eine einzige Abbildung aus dem Dreieck ABC erhalten können?

5 Eine Raute ist durch ihre Diagonalen $e = \overline{AC} = 6\,cm$ und $f = \overline{BD} = 4\,cm$ gegeben. Zeichne die Raute und ihr Bild bei der Drehung um den Punkt C mit 50°.

Das kannst du schon

- Mit natürlichen Zahlen rechnen
- Mit Brüchen rechnen

Zahlen und Operationen Größen und Messen Raum und Form Funktionaler Zusammenhang Daten und Zufall

Weniger als nichts

Positiv	oder	Negativ
Plus +	oder	Minus −
Heiß	oder	Kalt
Hoch ↑	oder	↓ Tief
← Zuvor	oder	Danach →
Schwarz	oder	?

Aus einem alten Mathematikbuch:
„Da nun die negativen Zahlen als Schulden betrachtet werden können…, so kann man sagen, dass die negativen Zahlen weniger sind als nichts."

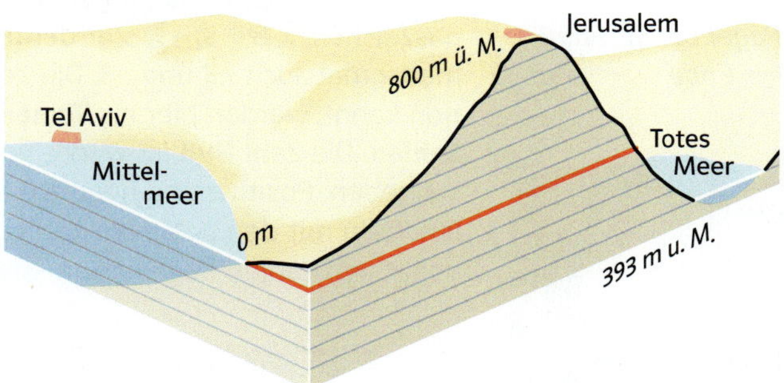

Das kannst du bald

- Situationen mit positiven oder mit negativen Zahlen beschreiben
- Mit positiven und negativen Zahlen rechnen

1 Negative Zahlen

Die Sturmflut vom 3./4. Januar 1976 mit einem Pegelstand von 6,45 m über Normalnull am Pegel bei St. Pauli wird zu einer Bewährungsprobe für die nach 1962 gebauten Schutzanlagen …

Wir müssen im Alltag häufig mit Zahlen umgehen, zum Beispiel beim Spielen von „Mensch, ärgere dich nicht“, beim Stoppen der Zeit beim 75-m-Lauf oder beim Blick auf den Tachometer des Fahrrads. Obwohl wir schon die Brüche kennen, wie $\frac{1}{2}$; 0,8; $1,\overline{6}$; $3\frac{1}{8}$, reichen diese nicht aus, um alle Situationen des Alltags beschreiben zu können.

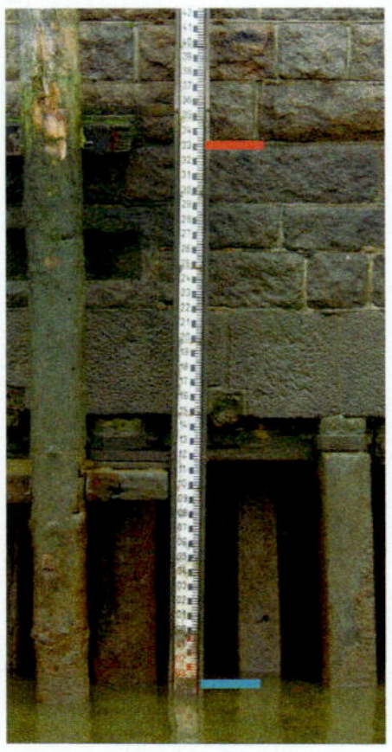

Pegel bei St. Pauli
— Ebbe — Flut

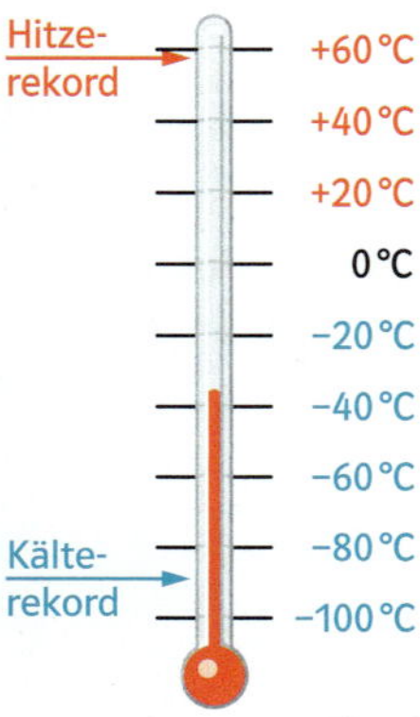

Fig. 1

Die Höhe von Bergen wird auf Landkarten in Metern über dem Meeresspiegel, dem Normalnull, angegeben. Der Gipfel des Mt. Whitney liegt 4418 m über dem Normalnull, kurz 4418 m über NN. Es gibt jedoch auch Punkte auf der Erde, die unter Normalnull liegen. Im Tal des Todes befindet sich die tiefste Stelle Amerikas mit 86 m unter NN.
Auch bei Temperaturangaben können Werte über null und unter null auftreten. Der Kälterekord von Lufttemperaturen, die auf der Erde gemessen wurden, liegt bei 89,2 °C unter null (Wostok, Antarktis). Der Hitzerekord beträgt 57,8 °C über null (Libyen).

Für Temperaturangaben über null genügen die Zahlen, mit denen bis jetzt gearbeitet wurde. Zur Beschreibung von Tiefen, Temperaturen unter null oder Schulden gibt es andere Zahlen. Man nennt sie **negative Zahlen**. Man schreibt die Zahlen unter null mit einem Minuszeichen, z. B. −3, $-\frac{4}{5}$. Zur deutlichen Unterscheidung zwischen 3 und −3 schreibt man manchmal auch +3 und −3. Die Zeichen + und −, die man von der Addition und Subtraktion kennt, werden hier als **Vorzeichen** benutzt. Die Zahlen +3; $+\frac{4}{5}$; … nennt man **positive Zahlen**. Die Zahl **Null** ist weder positiv noch negativ. Sie wird daher ohne Vorzeichen geschrieben. Positive und negative Zahlen kann man veranschaulichen, wenn man den Zahlenstrahl mit den positiven Zahlen über null hinaus zu einer Zahlengeraden erweitert. Die negativen Zahlen liegen dann spiegelbildlich zu den positiven Zahlen links von der Null.

Die Zahlengerade

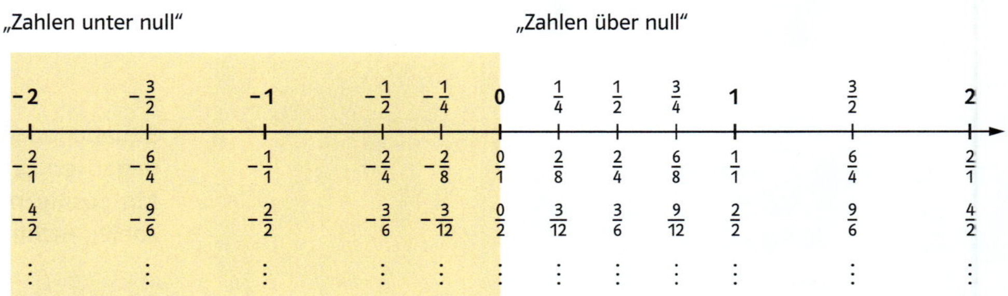

Negative Zahlen stehen links von 0.
Sie haben das Vorzeichen −.

Positive Zahlen stehen rechts von 0.
Sie werden ohne Vorzeichen geschrieben oder manchmal mit dem Vorzeichen +.

Fügt man zu den natürlichen Zahlen 0; 1; 2; 3; … die negativen Zahlen −1; −2; −3; … hinzu, so erhält man die **ganzen Zahlen**.
Fügt man zu den Bruchzahlen, wie etwa $\frac{4}{5}$; $\frac{8}{3}$; $4\frac{3}{8}$; 2,08; $100,\overline{3}$, die negativen Bruchzahlen $-\frac{4}{5}$; $-\frac{8}{3}$; $-4\frac{3}{8}$; −2,08; $-100,\overline{3}$; … hinzu, so erhält man die **rationalen Zahlen**.
Dabei ist bekannt, dass man die natürlichen Zahlen auch als Brüche darstellen kann. Damit sind die rationalen Zahlen alle bisher bekannten Zahlen.

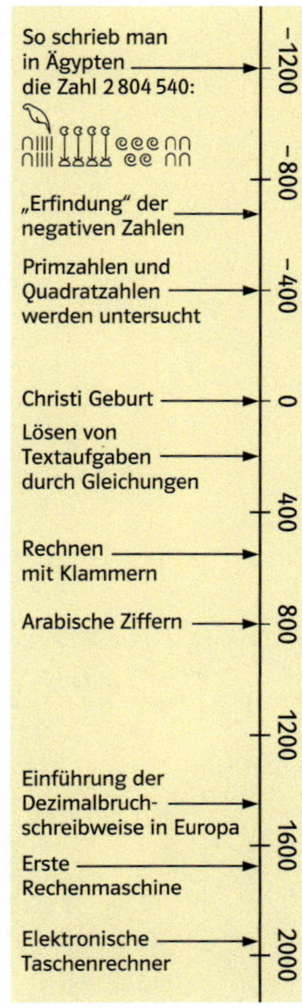

Beispiel
Paula trägt an einem Wintertag die gemessenen Temperaturen in eine Tabelle ein:

Uhrzeit	6.00	10.00	14.00	18.00	22.00	2.00
Temperatur (in °C)	6,5 unter null	3,0 unter null	5,3 über null	4,0 über null	2,5 über null	1,8 unter null

Zeichne die Skala eines Thermometers und trage darauf die Temperaturen ab. Benutze dazu die Vorzeichen. Lies verschiedene Informationen ab.
Lösung:
Wählt man 1cm für 1°C, so benötigt man eine etwa 14cm lange Strecke.

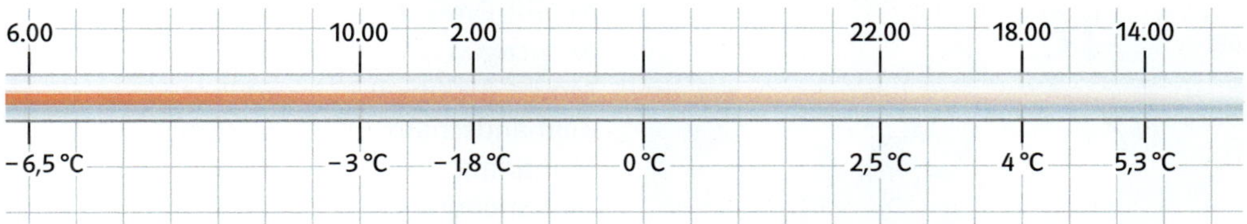

Auf der Skala erkennt man, dass 5,3 °C die höchste, −6,5 °C die niedrigste Temperatur war. Die Temperaturdifferenz betrug 11,8 °C. Die Temperatur steigt sehr stark zwischen 10.00 und 14.00 Uhr, nämlich um 8,3 °C. Möglicherweise hat hier die Sonne geschienen.

Aufgaben

1 Welche Zahlen sind auf der Zahlengeraden rot markiert?

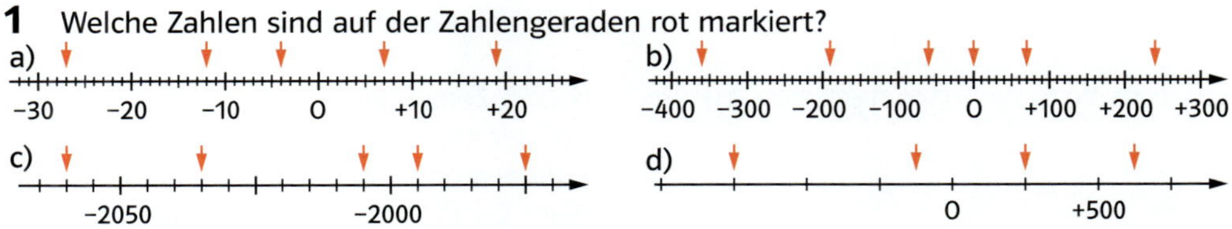

2 Den Buchstaben auf der Zahlengeraden von Fig. 1 ist je eine Bruchzahl zugeordnet. Gib diese als vollständig gekürzten Bruch an.

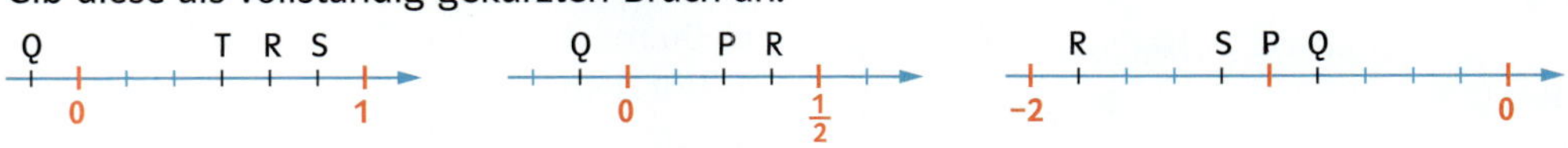

Fig. 1

3 Zeichne eine Zahlengerade, bei der das Teilstück zwischen −2 und +2 eine Länge von 16 cm hat und trage die Bruchzahlen ein.

a) $-\frac{1}{4}$; $-\frac{3}{8}$; $-\frac{5}{5}$; $\frac{6}{16}$; -1; $\frac{3}{8}$

b) −0,125; 0,5; $-\frac{5}{8}$; −0,625; $\frac{0}{4}$; $1\frac{3}{4}$

4 Wie hätte man in Fig. 2 die Beschriftung verändern können?

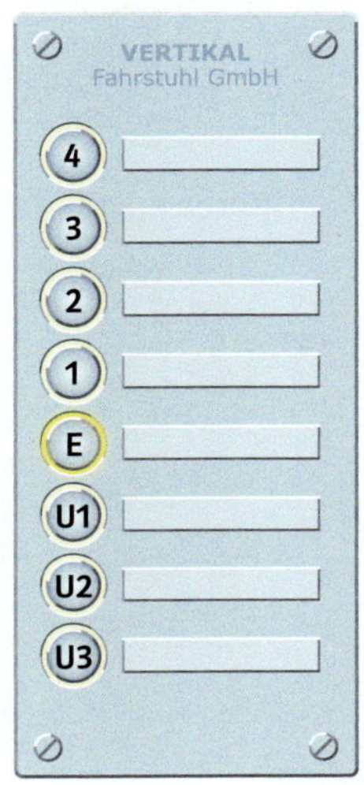

Fig. 2

5 Zeichne eine Zahlengerade in dein Heft und markiere darauf die folgenden Zahlen. Lege zuerst einen sinnvollen Maßstab fest.

a) 15; 35; 5; −25; −5; 15; −30

b) −1500; 3500; −2500; −500; 7500

c) $-\frac{1}{2}$; $-\frac{1}{3}$; $-\frac{3}{4}$; $-\frac{5}{6}$; $-\frac{11}{12}$; $\frac{5}{12}$

d) −3; 4; 2,5; $-2\frac{1}{2}$; $-\frac{6}{4}$; $\frac{7}{4}$; $-\frac{10}{4}$; $3\frac{1}{4}$

6 Welche Zahl liegt auf der Zahlengeraden in der Mitte von

a) 2 und 10,

b) −7 und −1,

c) −8 und 3,

d) −1 und $-\frac{1}{2}$?

7 Übertrage die Zahlengerade aus Fig. 1 in dein Heft. Die Strecke $\overline{AE}$ zwischen 0 und 1 soll 5 cm lang sein. Trage die Brüche $\frac{2}{5}$; $\frac{1}{4}$; $-\frac{1}{5}$; $\frac{8}{10}$; $-\frac{7}{10}$; $\frac{80}{100}$ ein.

Fig. 1

8 Lisa hat die Höhen einiger Berge und die Tiefen einiger Tiefseegräben aufgeschrieben.

Mount Everest	8850 m
Aconcagua	6958 m
Mount McKinley	6195 m
Kilimandscharo	5895 m
Montblanc	4807 m
Marianengraben	11 034 m
Puerto-Rico-Graben	9219 m
Sundagraben	7500 m

a) Sie möchte die Namen auf der Weltkarte eintragen. Wie muss sie die Nummern beschriften?

b) Anschließend trägt sie die Berge und Tiefseegräben auf einer gemeinsamen Skala ein. Worauf muss sie dabei achten? Lege selbst eine solche Skala an.

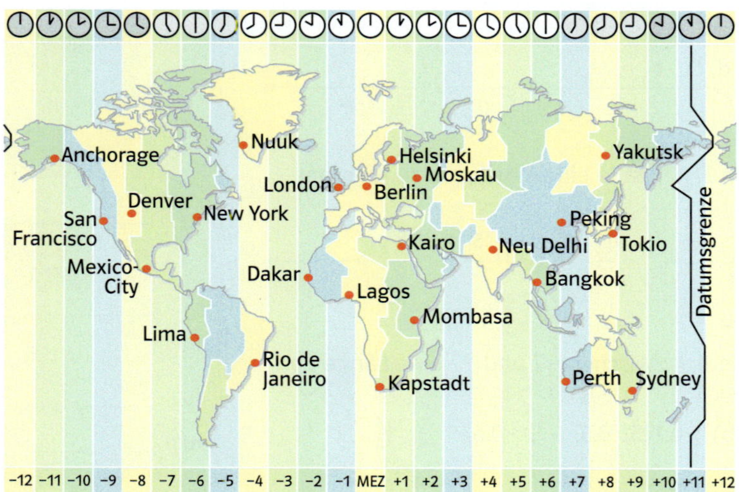

9 **Zeitzonen**

Auf der Karte kann man die Zeitzonen der Erde erkennen. Alle Orte, die innerhalb einer Zeitzone liegen, haben dieselbe Uhrzeit.

a) Suche Städte in verschiedenen Kontinenten, die in derselben Zeitzone liegen.

b) Du möchtest von Deutschland aus um 13 Uhr deine Freundin in San Francisco anrufen. Wird sie durch den Anruf aus dem Schlaf geweckt?

c) Jan ruft vom Ausland in Deutschland an. Hier ist Montag. Jan behauptet, bei ihm sei Sonntag. Kann das sein?

d) Denke dir Aufgaben für deine Mitschülerinnen und Mitschüler aus.

Aufgaben

1 Ergänze die fehlenden Angaben.

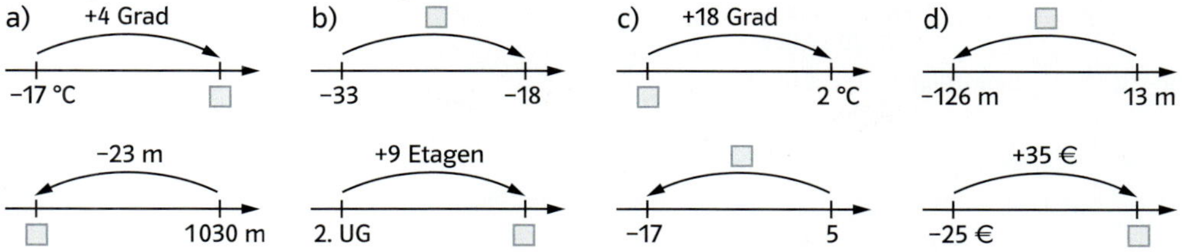

2 a) In der Nacht sank die Temperatur um 5 Grad auf −17 °C.
b) Das Guthaben von 325 € nahm um 96 € zu.
c) Der Wasserspiegel stieg von −3,65 m auf 1,26 m an.

3 Das Konto von Frau Schmid weist ein Guthaben von 235 € auf. Nach der Bezahlung einer Rechnung hat sie Schulden in Höhe von 478 €.
a) In welcher Höhe war die Rechnung ausgestellt?
b) Wie viel Euro kann Frau Schmid noch abheben, wenn sie ihr Konto bis zu einem Betrag von höchstens 2400 € überziehen darf?

4 Timo fährt gerne mit dem Fahrstuhl. Er steigt im Erdgeschoss eines Hochhauses ein und fährt 14 Stockwerke hinauf, dann 17 Stockwerke nach unten und anschließend nochmals 23 Etagen nach oben. Wie müsste sich der Fahrstuhl nach dieser Fahrt weiterbewegen, damit Timo im 2. Untergeschoss ankommt?

5 a) Isabell wirft eine Flasche Cola mit $\frac{1}{3}$ Liter Inhalt um, sodass die Hälfte ausläuft.
b) Jakob hat eine $\frac{3}{4}$-l-Flasche Apfelsaft und möchte jedem seiner vier Freunde $\frac{1}{5}$ Liter geben.

Bist du sicher?

1 Die niedrigste Temperatur, die eine Pflanze überstehen kann, nennt man Frostresistenz.
a) Die Frostresistenz der Alpenrose beträgt im Januar −29 °C. Im Juni ist sie 25 Grad höher. Welche Temperaturen übersteht die Alpenrose im Juni ohne Schädigung?
b) Die Latschenkiefer verträgt im Januar −43 °C, im Juli −7 °C.
Um wie viel steigt die Frostresistenz des Baumes von Januar bis Juli an?

6 Die Lufttemperatur nimmt bei einem Anstieg von 200 m durchschnittlich um 1 Grad ab.
Eine Skifahrerin startet mit ihrer Skitour in Gaschurn. Das Thermometer zeigt dort 2,5 °C an.
a) Mit welcher Temperatur muss die Skifahrerin am Schwarzköpfle rechnen?
b) Lies auf der Karte verschiedene Orte der Skiregion ab, an denen voraussichtlich die Null-Grad-Grenze erreicht wird.

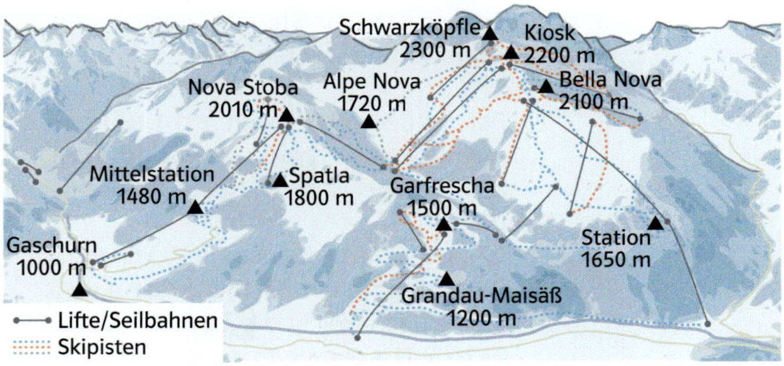

4 Addieren und Subtrahieren einer positiven Zahl

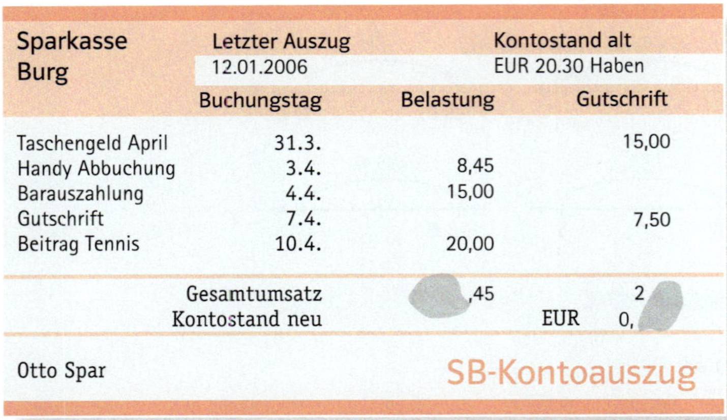

Sparkasse Burg	Letzter Auszug 12.01.2006		Kontostand alt EUR 20.30 Haben
	Buchungstag	Belastung	Gutschrift
Taschengeld April	31.3.		15,00
Handy Abbuchung	3.4.	8,45	
Barauszahlung	4.4.	15,00	
Gutschrift	7.4.		7,50
Beitrag Tennis	10.4.	20,00	
	Gesamtumsatz	,45	2
	Kontostand neu		EUR 0,
Otto Spar			SB-Kontoauszug

Im Alltag muss man rationale Zahlen addieren und subtrahieren können.

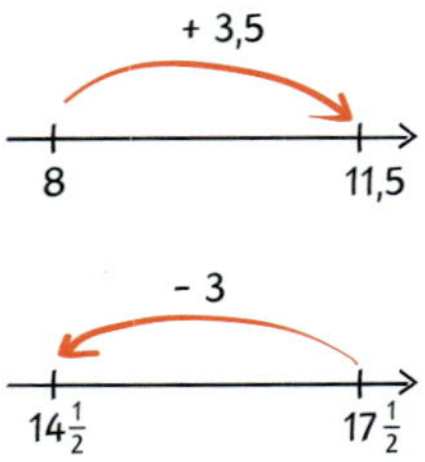

Fig. 1

Additions- und Subtraktionsaufgaben kann man auf der Zahlengeraden veranschaulichen.
Bei der **Addition** $8 + 3{,}5$ nimmt die Startzahl 8 um 3,5 zu.
Auf der Zahlengeraden bewegt man sich von 8 aus um 3,5 Schritte nach **rechts**.
Bei der **Subtraktion** $17\frac{1}{2} - 3$ nimmt die Startzahl $17\frac{1}{2}$ um 3 ab.
Auf der Zahlengeraden bewegt man sich von $17\frac{1}{2}$ aus um 3 Schritte nach **links**.
Dieses Vorgehen soll auch auf Fälle wie $-7 + 3$ und $1 - 3$ übertragen werden.

Addieren einer **positiven Zahl**:
Gehe auf der Zahlengeraden nach **rechts**.

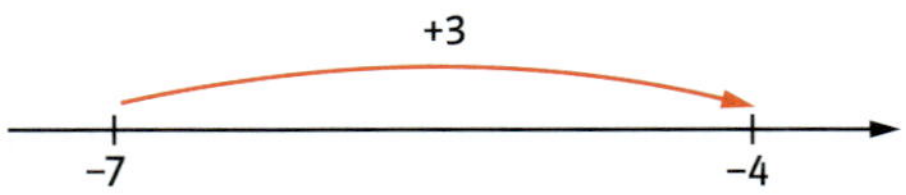

$-7 + 3 = -4$

Subtrahieren einer **positiven Zahl**:
Gehe auf der Zahlengeraden nach **links**.

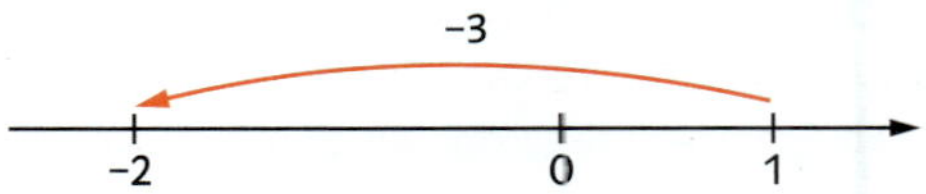

$1 - 3 = -2$

Zu den bisher bekannten Fällen kommen zwei neue Situationen hinzu:
Erstens kann die Startzahl negativ sein und zweitens kann beim Rechnen die Zahl Null überschritten werden.

Bei der Berechnung von $-11 + 6$ bewegt man sich von -11 aus um 6 Schritte nach rechts. Dabei wird die Null nicht überschritten.
Das Ergebnis liegt somit links von 0.
Von -11 aus geht man 6 Schritte nach rechts und erreicht die Zahl -5.
Es ist $-11 + 6 = -5$.

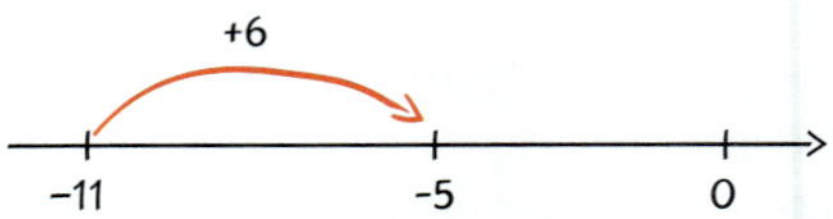

Fig. 2

Bei der Berechnung von $-4 + 6$ bewegt man sich von -4 aus ebenfalls um 6 Schritte nach rechts. Dabei wird die Null überschritten. Das Ergebnis liegt rechts von 0. Von -4 aus erreicht man nach 4 Schritten die 0. Von 0 muss man noch 2 Schritte bis 2 gehen.
Es ist $-4 + 6 = 2$.

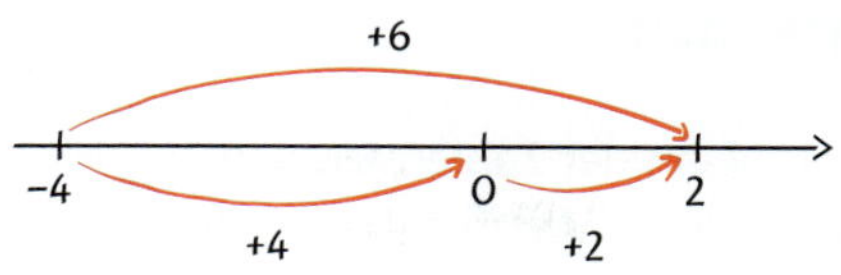

Fig. 1

Auch bei Subtraktionsaufgaben muss man zuerst überlegen, ob die Zahl Null überschritten wird, bevor man rechnet.
Bei der Aufgabe $15 - 21$ geht man von 15 aus um 21 Schritte nach links, also von 0 noch 6 Schritte weiter nach links. Daher ist $15 - 21 = -6$.
$-7 - 21 = -28$, da man von -7 aus noch weitere 21 Schritte nach links geht.

Treten bei Additions- und Subtraktionsaufgaben negative Brüche auf, so geht man vor wie beim Rechnen mit ganzen Zahlen.
Bei der Addition $-\frac{2}{3} + \frac{7}{3}$ nimmt die Startzahl $-\frac{2}{3}$ um $\frac{7}{3}$ zu.
Auf der Zahlengeraden bewegt man sich von $-\frac{2}{3}$ um 7 Mal $\frac{1}{3}$ nach rechts.
Dabei rechnet man
$-\frac{2}{3} + \frac{7}{3} = \frac{5}{3}$.

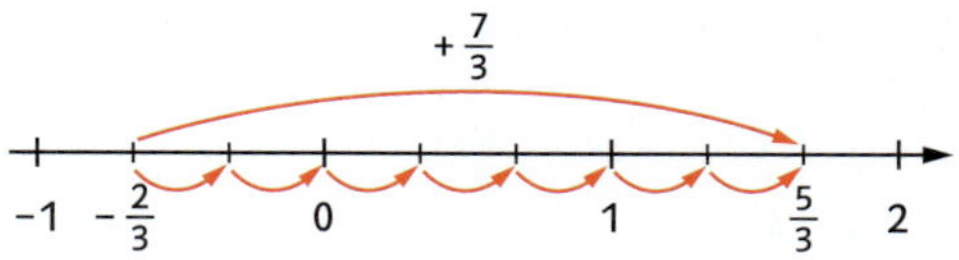

Fig. 2

Entsprechend geht man bei der Subtraktion $\frac{4}{3} - \frac{5}{3}$ auf der Zahlengeraden von $\frac{4}{3}$ um 5 Mal $\frac{1}{3}$ nach links.
Dabei rechnet man
$\frac{4}{3} - \frac{5}{3} = -\frac{1}{3}$.

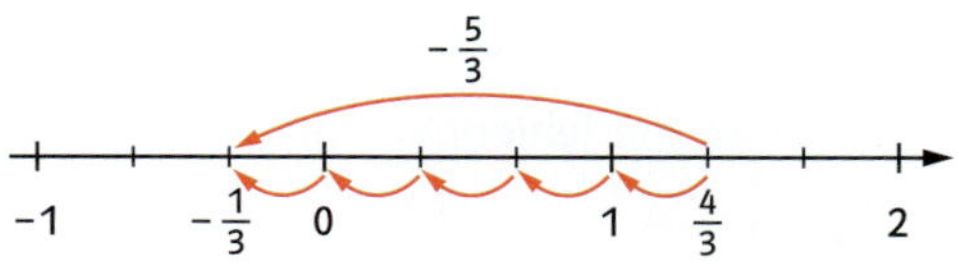

Fig. 3

Beispiel
Veranschauliche die Aufgabe an der Zahlengeraden und löse sie.

a) $-17 + 19{,}5$　　b) $-\frac{1}{2} - \frac{3}{4}$　　c) $1 - \frac{9}{4}$

Lösung:

a)
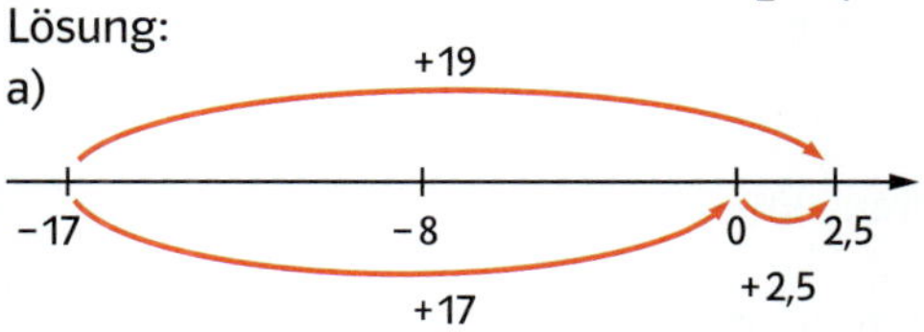

Die Null wird überschritten. Das Ergebnis ist daher positiv. Man geht von −17 aus 17 Schritte nach rechts bis 0 und dann noch 2,5 weitere Schritte nach rechts bis zu 2,5.
$-17 + 19{,}5 = 2{,}5$

b)
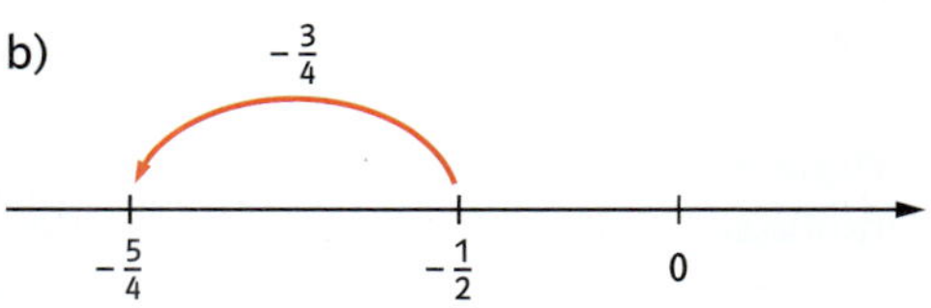

Die Null wird nicht überschritten. Das Ergebnis ist daher negativ. Von $-\frac{1}{2}$ geht man 3 Mal $\frac{1}{4}$ Schritte nach links bis zu $-\frac{5}{4}$.
$-\frac{1}{2} - \frac{3}{4} = -\frac{5}{4}$

c)
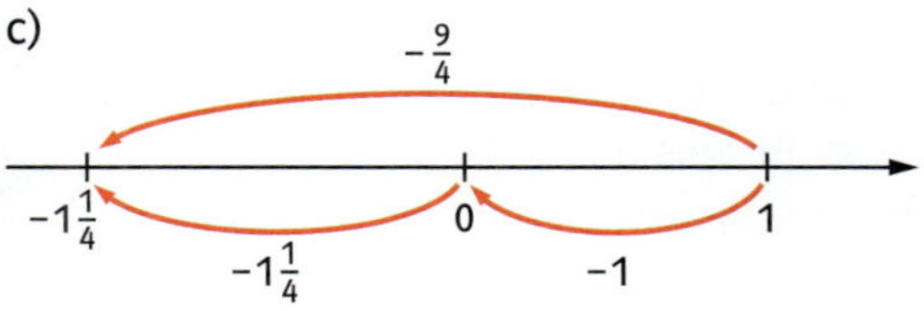

Die Null wird überschritten. Das Ergebnis ist daher negativ. Man geht von 1 aus 1 Schritt nach links bis 0, von dort aus weitere $\frac{5}{4}$ Schritte nach links bis zu $-1\frac{1}{4}$.
$1 - \frac{9}{4} = -\frac{5}{4}$

Aufgaben

1 Löse an der Zahlengeraden.

a) $10 - 18$ b) $-9 + 17$ c) $-3 + 10$ d) $-0{,}3 - 1$ e) $\frac{8}{10} - \frac{17}{10}$ f) $\frac{9}{10} - 0{,}9$

2 Entscheide, ob das Ergebnis positiv oder negativ ist.

a)	b)	c)	d)	e)
$-2 - 43$	$-19 + 18$	$-0{,}1 - 0{,}9$	$-1{,}7 + 2{,}3$	$1 - \frac{3}{7}$
$-9 + 8$	$-112 + 117$	$0{,}9 - 1$	$-1{,}77 + 1{,}78$	$\frac{13}{5} - 3$
$-10 + 19$	$225 - 228$	$0{,}1 - 0{,}9$	$1{,}234 - 1{,}236$	$-4 + 4\frac{1}{6}$

3 Übertrage die Tabelle ins Heft und fülle sie aus.

a)

STARTZAHL	+	15	96	28
	−7			
	18			
	−69			

b)

STARTZAHL	−	113	95	
	−13			
			−28	
	99			−79

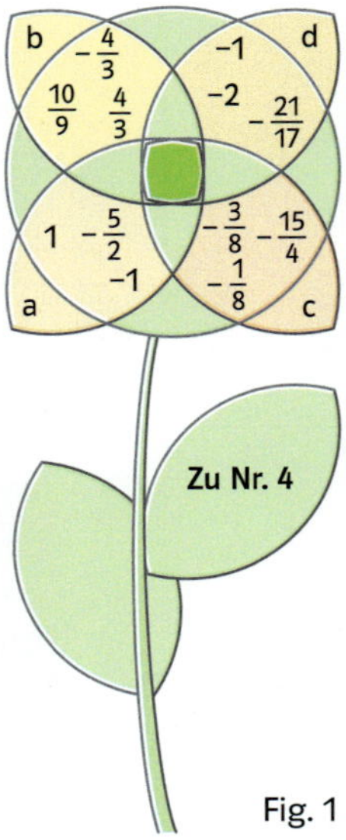

Fig. 1

4 Berechne im Kopf und gib das Ergebnis als vollständig gekürzten Bruch an.

a)	b)	c)	d)
$\frac{3}{4} - \frac{7}{4}$	$\frac{1}{9} + \frac{11}{9}$	$-\frac{11}{8} - \frac{19}{8}$	$\frac{4}{17} - \frac{21}{17}$
$-\frac{3}{4} - \frac{7}{4}$	$-\frac{1}{9} + \frac{11}{9}$	$-\frac{8}{8} + \frac{5}{8}$	$-\frac{0}{17} - \frac{21}{17}$
$-\frac{3}{4} + \frac{7}{4}$	$-\frac{1}{9} - \frac{11}{9}$	$1\frac{1}{8} - \frac{10}{8}$	$\frac{1}{17} - 2\frac{1}{17}$

5 Ergänze die fehlenden Zahlen.

a) $-\frac{5}{12} + \frac{1}{3} = \square$ b) $\frac{3}{7} - \frac{5}{21} = \square$ c) $\frac{4}{3} - \square = -\frac{1}{6}$ d) $\square + \frac{17}{10} = -\frac{13}{5}$

e) $-\frac{5}{8} - \square = \frac{1}{4}$ f) $\frac{1}{9} + \square = \frac{1}{3}$ g) $\frac{1}{7} - \frac{7}{1} = \square$ h) $\square - \frac{3}{5} = 0$

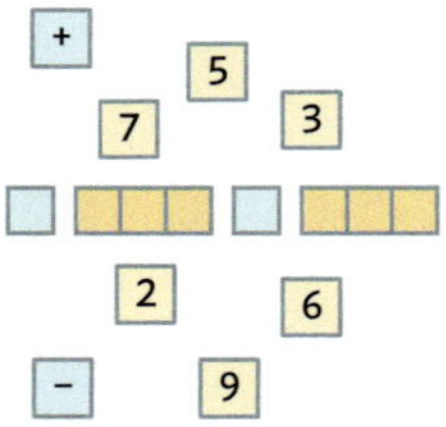

Fig. 2

6 Setze Vorzeichen, Rechenzeichen und Ziffern der Kärtchen (Fig. 2) so, dass das Ergebnis

a) möglichst groß wird, b) möglichst klein wird, c) möglichst nahe bei null liegt.

7 Schreibe zuerst einen Rechenausdruck und berechne anschließend.

a) Addiere zur Gegenzahl von 111 die Zahl 222.

b) Vergrößere $-\frac{5}{6}$ um $\frac{1}{3}$.

c) Welche Zahl muss man von −23,45 subtrahieren, um −25 zu erhalten?

8 a) Bilde fünf verschiedene Additionsaufgaben mit dem Ergebnis −13.

b) Bilde fünf verschiedene Subtraktionsaufgaben mit dem Ergebnis $-\frac{1}{2}$.

Fig. 3

9 Fährt man vom See Genezareth nach Nazareth hinauf, so muss man einen Höhenunterschied von 510 m überwinden. Welche geographische Höhe hat Nazareth? Betrachte hierzu die Karte in Fig. 3.

10 Im Pazifischen Ozean bei Neuseeland gibt es unter der Meeresoberfläche einen Berg, der 8690 m hoch ist. Wie weit liegt die Spitze dieses Berges unter der Meeresoberfläche, wenn der Meeresgrund in der Umgebung des Berges die geographische Höhe −9050 m hat? Fertige zunächst eine Skizze an.

5 Addieren und Subtrahieren einer negativen Zahl

Guthaben und Schulden – Ein Spiel für 2 bis 4 Personen
Jede Person erhält 20 Gutscheine und 20 Schuldscheine. Der Rest liegt griffbereit auf einem Stapel. Die Zahlenkarten werden gemischt und verdeckt in die Mitte gelegt.

Spielprotokoll Annika	Kontostand	Kontobewegung
1. Runde	0	− 5
2. Runde	−5	+ 1
3. Runde	−4	+ −7

Es wird reihum gespielt. Wer an der Reihe ist, wirft die Münze und deckt die obere Zahlkarte auf. Bei der Münze bedeutet + „nimm auf" und – „gib ab". Die Zahlenkarten mit positiven Zahlen geben die Anzahl der Gutscheine an, die negativen Zahlen geben die Anzahl der Schuldscheine an.

Das brauchst du:

- *Eine Münze mit den Rechenzeichen + und –.*
- *120 blaue Kärtchen als Gutscheine und 120 rote als Schuldscheine.*
- *42 Zahlenkarten mit allen Zahlen von −10 bis 10, je zweimal.*

[−] [−3] heißt: „Gib 3 Schuldscheine ab."

Eine Kopiervorlage mit Spielregeln findet man unter www.klett.de.

Additions- und Subtraktionsaufgaben wie z. B. $-3 + (-2)$ oder $-3 - (-2)$ können mit den bisherigen Kenntnissen noch nicht gelöst werden. Zahlenreihen liefern eine Idee, wie man dabei vorgehen kann.

Das ist bekannt:
$-3 + 2 = -1$
$-3 + 1 = -2$
$-3 + 0 = -3$
$-3 + (-1) = ?$
$-3 + (-2) = ?$
$-3 + (-3) = ?$

Man stellt fest:

Das Ergebnis nimmt stets um 1 ab, also:
$-3 + (-1) = -4$
$-3 + (-2) = -5$
$-3 + (-3) = -6$

Damit kann man nun auch diese Reihe fortsetzen:
$-3 - 1 = -4$
$-3 - 0 = -3$
$-3 - (-1) = ?$
$-3 - (-2) = ?$
$-3 - (-3) = ?$

Das Ergebnis nimmt stets um 1 zu, also:
$-3 - (-1) = -2$
$-3 - (-2) = -1$
$-3 - (-3) = 0$

+ und – können jetzt als Vorzeichen und als Rechenzeichen auftreten. Um dies nicht durcheinander zu bringen, setzt man Klammern, wenn zwei Zeichen aufeinander folgen.

Diese Reihe zeigt, wie man eine **negative Zahl addieren** kann.
Auf der Zahlengeraden geht man dabei nach **links**.

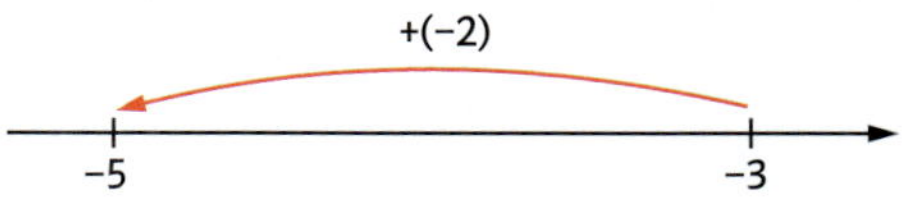

Diese Reihe zeigt, wie man eine **negative Zahl subtrahieren** kann.
Auf der Zahlengeraden geht man dabei nach **rechts**.

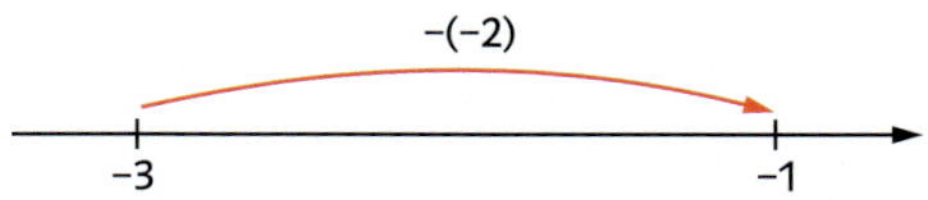

Vergleich mit der Subtraktion positiver Zahlen:

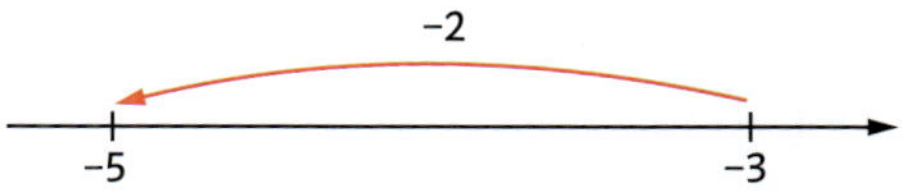

Vergleich mit der Addition positiver Zahlen:

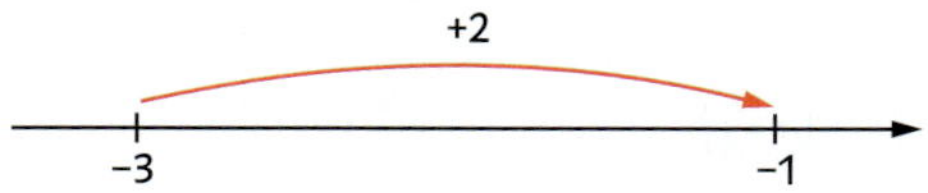

Das **Addieren** einer negativen Zahl ist dasselbe wie das **Subtrahieren** der **Gegenzahl**:
$-3 + (-2) = -3 - 2 = -5.$

Das **Subtrahieren** einer negativen Zahl ist dasselbe wie das **Addieren** der **Gegenzahl**:
$-3 - (-2) = -3 + 2 = -1.$

Beachte:

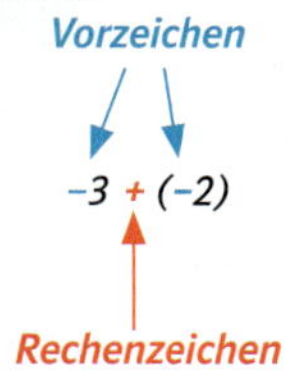

Beispiel

Berechne. a) $-11 + (-8)$ b) $2 - \left(-\frac{2}{3}\right)$ c) $-2{,}1 - (-1{,}1)$

Lösung:

a) $-11 + (-8) = -11 - 8 = -19$ b) $2 - \left(-\frac{2}{3}\right) = 2 + \frac{2}{3} = \frac{8}{3}$ c) $-2{,}1 - (-1{,}1) = -2{,}1 + 1{,}1 = -1$

Aufgaben

1 Ergänze die fehlenden Angaben. Vergiss die Pfeilspitzen nicht.

a)

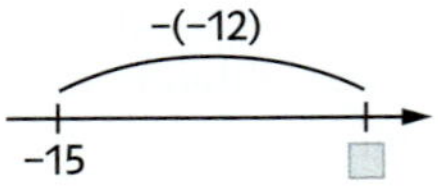

b)

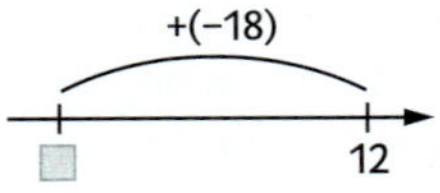

c)

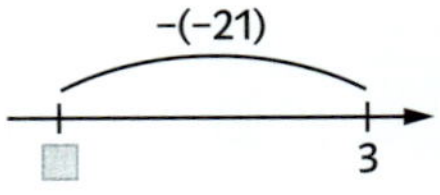

d)

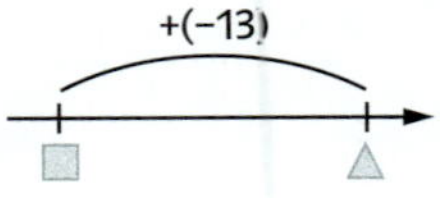

2 Entscheide, ob das Ergebnis positiv oder negativ ist.

a) $-20 - (-10)$; $-75 + (-72)$; $69 - (-96)$
b) $-9 - (-10)$; $155 - (-156)$; $1011 + (-1012)$
c) $-10 - (-9)$; $-59 + (-58)$; $26 - (-25)$
d) $24 + (-3)$; $59 - (-63)$; $-63 + (-60)$
e) $20 - (-20)$; $-20 + (-20)$; $-20 - (-20)$

3 Berechne im Kopf.

a) $10 + (-12)$ b) $-0{,}4 - (-0{,}6)$ c) $-1 - \left(-\frac{4}{5}\right)$ d) $0{,}1 + \left(-\frac{3}{10}\right)$ e) $8 - (-4{,}5)$

4
a) $-14 + (-20)$; $-19 - (-37)$; $+17 + (-28)$
b) $-2{,}3 + (-1{,}6)$; $-2{,}6 - (-2{,}0)$; $-5{,}4 - (-5{,}4)$
c) $0{,}18 - (-0{,}21)$; $0{,}59 + (-0{,}63)$; $-0{,}39 - (-1)$
d) $-\frac{31}{5} + \left(-\frac{19}{5}\right)$; $-\frac{1}{2} - \left(-\frac{1}{4}\right)$; $\frac{1}{3} + \left(-\frac{4}{3}\right)$
e) $4 + \left(-3\frac{1}{3}\right)$; $4 - \left(-3\frac{1}{3}\right)$; $-4 - \left(-3\frac{1}{3}\right)$

5 Flipp, der Zahlenfloh, springt auf der Zahlengeraden. Nenne jeweils fünf Landeplätze.

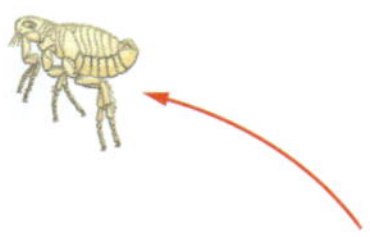

a)

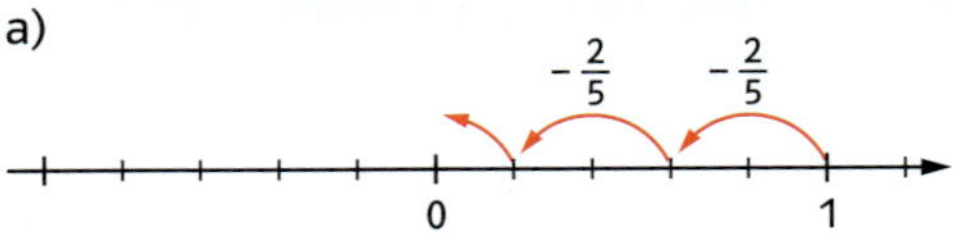

b)

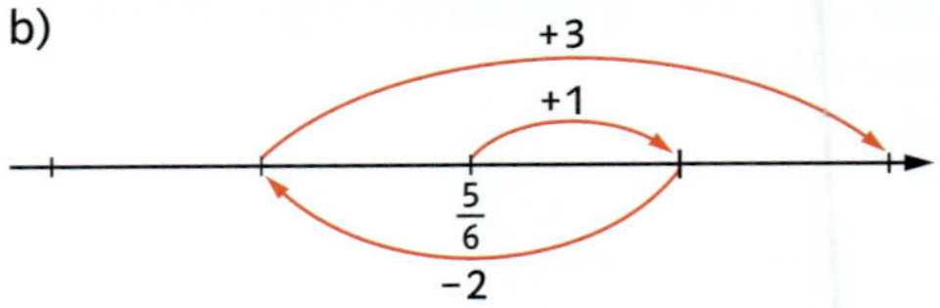

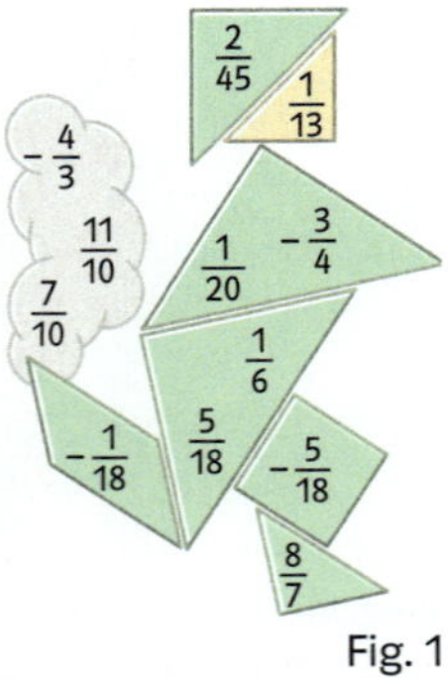

Fig. 1

6 Vereinfache die Schreibweise und berechne. Die Lösungen findest du in Fig. 1.

a) $\frac{4}{45} + \left(-\frac{4}{90}\right)$; $-\frac{1}{6} - \left(-\frac{1}{3}\right)$; $-\frac{11}{18} + \left(-\frac{5}{36}\right)$
b) $-\frac{3}{4} - \left(-\frac{4}{5}\right)$; $-\frac{5}{6} + \left(-\frac{1}{2}\right)$; $-\frac{0}{7} - \left(-\frac{1}{13}\right)$
c) $\frac{3}{5} - \left(-\frac{1}{2}\right)$; $-\frac{1}{5} + \left(-\frac{1}{2}\right)$; $1 - \left(-\frac{1}{7}\right)$
d) $-\frac{1}{6} + \left(-\frac{1}{9}\right)$; $-\frac{1}{6} - \left(-\frac{1}{9}\right)$; $\frac{1}{6} - \left(-\frac{1}{9}\right)$

7 Ergänze die fehlenden Angaben.

a) $17 + (-36) = \square$ b) $\square - (-36) = 19$ c) $-15 - \square = 19$ d) $\square - (-23) = \triangle$

8 a) Subtrahiere −35 von 224 und −69 von −196.
b) Welchen Abstand haben die Zahlen −27 und −59 auf der Zahlengeraden?
c) Welche Zahl muss man von −678 subtrahieren, um −522 zu erhalten?

9 3,5 ▢ 5,6 ▢ 2,1 ▢ 4,3

a) Setze + und – in die Kästchen. Wie viele Möglichkeiten gibt es?
b) Welcher Rechenausdruck liefert das größte Ergebnis, welcher das kleinste? Berechne.
c) Welcher Rechenausdruck liefert ein Ergebnis, das möglichst nahe bei 0 liegt?

10 a) Untersuche, wie dein Taschenrechner mit ganzen Zahlen rechnet.
Berechne dazu −68 + 32; −68 − 32; 68 + (−32); −68 − (+32); −68 + (−32); +68 − 32.
Ergeben sich Probleme? Falls ja, wie kann man sie lösen? Besprich dich mit deinem Banknachbarn. Worauf musst du bei deinem Taschenrechner achten?
b) Schreibe eine Kurzanleitung zur richtigen Benutzung deines Taschenrechners.
c) Berechne: +2345 + (−1457); −567 + 1697; −2566 − 2656; 204 − (+56); 312 − (−208).

Wenn ihr unterschiedliche Taschenrechner benutzt, kann es vorkommen, dass sich eure Anleitungen unterscheiden.

Bist du sicher?

1 Berechne.
−23 − (−58); 35 + (−43); 15 − 27; −18 − 29; −13 − (−23); −48 + 80; 25 − 35; −89 − (−89)

2 Berechne schriftlich.
8255 − (−985); +697 + 857; −964 − 2656; 925 + (−546); −825 − (+695); −7899 + 1866

Die Summe aller Ergebnisse in beiden Aufgaben ist jeweils null.

11 Übertrage die Rechenmauer in dein Heft und ergänze sie. Über zwei Steinen steht
a) deren Summe,
b) deren Differenz.

12 a) Subtrahiere $\frac{17}{13}$ von 1.
b) Wie viel fehlt von $-\frac{27}{10}$ bis $\frac{4}{15}$?
c) Ergänze $-3\frac{5}{9}$ auf $2\frac{1}{3}$.
d) Addiere $-\frac{2}{17}$ zu $\frac{2}{17}$.
e) Ist die Differenz oder die Summe der Zahlen $-\frac{4}{9}$ und $-\frac{5}{9}$ größer?

13 Das Haus des Nikolaus
a) Das Haus des Nikolaus (Fig. 1) kann in einem Zug durchlaufen werden. Dabei wird jede Linie nur einmal benutzt. Versuche es! Findest du mehrere Möglichkeiten?
b) Addiere immer, wenn du an einem Kreis vorbeikommst, die jeweilige Zahl. Berücksichtige auch die Start- und Zielzahl. Was fällt auf, wenn du verschiedene Wege wählst? Begründe.

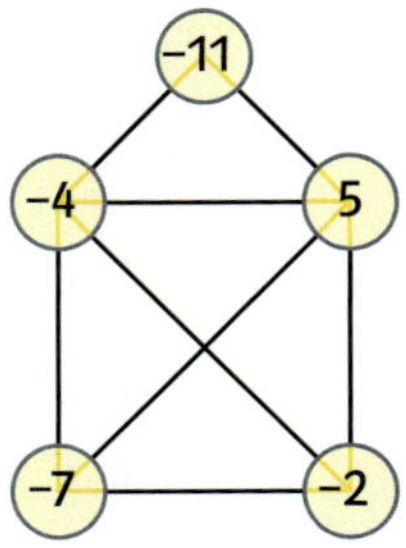

Fig. 1

Kannst du das noch?

14 Beim Orientierungslauf der 6. Klassen benötigten die einzelnen Gruppen folgende Zeiten:
70 min; 75 min; 70 min; 80 min; 65 min; 85 min; 80 min; 85 min; 75 min; 80 min; 90 min; 80 min; 85 min; 90 min; 80 min; 75 min; 85 min; 70 min.
Lege eine Häufigkeitstabelle an und zeichne ein Säulendiagramm. Welche Informationen lassen sich daraus entnehmen?

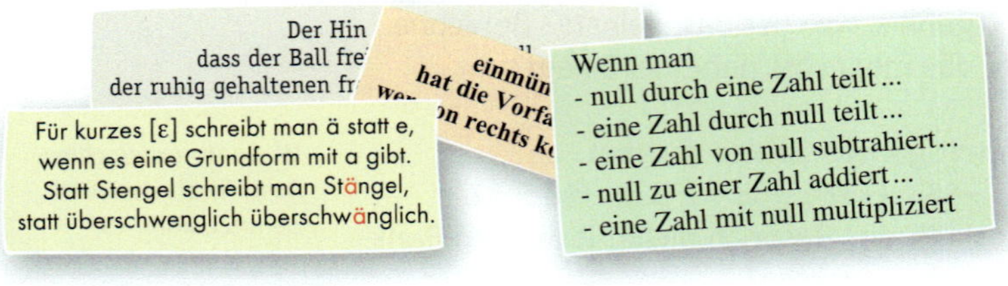

Regeln ordnen im Alltag z. B. das Zusammenleben, einen geordneten Spielverlauf, den reibungslosen Ablauf des Straßenverkehrs, die Verständigung zwischen Menschen.

Bei der Berechnung eines Rechenausdrucks mit ganzen oder rationalen Zahlen gelten die gleichen Regeln wie bei den natürlichen Zahlen. Ein Rechenausdruck wird auch als **Term** bezeichnet.

Enthält ein Term eine Klammer, so wird die **Klammer zuerst** berechnet:
17 − (26 + 13) = 17 − 39 = −22.

Enthält ein Term keine Klammer, so rechnet man **von links nach rechts**:
17 − 26 + 13 = −9 + 13 = 4.

Zur Erinnerung: *Statt 2 schreibt man manchmal auch +2.*

Manchmal kann man einen Term geschickter berechnen, wenn man die Reihenfolge der Rechenschritte vertauscht. Dabei muss man jedoch sehr sorgfältig arbeiten. Worauf man achten muss, kann man an einfachen Additions- und Subtraktionsaufgaben erkennen, die jeweils zum gleichen Ergebnis führen.
2 − 5 = +2 − 5 = −3 und −5 + 2 = −3 oder −8 + 3 = −5 und 3 − 8 = +3 − 8 = −5

Werden in einem Term mehrere Zahlen subtrahiert, so kann man möglicherweise geschickter rechnen, wenn man jeweils die Zahlen zusammenfasst, die subtrahiert werden.
Statt von links nach rechts zu rechnen:
17,4 − 8,5 − 1,5 = 8,9 − 1,5 = 7,4,
kann man auch so vorgehen:
17,4 − 8,5 − 1,5 = 17,4 − (8,5 + 1,5) = 17,4 − 10 = 7,4.

Will man bei einer Addition oder Subtraktion die Reihenfolge der **Zahlen vertauschen**, so muss man die **Plus- und Minuszeichen vor jeder Zahl mitnehmen**:
−13 + 12 = +12 − 13 oder +15 − 18 = −18 + 15.
Werden in einem Term **mehrere Zahlen subtrahiert**, so kann man diese zuerst **zusammenfassen**: 21,7 − 14,9 − 0,1 − 5 = 21,7 − (14,9 + 0,1 + 5).

Bei der Berechnung von Termen hat man damit oft **Rechenvorteile**.
So ist z. B. 17 − 26 + 13 = 17 + 13 − 26 = 30 − 26 = 4.

Beispiel 1
Berechne den Term.
a) (−17 + 28) − (95 − 108)
b) 3,5 − 0,25 − 7 − 0,75

Lösung:

Untereinander schreiben bringt hier Übersicht!

a) (−17 + 28) − (95 − 108)
= 11 − (−13)
= 11 + 13
= 24

b) 3,5 − 0,25 − 7 − 0,75
= 3,5 − (0,25 + 7 + 0,75)
= 3,5 − 8
= −4,5

Beispiel 2 Rechenvorteile nutzen

Fasse geschickt zusammen und berechne.

a) $65 - 157 + 35$ b) $5{,}3 - 13{,}4 + 12{,}7 - 1{,}6 - 2$ c) $-\frac{2}{7} - \frac{1}{4} + \frac{2}{7} - \frac{1}{2} - \frac{1}{4}$

Lösung:

a) $65 - 157 + 35 = (65 + 35) - 157 = 100 - 157 = -57$

b) $5{,}3 - 13{,}4 + 12{,}7 - 1{,}6 - 2 = (5{,}3 + 12{,}7) - (13{,}4 + 1{,}6 + 2) = 18 - 17 = 1$

c) $-\frac{2}{7} - \frac{1}{4} + \frac{2}{7} - \frac{1}{2} - \frac{1}{4} = \left(-\frac{2}{7} + \frac{2}{7}\right) - \left(\frac{1}{4} + \frac{1}{2} + \frac{1}{4}\right) = 0 - 1 = -1$

Das kannst du schnell im Kopf rechnen:

5 − 7 + 8	*−3 − 4 + 3*
−2 + 9 − 7	*−3 + 10 − 7*
8 − 5 − 6	*4 − 20 + 6*
−1 − 4 − 9	*−4 − 7 − 3*
−5 + 4 + 5	*−4 + 7 − 3*
−6 − 8 − 1	*−5 − 6 − 7*
6 − 8 − 1	*−5 − 6 + 7*
−8 + 6 − 1	*7 − 5 − 6*
8 − 6 + 1	*−7 + 5 + 6*

Aufgaben

1 Rechne im Kopf. Die Ergebnisse lauten 1; −1; 2 oder −2.

a) $17 - 26 + 8$; $25 - 26 + 2$ b) $-27 + 36 - 10$; $56 - 61 + 7$ c) $-13 + 27 - 12$; $-28 - 13 + 39$ d) $18 - 35 + 19 - 4$; $-13 + 19 - 16 + 12$

2 Berechne.

a) $-117 + 18 - 27$; $88 - 120 - 39$ b) $113 - 213 + 28 - 12$; $-48 + 68 - 22 + 13$ c) $-27 - 53 + 87 - 16$; $131 - 71 - 161 + 13$

d) $2{,}8 - (1{,}3 - 2{,}8)$; $2{,}8 - 1{,}3 - 2{,}8$ e) $-2{,}6 - (8{,}2 + 2{,}8)$; $-2{,}6 - 8{,}2 - 2{,}8$ f) $-4{,}2 + (8{,}3 - 4{,}2)$; $-4{,}2 + 8{,}3 - 4{,}2$

3 Fasse geschickt zusammen und rechne im Kopf.

a) $5{,}5 - 1{,}5 - 2{,}5 - 1$ b) $6{,}3 + 1{,}7 - 2{,}4 - 3{,}3$ c) $5{,}6 - 4{,}5 + 6{,}4 - 3{,}5$ d) $9 + 0{,}9 - 0{,}9 + 3{,}2$

e) $\frac{3}{4} - \frac{7}{4} - \frac{11}{4} - \frac{5}{4}$ f) $\frac{1}{7} + \frac{9}{7} - \frac{12}{7} - \frac{4}{7}$ g) $\frac{2}{9} - \frac{5}{9} + \frac{8}{9} - \frac{25}{9}$ h) $\frac{8}{3} - \frac{7}{6} + \frac{13}{3} + \frac{2}{3}$

4 Überlege, ob sich durch das Anwenden von Rechenregeln die Berechnung vereinfachen lässt. Berechne anschließend.

a) $34{,}5 - 23{,}2 - 6{,}8$ b) $25{,}9 - 35{,}9 + 17{,}1$ c) $-5{,}9 + 6{,}3 - 6{,}3 + 9$ d) $-5{,}9 + 6{,}3 - 6 + 9{,}7$

e) $\frac{12}{5} - \frac{9}{10} - \frac{11}{10} - \frac{2}{10}$ f) $\frac{7}{6} + \frac{7}{4} - \frac{11}{6} - \frac{5}{6}$ g) $\frac{7}{9} - \frac{13}{9} - \frac{11}{3}$ h) $\frac{1}{8} + \frac{3}{10} - \frac{5}{4}$

5 Von je zwei Aufgaben musst du nur eine rechnen. Welche wählst du?

a) $-3{,}6 + 25{,}8 + 3{,}6 - 1{,}2 - 25{,}8$; $3{,}6 + 25{,}8 + 3{,}6 - 1{,}2$ b) $\frac{1}{4} - \frac{8}{5} + \frac{17}{10} - \frac{3}{5}$; $\frac{1}{4} - 0{,}3 + \frac{3}{10} - 0{,}25$ c) $-0{,}5 + \frac{3}{4} + 10{,}38 - 0{,}75 + \frac{1}{2}$; $-0{,}5 + 2{,}83 + 10{,}38 - 0{,}75 + 2{,}9$

6 Welche Zahl musst du für das Kästchen einsetzen?

a) $4{,}25 + 3{,}75 + \square = 8{,}5$ b) $14{,}4 + 5{,}6 - \square = 5{,}2$ c) $2{,}9 + \square - 1{,}9 = 5$ d) $\square - \frac{1}{10} - \frac{7}{10} = \frac{3}{5}$

7 Schreibe zuerst als Term und berechne anschließend.

a) Addiere 4,6 zu der Differenz von 17,4 und 3,9.

b) Subtrahiere von −29,8 die Summe von 9,3 und 0,35.

c) Subtrahiere die Differenz der Zahlen 19,3 und 5,1 von deren Summe.

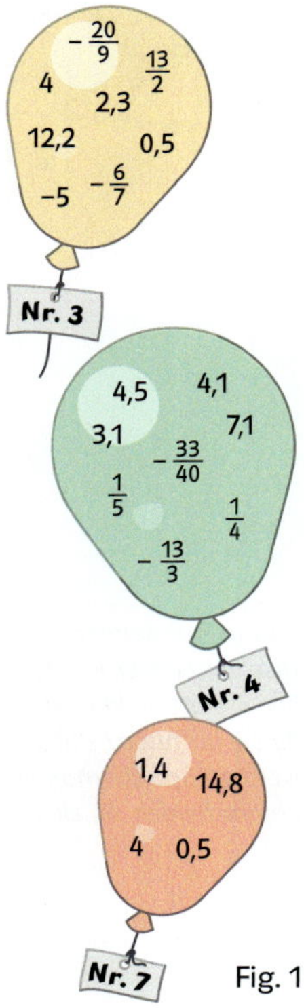

Fig. 1

8 Welcher Term beschreibt die kleinere Zahl? $\frac{7}{8}$ vermindert um die Differenz von 0,4 und $\frac{1}{4}$ oder die Summe aus $\frac{7}{8}$ und 0,25 vermindert um $\frac{2}{5}$.

9 100 g Buttermilch enthalten 3,3 g Eiweiß, 4,0 g Kohlenhydrate, 0,7 g Mineralstoffe und 0,5 g Fett. Der Rest ist Wasser. Stelle einen Term zur Berechnung der Wassermenge auf und rechne.

10 Auf das Konto von Herrn Reich werden zu Monatsbeginn 3125,43 € Gehalt überwiesen, zugleich werden aber 657,90 € als Monatsmiete abgebucht. Sein Kontostand beträgt nun 2421,72 €. Wie hoch war der Kontostand vor diesen beiden Buchungen?

Bei den Aufgaben 11, 13 und 14 kann ein Taschenrechner hilfreich sein.

11 Subtrahiere den Rechenausdruck der zweiten Zeile von dem der ersten Zeile.

a)	b)	c)	d)	e)
−237 + 358	8013 + 1112	9992 + 1125	−5891 − 2553	−2008 + 666
789 + 649	−6034 − 4967	−10 007 + 2988	2323 + 5115	2008 − 666

Bist du sicher?

Die Summe aller Lösungen in Aufgabe 1 ist 24.

110 −22 254 −30 18 −66 −2420

1 Berechne.
a) (−17 + 54) − 19 b) −23 − (−15 + 58) c) −33 + 55 + 88 d) −15 + 67 + 23 − 105

2 Schreibe einen Term. Berechne dann schriftlich.
a) Subtrahiere 1156 von der Summe der Zahlen 2619 und −3883.
b) Addiere die Differenz von 55 156 und 67 821 zur Differenz von −5976 und 3613.

2,99 € 14,98 € 7,99 € 4,97 €

Fig. 1

12 Tricks mit Köpfchen
a) Frau Nagel kauft gerne günstig ein. Als sie die Preise (Fig. 1) addieren will, ärgert sie sich über die Rechnerei. Ihre Tochter Simone hat das genaue Ergebnis sofort. Wie rechnet sie?
b) Rolf rechnet 87,581 − 0,999 schnell im Kopf. Wie geht er vor?
c) Findet selbst entsprechende Aufgaben, die man schnell im Kopf rechnen kann. Erfindet dazu ein Wettspiel!

13 Ein Wettspiel für die ganze Klasse
Durch Addieren und Subtrahieren der Zahlen auf den Kärtchen sollt ihr die Zahl 1 erreichen. Wer findet die meisten Möglichkeiten? AUF DIE PLÄTZE – FERTIG – LOS!

0,3 | 0,44 | 0,9 | −0,6 | 0,444 | $-\frac{1}{100}$ | $\frac{7}{10}$ | $\frac{2}{50}$ | 0,09 | $-\frac{1}{10}$ | 0,4

Fig. 1

Info

Beim Rechnen mit dem Taschenrechner ist es manchmal geschickt, Zwischenergebnisse einer langen Rechnung in einem Speicher abzulegen.

Ziele:	**Tipps:**
Eine Zahl wie 0,51 speichern.	0,51 eingeben, die Taste [STO ->] benutzen (eventuell den Speichernamen hinzufügen).
Den Speicherwert aufrufen.	Die Taste [RCL] benutzen.
Den Speicher löschen.	Die Taste heißt z. B. [CLRVAR].

Gibt es auf deinem Taschenrechner mehrere Speicher? Wie kannst du sie aufrufen? Durch welchen Speichernamen unterscheiden sie sich?

14 Überlege, wie du Speicher günstig einsetzen kannst, und berechne dann.

11,79	+ (−12,3)	=	☐
+ 3,051	+ 8,7	=	☐
+ (−3,2)	+ 128,05	=	☐
☐	+ ☐	=	☐

$\frac{3}{10}$	$+ \frac{5}{9}$	=	☐
$+ \frac{5}{6}$	$+ \left(-\frac{1}{12}\right)$	=	☐
$+ \left(-\frac{11}{15}\right)$	$+ \frac{7}{16}$	=	☐
☐	+ ☐	=	☐

7 Multiplizieren von rationalen Zahlen

Beim Treppenlauf in einem Hochhaus sind 345 Treppen mit einer Höhe von je 0,17 m zu überwinden.

Ein Pottwal kann je Sekunde 1,12 m tief tauchen. Er startet an der Meeresoberfläche und taucht 120 Sekunden. Er kann sogar 30 min lang nach unten tauchen.

Vom Rechnen mit natürlichen Zahlen weiß man bereits, wie man **zwei positive Zahlen multipliziert**. Es ist $2 \cdot 3 = 6$. Das Ergebnis ist wieder eine positive Zahl. Dabei kann man $2 \cdot 3$ oder $3 \cdot 2$ als Kurzschreibweise für $3 + 3$ oder für $2 + 2 + 2$ auffassen. Entsprechend kann man $2 \cdot (-3)$ als Summe schreiben.

Damit gilt: $-3 + (-3) = 2 \cdot (-3) = -6$

oder $-3 + (-3) = -3 \cdot 2 = -6$.

Das **Produkt einer positiven und einer negativen Zahl** ist somit negativ.

Nun ist noch offen, wie man zwei negative Zahlen multipliziert. Durch die Fortsetzung von bekannten Multiplikationen erhält man eine Zahlenreihe, die aufzeigt, wie man vorgeht.

$3 \cdot (-3) = -9$	Das Ergebnis nimmt bei den bekannten Rechnungen von Zeile zu
$2 \cdot (-3) = -6$	Zeile immer um 3 zu.
$1 \cdot (-3) = -3$	Die Reihe wird also sinnvoll fortgesetzt, wenn man für die
$0 \cdot (-3) = 0$	fehlenden Ergebnisse festlegt:
$-1 \cdot (-3) = \boxed{?}$	$-1 \cdot (-3) = 3$,
$-2 \cdot (-3) = \boxed{?}$	$-2 \cdot (-3) = 6$.

Das **Produkt zweier negativer Zahlen** ist somit positiv.

Beim Vergleich der verschiedenen Multiplikationen stellt man fest:

Multipliziert man zwei rationale Zahlen mit **gleichen Vorzeichen**,	$2 \cdot 3 = 6$
so ist ihr **Produkt positiv**.	$-2 \cdot (-3) = 6$
Multipliziert man zwei rationale Zahlen mit **verschiedenen Vorzeichen**,	$2 \cdot (-3) = -6$
so ist ihr **Produkt negativ**.	$-2 \cdot 3 = -6$

$+ \cdot + = +$
$- \cdot - = +$
$+ \cdot - = -$
$- \cdot + = -$

Beispiel

Berechne.

a) $(-1) \cdot 25$ b) $-2{,}8 \cdot (-1)$ c) $-\frac{3}{5} \cdot \frac{25}{27}$ d) $\left(-\frac{2}{3}\right)^2$

Es bleibt dabei:
Zahl mal null = null.

Lösung:

a) $(-1) \cdot 25 = -25$ *−25 ist die Gegenzahl von 25.*

b) $-2{,}8 \cdot (-1) = +2{,}8$ *Beim Multiplizieren mit −1 erhält man die Gegenzahl.*

c) $-\frac{3}{5} \cdot \frac{25}{27} = -\frac{3 \cdot 25}{5 \cdot 27} = -\frac{1 \cdot 5}{1 \cdot 9} = -\frac{5}{9}$ *Zuerst kürzen, dann ausmultiplizieren.*

d) $\left(-\frac{2}{3}\right)^2 = \left(-\frac{2}{3}\right) \cdot \left(-\frac{2}{3}\right) = \frac{2 \cdot 2}{3 \cdot 3} = \frac{4}{9}$ *„Hoch 2" heißt Quadrieren.*

Manche Produkte haben „bequeme Faktoren“. Da brauchst du keinen Taschenrechner!

0 · 4875
7145 · (−1)
2478 · 1
−1000 · 9687
100 · 2987
−123 · 0

Suche noch weitere „bequeme Faktoren“.

Die Lösung von Aufgabe 3 „liegt“ im Mittelmeer.

−13,65 Z	*0,33 I*
9,375 L	*48,6 S*
−0,7296 I	*107,1 N*
12,6 E	*−0,0012 I*

Aufgaben

1 Berechne im Kopf.

a) 12 · (−7) ; −13 · (−7)
b) −18 · 9 ; −13 · (−20)
c) 8 · (−13) ; 66 · (−100)
d) 15 · (−3) ; 13 · 5
e) −9 · (−20) ; −9 · 200

2
a) 0,01 · (−7) ; (−7) · (−0,01) ; 0,7 · 0,1
b) 0,03 · 5 ; 3 · 0,05 ; −0,3 · 0,5
c) 8 · (−0,04) ; 0,08 · (−4) ; −0,8 · (−0,4)
d) 0,2 · 0,3 ; (−0,02) · (−3) ; 0,03 · 0,2
e) 0,12 · 0,4 ; 0,04 · 1,2 ; 0,012 · 0,04

3 Berechne schriftlich.

a) 10,8 · 4,5 ; 1,32 · 0,25
b) −3,25 · 4,2 ; −1,52 · 0,48
c) 0,75 · 12,5 ; 0,02 · (−0,06)
d) −5,6 · (−2,25) ; 25,2 · 4,25

4 Überschlage zunächst und überprüfe dann durch eine schriftliche Rechnung.

a) 27,86 · 7 b) −7,843 · 192 c) −71,48 · (−0,942) d) 64,3 · 0,06 e) −0,063 · 0,085

5 Schreibe die Zahl auf verschiedene Arten als Produkt mit zwei Faktoren.

a) 30 b) −24 c) 56 d) −42 e) −60

6 Bringe die Ergebnisse mit den zugehörigen Buchstaben an die richtige Stelle der Tabelle. Das Geheimnis errätst du, wenn du Zeile für Zeile liest.

a)

·	−25	50	−75	100
20	N/−1750	E/875	D/−2750	I/1875
−35	Z/5625	P/−5500	F/−500	I/2000
−55	E/1000	E/−7500	I/−3500	S/4125
−75	N/1375	R/−1500	T/−3750	S/2625

b)

·	18	−27	15	−81
−17	C/−1863	H/−2646	I/459	N/−7938
98	P/−306	T/1470	H/1035	G/1377
69	A/−450	E/1764	S/−375	E/2025
−25	H/−5589	A/1242	U/675	T/−255

7 Ergänze die fehlenden Zahlen.

a) □ · (−5) = 55 b) −12 · □ = −36 c) 8 · □ = △ d) □ · △ = −32

Bist du sicher?

Das Produkt aller „Kästchen“ ist 651744000.

1 Was steht im Kästchen?

a) Berechne: −4 · 25 = □; □ · 17 = −85; −51 · □ = 102.
b) Berechne schriftlich: −36 · (−146) = □; □ · 46 = −5704.

8 a) Bestimme nur das Vorzeichen.
b) Berechne das Produkt. Wer kann's am schnellsten?

START: −2 → · (−2) → · 2 → · (−1) → · 10 → · (−2) → · (−10) → · (−1) · (−1) → · 1 → ZIEL ?

9 Berechne.

a) 10 · (−10) · (−10) · (−10)
b) −0,1 · 0,01 · (−0,001) · 0,0001
c) $\frac{1}{10} \cdot \left(-\frac{1}{100}\right) \cdot \frac{1}{10} \cdot \left(-\frac{1}{100}\right) \cdot \frac{1}{10} \cdot \left(-\frac{1}{100}\right)$

8 Dividieren von rationalen Zahlen

mit dem
inanziert
hnungen
nt vorbe-
egonnen
war, aus-
zwischen
5 Prozent
er Wirt-
eben: Die
tärker zu

SCHULDEN SCHULDEN SCHULDEN

Nach den neuesten Berechnungen ist der Schuldenberg der Bundesrepublik Deutschland auf über 1 200 000 000 000 € angewachsen. Der Staats-

In Brü
doch a
um d
Inform
legen.
Ange
gewus
einze
ganz c
erteilt
wird

Sandra erschrickt:
„Deutschland hat ca. 80 Millionen Einwohner. Oh je – da hab ich ja einen schönen Schuldenberg!“

Vom Rechnen mit positiven Zahlen weiß man, dass zur Multiplikationsaufgabe
$4 \cdot 6 = 24$ die Divisionsaufgaben $24:6 = 4$ bzw. $24:4 = 6$ gehören.
Dieser Zusammenhang wird auf das Rechnen mit rationalen Zahlen übertragen.
Damit erhält man aus der Multiplikationsaufgabe $-4 \cdot 6 = -24$
die Divisionsaufgaben $-24:6 = -4$ bzw. $-24:(-4) = 6$.
Entsprechend folgt aus
$-4 \cdot (-6) = 24$, dass $24:(-4) = -6$ bzw. $24:(-6) = -4$ ist.
Andererseits ist vom Bruchrechnen bekannt, dass z. B. $24 : 6$ den Bruch $\frac{24}{6}$ ergibt.
Dies soll auch für ganze Zahlen gelten. Damit ist $(-24) : 6 = \frac{-24}{6}$ und $24 : (-6) = \frac{24}{-6}$. Da sich bei beiden Divisionen -4 ergibt, muss also gelten $\frac{-24}{6} = \frac{24}{-6} = -\frac{24}{6}$.
Zusammenfassend ergibt sich:

Dividiert man zwei rationale Zahlen mit **gleichem Vorzeichen**,	$24 : 6 = \frac{24}{6} = 4$
so ist ihr **Quotient positiv**.	$-24 : (-6) = \frac{-24}{-6} = 4$
Dividiert man zwei rationale Zahlen mit **verschiedenem Vorzeichen**,	$24 : (-6) = \frac{24}{-6} = -4$
so ist ihr **Quotient negativ**.	$-24 : 6 = \frac{-24}{6} = -4$

$+ : + = +$
$- : - = +$
$+ : - = -$
$- : + = -$

Beim Rechnen mit null muss man achtsam sein. Wie beim Rechnen mit natürlichen Zahlen gilt auch hier, dass z. B. $0 : (-8) = 0$ ist, aber $-8 : 0$ nicht berechnet werden kann.

Beispiel
Berechne. a) $-63 : (-9)$ b) $-10 : \frac{1}{2}$ c) $-2 : (-4)$
Lösung:
a) $-63 : (-9) = 7$ b) $-10 : \frac{1}{2} = -10 \cdot 2 = -20$ c) $-2 : (-4) = \frac{-2}{-4} = \frac{2}{4} = \frac{1}{2}$

Aufgaben

1 Berechne im Kopf.

a)	b)	c)	d)	e)
$35:(-7)$	$-78:(-13)$	$130:(-13)$	$-75:15$	$-64:(-16)$
$-77:(-7)$	$88:22$	$-110:10$	$75:(-15)$	$125:(-25)$
$81:9$	$-60:15$	$-220:(-20)$	$0:15$	$-270:90$

2 Berechne im Kopf.

a) 25 : (−50) b) −12 : (−36) c) −20 : 15 d) 45 : (−30) e) −25 : (−100)
−1 : 1 −1 : (−1) 0 : (−20) 23 : (−1) −1 : 23

Es gibt „bequeme Divisionen". Da brauchst du keinen Taschenrechner!

0 : 4875
−3 : (−3)
5 : 1
7 : (−7)
125 : (−1)
−13 : 13

Suche noch weitere „bequeme Divisionen".

3 Übertrage die Tabelle in dein Heft und ergänze sie.

a)

:	−2	4	−8
32			
−64			
−88			

b)

:	2	−3	6
12			
−30			
−72			

4 Schreibe die Zahl auf verschiedene Arten als Quotient.

a) 6 b) −8 c) 50 d) 0 e) −1

5 Schreibe die Aufgabe als Divisionsaufgabe und fülle die Kästchen passend aus.

a) □ · (−5) = −75 b) □ · 12 = −216 c) −35 · □ = 140 d) □ · 16 = −48 e) □ · △ = −48

6 Gib drei Divisionsaufgaben an, die als Ergebnis die angegebene rationale Zahl haben.

a) $\frac{3}{4}$ b) $-\frac{3}{4}$ c) $\frac{1}{12}$

7 Bei welchen Brüchen handelt es sich um dieselbe rationale Zahl?

a) $\frac{4}{5}$; $\frac{12}{15}$ b) $\frac{20}{5}$; $\frac{-4}{-1}$ c) $-\frac{3}{2}$; $-\frac{2}{3}$ d) $-\frac{14}{18}$; $\frac{-7}{9}$ e) $\frac{-25}{30}$; $\frac{10}{12}$ f) $\frac{80}{-100}$; $-\frac{4}{5}$

Bist du sicher?

1 Berechne.

a) 35 : (−7) b) $-1 : (-\frac{2}{3})$ c) $-\frac{2}{3} : (-1)$ d) 0,2 : (−0,1)

2 a) Dividiere die Zahl $-\frac{3}{7}$ durch 3.
b) Durch welche Zahl muss man 0,6 dividieren, um −0,15 zu erhalten?

8 a) Welche Zahl muss man durch −9 dividieren, um −14 zu erhalten?
b) Durch welche Zahl muss man −128 dividieren, um 32 zu erhalten?
c) Welche Zahl muss man durch −25 dividieren, um −7 zu erhalten?
d) Mit welcher Zahl muss man −6 multiplizieren, um 72 zu erhalten?

Info

Aus der Geschichte der negativen Zahlen
Im Gegensatz zu den Griechen kannten die Inder auch negative Zahlen. Bekannt ist, dass die Babylonier und die Ägypter die Null verwendeten, die Römer dagegen kannten sie in ihrem Zahlensystem nicht. Nach Europa kam die Null von den Indern zusammen mit den arabischen Zahlzeichen, die wir heute verwenden.

Die berühmten Rechenbücher von **Adam Ries** (1492–1559) und **Michael Stifel** (1487–1567), in denen die indischen Rechentechniken wieder Verwendung fanden, trugen dazu bei, dass die Mathematiker des 16. und 17. Jahrhunderts auch mit negativen Zahlen umgehen konnten.

9 Grundregeln für Terme

In einer Zeitung finden sich zwei Anzeigen für Fotohandys.

Wenn man das Ergebnis eines Terms mit rationalen Zahlen bestimmt, in dem Summen, Differenzen, Produkte oder Quotienten und möglicherweise auch Klammern auftreten, so ist die Reihenfolge der Rechenschritte einzuhalten, die bisher schon bei natürlichen Zahlen und Bruchzahlen eingehalten werden musste.

Grundregeln für die **Reihenfolge beim Berechnen von Termen**

1. Klammern werden zuerst berechnet. $\left(\frac{9}{7}-\frac{4}{7}\right)\cdot\frac{7}{10}=\frac{5}{7}\cdot\frac{7}{10}=\frac{1}{2}$
   Bei geschachtelten Klammern wird die innere Klammer zuerst berechnet. $[(2{,}8-1{,}3):0{,}6]\cdot(-6)=[1{,}5:0{,}6]\cdot(-6)=2{,}5\cdot(-6)=-15$
2. Punktrechnungen werden vor Strichrechnungen ausgeführt. $\frac{7}{3}-\frac{4}{3}\cdot 2=\frac{7}{3}-\frac{8}{3}=-\frac{1}{3}$
3. Falls nur Punkt- oder nur Strichrechnungen und keine Klammern vorkommen, so wird von links nach rechts gerechnet. $\frac{3}{2}-\frac{5}{2}-2{,}5=-1-2{,}5=-3{,}5$

Strichrechnungen
Addieren +
Subtrahieren –

Punktrechnungen
Multiplizieren ·
Dividieren :

Beispiel 1

Berechne den Term $\frac{1}{7}\cdot\left(\frac{13}{9}-\frac{2}{3}\right)+\frac{17}{9}$.

Lösung:

$$\frac{1}{7}\cdot\left(\frac{13}{9}-\frac{2}{3}\right)+\frac{17}{9}$$
$$=\frac{1}{7}\cdot\left(\frac{13}{9}-\frac{6}{9}\right)+\frac{17}{9}$$
$$=\frac{1}{7}\cdot\frac{7}{9}+\frac{17}{9}$$
$$=\frac{1}{9}+\frac{17}{9}$$
$$=\frac{18}{9}$$
$$=2$$

Ein Rechenbaum hilft für die Übersicht:

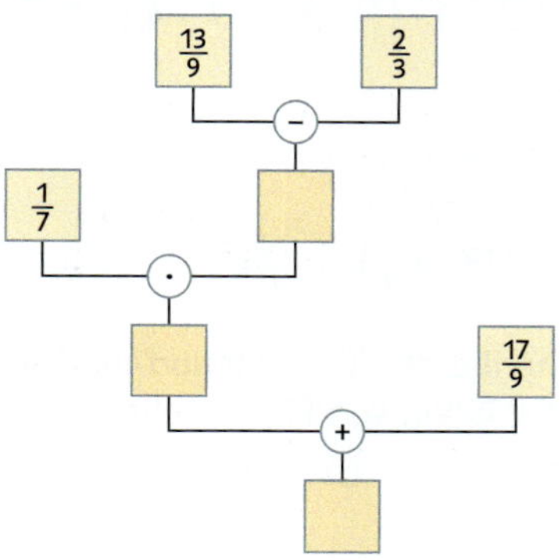

- *Umformungen untereinander schreiben*
- *neue Zeile mit „=" beginnen*
- *nicht veränderte Ausdrücke abschreiben*

Taschenrechnerbild-schirm:

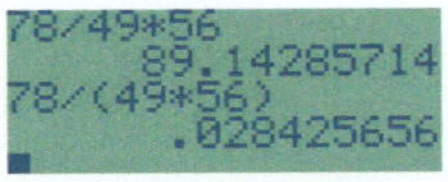

Erste Zeile: falsche Eingabe, falsches Ergebnis. Probiere es aus!

Beispiel 2 Eingaben in den Taschenrechner

Berechne mit dem Taschenrechner $\frac{78}{49 \cdot 56}$.

Lösung:

$\frac{78}{49 \cdot 56} = 78 : (49 \cdot 56) = 0{,}0284\ldots$

Das Produkt im Nenner muss in Klammern gesetzt werden, da der Taschenrechner sonst 78 : 49 · 56 rechnet, d.h., er rechnet von links nach rechts!

Beispiel 3 Aufstellen und Berechnen eines Terms

Subtrahiere das Produkt aus 4,5 und −0,2 vom Produkt aus 5,5 und 0,6.

Lösung:

$5{,}5 \cdot 0{,}6 - 4{,}5 \cdot (-0{,}2) = 3{,}3 + 4{,}5 \cdot 0{,}2 = 3{,}3 + 0{,}9 = 4{,}2$

Bevor dir schwindlig wird: Hier sind die Lösungen zu Aufgabe 1:

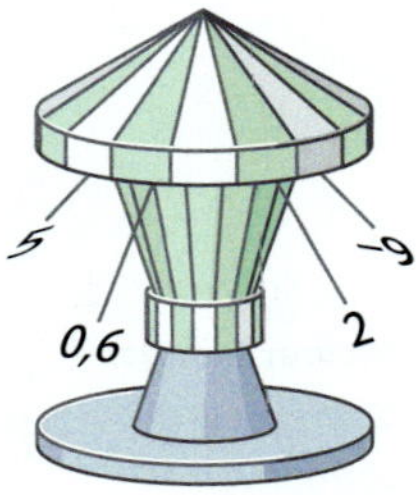

Fig. 1

Aufgaben

1 Berechne die Terme.

a) $\frac{7}{6} + \frac{5}{3} \cdot \frac{1}{2}$
$1{,}25 + 0{,}75 \cdot 5$

b) $\frac{6}{7} : 2 + \frac{11}{7}$
$(0{,}25 - 0{,}75) \cdot \left(-\frac{13}{4}\right) + \frac{3}{8}$

c) $\left(\frac{5}{3} - \frac{1}{2} - 1\right) \cdot 3{,}6$
$[(5{,}3 - 2{,}1) \cdot (-2)] : 8 - 8{,}2$

2 Stelle zu dem Rechenbaum einen Term auf und berechne.

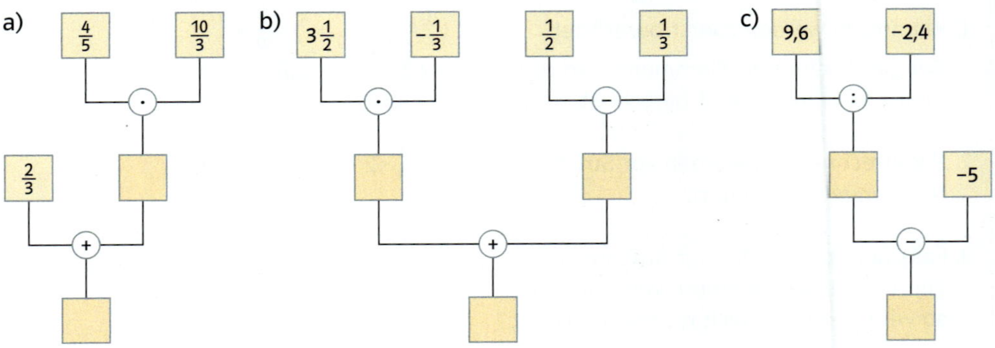

3 Berechne die Terme.

a) $\frac{7}{4} + \frac{15}{4} \cdot \frac{17}{3}$ b) $-2{,}1 \cdot (-5) - 0{,}5 \cdot 11$ c) $\left(\frac{1}{4} + 5 - \frac{3}{2}\right) \cdot \frac{12}{5}$ d) $\left(\frac{15}{8} \cdot 2 + \frac{5}{4}\right) \cdot 4$

e) $-\frac{5}{7} \cdot \left(\frac{31}{6} - 3 \cdot \frac{73}{18}\right)$ f) $(2{,}7 + 4{,}1 \cdot 3) : \frac{5}{6}$ g) $\left(2{,}25 + \frac{22}{5}\right) \cdot 6 - 1{,}9 \cdot 11$ h) $-\frac{20}{9} : \left(-\frac{5}{18}\right) + 7$

Hier kann der Taschenrechner als Kontrolle dienen.

4

a) $\frac{-213 + 729}{96}$ b) $\frac{2261 \cdot (-3487)}{(5634 - 5311) \cdot 4}$

c) $\left(15\frac{1}{6} - 13 \cdot 4\frac{1}{18}\right) \cdot \left(-\frac{657}{169}\right)$ d) $-14{,}11 : (-1{,}7) - \left(-3{,}73 + 3\frac{4}{25}\right) \cdot 310$

Fig. 2

5 Schreibe den Term ab und füge so Klammern ein, dass er ein Ergebnis hat, das auf einer der Tafeln von Fig. 2 steht.

a) $\frac{4}{7} : 2 - \frac{12}{7}$ b) $\frac{7}{3} - \frac{2}{3} : \frac{1}{3} - 1$ c) $\frac{8}{3} - \frac{4}{3} : -\frac{2}{3} + 1$ d) $0{,}5 \cdot 7 + 5 \cdot 0{,}5 : 0{,}5 + 1{,}5 - 1$

6 a) Die grünen Fliesen sind 14,4 cm lang und 9,6 cm breit. Stelle einen Term für die Länge und Breite der roten Fliesen auf und berechne sie.
b) Zeichne mit Plättchen der Länge 2,8 cm und der Breite 1,6 cm ein Muster für den Term $(5 \cdot 2{,}8 - 3 \cdot 1{,}6) : 4$.

Fig. 1

Bist du sicher?

1 Berechne die Terme.

a) $2{,}3 - 3{,}2 \cdot 2 - 4{,}5$ b) $\left(\frac{2}{5} + \frac{8}{15}\right) \cdot \left(-\frac{1}{2} + \frac{1}{7}\right)$ c) $0{,}75 - \frac{3}{4} \cdot \left(\frac{5}{6} - \frac{1}{3} : \frac{1}{2} + \frac{1}{2}\right)$

2 Stelle einen Term auf und berechne ihn.
Subtrahiere das Produkt aus $\frac{3}{14}$ und $-\frac{7}{5}$ vom Produkt aus 0,2 und 3,5.

$-8{,}6$ | 1 | $0{,}25$ | $-\frac{1}{3}$

7 Welcher der Terme 1) bis 5) gehört zu welcher der Geschichten A) bis E)?

1) $(5 \cdot 4{,}2 + 3 \cdot 1{,}4) : 7$
2) $(4{,}2 + 1{,}4) : 7 - 0{,}7$
3) $(4{,}2 + 1{,}4 - 0{,}7) : 7$
4) $(4{,}2 \cdot 1{,}4 - 0{,}7) : 7$
5) $(4{,}2 - 0{,}7) : 7 + 1{,}4 : 7$

A) Jonathan erhält jede Woche 4,20 € Taschengeld von seinen Eltern und 1,40 € von seiner Oma. 70 ct davon spart er, vom Rest gibt er täglich gleich viel aus. Wie viel gibt er jeden Tag aus?
B) Annika hat 4,2 kg, Carla 1,4 kg Erdbeeren gepflückt. Annika isst 700 g selbst auf und verteilt den Rest an ihre 7 Freunde, Carla verteilt alles an die gleichen 7 Freunde. Wie viele Kilogramm Erdbeeren bekommt jeder Freund?
C) Andi bekommt jede Woche 4,20 € Taschengeld von seinen Eltern, 1,40 € von seiner Tante. Er gibt jeden Tag gleich viel aus, spart aber täglich 70 ct. Wie viel gibt Andi täglich aus?
D) Mayra fährt mit dem Rad an 5 Tagen in der Woche 4,2 km zur Schule, dreimal in der Woche fährt sie zusätzlich noch 1,4 km zum Training. Wie viele Kilometer fährt Mayra täglich im Durchschnitt?
E) Ein 4,2 km langes und 1,4 km breites rechteckiges Waldstück enthält 70 ha Wege und Gebäude, den Rest haben sich 7 Wölfe gleichmäßig als Revier aufgeteilt. Wie viele Quadratkilometer Revier hat jeder Wolf?

8 Erfinde zu dem Term eine kleine Geschichte und zeige sie deinem Banknachbarn. Lass deinen Banknachbarn den Rechenausdruck, der in deiner Geschichte beschrieben ist, herausfinden und berechnen.

a) $(4 + 1{,}6) : 7$ b) $(43{,}8 + 33{,}7) : 31$ c) $12 \cdot 15 + 4 \cdot 7{,}5$ d) $(7 \cdot 2{,}4 + 6 \cdot 2{,}4) : 4$

9 Würfle eine Startzahl, multipliziere sie mit $-\frac{3}{7}$, addiere zum Ergebnis $\frac{5}{7}$ und dividiere schließlich durch $\frac{1}{7}$. Bei welcher gewürfelten Zahl erhältst du so die größte Zahl?

10 Familie Schreiner kauft einen Fernseher für 597,60 €. Ein Drittel des Preises bekommt sie erlassen, da der Bildschirm einen Kratzer hat. Vom Rest zahlt sie 30 % als Anzahlung, das Übrige in 16 gleichen Monatsraten. Wie hoch sind die Monatsraten?

10 Rechengesetze – Vorteile beim Rechnen

Anne hat keinen Taschenrechner, Peter hingegen rechnet alles damit. Linda hat sich vorgenommen, den beiden Aufgaben zu stellen, die Anne schneller im Kopf rechnen kann als Peter mit dem Taschenrechner. Anne beginnt mit $\frac{34}{19} \cdot \frac{1}{2} \cdot \frac{19}{34}$, dann $2{,}34 \cdot 9 - 8 \cdot 2{,}34$.

Bei Summen oder Produkten mit natürlichen Zahlen darf man die Reihenfolge der Faktoren vertauschen und in Summen oder Produkten mit mehr als zwei Faktoren beliebig Klammern setzen oder weglassen. Dadurch können Rechenvorteile entstehen. Die folgende Rechnung zeigt, dass das auch bei rationalen Zahlen zu Vorteilen führen kann.

$$\left(-\frac{3}{5} + \frac{5}{2}\right) + \frac{3}{5} = \left(-\frac{6}{10} + \frac{25}{10}\right) + \frac{6}{10} = \frac{19}{10} + \frac{6}{10} = \frac{25}{10} = \frac{5}{2}$$

Einfacher:

$$\left(-\frac{3}{5} + \frac{5}{2}\right) + \frac{3}{5} = \left(\frac{5}{2} + \left(-\frac{3}{5}\right)\right) + \frac{3}{5} = \frac{5}{2} + \left(\left(-\frac{3}{5}\right) + \frac{3}{5}\right) = \frac{5}{2}$$

Soll $3 \cdot (-2{,}9) + 3 \cdot 12{,}9$ berechnet werden, so hat man zwei Möglichkeiten:

$3 \cdot (-2{,}9) + 3 \cdot 12{,}9 = -8{,}7 + 38{,}7 = 30$ *Punkt vor Strich (aufwändig),*

$3 \cdot (-2{,}9) + 3 \cdot 12{,}9 = 3 \cdot (-2{,}9 + 12{,}9) = 3 \cdot 10 = 30$ *Ausklammern (einfach).*

Das **Distributivgesetz**: $3 \cdot (-2{,}9) + 3 \cdot 12{,}9 = 3 \cdot (-2{,}9 + 12{,}9)$ bringt hier einen Rechenvorteil.

Für alle rationalen Zahlen a, b und c gelten die

Kommutativgesetze: $a + b = b + a$ $\quad a \cdot b = b \cdot a$,

Assoziativgesetze: $(a + b) + c = a + (b + c)$ $\quad (a \cdot b) \cdot c = a \cdot (b \cdot c)$

und das **Distributivgesetz**: $(a + b) \cdot c = a \cdot c + b \cdot c$ $\quad (a + b) : c = a : c + b : c;\ c \neq 0$

Man kann die Distributivgesetze auf zwei Arten verwenden:

Ausmultiplizieren $(0{,}2 + 20) \cdot 5 = 0{,}2 \cdot 5 + 20 \cdot 5 = 101$,

Ausklammern $7 : 3 - 13 : 3 = (7 - 13) : 3 = -2$.

In Termen wie $12 - (-9 + 12)$ oder $12 + (9 - 12)$ entstehen Rechenvorteile, wenn man die Klammern beseitigen kann.
Wegen $12 - (-9 + 12) = 12 + (-(-9 + 12))$ ist die Gegenzahl von $(-9 + 12)$ zu bestimmen.
Da man $-(-9 + 12)$ durch Multiplikation von $(-9 + 12)$ mit (-1) erhalten kann, gilt bei Anwendung des Distributivgesetzes:

$-(-9 + 12) = (-1) \cdot (-9 + 12) = (-1) \cdot (-9) + (-1) \cdot 12 = +9 - 12$.

In gleicher Weise erhält man:

$+(-9 + 12) = (+1) \cdot (-9 + 12) = (+1) \cdot (-9) + (+1) \cdot 12 = -9 + 12$.

$-(-9 + 12)$ Minusklammer

$+(9 - 12)$ Plusklammer

Steht also ein Minuszeichen vor der Klammer **(Minusklammer)**, so kann man die Klammer folgendermaßen auflösen: $12 - (-9 + 12) = 12 + 9 - 12 = 9$.
Steht ein Pluszeichen vor der Klammer **(Plusklammer)**, so löst man ebenfalls die Klammer auf: $12 + (9 - 12) = 12 + 9 - 12 = 9$.

Eine **Minusklammer** löst man auf, indem man bei den Zahlen in der Klammer die Pluszeichen zu Minuszeichen und die Minuszeichen zu Pluszeichen ändert und das Minuszeichen vor der Klammer sowie die Klammer weglässt.

$23 - (13 - 7)$
$= 23 - (+13 - 7)$
$= 23 - 13 + 7$

Eine **Plusklammer** löst man auf, indem man das Pluszeichen vor der Klammer und die Klammer weglässt.

$23 + (13 - 7)$
$= 23 + (+13 - 7)$
$= 23 + 13 - 7$

Beispiel 1 Veranschaulichung des Distributivgesetzes
Berechne den Flächeninhalt des Rechtecks in Fig. 1 auf zwei Arten.
Lösung:

Gesamtes Rechteck:	$(4 + 10) \cdot 2{,}5$
Grünes Rechteck:	$4 \cdot 2{,}5$
Gelbes Rechteck:	$10 \cdot 2{,}5$
Damit gilt:	$(4 + 10) \cdot 2{,}5 = 4 \cdot 2{,}5 + 10 \cdot 2{,}5$ und
umgekehrt	$4 \cdot 2{,}5 + 10 \cdot 2{,}5 = (4 + 10) \cdot 2{,}5$.

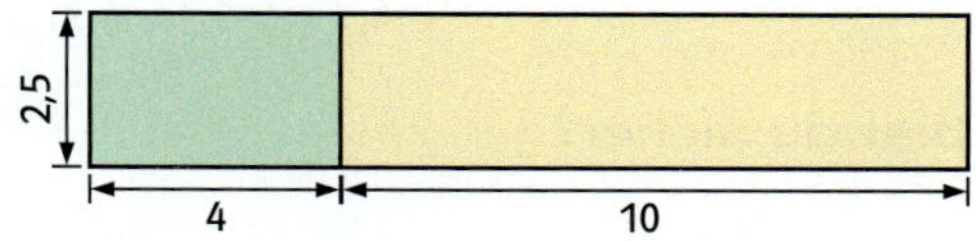

Fig. 1

Beispiel 2 Rechenwege vergleichen
Berechne auf zwei Arten und vergleiche.
a) $13 \cdot (14{,}3 - 4{,}3)$ b) $\left(\frac{4}{5} + 3\right) \cdot 5$
Lösung:
a) $13 \cdot (14{,}3 - 4{,}3) = 13 \cdot 10 = 130$
$13 \cdot (14{,}3 - 4{,}3) = 13 \cdot 14{,}3 - 13 \cdot 4{,}3 = = 185{,}9 - 55{,}9 = 130$
Klammer zuerst berechnen bringt hier Vorteile.
b) $\left(\frac{4}{5} + 3\right) \cdot 5 = \left(\frac{4}{5} + \frac{15}{5}\right) \cdot 5 = \frac{19}{5} \cdot 5 = 19$
$\left(\frac{4}{5} + 3\right) \cdot 5 = \frac{4}{5} \cdot 5 + 3 \cdot 5 = 4 + 15 = 19$
Hier bringt das Ausmultiplizieren Vorteile.

Beispiel 3 Rechenvorteile nutzen
Berechne möglichst geschickt. a) $-(1{,}8 - 5{,}3) + 1{,}8$ b) $1{,}2 \cdot 106 - 6 \cdot 1{,}2$
Lösung:
a) $-(1{,}8 - 5{,}3) + 1{,}8$
$= -1{,}8 + 5{,}3 + 1{,}8$
$= -1{,}8 + 1{,}8 + 5{,}3$
$= 5{,}3$
Hier ist die Minusklammerregel geschickt, da $-1{,}8 + 1{,}8 = 0$.

b) $1{,}2 \cdot 106 - 6 \cdot 1{,}2$
$= 1{,}2 \cdot (106 - 6)$
$= 1{,}2 \cdot 100$
$= 120$
Hier ist Ausklammern geschickt, da sich in der Klammer genau 100 ergibt.

Aufgaben

1 Berechne möglichst geschickt.
a) $-\frac{13}{5} + \frac{2}{3} + \frac{12}{5}$ b) $-\frac{13}{5} \cdot \frac{2}{3} \cdot \frac{5}{26}$ c) $-\frac{23}{25} + \left(-\frac{17}{11}\right) + \left(-\frac{5}{11}\right)$ d) $\left(\left(-\frac{113}{51}\right) \cdot \frac{4}{3}\right) \cdot \frac{51}{226}$

2 Untersuche, ob die Anwendung des Distributivgesetzes Vorteile bringt. Berechne.
a) $6 \cdot \left(\frac{1}{2} + \frac{2}{3} - \frac{1}{4}\right)$ b) $\frac{1}{4} \cdot (24 + 72 - 60)$ c) $\left(\frac{1}{12} + \frac{7}{3} - \frac{7}{8}\right) \cdot 24$
d) $5{,}2 \cdot 10 - 10 \cdot 4{,}7$ e) $4{,}7 \cdot 5{,}5 + 5{,}3 \cdot 5{,}5$ f) $4{,}3 \cdot 4 + 4 \cdot 6{,}5 - 3{,}8 \cdot 4$
g) $18 \cdot \frac{4}{5} - \frac{4}{5} \cdot 18$ h) $\frac{3}{4} \cdot \frac{7}{5} + \frac{3}{4} \cdot \frac{1}{5}$ i) $\frac{4}{9} \cdot \frac{2}{3} + \frac{4}{3} \cdot \frac{2}{3}$

Lösung	Buchstabe
224	V
420	L
−6	E
2	R
42	C

In den Aufgaben 3 und 4 kannst du die Lösungen mit der Tabelle durch Buchstaben ersetzen und erhältst jeweils ein Lösungswort.

3 Berechne durch Ausrechnen der Klammer und durch Ausmultiplizieren. Vergleiche.

a) $4{,}2 \cdot (7 + 3)$ b) $12 \cdot (30 + 5)$ c) $12 \cdot \left(\frac{7}{2} - 4\right)$ d) $(60 - 4) \cdot 4$

e) $-0{,}4 \cdot (20 - 5)$ f) $\left(\frac{2}{3} - \frac{1}{6}\right) \cdot 4$ g) $1{,}2 \cdot (-1{,}4 - 3{,}6)$ h) $\left(0{,}005 - \frac{3}{200}\right) \cdot (-200)$

4 Berechne direkt und durch Ausklammern. Vergleiche.

a) $4{,}2 \cdot 6 + 4{,}2 \cdot 4$ b) $15 \cdot 20 + 8 \cdot 15$ c) $3 \cdot (-1{,}2) + (-1{,}2) \cdot 2$ d) $56 \cdot 8 - 4 \cdot 56$

e) $\frac{2}{3} \cdot (-6) - 3 \cdot \frac{2}{3}$ f) $(-7) \cdot 0{,}5 - 0{,}5 \cdot (-11)$ g) $1200 \cdot 0{,}3 + 1200 \cdot 0{,}05$ h) $1{,}2 \cdot 1{,}4 - 1{,}2 \cdot 6{,}4$

5 Berechne möglichst geschickt. Welche Regel hast du verwendet?

a) $4{,}7 - (1{,}7 + 4{,}7)$
$4{,}7 - (1{,}7 - 4{,}7)$
$4{,}7 - (-1{,}7 + 4{,}7)$
$4{,}7 + (-1{,}7 - 4{,}7)$

b) $15 \cdot 100 - 15 \cdot 4$
$15 \cdot 104 - 15 \cdot 4$
$15 \cdot (-100) - 15 \cdot 4$
$15 \cdot (-96) + 15 \cdot (-4)$

c) $\frac{3}{4} \cdot \left(\frac{5}{7} + \frac{9}{7}\right)$
$\frac{6}{5} \cdot \left(\frac{5}{3} + \frac{5}{2}\right)$

d) $\frac{15}{14} \cdot \left(\frac{7}{10} - \frac{14}{15}\right)$
$\frac{15}{14} \cdot \left(\frac{4}{11} - \frac{8}{22}\right)$

Bist du sicher?

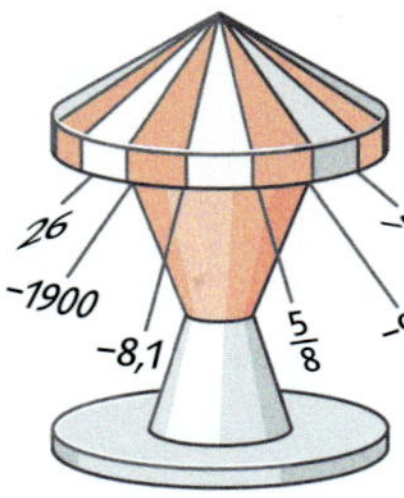

Fig. 1

1 Berechne möglichst geschickt.

a) $-9{,}2 - (8{,}1 - 9{,}2)$ b) $\frac{5}{6} \cdot \frac{7}{8} - \frac{5}{6} \cdot \frac{1}{8}$ c) $(-5) \cdot (400 - 20)$

2 Suche die Fehler und rechne richtig.

a)
$27 - (-13 + 14)$
$= 27 - 13 - 14$
$= 0$

b)
$(-5) \cdot (2 - \frac{1}{5})$
$= -5 \cdot 2 - 5 \cdot \frac{1}{5}$
$= -11$

c)
$(-0{,}5) \cdot 18 - (-0{,}5) \cdot 2$
$= (-0{,}5) \cdot (18 + 2)$
$= (-0{,}5) \cdot 20$
$= -10$

6 Berechne möglichst geschickt.

a) $15 \cdot (200 + 30 + 4)$ b) $(8{,}2 - 5{,}6) - (-5{,}6 - 8{,}2)$ c) $0{,}8 \cdot 2{,}5 - 0{,}8 \cdot 3{,}4 + 0{,}8 \cdot 1{,}9$

d) $\frac{4}{3} \cdot 2 - \frac{4}{3} \cdot 5 + 3 \cdot \frac{4}{3}$ e) $-\left(2{,}3 - 1\frac{2}{5}\right) - \left(-3{,}7 + \frac{4}{5}\right)$ f) $12 \cdot \left(\frac{3}{4} - \frac{2}{3} - \frac{7}{12}\right)$

7 Stelle einen Term auf und berechne möglichst geschickt.

a) Subtrahiere das Produkt von 12 und 14 vom Produkt aus 24 und 12.
b) Multipliziere 1,4 mit der Differenz aus 20 und 5.
c) Subtrahiere die Differenz aus 3,4 und 8,9 von der Differenz aus 6,6 und 8,9.
d) Multipliziere die Differenz aus −12,4 und 7,8 mit −6 und addiere zum Ergebnis die Summe aus −12 und −3,8.

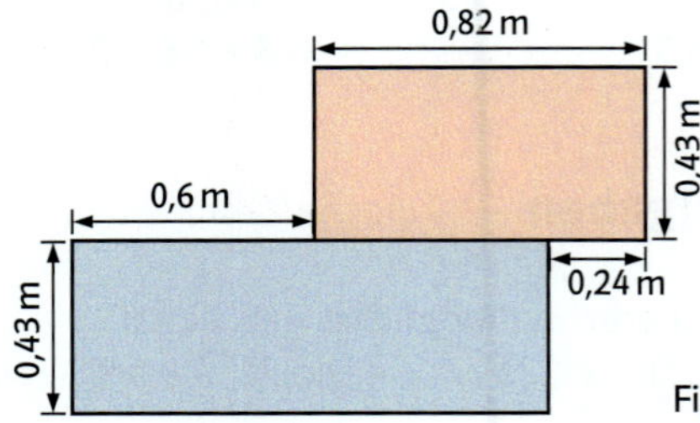

Fig. 2

8 Wie groß ist der Gesamtflächeninhalt der beiden Rechtecke von Fig. 2?

Hier kann ein Taschenrechner hilfreich sein.

9 Pia kann beim Kauf ihres neuen Computers zwischen zwei Angeboten wählen. Entweder sie bezahlt den Gesamtpreis von 998 € in bar oder sie zahlt erst eine Anzahlung von 198 € und dann im ersten Jahr 27,20 € monatlich, im zweiten Jahr 24,90 € monatlich, im dritten Jahr 17,90 € monatlich. Wie viel spart Pia bei der Barzahlung?

11 Zahlbereiche

In der Grundschule wurde nur mit den natürlichen Zahlen 0; 1; 2; 3; … gerechnet. Dabei zeigt sich, dass jede Addition und jede Multiplikation zweier natürlicher Zahlen wieder eine natürliche Zahl ergibt. Beim Subtrahieren und Dividieren erhält man dagegen nicht immer eine natürliche Zahl, wie man an den Beispielen 4 − 7 bzw. 3 : 4 erkennt.

$\mathbb{N}$

Nimmt man zu dem Zahlbereich der natürlichen Zahlen die Zahlen −1; −2; −3; … hinzu, so erhält man die ganzen Zahlen. In diesem neuen Zahlbereich erhält man auch bei jeder Subtraktion wieder eine ganze Zahl, hingegen lassen sich auch in diesem Bereich nicht alle Divisionen bestimmen, wie z. B. 3 : 4.

$\mathbb{Z}$

In dem Zahlbereich der rationalen Zahlen (geschrieben als Bruch oder Dezimalzahl) lassen sich alle Divisionsaufgaben lösen, mit Ausnahme der Division durch die Zahl 0.
Die Division 3 : 4 ergibt $\frac{3}{4}$ oder 0,75.
Sieht man von der Division durch 0 ab, so sind in dem Zahlbereich der rationalen Zahlen also alle vier Grundrechenarten unbeschränkt ausführbar.

$\mathbb{Q}$

	Zahlbereich	Immer ausführbar	Nicht immer ausführbar
$\mathbb{N}$	**Natürliche Zahlen** z. B. 0; 7; 120	Addition, Multiplikation	Subtraktion (z. B. 4 − 7) Division (z. B. 3 : 4)
$\mathbb{Z}$	**Ganze Zahlen** z. B. −15; 7; 0	Addition, Subtraktion, Multiplikation	Division (z. B. 3 : 4)
$\mathbb{Q}$	**Rationale Zahlen** z. B. −2; 7; −0,25; $\frac{2}{7}$	Addition, Subtraktion, Multiplikation, Division (außer durch 0)	

Den Zusammenhang zwischen den Zahlbereichen kann man wie in Fig. 1 darstellen. Man erkennt, dass die Zahl −5 zu den ganzen Zahlen und zu den rationalen Zahlen gehört, aber nicht zu den natürlichen Zahlen. Dafür schreibt man kurz: $-5 \in \mathbb{Z}$; $-5 \in \mathbb{Q}$; $-5 \notin \mathbb{N}$.
Jede natürliche Zahl ist also auch eine ganze Zahl und auch eine rationale Zahl, aber nicht jede rationale Zahl ist eine ganze Zahl oder eine natürliche Zahl.

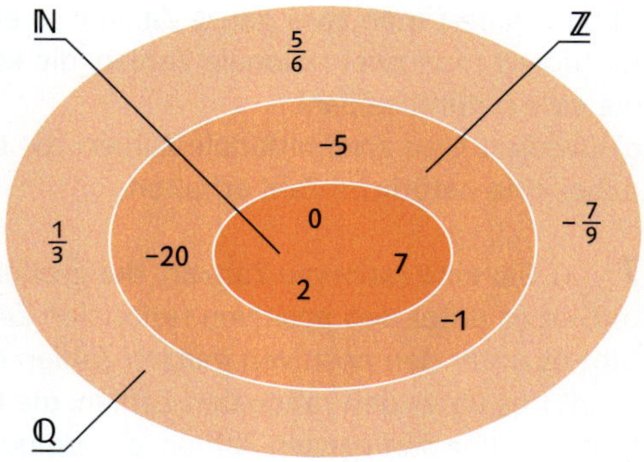

Fig. 1

Auch Zahlen können sich verkleiden.

2,00 liegt in 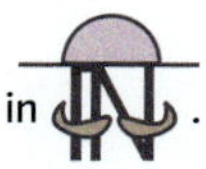 .

$-\frac{6}{2}$ liegt in  .

Beispiel Zahlbereiche
Zu welcher Zahlenmenge gehören die folgenden Zahlen: −2; $\frac{1}{5}$; 25 %; $\frac{4}{2}$; −3,2; $-\frac{8}{4}$?
Lösung:

	−2	$\frac{1}{5}$	25 %	$\frac{4}{2}$	−3,2	$-\frac{8}{4}$
$\mathbb{N}$	Nein	Nein	Nein	Ja	Nein	Nein
$\mathbb{Z}$	Ja	Nein	Nein	Ja	Nein	Ja
$\mathbb{Q}$	Ja	Ja	Ja	Ja	Ja	Ja

Aufgaben

1 Fertige für die Zahlen eine Tabelle wie im Beispiel (Seite 127) an und trage dort ein, ob die Zahlen in dem Zahlbereich ℕ, ℤ oder ℚ liegen.
-12; $0{,}3$; $\frac{15}{5}$; $10\,\%$; $-\frac{12}{6}$; 25; $-5{,}9$; $2\frac{1}{5}$; $0{,}3$

2 Prüfe, ob das Ergebnis in ℕ, ℤ oder ℚ liegt.
a) $517 : 34$ b) $2223 : 39$ c) $47 \cdot 32 - 42 \cdot 38$ d) $3075 - 205 \cdot 15$ e) $24 \cdot 15 - (27 : 8)$

3 a) Finde die Zahlen, die in Fig. 1 falsch eingezeichnet sind. Übertrage dann die richtige Zeichnung in dein Heft.
b) Trage die folgenden Zahlen richtig ein:
6; $-2{,}5$; $\frac{13}{5}$; $0{,}001$; $2\frac{14}{7}$; 1024; $-\frac{3}{5}$; $12{,}25$; $-0{,}75$.

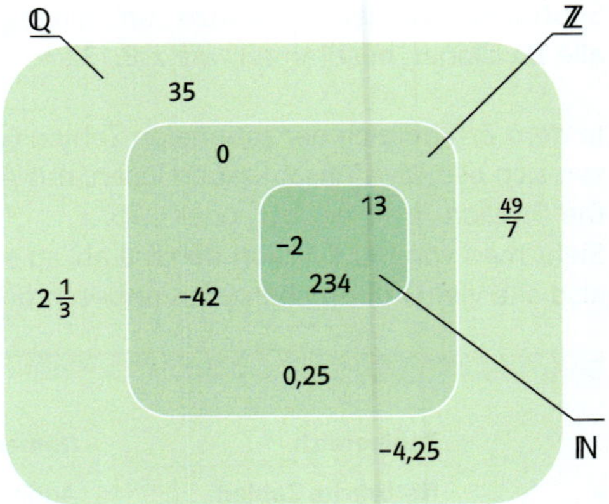

Fig. 1

4 Zu welchem Zahlbereich gehört die Zahl, die genau in der Mitte der angegebenen Zahlen liegt?
a) 4 und 10 b) −2 und 4
c) $\frac{1}{2}$ und 1 d) $\frac{1}{6}$ und $\frac{1}{7}$

5 In welchem der Zahlbereiche ℕ, ℤ oder ℚ gibt es
a) zu jeder Zahl den Nachfolger (Vorgänger),
b) eine größte (kleinste) Zahl,
c) zu je zwei Zahlen die genau in der Mitte zwischen ihnen liegende Zahl?

6 **Welche Aussage ist wahr, welche falsch?**
a) Subtrahiert man zwei ganze Zahlen, so erhält man immer eine natürliche Zahl.
b) Subtrahiert man zwei ganze Zahlen, so erhält man nie eine natürliche Zahl.
c) Addiert man zwei rationale Zahlen, die keine natürlichen Zahlen sind, so erhält man nie eine natürliche Zahl.
d) Dividiert man zwei rationale Zahlen, die keine natürlichen Zahlen sind, so kann man dabei eine natürliche Zahl erhalten.

7 a) Gib eine rationale Zahl an, die größer als 0, aber kleiner als 0,1 (0,01; 0,001) ist.
b) Gibt es unter den positiven rationalen Zahlen eine kleinste Zahl?
Gibt es unter den positiven ganzen Zahlen eine kleinste Zahl?
c) Gibt es unter den rationalen Zahlen, die kleiner als 1 sind, eine größte?
Gibt es unter den ganzen Zahlen, die kleiner als 1 sind, eine größte?

Kannst du das noch?

8 Schreibe in der in Klammern angegebenen Einheit.
a) 5 cm (dm) b) 5,3 kg (g) c) 22,3 € (ct) d) 72,3 kg (t)

9 Schreibe mit Komma.
a) 5 m 15 cm b) 600 kg 50 g c) 130 m^2 10 dm^2 d) 20 l 35 cm^3

Rationale Zahlen im Achsenkreuz

Du hast gelernt, mit rationalen Zahlen zu rechnen.
Bisher haben wir rationale Zahlen nur auf der Zahlengeraden als Punkte dargestellt.

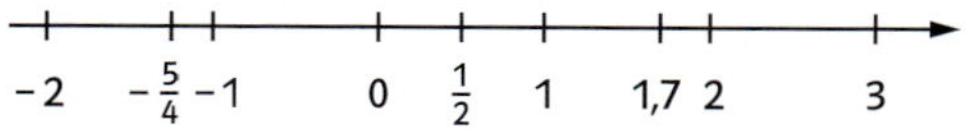

Man kann aber versuchen, den Brüchen auch in der Ebene einen Punkt zuzuordnen. Wie dies geschehen kann, soll im Folgenden ausgeführt werden. Dabei kann man sich überlegen, wie sich einige Eigenschaften der rationalen Zahlen geometrisch widerspiegeln.

Man trägt in der untersten Zeile die Brüche mit dem Zähler 1 der Reihe nach auf, also in der 1. Spalte den Bruch $\frac{1}{1}$, in der 2. Spalte den Bruch $\frac{1}{2}$, in der 3. Spalte den Bruch $\frac{1}{3}$ usw.
In der Zeile darüber stehen alle Brüche mit dem Zähler 2, also $\frac{2}{1}$, $\frac{2}{2}$, $\frac{2}{3}$ usw.
Es entsteht damit das Bild von Fig. 1.
Man kann damit für jeden Bruch den Ort angeben. So steht z. B. der Bruch $\frac{5}{8}$ in der Zeile 5 und in der Spalte 8.
Es gibt offensichtlich keinen Bruch, für den man keinen Platz finden kann.

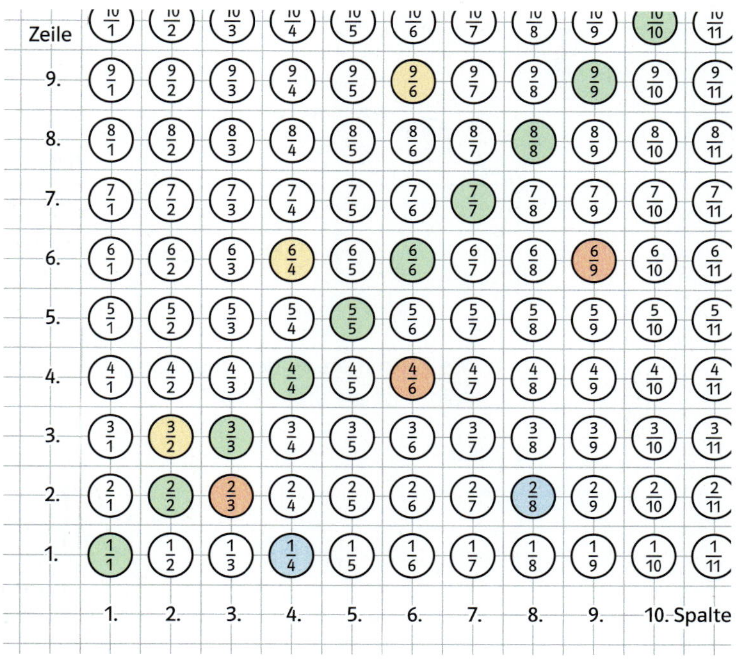

Fig. 1

Ordnet man etwa dem Bruch $\frac{3}{4}$ in einem Koordinatensystem den Gitterpunkt P(3 | 4) zu, so kann man diesen Bruch als Punkt zeichnen. Die Brüche, die den gleichen Wert haben, liegen dann jeweils auf Halbgeraden, die vom Ursprung O ausgehen. Spiegelt man diese Halbgeraden an O, so erkennt man, dass alle Brüche einer Geraden gleich groß sind. So ist zum Beispiel
$\ldots \frac{-2}{-4} = \frac{-1}{-2} = \frac{1}{2} = \frac{2}{4} = \frac{3}{6} = \ldots$

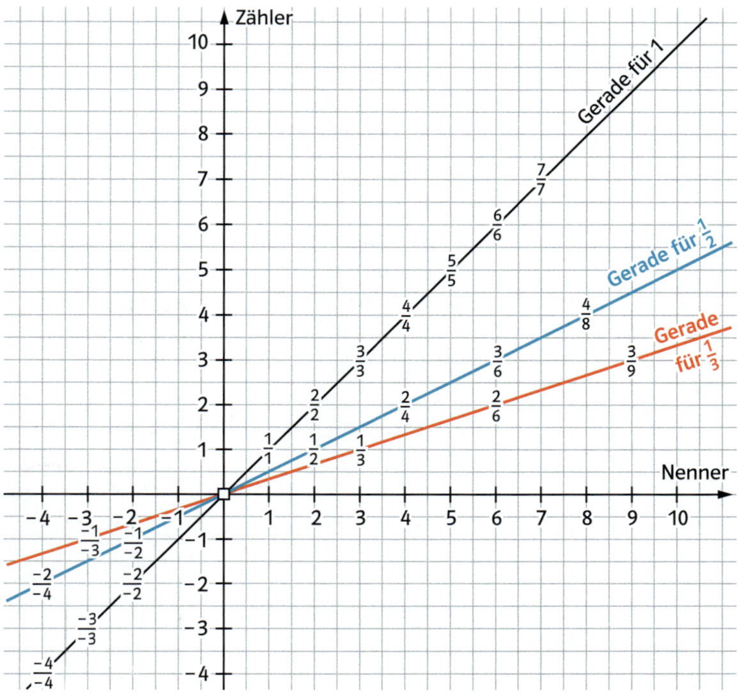

Fig. 2

1 Übertrage Fig. 2 in dein Heft und spiegele die Geraden an der Nennerachse. Welche Zahlen erhältst du jetzt?

2 Spiegele zwei Geraden (zum Beispiel die zu $\frac{1}{3}$ und $\frac{2}{3}$) an der Geraden, die durch (0 | 0) und (1 | 1) verläuft.
Welche Zahl erhältst du?

3 Nenne Regeln, die man daraus erkennen kann.

Rationale Zahlen im Achsenkreuz

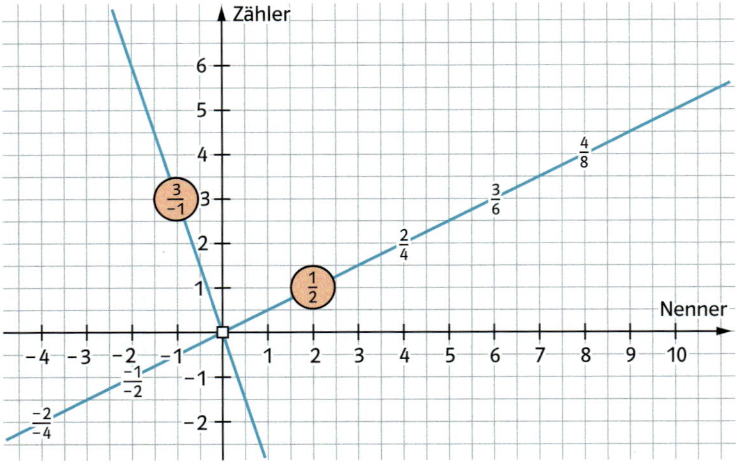

Fig. 1

Auf einer Geraden liegen alle Brüche, die den gleichen Wert haben. So liegen zum Beispiel auf der blauen Geraden in Fig. 1 alle Brüche, die aus $\frac{1}{2}$ durch Erweitern hervorgehen.
Der Bruch, der dem Ursprung am nächsten liegt, ist ein besonderer Bruch. Es ist der Bruch, der nicht weiter gekürzt werden kann. Auch Brüche der Form $\frac{1,5}{3}$ findet man auf der Geraden als Punkt P(3 | 1,5). Diese stellen den Bruch $\frac{1}{2}$ dar, da gilt:
$\frac{1,5}{3} = \frac{1,5 \cdot 2}{3 \cdot 2} = \frac{3}{6} = \frac{1}{2}$.

4 Lies weitere Darstellungen von $\frac{1}{2}$ aus der Zeichnung ab.

Wie kann man an den zugehörigen Geraden erkennen, dass eine Bruchzahl größer bzw. kleiner ist als die andere?

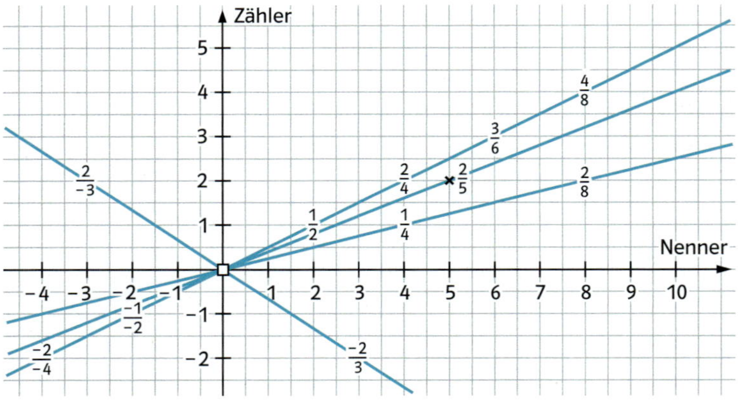

Fig. 2

In Fig. 2 ist die Gerade zu $\frac{1}{4}$ gezeichnet. Jede Gerade, die steiler ist als diese und durch den Nullpunkt und durch einen Punkt mit ganzzahligen Koordinaten geht, ergibt einen Bruch, der größer ist als $\frac{1}{4}$, zum Beipiel $\frac{1}{2}$.
Umgekehrt stellt jede Gerade, die unterhalb der zu $\frac{1}{4}$ gehörigen Geraden liegt, einen Bruch dar, der kleiner ist als $\frac{1}{4}$.

5 Gib Brüche an, die
a) größer als $-\frac{2}{3}$,   b) kleiner als $\frac{1}{2}$
sind.

Auf diese Weise ist es leicht, einen „einfachen" Bruch zu finden, der zwischen zwei gegebenen Brüchen liegt. Man sucht einen Gitterpunkt, der zwischen beiden Geraden liegt und hat damit einen derartigen Bruch gefunden.
So erkennt man, dass der Bruch $\frac{2}{5}$ zwischen $\frac{1}{4}$ und $\frac{1}{2}$ liegt: $\frac{1}{4} < \frac{2}{5} < \frac{1}{2}$.

Zum Forschen

6 Was bedeutet Erweitern bzw. Kürzen eines Bruches für seine Darstellung im Koordinatensystem?

7 Bei der Suche nach einer Zahl zwischen zwei gegebenen rationalen Zahlen berechnet Peter die Zahl, die genau in der Mitte liegt. Bei $\frac{1}{2}$ und $\frac{3}{4}$ erhält er $\frac{\frac{1}{2}+\frac{3}{4}}{2} = \frac{\frac{5}{4}}{2} = \frac{5}{8}$.
Wo liegen diese Zahlen in der Bruchtabelle und wo liegen die zugehörigen Geraden im Koordinatensystem?

Im Bergwerk

Svea Reiners

Sie standen in der Kaue, der Umkleidekabine des Bergwerks, und bekamen für die Tour unter Tage Helme, Gummistiefel, Overalls und Grubenlampen. Es werde in der Tiefe zwar wärmer – alle hundert Meter drei Grad, aber es werde eben auch dunkler und schmutziger, sagte der Bergwerksführer. Während sie die Schutzkleidung anzogen, zeigte er anhand eines Fotos eine traditionelle Untertagemontur. Das Arschleder. Dieses hätten sich die Bergleute früher am Hintern festgebunden, um darauf die Stollen herabzurutschen, sagte der Bergwerksführer, und Nils musste kichern. Er sah zu David herüber, der ebenfalls anfing, erst zu kichern, dann zu lachen. Nach und nach fingen alle Kinder der Klasse an zu lachen und ebbte das Lachen ein wenig ab, so fing kurz darauf wieder jemand mit dem Lachen an und es setzte sich fort, wogte eine Weile in der Kaue hin und her, auch dann noch, als der Bergwerksführer sie zu dem Förderkorb führte, mit dem sie in den Stollen einfahren sollten. Erst als sie nacheinander in den Drahtkorb des Förderkorbs stiegen, verstummte das Lachen, so sehr wackelte er, gab bei jedem, der einstieg, ein merkwürdig, dumpf-metallen klingendes Geräusch von sich. Als die Drahttür des Korbes geschlossen wurde, war es absolut still; keiner wagte mehr, sich zu rühren, jeder versuchte, weitere Bewegungen zu vermeiden. Langsam setzte der Korb sich in Bewegung. Nils fragte, wie weit es nach unten ginge. „Och, das ist 'n ganzes Stück", antwortete der Bergwerksführer, grinste und erzählte dann, dass die Bergleute früher einen Kanarienvogel mit in die Stollen genommen hätten, um zu sehen, ob die Luft schlecht wäre. Heute machten sie das nicht mehr. Wie sie es dann überprüften, wollte David wissen. „Sie nehmen Kinder mit runter", sagte der Bergwerksführer und lachte. Sein Lachen war tief und kehlig und sehr laut und Nils meinte zu sehen, dass ihm mehrere Zähne entweder fehlten oder ganz winzig waren und dass die Eckzähne merkwürdig spitz aussahen – wie Reißzähne. Der Druck auf den Ohren wurde immer unangenehmer, Nils schluckte mehrmals, um ihn auszugleichen, und fragte, wie weit es noch runter ginge. Sie seien jetzt hundertfünfzig Meter unter der Erde, da kämen dann noch mal fünfzig dazu, antwortete der Bergwerksführer, aber eigentlich müsse man da wieder ein paar Meter abziehen, weil man wieder ein Stück hochgehen müsse, um in den Stollen zu gelangen, welcher 197 unter null läge. Der Korb ruckelte und schwankte. Die Luft roch muffig und staubig zugleich und Nils hoffte sehr, dass das mit den Kindern nur ein Scherz gewesen war und dass der Bergwerksführer nicht irgendein Verrückter war, der Kinder in den Stollen lockte und sie dort aussetzte. Der Förderkorb setzte unsanft auf, und als sie alle in dem Stollen standen, kramte der Bergwerksführer in einer Tasche, lachte in seiner unheimlichen Art und Nils erwartete, dass er gleich eine Pistole aus der Tasche ziehen würde, um die Kinder in einen entlegenen Teil des Stollens zu entführen, doch zum Vorschein kam ein kleiner schwarzer Kasten. „Das Sauerstoffmessgerät. Es zeigt, wie viel Sauerstoff in der Luft ist", sagte der Bergwerksführer. Auf dem Display erschienen verschiedene negative Zahlen, sprangen von −22 mg/l zu −13 mg/l, dann wieder zu −43 mg/l. Der Bergwerksführer sah sich verdutzt um, klopfte ein paar Mal gegen das Messgerät. „Euch geht es wirklich noch gut? Keiner hat Atembeschwerden? Komisch, ist wohl kaputt, denn weniger als nichts kann es doch eigentlich nicht geben", sagte er und fing an zu lachen. Ihm fehlten gar keine Zähne, und seine Eckzähne sahen auch nicht wie Reißzähne aus und obwohl Nils sich schon gedacht hatte, dass der Bergwerksführer sie nur hatte ärgern wollen, war er erleichtert und konnte auch wieder über David lachen, der wieder mit dem Arschleder anfing.

Rückblick

Zahlbereiche

Natürliche Zahlen $\mathbb{N}$ (z. B. 0; 2; 45; 1024)
Ganze Zahlen $\mathbb{Z}$ (z. B. −12; −5; 0; 2)
Rationale Zahlen $\mathbb{Q}$ $\left(\text{z. B. } -5; -3{,}41; 2; \frac{11}{13}\right)$

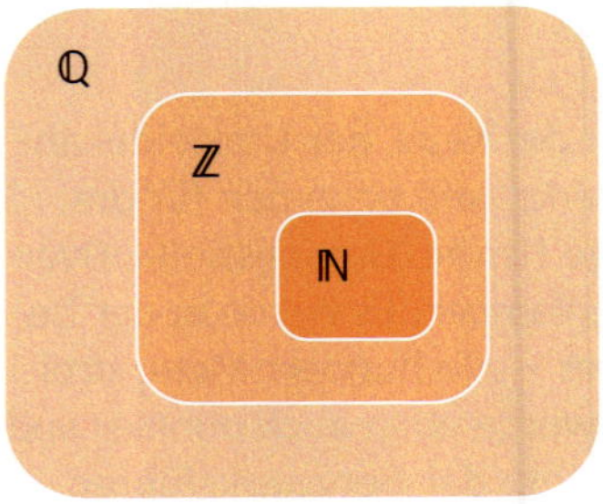

Anordnung – Gegenzahl – Betrag

Von zwei rationalen Zahlen ist diejenige größer, die auf der Zahlengeraden weiter rechts liegt. Die Gegenzahl zu einer Zahl liegt auf der Zahlengeraden spiegelbildlich zu null. Den Abstand einer ganzen Zahl zur Zahl Null nennt man ihren Betrag.

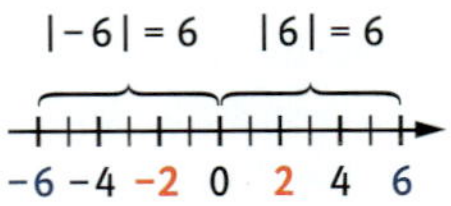

Addieren und Subtrahieren

Addieren einer positiven Zahl: Gehe auf der Zahlengeraden nach rechts.
Subtrahieren einer positiven Zahl: Gehe auf der Zahlengeraden nach links.
Addieren einer negativen Zahl: Subtrahiere die Gegenzahl.
Subtrahieren einer negativen Zahl: Addiere die Gegenzahl.

$-5 + 8 = 3$

$1 - 3 = -2$

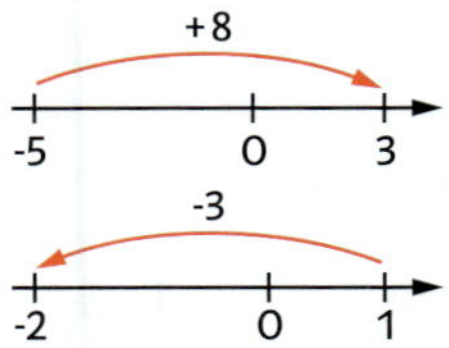

$1 + (-3) = 1 - 3 = -2$ $\quad 1 - (-3) = 1 + 3 = 4$

Multiplizieren und Dividieren

Wenn zwei rationale Zahlen gleiche Vorzeichen haben, so sind sowohl ihr Produkt als auch ihr Quotient positiv.
Wenn zwei rationale Zahlen verschiedene Vorzeichen haben, so sind sowohl ihr Produkt als auch ihr Quotient negativ.
Durch 0 darf man nicht dividieren.

$8 \cdot 4 = 32$ $\quad 8 : 4 = 2$
$-8 \cdot (-4) = 32$ $\quad -8 : (-4) = 2$
$-12 \cdot 3 = -36$ $\quad -12 : 3 = -4$
$12 \cdot (-3) = -36$ $\quad 12 : (-3) = -4$

Grundregeln für Terme

Klammern werden zuerst berechnet.
Punktrechnungen werden vor Strichrechnungen ausgeführt.
Strichrechnungen werden von links nach rechts ausgeführt.

$7{,}3 - 3 \cdot (5{,}4 - 4{,}8) - 10{,}5$
$= 7{,}3 - 3 \cdot 0{,}6 - 10{,}5$
$= 7{,}3 - 1{,}8 - 10{,}5$
$= 5{,}5 - 10{,}5 = -5$

Beim Vertauschen bei der Addition oder Subtraktion sind die Plus- und Minuszeichen mitzunehmen.

$6{,}75 + 3{,}6 - 6{,}75 = 6{,}75 - 6{,}75 + 3{,}6 = 3{,}6$

Beim Auflösen einer Minusklammer muss man bei den Zahlen in der Klammer die Pluszeichen zu Minuszeichen und die Minuszeichen zu Pluszeichen ändern.
Eine Plusklammer löst man auf, indem man das Pluszeichen vor der Klammer und die Klammer weglässt.

$\frac{5}{7} - \left(-\frac{2}{7} + 4\right) = \frac{5}{7} + \frac{2}{7} - 4 = 1 - 4 = -3$

$\frac{5}{7} - \left(\frac{2}{7} - 4\right) = \frac{5}{7} - \frac{2}{7} + 4 = \frac{3}{7} + 4 = 4\frac{3}{7}$

$\frac{5}{7} + \left(-\frac{2}{7} + 4\right) = \frac{5}{7} - \frac{2}{7} + 4 = \frac{3}{7} + 4 = 4\frac{3}{7}$

Rechengesetze

Für alle rationalen Zahlen gelten die
Kommutativgesetze: $a + b = b + a$; $a \cdot b = b \cdot a$,
Assoziativgesetze: $(a + b) + c = a + (b + c)$; $(a \cdot b) \cdot c = a \cdot (b \cdot c)$,
Distributivgesetze: $(a + b) \cdot c = a \cdot c + b \cdot c$; $(a + b) : c = a : c + b : c$ (für $c \neq 0$).

$\left(-\frac{2}{9}\right) \cdot \frac{5}{8} \cdot \frac{9}{2} = \left[\left(-\frac{2}{9}\right) \cdot \frac{9}{2}\right] \cdot \frac{5}{8} = -1 \cdot -\frac{5}{8}$

$\frac{7}{3} \cdot \left(\frac{3}{7} - \frac{1}{3}\right) = \frac{7}{3} \cdot \frac{3}{7} - \frac{7}{3} \cdot \frac{1}{3} = 1 - \frac{7}{9} = \frac{2}{9}$

$\frac{23}{15} : \frac{5}{3} - \frac{8}{15} : \frac{5}{3} = \left(\frac{23}{15} - \frac{8}{15}\right) : \frac{5}{3} = 1 : \frac{5}{3} = \frac{3}{5}$

Training

Runde 1

1 Welche Zahlen sind auf der Zahlengeraden markiert?

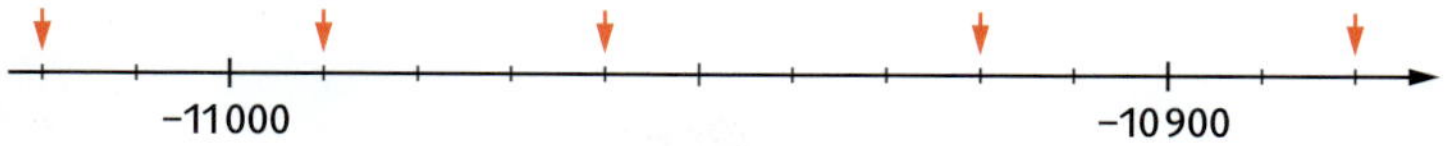

2 Ordne die Zahlen der Größe nach.
a) 45; −54; −405; 540; −450; −45 b) 7 − 9; 18 − 27; −3 + 10; 9 − 13; 6 · (−2); 24 : (−8)

3 Berechne.
a) $2 + \frac{3}{2} \cdot \left(-\frac{1}{5}\right) + 9 \cdot \left(-\frac{1}{10}\right)$ b) $\left(1 + \frac{7}{-3}\right) \cdot \frac{3}{4} - \frac{1}{2} : \left(-\frac{2}{3}\right)$ c) $2\frac{2}{5} : \frac{3}{10} - \frac{2}{10}$

4 Berechne den Abstand auf der Zahlengeraden von
a) −15 und −21, b) 230 und −91, c) −67 und −118, d) 100 und −101,
e) −0,9 und 1,3, f) $\frac{1}{4}$ und 0,25, g) $\frac{1}{4}$ und $-\frac{3}{8}$, h) $-\frac{3}{4}$ und −2,5.

5 Herr Schulte darf sein Konto höchstens um 3600 € überziehen. Wie viel Euro kann er abheben, wenn sein Konto ein Guthaben von 2436,80 € aufweist?

6 Berechne geschickt.
a) 23,9 + 7,1 − 6 − 23,9 b) 5,3 − 0,8 + 3,2 + 1,5 − 12,2 c) $-0{,}75 + 0{,}3 - 12{,}5 + \frac{3}{4} + \frac{7}{10}$

7 Ein Jahr lang wurde jeden Monat der höchste Pegelstand eines Sees notiert (Tab. 1).
a) In welchen Monaten stand das Wasser höher als im Juli?
b) Zwischen welchen aufeinander folgenden Monaten war der Unterschied der Höchststände am größten?

Monat	Unter/über Normal (in cm)
Januar	−1
Februar	−17
März	22
April	+68
Mai	+39
Juni	+5
Juli	−23
August	−41
September	−38
Oktober	−12
November	+11
Dezember	+19

Tab. 1

Runde 2

1 Trage die Zahlen auf einer Zahlengeraden ein. Lege eine geeignete Einheit fest.
a) −5; −7; −9; 1; 5; −10 b) $\frac{5}{6}$; $-\frac{1}{2}$; $\frac{1}{12}$; $-\frac{1}{6}$; $-\frac{2}{3}$; $\frac{3}{4}$

2 Ordne die Zahlen der Größe nach.
a) 78; −87; 780; −870; −780; −88 b) $-\frac{3}{4}$; $\frac{5}{6}$; $-\frac{13}{12}$; $-\frac{5}{3}$; $\frac{3}{2}$; $\frac{4}{9}$

3 Gib zu jedem Umformungsschritt an, welches Rechengesetz jeweils verwendet wurde.
a) 2 · (3 + 4) = 2 · 3 + 2 · 4 = 3 · 2 + 4 · 2 = (3 + 4) · 2
b) (−5) · 6 + 6 · 7 = 6 · (−5) + 6 · 7 = 6 · ((−5) + 7) = (7 + (−5)) · 6 = (7 − 5) · 6

4 Rechne geschickt.
a) $-\frac{9}{7} \cdot \frac{3}{4} + \frac{16}{7} \cdot \frac{3}{4} + 1$ b) $-2 : \frac{7}{2} + 3 : \frac{7}{2} + 1 : \frac{2}{7}$ c) $-\left(\frac{5}{4} - \frac{6}{7}\right) + \frac{5}{4}$ d) $2 - \left(\frac{13}{45} + 2\right)$

5 a) Dividiere 36 durch das Produkt aus 3 und −6.
b) Subtrahiere das Produkt aus $\frac{21}{32}$ und $\frac{8}{7}$ von dem Produkt aus $-\frac{7}{16}$ und $-\frac{8}{7}$.

6 a) Wie teuer ist eine Einzelfahrt bei einer Mehrfachfahrkarte?
b) Claudia ist mit ihrer Wochenkarte in der letzten Woche 11-mal gefahren. Wie teuer war für sie eine einzelne Fahrt?
c) Ab wie vielen Fahrten lohnt sich eine Wochenkarte oder Monatskarte?

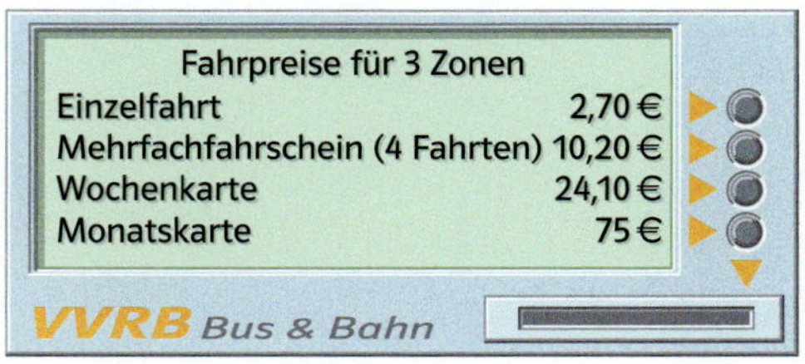

Das kannst du schon

- Anteile als Bruch oder in Prozent angeben
- Mit Brüchen rechnen

Zahlen und Operationen

Größen und Messen

Raum und Form

Funktionaler Zusammenhang

Daten und Zufall

Alles Zufall – oder was?

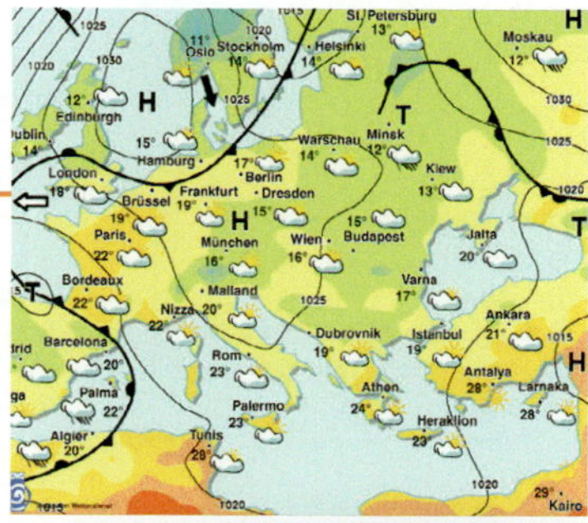

Zufälle gehören zum Leben. Den meisten Menschen ist es wichtig, Vorgänge, bei denen der Zufall eine Rolle spielt, einzuschätzen – es sind gute Prognosen gefragt. Die Mathematik kann dabei helfen.

Das kannst du bald

- Vorgänge beschreiben, bei denen der Zufall eine Rolle spielt
- Wahrscheinlichkeiten mithilfe relativer Häufigkeiten schätzen
- Wahrscheinlichkeiten bestimmen
- Wahrscheinlichkeiten für Vorhersagen nutzen

1 Zufallsexperimente und Prognosen

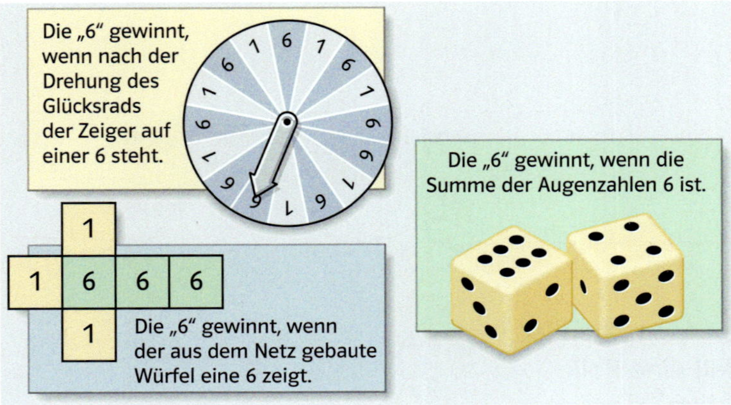

Bei einem Spiel geht es für die Teilnehmer darum, wer als Erster eine „6“ erzielt hat. Jeder der drei Mitspieler wählt dabei eines der Spielgeräte.
Jonathan meint: „Ich nehme die beiden Würfel. Da gibt es so viele verschiedene Möglichkeiten, eine „6“ zu erhalten.“
Lea überlässt ihrer kleinen Schwester großzügig den Vortritt bei der Auswahl.

Dreht man den Zeiger am abgebildeten Glücksrad, so wird er auf einer der Farbflächen stehen bleiben. Auf welche Fläche er zeigt, kann man jedoch nicht vorhersagen, aber als **Ergebnisse** können nur „blau“, „gelb“, „grün“ auftreten. Trotzdem ist es möglich, sinnvolle **Prognosen** (Vorhersagen) über den Ausgang dieses Experiments anzugeben. Experimente dieser Art bezeichnet man als **Zufallsexperimente**.

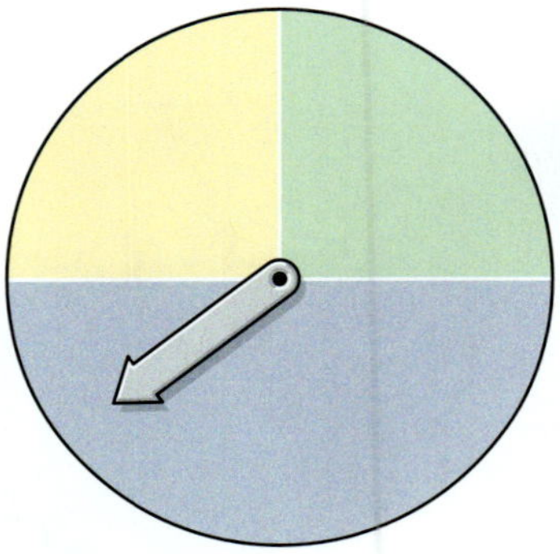

Fig. 1

Da der größte Teil der Fläche blau gefärbt ist, wird der Zeiger bei mehrfacher Durchführung des Experimentes am häufigsten auf diesem Feld stehen bleiben. Die Felder „gelb“ und „grün“ sind gleich groß, deshalb sollten beide gleich häufig vorkommen. Aufgrund der Flächenanteile kann man sogar die Prognose aufstellen, dass bei der Hälfte aller durchgeführten Experimente das Feld „blau“ auftritt, das Ergebnis „gelb“ und „grün“ sollte jeweils bei einem Viertel aller Versuche auftreten.

Mit einem selbstgebauten Glücksrad (vgl. Aufgabe 4) könnt ihr den Versuch selbst durchführen.

Bei 200 Versuchen:

Farbe		blau	gelb	grün
erwartete Häufigkeit		100	50	50
beobachtete Häufigkeit	1. Durchführung	104	43	53
	2. Durchführung	92	54	54
	3. Durchführung	107	38	55

Diese Prognosen lassen sich nun mithilfe von Versuchsreihen überprüfen.
Die obige Tabelle zeigt die Ergebnisse solcher Versuchsreihen. Die beobachteten Häufigkeiten stimmen hier recht gut mit den erwarteten Häufigkeiten überein.

Erkennungsmerkmale eines Zufallsexperimentes
Bei der Durchführung des Experimentes gilt:
1. Es wird genau ein Ergebnis von mehreren möglichen Ergebnissen eintreten.
2. Welches der möglichen Ergebnis auftreten wird, lässt sich nicht vorhersagen.

Beispiel 1 Zufallsexperimente

Welche Vorgänge können als Zufallsexperimente angesehen werden? Begründe deine Antwort.

a) Eine Münze wird geworfen.

b) Eine Taschenlampe wird ausgeknipst.

c) Eine Kugel wird mit geschlossenen Augen aus einem Beutel mit roten, gelben und blauen Kugeln gezogen.

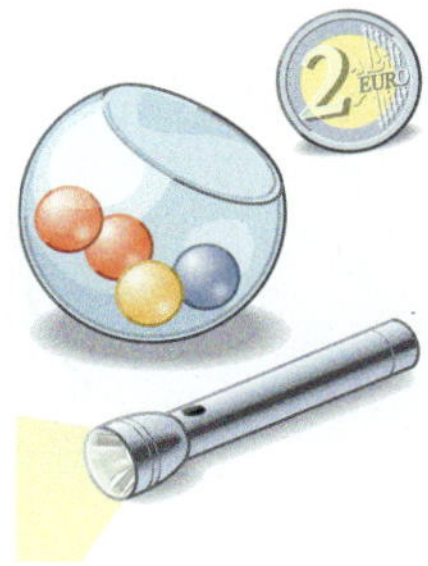

Lösung:

a) Es handelt sich um ein Zufallsexperiment, weil man zwar weiß, dass entweder „Wappen" oder „Zahl" erscheinen wird, man aber beim einzelnen Wurf das Ergebnis nicht vorhersagen kann.

b) Es handelt sich um kein Zufallsexperiment, weil als Ergebnis feststeht: Das Licht erlischt.

c) Es handelt sich um ein Zufallsexperiment, weil man zwar weiß, dass die gezogene Kugel eine der Farben Rot, Gelb oder Blau haben wird, man aber nicht vorhersagen kann, welche der drei Farben die gezogene Kugel haben wird.

Beispiel 2 Prognosen

Timo schlägt vor, statt eines Würfels mit einem LEGO-Sechser (Fig. 1) zu würfeln. Anke meint, dass hierbei die 3 am häufigsten auftritt und die Augenzahlen 2 und 5 sehr selten.

Lösung:

Zum Überprüfen werfen Anke und Timo den LEGO-Sechser je 20-mal und notieren die Augenzahlen. Das Ergebnis scheint die Prognose von Anke zu bestätigen.

Augenzahl	1	2	3	4	5	6
Anzahl der Würfe	3	1	22	12	0	2

Fig. 1

Hier sollen wie beim „normalen" Würfel gegenüberliegende Seiten 7 ergeben.

Aufgaben

1 Welche Vorgänge können als Zufallsexperimente angesehen werden? Begründe deine Antwort. Welche Ergebnisse sind jeweils möglich?

a) Werfen eines Würfels und Ablesen der oben liegenden Augenzahl.

b) Befragen eines Schülers nach dem Wochentag, an dem er Geburtstag hat.

c) Feststellen der Himmelsrichtung, in der die Sonne am Mittag steht.

d) Aufschlagen eines Buches und Ermitteln des Buchstabens, mit dem die Seite beginnt.

e) Messen der Länge eures Klassenzimmers auf Zentimeter genau.

2 Die Kugel fällt auf die unterschiedlich geformten Bodenflächen und bleibt an einer Stelle liegen. Welche dieser Vorgänge sind Zufallsexperimente? Begründe.

(1) (2) (3) (4)

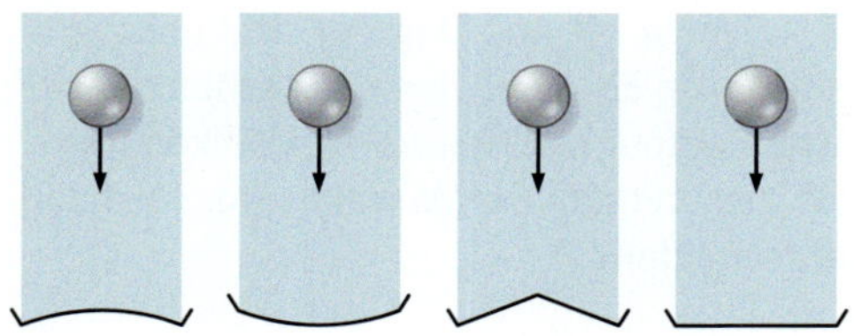

3 Eine volle Streichholzschachtel wird geworfen. Dabei interessiert die entstehende Lage der Schachtel. Möglich sind die Lagen flach, quer und hoch.

a) Gib eine Prognose für die möglichen Ergebnisse an.

b) Überprüfe die Prognose durch 100-maliges Werfen der Schachtel.

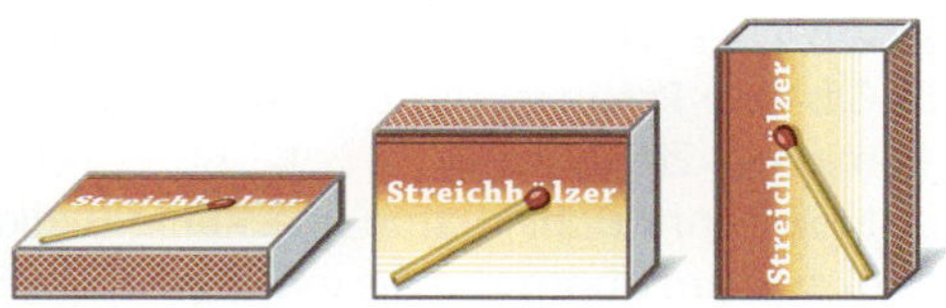

Klassenexperiment

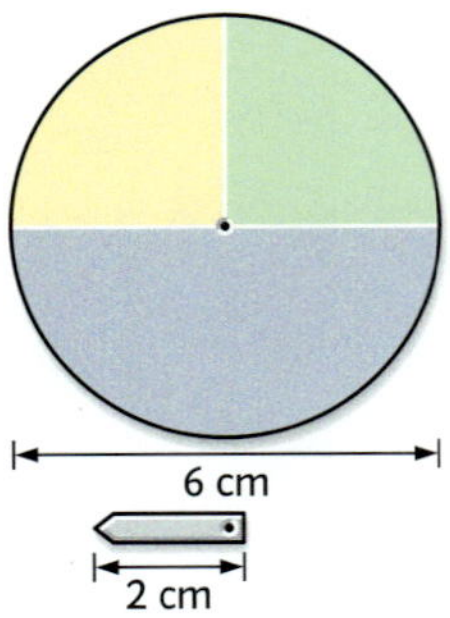

Fig. 1

4 a) Stelle das Glücksrad aus Fig. 1 her. Teile dazu die Kreisscheibe wie angegeben und färbe die Flächen. Der Zeiger aus Pappe wird an einem Ende durchbohrt und auf der Scheibe drehbar festgehalten (Fig. 2).
b) Drehe den Zeiger 20-mal durch „Anschnippen" und notiere, wie oft welches Ergebnis auftrit.
c) Vergleiche deine Resultate mit den Prognosen von Seite 136. Fasst in der Klasse eure Resultate zusammen und vergleicht nochmals mit der Prognose.

Fig. 2

5 Peter behauptet, dass bei Telefonnummern alle Ziffern 0, 1, 2, …, 9 gleich häufig auftreten. Plant in eurer Klasse ein geeignetes Zufallsexperiment. Benutzt dazu das Telefonbuch eures Wohnortes und überprüft, ob Peters Behauptung gerechtfertigt ist.

6 Stelle aus einer Sechskantmutter einen „Würfel" mit den Augenzahlen 1 bis 8 her.
a) Gib eine Prognose für das Auftreten der Augenzahlen an.
b) Würfle 100-mal und ermittle die Anzahlen für das Auftreten der einzelnen Augenzahlen. Vergleiche mit deiner Prognose.
c) Vergleicht in eurer Klasse.

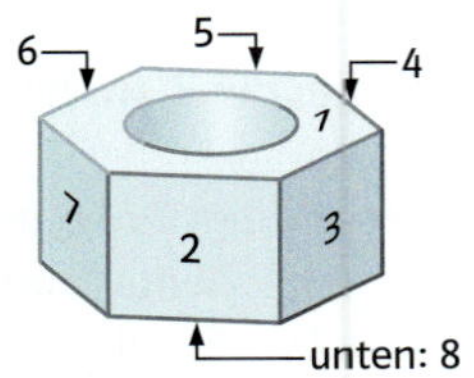

Bist du sicher?

1 Welche Vorgänge können als Zufallsexperimente angesehen werden? Begründe deine Antwort. Welche Ergebnisse sind jeweils möglich?
a) Werfen einer Reißzwecke.
b) Messen der Siedetemperatur von Wasser.

2 Das Glücksrad wird einmal gedreht.
a) Gib eine Prognose für das Ergebnis „0" an.
b) Gib eine Prognose für das Ergebnis „hellblau" an.

Der linke Körper in Fig. 3 ist ein regelmäßiger Körper mit zwölf fünfeckigen Seitenflächen. Man nennt ihn Dodekaeder.

7 Svenja, Liz und Dagmar sind unschlüssig, ob sie Eis essen, ins Kino gehen oder eine Radtour machen sollen. Wie könnten sie dies mithilfe der Würfel in Fig. 3 zufällig entscheiden?

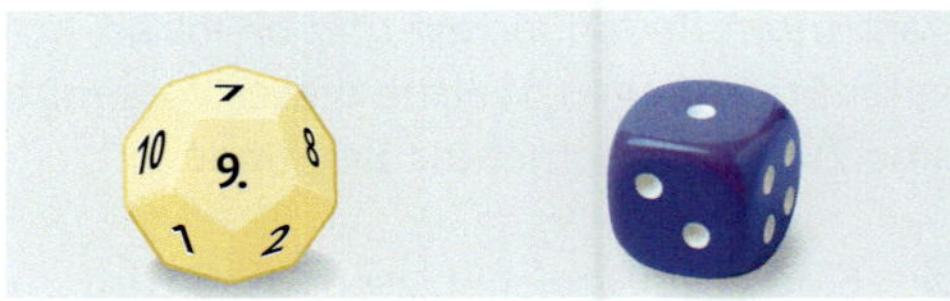

Fig. 3

8 Mithilfe eines Skatblattes kann man Zufallsexperimente durchführen.
a) Gib zwei solche Zufallsexperimente an.
b) Gib eine Prognose für das Ziehen einer Herz-Karte an. Überprüfe diese Prognose durch 10-maliges Ziehen.
c) Man nennt Bube, Dame und König Bildkarten. Gib eine Prognose für das Ziehen einer Bildkarte an. Überprüfe diese Prognose durch 10-maliges Ziehen.

2 Versuchsreihen ergeben Wahrscheinlichkeiten

Bei einem Spiel wird ein „Dreieckskreisel" 20-mal gedreht. Auf welche Seite fällt der Kreisel wohl am häufigsten? Worauf würdest du wetten?
Baue einen eigenen Kreisel. Lasse deine Sitznachbarn schätzen, auf welcher Seite der Kreisel am häufigsten liegen bleibt. Drehe dann den Kreisel 20-mal.

Das Werfen einer Reißzwecke ist ein Zufallsexperiment mit den beiden Ergebnissen „Kopf" oder „Seite". Man kann als Prognose über den Ausgang vermuten, dass das Ergebnis „Kopf" häufiger auftritt als das Ergebnis „Seite". Damit man genauere Aussagen machen kann, wiederholt man das Experiment ausreichend oft.

Man zählt dabei, wie oft Kopf und Seite auftreten. Diese Anzahlen nennt man **absolute Häufigkeiten**. Man bestimmt außerdem die Anteile der absoluten Häufigkeiten an der Gesamtzahl der Würfe. Diese Anteile nennt man **relative Häufigkeiten**. In den Tabellen sind die absoluten und relativen Häufigkeiten verschiedener Versuchsreihen beim Werfen einer Reißzwecke aufgeführt. Bei zehn Würfen sind die Häufigkeiten des ersten und zweiten Durchgangs noch sehr verschieden. Bei 100 Würfen sind die Werte beider Durchgänge wesentlich ähnlicher. Bei 1000 Würfen sind die Unterschiede noch geringer.

10 x Werfen	1. Durchgang		2. Durchgang	
Ergebnis	Kopf	Seite	Kopf	Seite
absolute Häufigkeit	4	6	8	2
relative Häufigkeit	0,4	0,6	0,8	0,2

100 x Werfen	1. Durchgang		2. Durchgang	
Ergebnis	Kopf	Seite	Kopf	Seite
absolute Häufigkeit	65	35	57	43
relative Häufigkeit	0,65	0,35	0,57	0,43

1000 x Werfen	1. Durchgang		2. Durchgang	
Ergebnis	Kopf	Seite	Kopf	Seite
absolute Häufigkeit	595	405	601	399
relative Häufigkeit	0,595	0,405	0,601	0,399

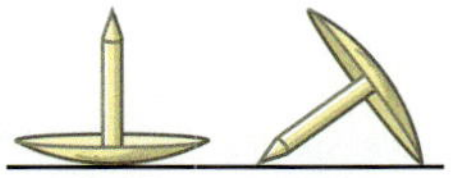

***Relativ** bedeutet „bezogen auf".*
***Relative Häufigkeiten** werden auf die Gesamtzahl der Durchführungen eines Versuches bezogen.*

Führt man ein Zufallsexperiment sehr häufig durch, so stellt man fest, dass sich die relativen Häufigkeiten bei verschiedenen Durchgängen kaum noch unterscheiden. Sie schwanken immer weniger um einen bestimmten Wert. Diesen Wert kann man für eine Prognose bei weiteren Versuchen benutzen, man bezeichnet ihn als **Wahrscheinlichkeit eines Ergebnisses**. Also schätzt man die Wahrscheinlichkeiten durch die relativen Häufigkeiten von langen Versuchsreihen. Beim obigen Experiment kann man z. B. folgende Wahrscheinlichkeiten schätzen:

Lange Versuchsreihen führen zu Wahrscheinlichkeiten.

Ergebnis	Kopf	Seite
geschätzte Wahrscheinlichkeit	0,6 = 60 %	0,4 = 40 %

Wahrscheinlichkeiten kürzt man mit dem Buchstaben P ab. Für die Wahrscheinlichkeit des Ergebnisses Kopf bzw. Seite schreibt man dann: P(Kopf) = 0,6 bzw. P(Seite) = 0,4.

***probabilitas** (lat.): Wahrscheinlichkeit*

Wenn man ein Zufallsexperiment oft wiederholt, dann sind die ermittelten relativen Häufigkeiten gute Schätzwerte für die Wahrscheinlichkeiten.
Die den einzelnen Ergebnissen zugeordneten Wahrscheinlichkeiten müssen zusammen 1 (= 100 %) ergeben.

Die Summe der relativen Häufigkeiten und die Summe der Wahrscheinlichkeiten muss jeweils 1 ergeben.

Beispiel Schätzen von Wahrscheinlichkeiten
Schätze zuerst ohne und dann mit Experiment die Wahrscheinlichkeiten dafür, dass die Zahlen 1 bis 5 oben liegen.

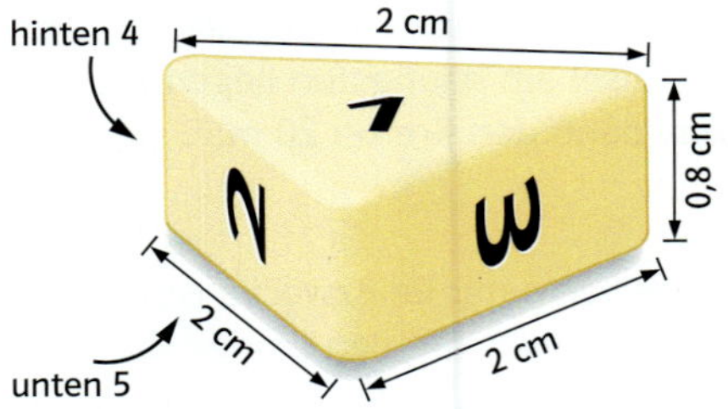

Lösung:
Für 1 und 5 sind gleiche Wahrscheinlichkeiten zu erwarten, da die Flächen gleich groß sind.
Aus dem gleichen Grund sollten 2, 3 und 4 gleiche Wahrscheinlichkeiten haben.
Da der Baustein recht flach ist, haben 1 und 5 eine größere Wahrscheinlichkeit als 2, 3 und 4 (Schätzwerte: vgl. Tabelle rechts).

Augenzahl	1	2	3	4	5
Schätzung	30 %	20 %	20 %	20 %	30 %

Bei 300 Würfen hat sich die nebenstehende Tabelle ergeben.
Da die Wahrscheinlichkeiten für 1 und 5 gleich sind, kann man aus den relativen Häufigkeiten beider Zahlen einen Mittelwert bilden – es ergibt sich jeweils 33,5 %.
Aus dem gleichen Grund erhält man für 2, 3 und 4 je eine geschätzte Wahrscheinlichkeit von 11 %.

Augenzahl	1	2	3	4	5
absolute Häufigkeit	104	37	29	34	96
relative Häufigkeit	0,35	0,12	0,10	0,11	0,32
geschätzte Wahrscheinlichkeit	0,335 = 33,5 %	0,11 = 11 %	0,11 = 11 %	0,11 = 11 %	0,335 = 33,5 %

Aufgaben

1 Helena wirft eine Reißzwecke 250-mal und erhält 177-mal Kopf, Susanne erhält bei 500 Würfen 322-mal Kopf und Pascal bei 750 Würfen 466-mal Kopf.
Berechne die relativen Häufigkeiten in Prozent. Welche Wahrscheinlichkeit für Kopf lässt sich anhand der vorliegenden Resultate schätzen?

Gruppenarbeit
Bei den Aufgaben 2, 3 und 4 bekommt man bessere Ergebnisse, wenn man in einer Gruppe arbeitet.

2 a) Paul hat die Seiten von Legosteinen durchnummeriert und die Wahrscheinlichkeiten für LEGO-Achter, -Sechser und -Vierer geschätzt. Welche Schätzung gehört zu welchem Stein?
b) Würfle mit dem LEGO-Achter, -Sechser und -Vierer jeweils 50-mal (einen Becher auf den Tisch stülpen) und ermittle die absoluten und relativen Häufigkeiten der Augenzahlen 1 bis 6.

Augenzahl	1	2	3	4	5	6
Schätzung 1	10 %	10 %	40 %	20 %	10 %	10 %
Schätzung 2	10 %	0,5 %	47 %	32 %	0,5 %	10 %
Schätzung 3	11 %	1,5 %	45 %	30 %	1,5 %	11 %

3 Ein Buch mit vielen Zahlen
Im Telefonbuch stehen neben den Telefonnummern auch Adressen, z. B. Huber Max, Hauptstraße 25. Die Hausnummer hat hier die Anfangsziffer 2. Sarah vermutet, dass die Anfangsziffern 1, 2, … , 9 der Hausnummern mit gleicher Wahrscheinlichkeit vorkommen. Überprüfe die Vermutung, indem du in einem Telefonbuch 50 Hausnummern zufällig auswählst und jeweils die Anfangsziffer notierst. Ermittle dann die relativen Häufigkeiten für die Ziffern 1, …, 9.

4 Ein Lehrer macht aus Scherz den Vorschlag, die Note für die nächste Klassenarbeit per Zufall zu ermitteln. Die Schüler können zwischen zwei Möglichkeiten wählen.
Erstens: Würfeln mit einem Spielwürfel mit sechs Seiten.
Zweitens: Vier Münzen werden geworfen. Zu der Anzahl der geworfenen „Wappen“ addiert man eins und erhält so die Note.
a) Schätze für beide Möglichkeiten die Wahrscheinlichkeiten, mit der die einzelnen Noten auftreten können.
b) Verwende beide Möglichkeiten zur Bestimmung von 50 Noten. Berechne die relativen Häufigkeiten für die Noten 1 bis 6.
c) Vergleiche deine Schätzungen aus a) mit den Ergebnissen aus b).

Zum Knobeln

5 In der deutschen Sprache treten die einzelnen Buchstaben des Alphabets mit sehr unterschiedlicher Häufigkeit auf, wie die Tabelle auf dem Rand zeigt.
a) Beschreibe eine Methode, mit der man diese Häufigkeiten vorhersagen könnte.
b) Wähle einen Text aus oder schreibe eine Geschichte und untersuche, ob du ähnliche Werte erhältst. Stelle dein Ergebnis in einem Balkendiagramm dar und kommentiere es.
c) In den folgenden Texten steht jede der Zahlen von 1 bis 26 für einen deutschen Buchstaben. Versuche, beim aus neun Wörtern bestehenden Text (1) herauszufinden, für welche Buchstaben die fünf am häufigsten auftretenden Zahlen stehen. Wenn du dann noch weißt, dass es sich hier um den Ausspruch eines pflichtbewussten Schülers handelt, wirst du sicher die Lösung finden. Beim Text (2) musst du beachten, dass Umlaute als zwei Buchstaben dargestellt werden (z. B. ä als ae).

(1)
19,25,4,9 22,19,8,8 3,19,12,8,19
4,11,7,14,24,1,25,6,19,12,9,19,8
23,19,25,9,12,2 4,12,8,15
5,18,3,3,19 12,11,7 25,1,14,4

(2)
20,2,10 9,18,4,2,10,19,4 10,4,8,19,4
3,18,2,10 17,4,3 19,18,19,4,3,7,2,10,16,4,17,4,15
1,4,3,4,7 9,16,3,3,4,7 7,19,6,4,20,2,10,4,15,3
17,4,6 17,20,4 5,4,6,20,4,3
4,6,5,8,3,17,4,3 10,16,19

Häufigkeit der Buchstaben des Alphabets in der deutschen Sprache	
Buchstabe	relative Häufigkeit
a	6,51 %
b	1,89 %
c	3,06 %
d	5,08 %
e	17,40 %
f	1,66 %
g	3,01 %
h	4,76 %
i	7,55 %
j	0,27 %
k	1,21 %
l	3,44 %
m	2,53 %
n	9,78 %
o	2,51 %
p	0,79 %
q	0,02 %
r	7,00 %
s	7,27 %
t	6,15 %
u	4,35 %
v	0,67 %
w	1,89 %
x	0,03 %
y	0,04 %
z	1,13 %

6 a) Mit einer Scheibe wie in Fig. 1 kann man Briefe in Geheimschrift verschlüsseln. Man nennt solch eine Scheibe Cäsar-Scheibe. Die Botschaft, die man übermitteln möchte, heißt Klartext. Wenn man einen Buchstaben schreiben will, sucht man ihn erst auf dem äußeren Kreis und schreibt dann stattdessen den Buchstaben auf dem inneren Kreis, der unter diesem Buchstaben steht. Aus „HEUTE ABEND UM SIEBEN“ wird dann, wenn dem Buchstaben A auf dem äußeren Kreis der Buchstabe B auf dem inneren Kreis gegenübersteht: „IFVUF BCFOE VN TJFCFO“. Schon Cäsar hat erkannt, dass man mit dieser Methode keine längeren Texte sicher verschlüsseln kann. Warum?
b) Entschlüssle den folgenden Geheimtext unter Verwendung der Tabelle auf dem Rand und Fig. 1: „hvoczhvodfdnozdiznyzmdiozmznnioznoziavzxczmhdonzcmcjczmrvcmnxczdigdxcfzdofviihvikmjwgzhzyznvggovbnhdocdgayzmhvoczhvodfgjznzi“.

Fig. 1

Die Cäsar-Scheibe ist nach dem römischen Kaiser Julius Cäsar (100 – 44 v. Chr.) benannt.

3 Laplace-Experimente

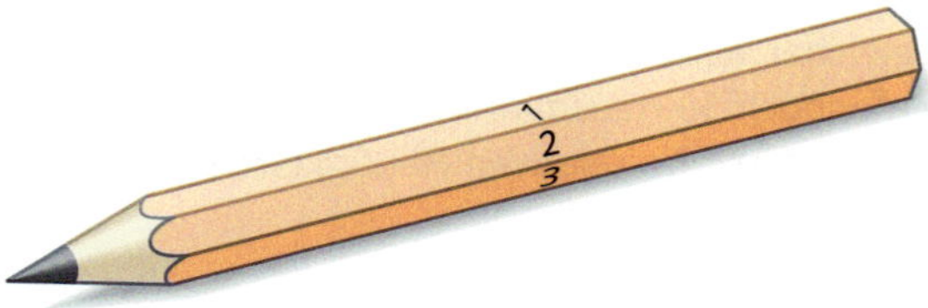

Max und Bettina spielen ein Würfelspiel. Max benutzt einen normalen Spielwürfel; Bettina rollt ihren Bleistift, den sie auf seinen sechs Seiten mit den Zahlen 1 bis 6 beschriftet hat.

Es gibt Zufallsexperimente, bei denen man in der Angabe einer Prognose für die Wahrscheinlichkeiten sehr sicher ist. Beim Wurf einer Münze kann man davon ausgehen, dass die zu erwartende Häufigkeit für das Ergebnis „Zahl" und „Kopf" gleich ist. Ebenso erwartet man bei einem normalen Spielwürfel, dass beim Würfeln jede Augenzahl gleich häufig auftritt.

Der Franzose Pierre Simon Laplace war Mathematiker, Physiker und Astronom. Unter Napoleon, den er in Mathematik geprüft hatte, wurde er für kurze Zeit Innenminister und später Kanzler des Senats. Er beschäftigte sich u. a. mit der Himmelsmechanik und der Wahrscheinlichkeitstheorie.

Zufallsexperimente, bei denen man annehmen kann, dass alle Ergebnisse gleich wahrscheinlich sind, nennt man **Laplace-Experimente**, benannt nach dem französischen Mathematiker Pierre Simon Marquis de Laplace (1749–1827). Für diese Zufallsexperimente muss man keine langen Versuchsreihen durchführen, um zu Schätzwerten für die Wahrscheinlichkeiten zu gelangen.

Für Laplace-Experimente gilt:
Alle Ergebnisse sind gleich wahrscheinlich, d. h., bei 2 Ergebnissen (z. B. Münzwurf) beträgt die Wahrscheinlichkeit für jedes einzelne Ergebnis $\frac{1}{2}$, bei 6 Ergebnissen (z. B. Würfel) $\frac{1}{6}$, bei n Ergebnissen $\frac{1}{n}$.

Beispiel
a) Wie groß ist die Wahrscheinlichkeit, dass beim Roulette die Null auftritt?
b) Wie häufig wird die Null etwa auftreten, wenn man 500-mal dreht?
Lösung:
Man nimmt an, dass alle Zahlen von 0 bis 36 mit gleicher Wahrscheinlichkeit auftreten.
a) Wahrscheinlichkeit für „Null": $\frac{1}{37} \approx 2{,}7\%$
b) Die absolute Häufigkeit des Ergebnisses „Null" wird bei $\frac{1}{37} \cdot 500 = \frac{500}{37} \approx 14$ liegen.

Fig. 1

Was ein Dodekaeder ist, wurde auf Seite 138 gesagt.

Aufgaben

1 Die Seitenflächen des Dodekaeders in Fig. 1 sind mit den Zahlen von 1 bis 12 beschriftet. Wie groß ist die Wahrscheinlichkeit dafür, dass
a) eine durch 5 teilbare Zahl gewürfelt wird, b) eine gerade Zahl gewürfelt wird,
c) keine durch 2 teilbare Zahl gewürfelt wird, d) eine Primzahl gewürfelt wird?

2 Welche Begründung ist gerechtfertigt, welche annähernd, welche ist falsch?
a) Es gibt zwölf Monate, also ist die Wahrscheinlichkeit, dass eine zufällig ausgewählte Person im Januar Geburtstag hat, $\frac{1}{12} \approx 8{,}3\,\%$.
b) Es gibt sieben Wochentage, also ist die Wahrscheinlichkeit, dass der 1. Advent auf einen Montag fällt, $\frac{1}{7} \approx 14{,}3\,\%$.
c) Ein Bierdeckel hat zwei Seiten. Also ist die Wahrscheinlichkeit, dass er beim Werfen auf die Oberseite fällt, $\frac{1}{2} = 50\,\%$.

3 Du ziehst eine Karte aus einem Skatspiel (ein Skatspiel hat 32 Karten). Mit welcher Wahrscheinlichkeit erwischst du
a) den Kreuzbuben, b) eine rote Karte, c) eine Kreuzkarte, d) keine Herzkarte?

4 a) Welche Wahrscheinlichkeit hat das Ergebnis „5" bei den Glücksrädern in Fig 1.?
b) Claudia dreht jedes der Räder 240-mal. Wie oft kann sie dabei jeweils die „5" erwarten?

Fig. 1

5 a) Welche Wahrscheinlichkeit hat die Zahl „3" bei den Behältern in Fig. 2?
b) Ellen zieht 75-mal aus Behälter 1. Dabei wird jede gezogene Kugel vor dem nächsten Zug zurückgelegt. Wie oft wird sie etwa in den 75 Versuchen die „3" erwischen?

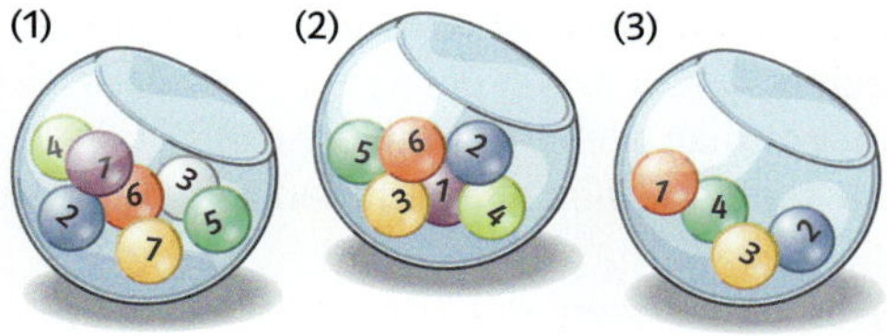

Fig. 2

Hinweis:
Wenn im Folgenden Kugeln gezogen werden, so wird davon ausgegangen, dass sie gleichartig sind. Das heißt, sie unterscheiden sich nur in Farbe bzw. Beschriftung. Ohne hinzuschauen sind sie nicht zu unterscheiden.

6 Aus dem Behälter in Fig. 3 wird eine Kugel gezogen.
a) Wie groß ist die Wahrscheinlichkeit dafür, dass die Kugel weiß ist?
b) Wie groß ist die Wahrscheinlichkeit dafür, dass eine gerade Zahl auf der Kugel steht?

Fig. 3

7 a) In einem Beutel liegen eine rote und vier weiße Kugeln. Wie groß ist die Wahrscheinlichkeit, dass man beim Hineingreifen die rote Kugel erwischt?
b) Uschi hat beim ersten Zug eine weiße Kugel gezogen und zur Seite gelegt. Wie groß ist die Wahrscheinlichkeit, dass sie nun beim zweiten Versuch die rote Kugel erwischt?

8 Michael schlägt Svea vor: „Wenn ich beim Würfeln mit einem Würfel unter 3 bleibe, zahle ich dir ein Eis, ansonsten zahlst du mir eins."
a) Wie oft würde Michael etwa bei 300 Spielen zahlen, wie oft müsste Svea zahlen?
b) Ändere das Spiel so ab, dass es „gerecht" wird.

Kannst du das noch?

9 Ein Mauersegler kann große Strecken mit einer Geschwindigkeit von $150\,\frac{km}{h}$ zurücklegen. Wie lange würde er für die Strecke Hannover – Stuttgart (526 km) benötigen? Runde sinnvoll.
Wie lange würde er zum Überfliegen eines 120 m langen Sportplatzes benötigen?

4 Zusammenfassen von Ergebnissen – Summenregel

Marcella ist mit dem Würfeln an der Reihe. „Meine Chancen, dich beim nächsten Zug zu überholen, sind gar nicht so schlecht", sagt sie. „Pech für dich!", kontert Max.

Ein Glücksrad ist in 20 gleiche von 1 bis 20 nummerierte Sektoren unterteilt. Das Drehen des Glücksrades und Ablesen der angezeigten Zahl hat somit die 20 möglichen Ergebnisse „1", „2", „3", …, „20". Man interessiert sich nun z. B. dafür, ob die angezeigte Zahl durch vier teilbar ist. Es gibt fünf Ergebnisse, die diese Eigenschaft haben: „4", „8", „12", „16", „20". Diese Ergebnisse fasst man zu dem **Ereignis** „Die angezeigte Zahl ist durch vier teilbar." zusammen.

Zum oben betrachteten Ereignis gehören 5 der 20 gleich wahrscheinlichen Ergebnisse (es handelt sich hier um ein Laplace-Experiment). Daher ist die Wahrscheinlichkeit für das Ereignis $\frac{5}{20} = \frac{1}{20} + \frac{1}{20} + \frac{1}{20} + \frac{1}{20} + \frac{1}{20} = \frac{1}{4}$. Die Wahrscheinlichkeit für ein Ereignis erhält man also, indem man die Einzelwahrscheinlichkeiten aller Ergebnisse, die zu diesem Ereignis gehören, addiert. Dies gilt auch dann, wenn es sich nicht um ein Laplace-Experiment handelt.

Will man wissen, mit welcher Wahrscheinlichkeit beim Würfeln mit einem LEGO-Achter eine gerade Zahl gewürfelt wird, so kann man die nebenstehende Tabelle benutzen. Die gesuchte Wahrscheinlichkeit beträgt
0,5 % + 32 % + 10 % = 42,5 %.
Mit einer Wahrscheinlichkeit von 42,5 % würfelt man also mit dem LEGO-Achter eine gerade Zahl.

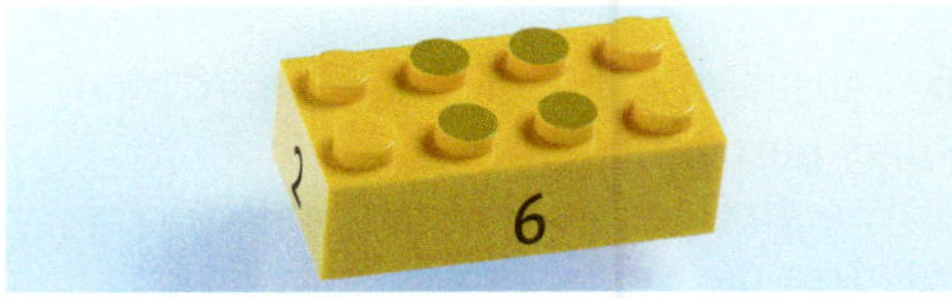

Augenzahl	1	2	3	4	5	6
Wahrscheinlichkeit	10 %	0,5 %	47 %	32 %	0,5 %	10 %

Summenregel: Man berechnet die Wahrscheinlichkeit eines Ereignisses, indem man die Wahrscheinlichkeiten der zugehörigen Ergebnisse addiert.

Beispiel
In einer Tüte Schokolinsen sind 25 % hellblaue, 19 % dunkelblaue, 34 % gelbe und 22 % rote Schokolinsen. Anna zieht ohne hinzuschauen eine Linse. Wie groß ist die Wahrscheinlichkeit für das Ereignis
a) „blaue Linse",
b) „blaue oder rote Linse",
c) „keine rote Linse"?

Lösung:
a) Die Wahrscheinlichkeit für das Ereignis „blaue Linse" beträgt: 25 % + 19 % = 44 %.
b) Die Wahrscheinlichkeit für das Ereignis „blaue oder rote Linse" beträgt:
25 % + 19 % + 22 % = 66 %.
c) Die Wahrscheinlichkeit für das Ereignis „keine rote Linse" beträgt:
25 % + 19 % + 34 % = 78 %.

Aufgaben

1 a) Bestimme für die Glücksräder die Wahrscheinlichkeiten für die Ergebnisse „blau“, „gelb“ und „grün“.
b) Bestimme die Wahrscheinlichkeit für das Ereignis „gelb oder blau“.

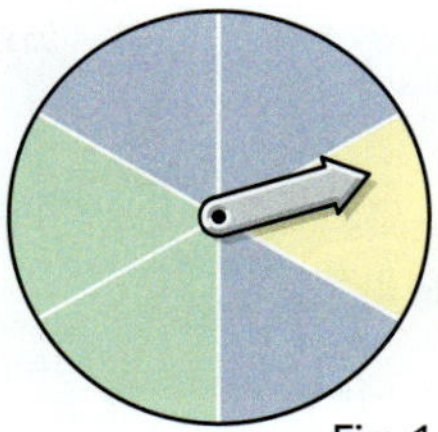
Fig. 1

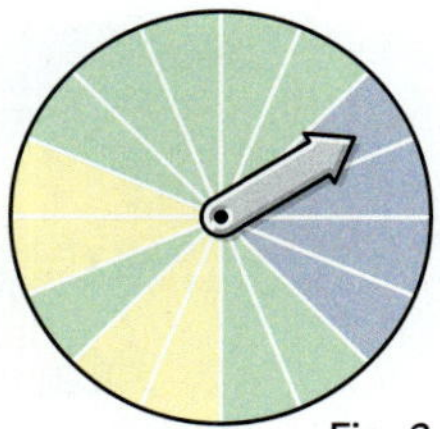
Fig. 2

2 In der Bonbondose von Familie Schütz sind noch fünf Karamell-, drei Vitamin-, vier Himbeer-, sieben Zitronen- und elf Pfefferminzbonbons.
a) Jonas Schütz' Lieblingssorten sind Karamell und Zitrone. Mit welcher Wahrscheinlichkeit erhält er ein Bonbon dieser Sorten, wenn er ohne hinzuschauen ein Bonbon aus der Dose nimmt?
b) Seine Schwester Ilka möchte Himbeere oder Pfefferminz. Mit welcher Wahrscheinlichkeit zieht sie ein Bonbon dieser Sorten, wenn Jonas ihr den Vortritt lässt?

3 Beim Spiel „Mensch, ärgere dich nicht“ ist der Spieler mit den gelben Figuren am Zug. Gib die Wahrscheinlichkeit der folgenden Ereignisse an.
a) Der Spieler wirft eine andere Figur hinaus.
b) Der Spieler erreicht sein Haus.
c) Es geschieht keines von beiden?

Welches Problem entsteht, wenn die rechte gelbe Figur ein Feld weiter vorne steht?

4 a) Wie groß ist die Wahrscheinlichkeit, an einem Samstag oder Sonntag geboren zu werden? Welche Annahme machst du bei der Berechnung?
b) Wie groß ist die Wahrscheinlichkeit, an einem Wochentag geboren zu werden, in dem der Buchstabe „s“ vorkommt?
c) Heutzutage werden am Wochenende nicht mehr so viele Kinder geboren wie früher, weil der Geburtstermin durch Medikamente beeinflusst werden kann. Wie verändern sich dadurch die Ergebnisse in a) und b)?

5 Zeichne ein Glücksrad mit den Farben blau, gelb und grün, bei dem der Zeiger mit der Wahrscheinlichkeit 50 % auf „gelb“ oder „blau“ und mit
a) der Wahrscheinlichkeit 70 % auf „gelb“ oder „grün“ stehen bleibt,
b) der Wahrscheinlichkeit 90 % auf „blau“ oder „grün“ stehen bleibt.

6 Ein Würfel wird geworfen. Bestimme die Wahrscheinlichkeit für die folgenden Ereignisse. Rechne geschickt.
a) Der Würfel zeigt die 5.
b) Der Würfel zeigt keine 5.
c) Die Augenzahl ist durch 3 teilbar.
d) Die Augenzahl ist nicht durch 3 teilbar.

Info

Das Ereignis, beim Würfeln eine ⚅ zu werfen, enthält ein einziges von sechs möglichen Ergebnissen: P(⚅) = $\frac{1}{6}$. Das Ereignis, keine 6 zu werfen, enthält die fünf restlichen Ergebnisse. Es ist das **Gegenereignis** von ⚅: P(keine ⚅) = 1 − $\frac{1}{6}$ = $\frac{5}{6}$. Die Wahrscheinlichkeiten eines Ereignisses und seines Gegenereignisses ergänzen sich zu 1. Kennt man also eine der beiden Wahrscheinlichkeiten, so lässt sich die andere leicht berechnen: P(Gegenereignis) = 1 − P(Ereignis). Diese Regel heißt **Komplementärregel**.

5 Mehrstufige Zufallsexperimente – Pfadregel

Wenn Herr Peetz mit seinem Auto zur Arbeit fährt, muss er zwei Ampeln passieren. Er weiß, dass jede Ampel mit der Wahrscheinlichkeit 50 % „grün" zeigt. Deshalb behauptet er, dass er zu 100 % an einer Ampel grün hat.

Manchmal bestehen Zufallsexperimente aus mehreren einzelnen Versuchen. Beispielsweise kann eine Münze zweimal hintereinander geworfen werden. Man spricht dann von mehreren Stufen.

Auch für solche mehrstufigen Zufallsexperimente kann man Wahrscheinlichkeiten berechnen. Beim einzelnen Münzwurf gibt es die Ergebnisse „Kopf" (K) und „Zahl" (Z). Beim doppelten Münzwurf sind folgende vier Ergebnisse möglich:

1) „Beide Münzen zeigen Kopf." (KK)
2) „Die erste Münze zeigt Kopf, die zweite Zahl." (KZ)
3) „Die erste Münze zeigt Zahl, die zweite Kopf." (ZK)
4) „Beide Münzen zeigen Zahl." (ZZ)

Die Ergebnisse können wie in Fig. 1 mit einem **Baumdiagramm** dargestellt werden. Jedem Ergebnis entspricht ein farbig markierter **Pfad im Baumdiagramm**. Solche Pfade werden oft durch Buchstabenkombinationen angegeben.

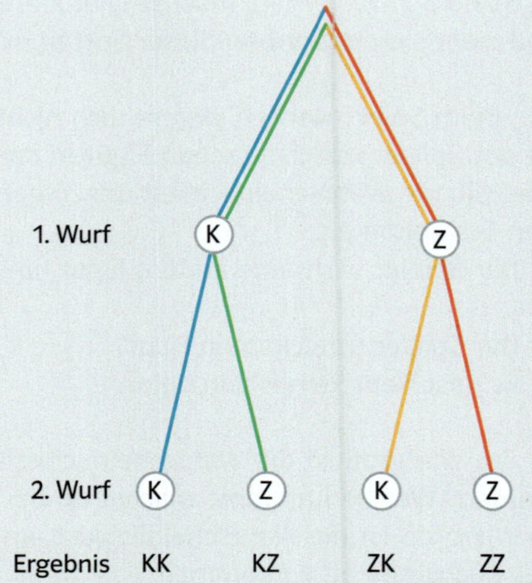

Fig. 1

Hinweis:
Wenn nichts anderes gesagt wird, dann handelt es sich bei einer Münze immer um eine „faire" Münze. Das heißt, dass „Kopf" und „Zahl" jeweils die gleiche Wahrscheinlichkeit haben.

Die Wahrscheinlichkeit, im ersten Wurf „Kopf" zu erhalten, beträgt $\frac{1}{2}$. Die Wahrscheinlichkeit, im zweiten Wurf „Kopf" zu werfen, beträgt wieder $\frac{1}{2}$. Die Wahrscheinlichkeit für KK ist daher $\frac{1}{2}$ von $\frac{1}{2}$, also $\frac{1}{4}$. Man erhält die gesuchte Wahrscheinlichkeit also folgendermaßen: $\frac{1}{2} \cdot \frac{1}{2} = \frac{1}{4}$. Die einzelnen Wahrscheinlichkeiten werden multipliziert. Im Baumdiagramm beschriftet man die Pfade mit den jeweiligen Wahrscheinlichkeiten (vgl. Fig. 2).

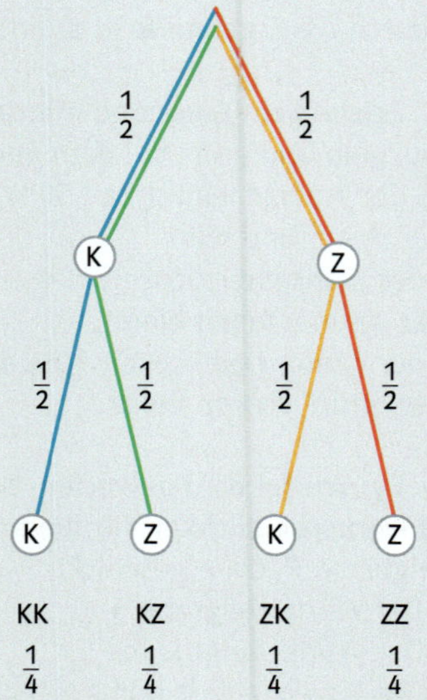

Fig. 2

Die Wahrscheinlichkeit für das Ereignis „mindestens einmal Kopf" erhält man, indem man die Wahrscheinlichkeiten für die Ergebnisse KK, KZ und ZK addiert:
$\frac{1}{4} + \frac{1}{4} + \frac{1}{4} = \frac{3}{4}$.

Mehrstufige Zufallsexperimente kann man durch **Baumdiagramme** veranschaulichen. Ein Ergebnis besteht dabei aus einem Pfad. Die Wahrscheinlichkeit für ein Ergebnis erhält man, indem man die Wahrscheinlichkeiten längs des zugehörigen Pfades multipliziert **(Pfadregel)**.

Beispiel 1 Pfadregel
In einem Loseimer liegen am Anfang drei Gewinnlose (G) und sieben Nieten (N). Wie groß sind beim Ziehen von zwei Losen die Wahrscheinlichkeiten für
a) „zwei Gewinne" (GG),
b) „zuerst Gewinn, dann Niete" (GN),
c) „zuerst Niete, dann Gewinn" (NG),
d) „zwei Nieten" (NN)?

Lösung:
a) In etwa $\frac{3}{10}$ der Fälle zieht man beim ersten Zug ein Gewinnlos. Beim zweiten Zug sind jetzt nur noch neun Lose mit zwei Gewinnen im Eimer. Deshalb ist die Wahrscheinlichkeit für ein Gewinnlos im zweiten Zug dann nur noch $\frac{2}{9}$. Damit sind in ca. $\frac{2}{9}$ von $\frac{3}{10}$ aller Fälle beide Lose Gewinne.
Die Wahrscheinlichkeit für das Ergebnis (GG) ergibt sich also zu: $\frac{2}{9} \cdot \frac{3}{10} = \frac{1}{15}$.
b) Die Wahrscheinlichkeit, beim zweiten Zug eine Niete zu ziehen, beträgt $\frac{7}{9}$.
Wahrscheinlichkeit für das Ergebnis (GN):
$\frac{7}{9} \cdot \frac{3}{10} = \frac{7}{30}$
c) Die Wahrscheinlichkeit, beim ersten Zug eine Niete zu ziehen, beträgt $\frac{7}{10}$. Die Wahrscheinlichkeit, dann beim zweiten Zug einen Gewinn zu ziehen, beträgt $\frac{3}{9}$.
Wahrscheinlichkeit für das Ergebnis (NG):
$\frac{3}{9} \cdot \frac{7}{10} = \frac{7}{30}$
d) Die Wahrscheinlichkeit, beim zweiten Zug eine Niete zu ziehen, beträgt $\frac{6}{9}$.
Wahrscheinlichkeit für das Ergebnis (NN):
$\frac{6}{9} \cdot \frac{7}{10} = \frac{7}{15}$

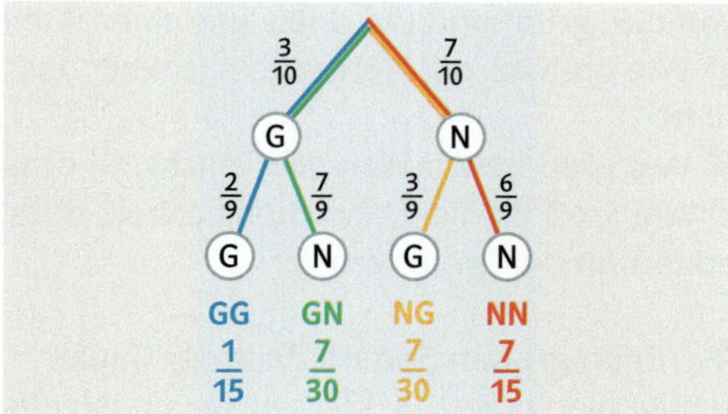

Fig. 1

Ergebnis	Wahrscheinlichkeit
GG	$\frac{3}{10} \cdot \frac{2}{9} = \frac{1}{15} \approx 6{,}7\,\%$
GN	$\frac{3}{10} \cdot \frac{7}{9} = \frac{7}{30} \approx 23{,}3\,\%$
NG	$\frac{7}{10} \cdot \frac{3}{9} = \frac{7}{30} \approx 23{,}3\,\%$
NN	$\frac{7}{10} \cdot \frac{6}{9} = \frac{7}{15} \approx 46{,}7\,\%$
Summe:	$1 = 100\,\%$

Beispiel 2 Summen- und Pfadregel
Beim Torwandschießen trifft Jan mit 80 % und Axel mit 60 % Wahrscheinlichkeit. Wie groß sind die Wahrscheinlichkeiten, dass sie zusammen keinen, einen oder zwei Treffer erzielen?

Lösung:
Wahrscheinlichkeit für keinen Treffer: $0{,}2 \cdot 0{,}4 = 0{,}08$
Ein Treffer wird bei den Ergebnissen TF (erst Treffer, dann Fehlschuss) und FT (erst Fehlschuss, dann Treffer) erzielt.
Die Wahrscheinlichkeiten der beiden Ergebnisse müssen daher nach der Summenregel addiert werden.
Wahrscheinlichkeit für einen Treffer: $0{,}8 \cdot 0{,}4 + 0{,}2 \cdot 0{,}6 = 0{,}44$.
Wahrscheinlichkeit für zwei Treffer: $0{,}8 \cdot 0{,}6 = 0{,}48$.

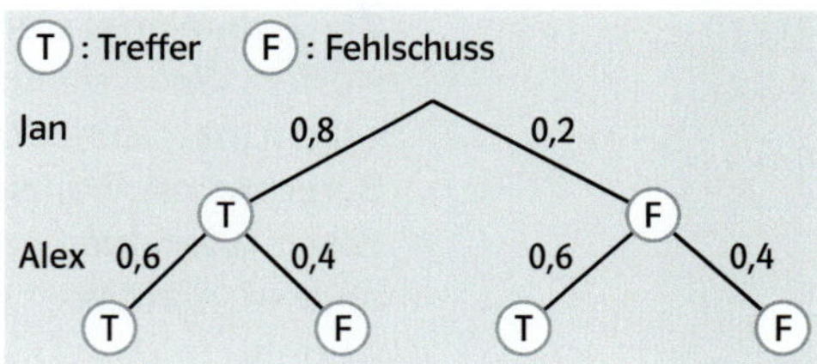

Fig. 2

Aufgaben

Fig. 1

1 Wie groß ist die Wahrscheinlichkeit, dass der quadratische Kreisel (Fig. 1)
a) beim einmaligen Drehen auf „gelb" kippt,
b) beim zweimaligen Drehen beide Male auf „gelb" kippt,
c) beim dreimaligen Drehen nie auf „gelb" kippt,
d) beim dreimaligen Drehen zweimal auf „gelb" kippt?

2 Eine Münze wird dreimal geworfen. Wie groß ist die Wahrscheinlichkeit, dass
a) dreimal „Zahl" fällt,
b) einmal „Zahl" und zweimal „Wappen" fällt,
c) höchstens einmal „Zahl" fällt,
d) genau zweimal „Wappen" fällt?

3 Frau Hurtig muss auf dem Weg zur Arbeit drei Ampeln passieren. Die erste Ampel zeigt mit einer Wahrscheinlichkeit von $\frac{2}{5}$ „grün", die zweite mit einer Wahrscheinlichkeit von 0,6 „grün" und die dritte mit einer Wahrscheinlichkeit von 85 % „grün".
a) Wie groß ist die Wahrscheinlichkeit, dass Frau Hurtig an allen drei Ampeln „grün" erhält?
b) Wie groß ist die Wahrscheinlichkeit, dass Frau Hurtig an keiner Ampel „grün" erhält?
c) Wie groß ist die Wahrscheinlichkeit, dass Frau Hurtig drei Tage hintereinander an der ersten Ampel „grün" erhält?

4 Beim großen Sommerfest der Gaußschule bieten zwei 6. Klassen Gewinnspiele mit zwei verschiedenen Glücksrädern an, bei denen man Preise gewinnen kann (Fig. 2). Bei welcher Klasse sollte man spielen, wenn der Einsatz und der Preis jeweils gleich sind?

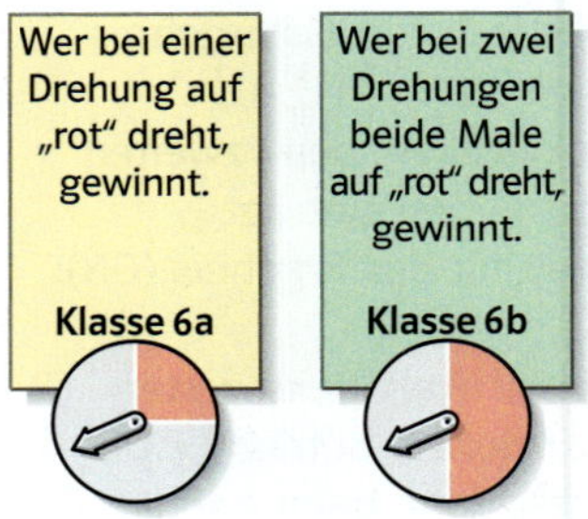

Fig. 2

Fig. 3

5 Frank zieht aus der Schale in Fig. 3 ohne Hinschauen drei Kugeln.
a) Berechne die Wahrscheinlichkeiten für die Farbreihenfolgen wrw, wwr, rww, wenn er jede gezogene Kugel vor dem nächsten Zug wieder zurücklegt.
b) Welche Ergebnisse erhält man, wenn man die gezogenen Kugeln nicht zurücklegt?
c) Frank bekommt ein Eis, wenn er in drei Zügen nur weiße Kugeln erwischt. Vor dem Experiment muss er sich aber festlegen, ob er eine einmal gezogene Kugel vor dem nächsten Zug wieder in die Schale zurücklegen wird oder nicht. Wie soll er sich entscheiden?

6 Ein Spielwürfel wird zweimal geworfen. Wie groß ist die Wahrscheinlichkeit,
a) dass dabei keine einzige Sechs auftritt,
b) dass nur Zahlen über zwei auftreten,
c) dass mindestens zwei Einsen auftreten?

7 Zwei Würfel werden gleichzeitig geworfen. Wenn sie die gleiche Augenzahl zeigen, bezeichnet man das als **Pasch**. Berechne die Wahrscheinlichkeit für einen Pasch, wenn man mit
a) zwei „normalen" Würfeln,
b) zwei LEGO-Achtern (vgl. Tabelle)
würfelt.

LEGO-Achter:

1	2	3	4	5	6
10 %	0,5 %	47 %	32 %	0,5 %	10 %

6 Zufallsexperimente simulieren

Von einer beliebten Comicfigur gibt es sechs verschiedene Modelle. Die einzelnen Modelle gibt es in Wundertüten zu kaufen, d.h., man weiß nicht, welche Figur in der Tüte ist. Anke und Peter überlegen sich, wie viele Tüten sie wahrscheinlich kaufen müssen, um die komplette Reihe zu erhalten. Anke hat die Idee, den Kaufvorgang mit einem Würfel nachzuahmen.

Wenn man ein Zufallsexperiment oft wiederholt, dann sind die ermittelten relativen Häufigkeiten gute Schätzwerte für die Wahrscheinlichkeiten. Manchmal ist es aber nicht möglich, ein Zufallsexperiment real ablaufen zu lassen. Um trotzdem etwas über die Wahrscheinlichkeiten in Erfahrung zu bringen, führt man **Simulationen** durch.
Unter der Simulation eines Zufallsexperimentes versteht man die möglichst genaue Nachahmung dieses Experimentes mit einfacheren Mitteln. Man versucht, ein Experiment zu finden, bei dem die Wahrscheinlichkeiten entsprechender Teilergebnisse genauso groß sind wie bei dem Vorgang, der simuliert werden soll. Über die relativen Häufigkeiten bei der Simulation erhält man dann einen Schätzwert für die Wahrscheinlichkeiten des ursprünglichen Zufallsexperimentes.

simulare *(lat.): nachahmen*

Es gibt verschiedene Arten von Simulationen. Im Bereich der Technik werden beispielsweise durch Crash-Tests Unfallsituationen nachgestellt. Für Ausbildungs- und Übungszwecke benutzen Piloten Flugsimulatoren.

Die Nachahmung eines Zufallsexperimentes durch ein anderes Zufallsexperiment mit den gleichen Wahrscheinlichkeiten wird als **Simulation** bezeichnet.
Die relativen Häufigkeiten, die sich bei dieser Simulation bei einer ausreichend hohen Durchführung ergeben, kann man als Schätzwerte für die Wahrscheinlichkeiten des urspünglichen Zufallsexperimentes verwenden.

Beispiel 1 Geburten
Wie groß ist die Wahrscheinlichkeit, dass ein Paar, das sich drei Kinder wünscht, drei Töchter bekommt? Bestimme einen Näherungswert, indem du eine Simulation mithilfe eines Würfels durchführst. Vereinfachend kann angenommen werden, dass die Wahrscheinlichkeiten für die Geburt eines Mädchens und die Geburt eines Jungen gleich groß sind.
Lösung:
Die Augenzahlen 1 bis 3 sollen für die Geburt eines Mädchens stehen, die Augenzahlen 4 bis 6 für die Geburt eines Jungen. Das Zufallsexperiment besteht aus dem dreimaligen Werfen des Würfels. Bei 50 Durchführungen erhielt man die folgende Tabelle:

165	614	562	252	236	144	145	225	434	146
322	511	414	236	412	**222**	614	153	241	345
656	256	654	346	541	324	613	216	163	361
143	654	613	315	654	614	234	**212**	336	135
661	364	444	161	**213**	343	423	444	251	341

Bei 4 von 50 Durchführungen treten nur die Zahlen 1, 2 oder 3 auf. Die relative Häufigkeit beträgt $\frac{4}{50} = \frac{2}{25} = 8\,\%$. Diesen Wert kann man als einen Schätzwert für die gesuchte Wahrscheinlichkeit nehmen.

Beispiel 2 Multiple-Choice-Test
Ein Multiple-Choice-Test besteht aus vier Fragen. Zu jeder Frage wird eine richtige und eine falsche Antwort zur Auswahl vorgegeben. Führe eine Simulation mithilfe einer Münze durch. Bestimme auf diese Weise einen Näherungswert für die Wahrscheinlichkeit, dass man durch bloßes Raten mindestens die Hälfte der Antworten richtig hat.
Lösung:
Beim Münzwurf soll Kopf (K) für eine richtige Antwort stehen, Zahl (Z) für eine falsche. Das Zufallsexperiment besteht aus vier Münzwürfen. Bei 40 Durchführungen ergab sich die folgende Tabelle:

KZKK	**ZKKK**	ZZZZ	**ZKKZ**	**KKKZ**	**KZKK**	**KZKK**	**KKZZ**
ZZZK	ZZZK	**ZKKZ**	ZKZZ	**KZKZ**	**ZKZK**	**KKKK**	ZZKZ
ZKKK	**ZKZK**	ZKZZ	**ZKKZ**	KZZZ	**KKZK**	KZZZ	**KKKK**
KKKK	**KKZZ**	**ZKKK**	ZZKZ	**KZZK**	ZKZZ	**KZZK**	**KZZK**
ZZKK	**ZKKZ**	ZZZZ	ZZZK	ZZKZ	**KKKK**	ZZKZ	**ZZKK**

Von den 40 Durchführungen haben 26 mindestens zweimal Kopf. Die relative Häufigkeit hierfür beträgt also $\frac{26}{40} = \frac{13}{20} = 65\,\%$. Dieser Wert kann als Schätzwert für die gesuchte Wahrscheinlichkeit angegeben werden.

Aufgaben

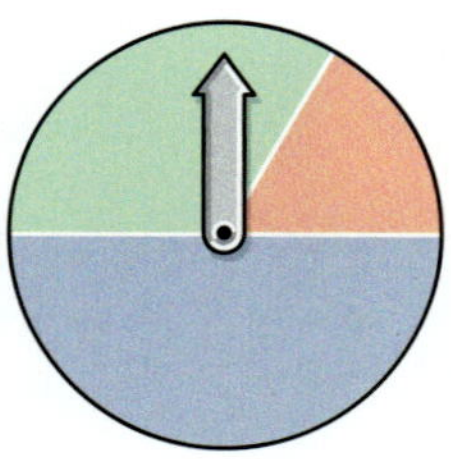
Fig. 1

1 Mithilfe eines Würfels soll das Drehen des Glücksrades in Fig. 1 simuliert werden.
a) Wie kannst du dabei vorgehen? Ordne den einzelnen Feldern in geeigneter Weise Augenzahlen zu. Beachte hierbei die Größenverhältnisse der Felder.
b) Führe das Experiment zur Simulation 30-mal durch. Wie oft hättest du bei 30 Drehungen des Glücksrades wohl „blau“ erhalten, wie oft „rot“?

2 Gegen eine ansteckende Krankheit sind 30 % der Bevölkerung geimpft. Für die Wahrscheinlichkeit, mit der zwei ungeimpfte Personen zufällig aufeinander treffen, sodass die Krankheit übertragen werden könnte, soll durch Simulation ein Näherungswert bestimmt werden.
Verwendet zur Simulation zwei Schalen mit jeweils 10 Kugeln. Von den 10 Kugeln sind je 7 Kugeln weiß, der Rest ist rot.
Aus beiden Schalen wird gleichzeitig jeweils eine Kugel gezogen und ihre Farben werden notiert. Führt das Zufallsexperiment 20-mal durch und gebt einen Näherungswert für die gesuchte Wahrscheinlichkeit an. Fasst dann alle Ergebnisse in der Klasse zusammen.

3 Bei einem Multiple-Choice-Test gibt es fünf Aufgaben mit je drei vorgegebenen Antworten. Nur eine davon ist richtig.
Simuliert den Test mithilfe eines Würfels. Dabei sollen die Augenzahlen 1 und 2 für die richtige Antwort stehen, die Augenzahlen 3 bis 6 für eine falsche Antwort. Ermittelt einen Näherungswert für die Wahrscheinlichkeit, mit der man durch bloßes Raten mindestens zwei der fünf Fragen richtig hat.
Vergleicht eure Resultate in der Klasse.

1 Anja und Nico würfeln je 300-mal mit einem der Rundhölzer in Fig. 1 und zählen jeweils, wie häufig die Ergebnisse A, B und R sind (Tab. 1).
a) Welche Angaben gehören wohl zu Anjas Holz, welche zu dem von Nico?
b) Schätze aus den Tabellenwerten Wahrscheinlichkeiten für die Ergebnisse A, B und R beim Würfeln mit den beiden Rundhölzern.

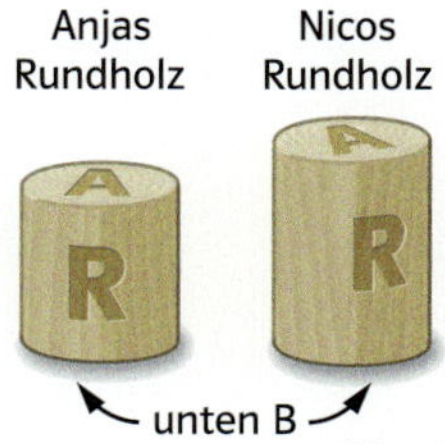

Fig. 1

A	B	R
81	92	127
40	42	218

Tab. 1

2 a) In einer Schale liegen eine rote und sechs weiße Kugeln. Wie groß ist die Wahrscheinlichkeit, dass man beim Hineingreifen die rote Kugel erwischt?
b) Frank hat beim ersten Zug eine weiße Kugel aus dieser Schale gezogen und legt sie nicht wieder zurück. Wie groß ist die Wahrscheinlichkeit, dass er nun beim zweiten Versuch die rote Kugel zieht?
c) Frank zieht auch beim zweiten Versuch „weiß". Mit welcher Wahrscheinlichkeit erwischt er nun die rote Kugel beim dritten Versuch?

3 Die erwachsenen Mitglieder eines Vereins teilen sich auf wie in der Tabelle dargestellt. Mit welcher Wahrscheinlichkeit ist ein Mitglied, das du zufällig triffst,

Mitglieder	weiblich	männlich
Aktive	70	60
Passive	10	20

a) eine aktive Frau,
b) ein Mann,
c) passiv oder männlich,
d) mindestens 18 Jahre alt?

4 Ali, Claudia und Jennet werfen nacheinander je einen Stein in eine Kiste. Sie treffen mit den Wahrscheinlichkeiten 20 %, 30 % und 50 %.
a) Zeichne ein passendes Baumdiagramm und berechne die Wahrscheinlichkeiten aller Trefferzahlen von 0 bis 3. Kontrolliere, ob sich zusammen 100 % ergeben.
b) Untersuche, ob sich die Wahrscheinlichkeiten für keinen, einen oder zwei Treffer ändern, wenn Jennet zuerst wirft, danach Claudia und zuletzt Ali.

5 Roulette
Beim Roulette gibt es verschiedene so genannte „Setzungen". Bei „Plein" setzt man auf eine einzige Zahl, bei „Cheval" auf zwei Zahlen, die aufeinander folgen, bei „Carré" auf vier aufeinander folgende Zahlen, bei „Kolonne" auf zwölf Zahlen, die untereinander liegen, bei „Rouge" auf alle roten Zahlen, bei „Impair" auf alle ungeraden Zahlen.
Berechne die Wahrscheinlichkeit für die Setzungen
a) Plein, b) Cheval, c) Carré, d) Kolonne, e) Rouge, f) Impair.
g) Berechne die Wahrscheinlichkeit dafür, dass zweimal hintereinander dieselbe Zahl kommt.

Fig. 2

6 Elke trifft Fred auf dem Heimweg erfahrungsgemäß mit der Wahrscheinlichkeit 50 %, Thomas mit der Wahrscheinlichkeit 70 %. Sie denkt sich: Nach der Summenregel treffe ich wenigstens einen der beiden mit der Wahrscheinlichkeit 120 %.
Aber Wahrscheinlichkeiten können doch höchstens 100 % betragen. Außerdem hat sie heute weder Fred noch Thomas getroffen. Wo steckt Elkes Denkfehler?

7 Beim Torwandschießen trifft Markus mit einer Wahrscheinlichkeit von 10 % und Rudi, der im Verein spielt, mit einer Wahrscheinlichkeit von 90 %. Sie bilden ein Zweierteam. Jeder von ihnen muss einmal schießen. Sie können zusammen 0, 1 oder 2 Treffer erzielen. Nina und Miriam bilden ebenfalls ein Team. Sie haben beide die Trefferwahrscheinlichkeit 50 %.

a) Berechne die Wahrscheinlichkeit für 0, 1, 2 Treffer für beide Teams.

b) Bei 20 Schüssen erzielten die Teams die Ergebnisse in der Tabelle. Welche Trefferhäufigkeit gehört wohl zum Team Markus/Rudi, welche zum Team Nina/Miriam?

c) Wie sähen die Wahrscheinlichkeiten des ersten Teams aus, wenn Markus die Trefferwahrscheinlichkeit 0 %, Rudi 100 % hätte?

0 Treffer	1 Treffer	2 Treffer
2-mal	15-mal	3-mal
5-mal	9-mal	6-mal

Auskunft der GfK: „Die Teilnehmer werden durch genaueste Befragungen angeworben. Sie stellen einen repräsentativen Querschnitt der Bevölkerung dar."

8 Quoten – Quoten – Quoten

Täglich ermittelt die Gesellschaft für Konsumforschung (GfK) in Nürnberg die Quoten der Fernsehsender. Dazu wird der Anteil von 5640 Haushalten in Deutschland bestimmt, die das Programm des Senders anschauen. Diese 5640 Haushalte – davon 453 in Niedersachsen – mit rund 13 000 Menschen sind an die Computer der GfK angeschlossen. So wird ihr Fernsehverhalten exakt aufgezeichnet und auf rund 33 Millionen TV-Haushalte hochgerechnet.

a) Wie kommt die Zahl 453 für Niedersachsen zustande? Begründe deine Überlegung.

b) Was bedeutet „hochrechnen"?

c) Wie viele Menschen in Niedersachsen und wie viele Menschen in Deutschland haben die „Tagesschau" gesehen, wenn die Quote 18,5 % beträgt und insgesamt 12 Millionen Zuschauer zu der fraglichen Zeit ferngesehen haben?

d) Ein von der GfK ausgewählter Zuschauer meint: „Wenn ich die ‚Tagesschau' einschalte, hat die gleich 5000 Zuschauer mehr." Wie kann das sein?

9 Angenommen, man entscheidet sich bei dem in Fig. 1 dargestellten Labyrinth an jeder Weggabelung rein zufällig, welchen Weg man einschlägt.

a) Wie groß ist dann die Wahrscheinlichkeit, dass man das Ziel ohne umzudrehen erreicht?

b) Erfinde Labyrinthe und lass deinen Banknachbarn die Wahrscheinlichkeit berechnen, das Ziel zu erreichen, ohne umzudrehen.

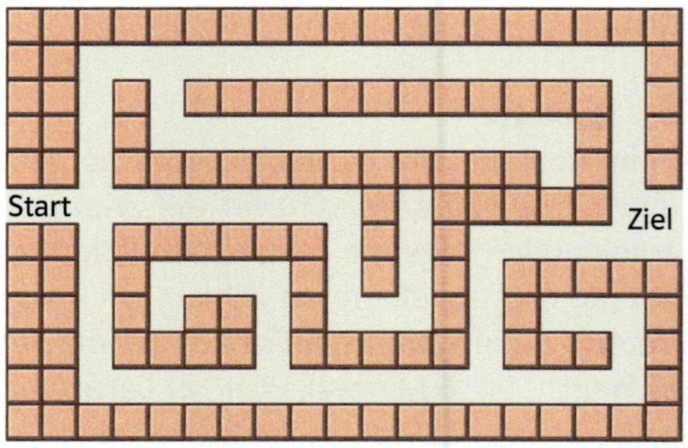

Fig. 1

10 Überlege dir einen Zufallsversuch, der zu dem in Fig. 2 dargestellten Baumdiagramm passt.
Was bedeuten die Ergebnisse A bis D?

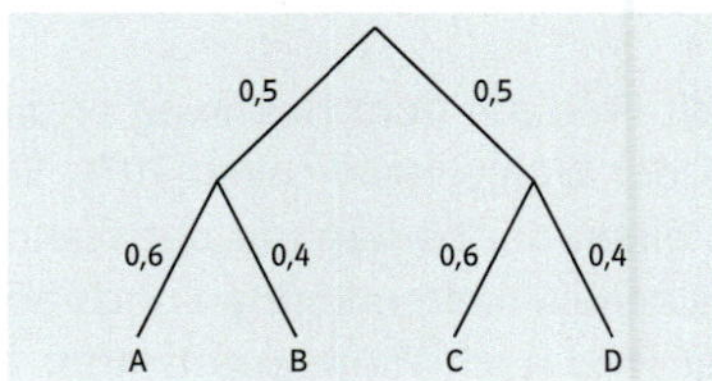

Fig. 2

Wer höflich ist, gewinnt (fast immer)

Der Mathematiker Bradley Efron hat ein Spiel für zwei Personen erfunden, bei dem vier Würfel benutzt werden. Diese sind nicht in der gewohnten Weise beschriftet. Die zu den Würfeln gehörenden Netze sind in der nebenstehenden Grafik abgebildet.

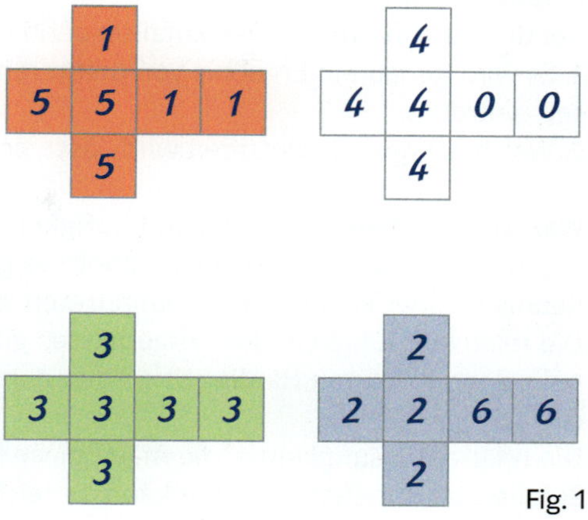

Fig. 1

Spielregel
1. Nacheinander wählen beide Spieler einen Würfel.
2. Nach der Wahl werfen beide Spieler ihren Würfel. Der Spieler mit der höheren Augenzahl bekommt einen Punkt gutgeschrieben.
3. Die Person, die nach zehn Würfen die größere Punktzahl gesammelt hat, gewinnt.

Die Efron-Würfel sind leicht herzustellen, indem man z.B. die Seiten von vier normalen Spielwürfeln nach den angegebenen Netzen beschriftet. Beim Spielen kann man interessante Erfahrungen sammeln...

Beim Spielen gegen eine Person, die über ein bestimmtes Wissen verfügt, stellt man fest, dass das Spiel fast nicht zu gewinnen ist. Dieses „Expertenwissen" kannst du dir aneignen. Du benötigst dazu die in diesem Kapitel erworbenen Kenntnisse.

Wenn du die folgenden Aufträge bearbeitet hast, lernst du das „Geheimnis" des Spiels kennen.

1 Überlege zunächst, welche Möglichkeiten es gibt, mit zwei Würfeln gegeneinander zu spielen.

2 Bestimme für die sechs Möglichkeiten aus Aufgabe 1 jeweils die Wahrscheinlichkeiten für die Gewinnchancen der beiden beteiligten Würfel. In der nebenstehenden Grafik siehst du eine Möglichkeit.

3 Stelle in einer Tabelle wie rechts die Gewinnchancen bei den Würfelpaarungen dar.

4 Erarbeite eine Strategie für ein Gewinn bringendes Spielverhalten. Überlege, welche Reihenfolge der Auswahl du für den ersten Würfel vorschlagen würdest, wenn jemand das Spiel mit dir spielen will. Teste dann deine Strategie und spiele das Spiel mit anderen.

Als Beispiel ist das Baumdiagramm zum Spiel Weiß gegen Blau abgebildet.

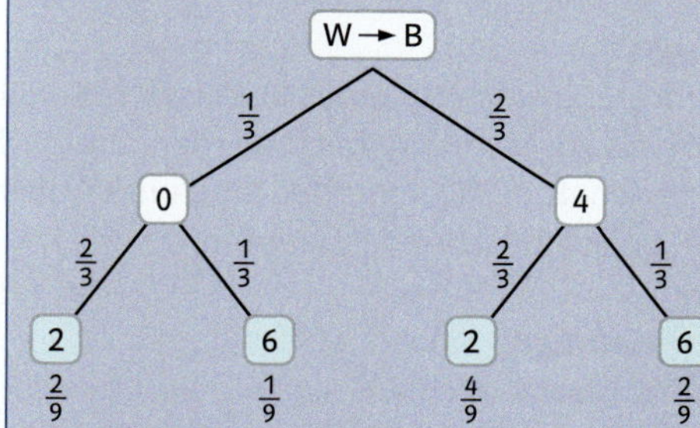

Blau gewinnt gegen Weiß mit der Wahrscheinlichkeit $\frac{2}{9} + \frac{1}{9} + \frac{2}{9} = \frac{5}{9}$. Die Gewinnchance Blau gegen Weiß ist deshalb 5 : 4.

Übersicht der Gewinnchancen:

	Rot	Weiß	Grün	Blau
Rot	x			
Weiß		x		4:5
Grün			x	
Blau		5:4		x

Rückblick

Zufallsexperiment

Bei der Durchführung eines Zufallsexperimentes gilt:
1. Es wird genau ein Ergebnis von mehreren möglichen Ergebnissen eintreten.
2. Welches Ergebnis eintreten wird, lässt sich nicht vorhersagen.

Werfen einer Münze
mögliche Ergebnisse: Kopf; Zahl
Ziehen eines Loses
mögliche Ergebnisse: Gewinn; Niete

Wahrscheinlichkeit und relative Häufigkeit

Die absolute Häufigkeit eines Ergebnisses gibt an, wie oft das Ergebnis in einer Versuchsreihe aufgetreten ist.
Die relative Häufigkeit eines Ergebnisses gibt an, wie groß der Anteil seiner absoluten Häufigkeit an den durchgeführten Versuchen ist.
Die relativen Häufigkeiten, die man bei vielfach durchgeführten Zufallsexperimenten erwarten kann, bezeichnet man als Wahrscheinlichkeit.
Als Schätzwerte für Wahrscheinlichkeiten kann man also relative Häufigkeiten aus langen Versuchsreihen nehmen.

Absolute Häufigkeiten bei 2000 Drehungen:

gelb	871
grün	460
blau	669

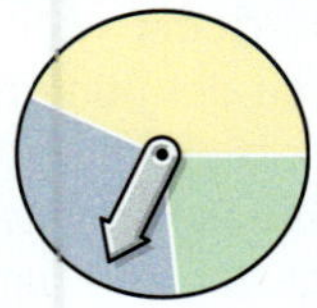

Fig. 1

Für das obige Glücksrad ergibt sich:

Ergebnis	gelb	grün	blau
relative Häufigkeit	$\frac{871}{2000}$	$\frac{460}{2000}$	$\frac{669}{2000}$
geschätzte Wahrscheinlichkeit	*43,5 %*	*23 %*	*33,5 %*

Laplace-Experiment

Alle Ergebnisse sind gleich wahrscheinlich, d.h., bei n Ergebnissen beträgt die Wahrscheinlichkeit für jedes einzelne Ergebnis $\frac{1}{n}$.

Wahrscheinlichkeit für das Ziehen einer Karte aus einem Skatspiel : $\frac{1}{32}$

Ereignis

Mehrere Ergebnisse eines Zufallsexperiments können zu einem Ereignis zusammengefasst werden. Ereignisse können durch eine Eigenschaft in Worten oder durch die Aufzählung der zugehörigen Ergebnisse beschrieben werden.

Würfeln
mögliche Ergebnisse: 1; 2; 3; 4; 5; 6
Ereignis: gerade Augenzahl bzw. 2; 4; 6

Summenregel

Die Wahrscheinlichkeit eines Ereignisses ist gleich der Summe der Wahrscheinlichkeiten aller zugehörigen Ergebnisse.

Bei einem „fairen" Würfel hat jede Augenzahl die Wahrscheinlichkeit $\frac{1}{6}$. *Dann beträgt die Wahrscheinlichkeit für eine Augenzahl größer als zwei:* $\frac{1}{6} + \frac{1}{6} + \frac{1}{6} + \frac{1}{6} = \frac{4}{6} = \frac{2}{3} \approx 67\%$.

Pfadregel

Mehrstufige Zufallsversuche lassen sich durch Baumdiagramme beschreiben. Jedem Ergebnis des Gesamtversuches entspricht ein Pfad im Baum vom Startpunkt zu einem Endpunkt.
Die Wahrscheinlichkeit eines Ergebnisses ist gleich dem Produkt der Wahrscheinlichkeiten längs des zugehörigen Pfades.

zweimaliges Werfen einer Münze

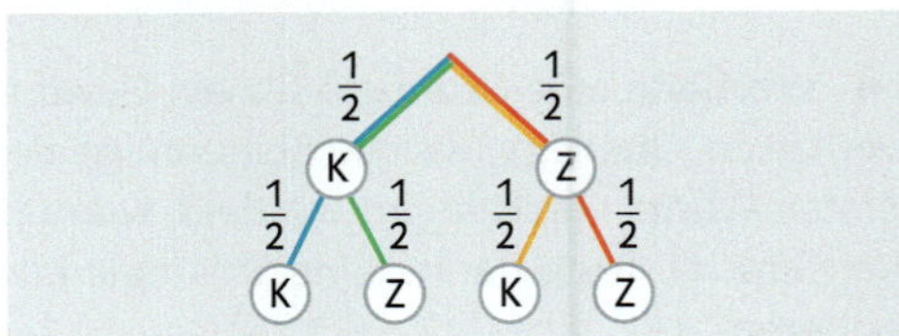

Jeder der Pfade KK; KZ; ZK; ZZ hat die Wahrscheinlichkeit 0,5 · 0,5 = 0,25.
Die Wahrscheinlichkeit, mindestens einmal Kopf zu erhalten, beträgt nach der Summenregel: 0,25 + 0,25 + 0,25 = 0,75 = 75 %.

Training

Runde 1

1 Aus dem Behälter in Fig. 1 wird zufällig eine Kugel gezogen. Wie groß ist die Wahrscheinlichkeit,
a) dass die Kugel weiß ist,
b) dass eine gerade Zahl auftritt?

Fig. 1

2 Ein Glücksrad mit den Feldern A, B und C wurde gedreht (Fig. 2). Bestimme die relativen Häufigkeiten und schätze Wahrscheinlichkeiten für die Ergebnisse A, B und C.

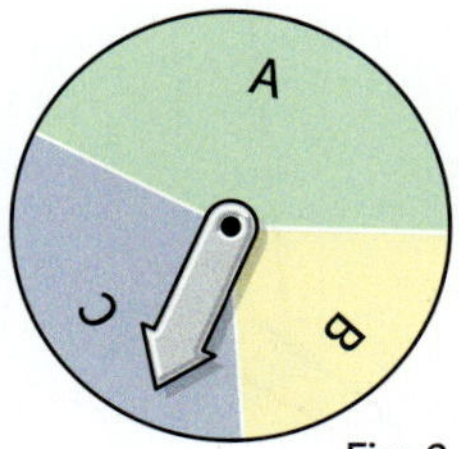

Fig. 2

Bei 96 Drehungen trat A 39-mal und B 27-mal auf.

3 Zwei Würfel werden gemeinsam geworfen.
a) Mit welcher Wahrscheinlichkeit zeigt einer der Würfel eine Eins und der andere keine Eins?
b) Mit welcher Wahrscheinlichkeit ist mindestens eine Eins dabei?

4 Ein Würfel und eine Münze werden zusammen geworfen.
a) Wie groß ist die Wahrscheinlichkeit, dass der Würfel eine gerade Augenzahl zeigt und zugleich bei der Münze „Kopf" oben liegt?
b) Wie groß ist die Wahrscheinlichkeit, dass der Würfel keine Sechs zeigt und bei der Münze zugleich „Kopf" unten liegt?

5 Oliver zieht aus dem Behälter in Fig. 3 zufällig drei Kugeln und legt sie in der gezogenen Reihenfolge hintereinander.
a) Zeichne ein Baumdiagramm für alle möglichen Ergebnisse.
b) Berechne die Wahrscheinlichkeit, dass das Wort „OLI" entsteht.

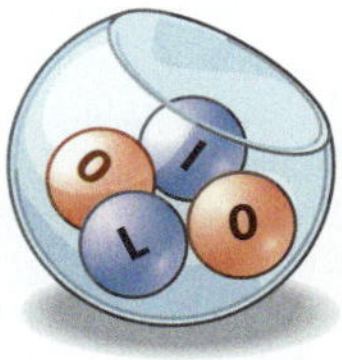

Fig. 3

Runde 2

1 Das Glücksrad in Fig. 4 wird einmal gedreht.
a) Wie wahrscheinlich ist die „7"?
b) Wie wahrscheinlich ist „blau"?

Fig. 4

2 Tina fragt Kirsten nach ihrem Geburtstag. Kirsten antwortet: „Mein Geburtstag ist im Januar. Die Zehnerziffer ist um 2 größer als die Einerziffer."
Wie groß ist jetzt die Wahrscheinlichkeit, dass Tina Kirstens Geburtstag errät?

3 Bei dem Quader in Fig. 5 sind gegenüberliegende Seiten jeweils mit den gleichen Buchstaben (A bzw. B bzw. C) beschriftet. Die Wahrscheinlichkeit dafür, dass bei dem Quader nach einem Wurf „A" oben liegt, wurde zu 7% geschätzt, die für „C" zu 70%. Der Quader wird 300-mal geworfen. Welche absoluten Häufigkeiten erwartest du für die Ergebnisse A, B und C?

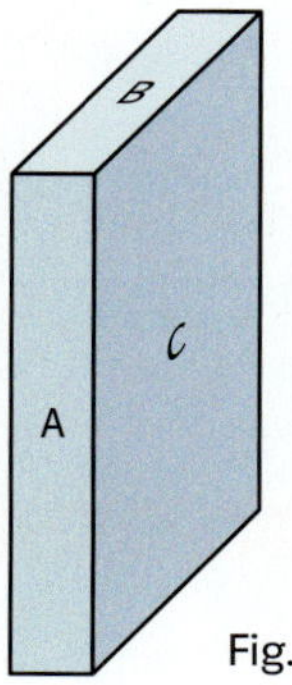

Fig. 5

4 Zwei Würfel werden gemeinsam geworfen. Wie groß ist die Wahrscheinlichkeit für die Augensumme
a) 2, b) 4, c) 7,
d) 9, e) 11, f) 12?

Lösungen auf den Seiten 249 – 250.

Das kannst du schon

- Mit rationalen Zahlen rechnen
- Geometrische Zusammenhänge durch Gleichungen beschreiben
- Punkte in ein Koordinatensystem einzeichnen

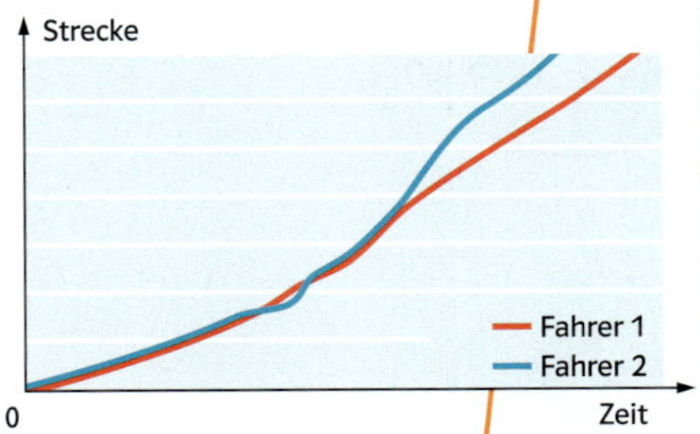

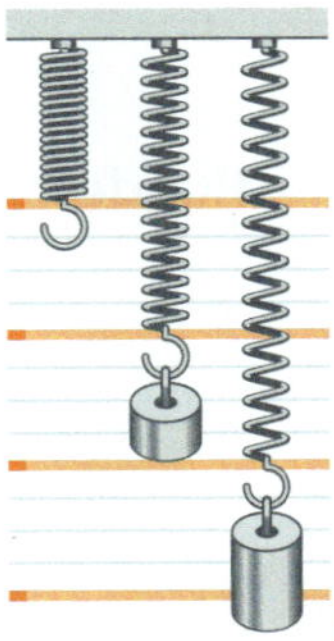

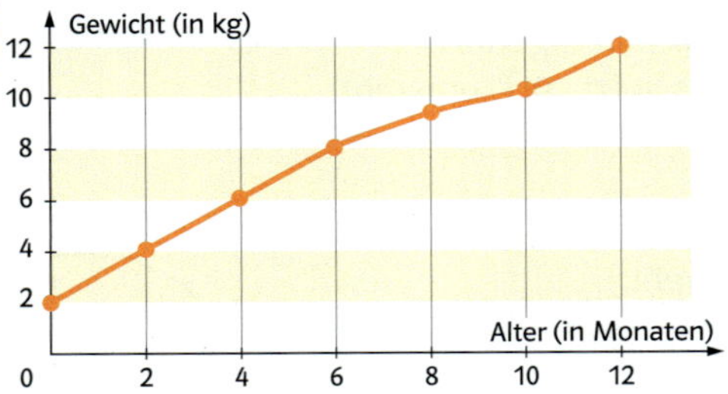

Gewichtszunahme eines Gorillababys

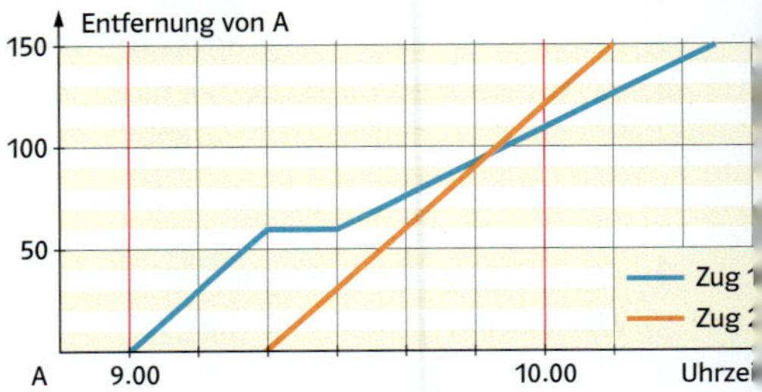

Bildplan für Züge

Zahlen und Operationen

Größen und Messen

Raum und Form

Funktionaler Zusammenhang

Daten und Zufall

Was zu was und wer zu wem

Wann kann Sparky wieder im Garten spielen?

Pilze ?

Obst ?

Gemüse ?

Das kannst du bald

- Beziehungen zwischen Größen als Zuordnung aufschreiben und darstellen
- Eigenschaften von Zuordnungen aus ihren Darstellungen ablesen
- Aus bekannten Größenangaben weitere Größenangaben berechnen
- Dreisatzaufgaben lösen

1 Beziehungen, Abhängigkeiten, Zuordnungen

Beziehungen zwischen Menschen und zwischen Mensch und Tier, Beziehung zwischen getankter Benzinmenge und Höhe der Benzinrechnung ...

In der Mathematik interessieren nicht allein Beziehungen zwischen Lebewesen. Vielfältige Beziehungen lassen sich auch zwischen Größen herstellen, zum Beispiel zwischen der Bechergröße und dem Preis für eine Cola (Fig. 1).
Der Preis hängt von der Bechergröße ab; verschiedenen Bechergrößen wird der jeweilige Preis zugeordnet. Die Tabelle in Fig. 1 zeigt die **Zuordnung** *Bechergröße → Preis (in €)*.
In Fig. 2 bis Fig. 6 sind weitere Zuordnungen auf verschiedene Weisen dargestellt:

Cola	Preis
klein	0,50 €
mittel	1,00 €
groß	1,50 €

Fig. 1

Klasse	6a	6b	6c
Anzahl der Schüler	28	32	29

Fig. 2

Eine Einfachkarte zwischen Celle und Göttingen für die Bahn kostet 33,00 €.
Eine Hin- und Rückfahrkarte ist doppelt so teuer.

Fig. 3

Mit „Schüler" sind immer Schülerinnen und Schüler gemeint.

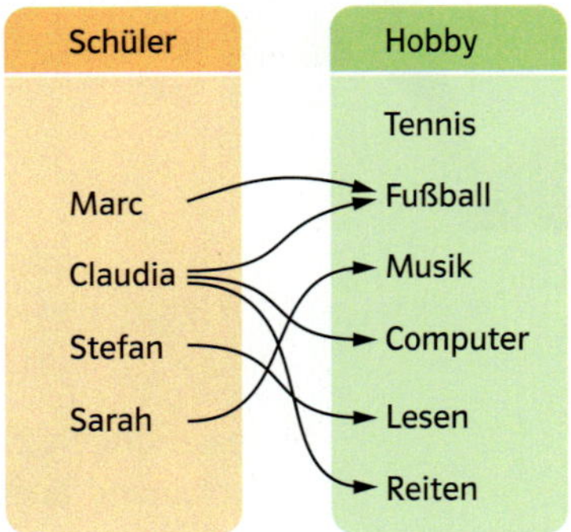

Fig. 4

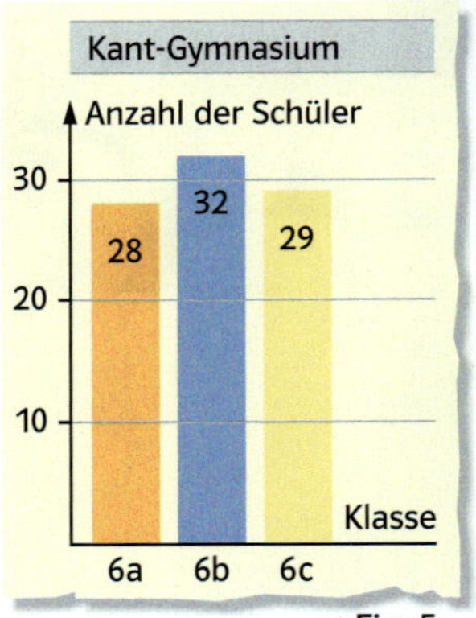

Fig. 5

Waldfläche 2001 (Deutschland)

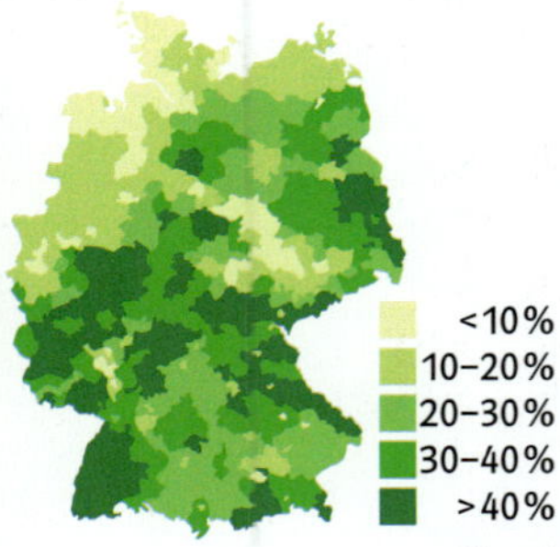

Fig. 6

Die Zuordnung *Klasse → Anzahl der Schüler* ist in Tabellenform gegeben und durch ein Diagramm verdeutlicht (Fig. 2, Fig. 5).
Die Zuordnung *Fahrkarte → Preis (in €)* wird durch einen Text beschrieben (Fig. 3).
Die Zuordnung *Schüler → Hobby* wird mit Pfeilen veranschaulicht (Fig. 4).
Die Zuordnung *Region → Anteil der Waldfläche (in %)* ist bildlich auf einer Landkarte dargestellt (Fig. 6).

Zuordnungen können durch Tabellen, Diagramme, Pfeile oder Texte dargestellt werden.

Beispiel
Die 24 Schüler der Klasse 6b haben überprüft, wie die Augenfarben in ihrer Klasse verteilt sind. Zwölf Schüler haben blaue Augen, acht haben braune Augen. Die übrigen Schüler haben grüne Augen.
a) Welche Zuordnung wird durch den Text beschrieben?
b) Stelle die Zuordnung in einer Tabelle dar. Veranschauliche durch ein Diagramm.
Lösung:
a) Es wird die Zuordnung *Augenfarbe → Schüleranzahl* beschrieben.
b)

Augenfarbe	blau	braun	grün
Anzahl der Schüler	12	8	4

Zwei mögliche Diagramme sind in Fig. 1 dargestellt.

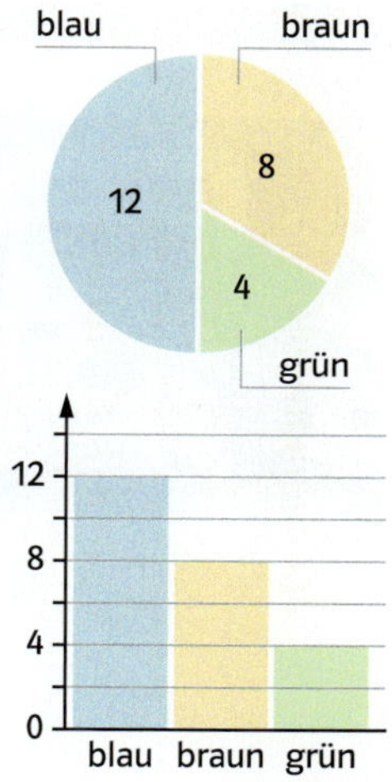

Fig. 1

Aufgaben

1 Katrin besorgt sich für ihren Urlaub in der Schweiz eine Währungstabelle bei der Bank (Fig. 2).
a) Wie viele Schweizer Franken bekommt sie für 50 € (300 €; 3 €)?
b) Wie viele Euro bekommt sie für 50 CHF (300 CHF; 3 CHF)?

Umtauschkurse Schweiz (03.08.2005)			
€	CHF	CHF	€
1	1,56	1	0,64
2	3,11	2	1,28
3	4,67	3	1,93
4	6,23	4	2,57
5	7,79	5	3,21
10	15,57	10	6,42
20	31,14	20	12,85
50	77,85	50	32,11
100	155,70	100	64,23
300	467,10	300	192,68
500	778,50	500	321,13

Fig. 2

2 Miss die Länge der Finger deiner rechten Hand. Lege eine Tabelle für die Zuordnung *Finger → Länge (in cm)* an.

3 a) Stelle fest, wie viele Kinder deiner Klasse 10 Jahre, 11 Jahre, 12 Jahre, ... alt sind. Schreibe die Ergebnisse als Tabelle.
b) Veranschauliche die Zuordnung *Alter (in Jahren) → Anzahl der Kinder dieses Alters.*

4 Schuhgrößen werden in Deutschland und England unterschiedlich angegeben.
a) Welche Zuordnungen sind in Fig. 3 dargestellt?
b) Was kannst du der englischen Größe 9 zuordnen?
c) Welche Schuhgrößen entsprechen der Fußlänge 27 cm?
d) Miss, wie viele Zentimeter dein Fuß etwa lang ist. Bestimme deine deutsche und deine englische Schuhgröße.

Fig. 3

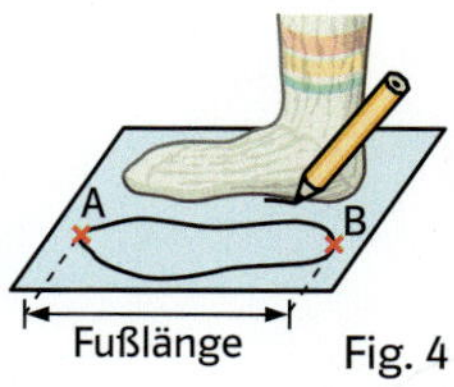

Fig. 4

5 a) Notiere die Teiler der natürlichen Zahl 12 (16; 19).
b) Lege eine Tabelle für die Zuordnung *Natürliche Zahl → Anzahl der Teiler* an. Betrachte dabei die natürlichen Zahlen 1, 2, 3, ... , 20.

6 Macht eine Umfrage in der Klasse, bei der ihr
a) nach dem Lieblingsessen, b) nach dem Lieblingsfach, c) nach der Lieblingsfarbe
fragt. Ihr könnt vereinbaren, dass Mehrfachnennungen erlaubt sind.
Stellt die Zuordnungen *Schüler → Lieblingsessen, Schüler → Lieblingsfach* und *Schüler → Lieblingsfarbe* für eure Klasse auf einem großen Plakat mit Pfeilen dar.

2 Graphen von Zuordnungen

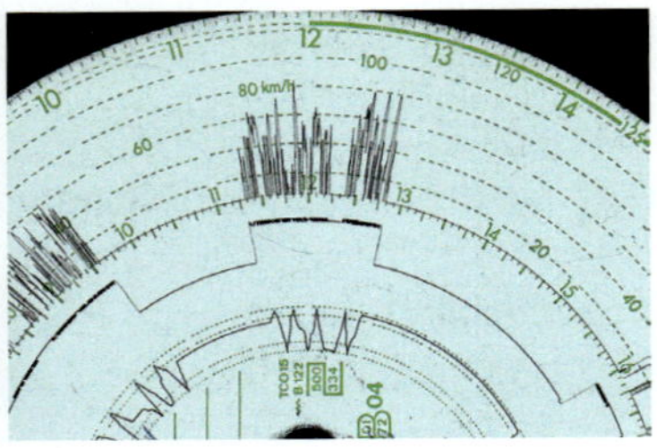

Bei Bussen und Lastwagen wird die Geschwindigkeit von einem Fahrtenschreiber auf einer Scheibe aufgezeichnet. Dadurch kann man jedem Zeitpunkt der Fahrt die jeweilige Fahrgeschwindigkeit zuordnen.

An einem Wintertag wird auf dem Annaturm im Deister stündlich die Temperatur gemessen und in eine Tabelle eingetragen.

Uhrzeit	0	1	2	3	4	5	6	7	8	9	10	11	12	13	14	15	16	17	18	19	20	21	22	23	24
Temperatur (in °C)	−2,1	−2,8	−3,2	−3,7	−3,8	−3,6	−3,2	−2,7	−1,4	1,0	3,1	5,0	6,4	6,9	6,9	6,5	5,8	4,8	3,5	2,2	1,2	0,6	0,0	−0,7	−1,1

Wertepaare als Punkte im Koordinatensystem:
...; (6 | −3,2); (7 | −2,7); (8 | −1,4); (9 | 1,0); (10 | 3,1); (11 | 5,0); (12 | 6,4); (13 | 6,9); ...

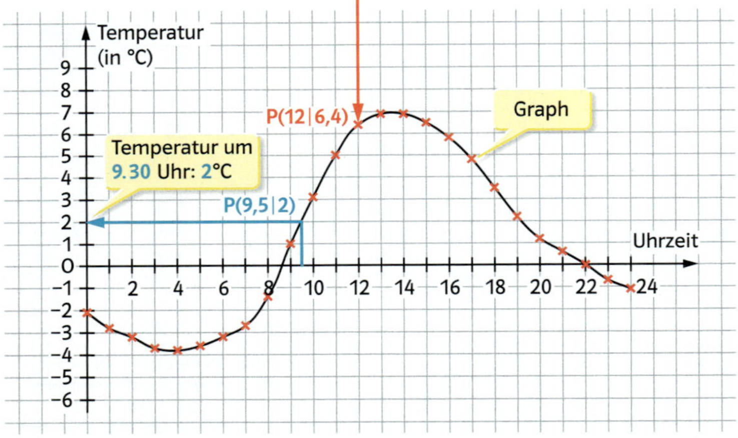

Fig. 1

Die Zuordnung *Uhrzeit* → *Temperatur* kann in einem Koordinatensystem veranschaulicht werden.
1. Schritt (Koordinatenachsen)
Zeichne ein Achsenpaar. Teile die Achsen sinnvoll ein und beschrifte sie.
2. Schritt (Punkte einzeichnen)
Zeichne wie für (12 | 6,4) gezeigt zu jedem Wertepaar in der Tabelle einen Punkt in das Koordinatensystem.
Die Menge aller so entstandenen Punkte nennt man den **Graphen** der Zuordnung.
Da man bei der Zuordnung zu jeder Uhrzeit die Temperatur messen könnte, kann man die Punkte durch eine passende Linie verbinden. Der Graph ist also hier eine Kurve.

Umgekehrt lassen sich aus dem Graphen der Zuordnung weitere Wertepaare ablesen. So ist etwa der Uhrzeit 9.30 Uhr die Temperatur 2 °C zugeordnet.

Man erhält den Graphen einer Zuordnung, indem man die eine der Größen auf der x-Achse, die ihr zugeordnete Größe auf der y-Achse abträgt.
Eigenschaften der Zuordnung lassen sich am Graphen auf einen Blick ablesen.
Zum Beispiel erkennt man sofort, wo die zugeordnete Größe
- positive oder negative Werte hat,
- den größten oder den kleinsten Wert hat,
- ansteigt oder abfällt.

Beispiel

Am Wehr in Hannover-Herrenhausen wird stündlich die Änderung des Wasserstandes der Leine gemessen. Diese gibt an, um wie viel sich die augenblickliche Wasserhöhe gegenüber der durchschnittlichen Höhe geändert hat.

a) Zeichne den Graphen der Zuordnung *Uhrzeit → Änderung des Wasserstandes (in cm)* in ein geeignetes Koordinatensystem.

b) Beschreibe den Wasserstand um 13.30 Uhr.

c) Lies aus dem Graphen ab, wann der Wasserstand im Messzeitraum am niedrigsten war und wann am höchsten.

d) In welchen Zeiträumen lag der Wasserstand mehr als 20 cm über der Durchschnittshöhe?

e) In welchen Zeiträumen ist der Wasserstand gestiegen und in welchen ist er gefallen?

Uhrzeit	Änderung des Wasserstandes (in cm)
6	−8
7	−10
8	−3
9	8
10	19
11	27
12	29
13	27
14	22
15	12
16	8
17	5
18	5
19	5
20	2
21	−2
22	−6

Lösung:

a) Siehe Fig. 1.

b) Um 13.30 Uhr war der Wasserstand etwa 25 cm höher als im Durchschnitt.

c) Der niedrigste Wasserstand war etwa um 7.00 Uhr erreicht, der höchste Wasserstand etwa um 12.00 Uhr.

d) Der Wasserstand lag etwa zwischen 10.00 Uhr und 14.15 Uhr mehr als 20 cm über der Durchschnittshöhe.

e) Der Wasserstand ist zwischen 7.00 Uhr und 12.00 Uhr gestiegen und zwischen 6.00 Uhr und 7.00 Uhr sowie zwischen 12.00 Uhr und 22.00 Uhr gefallen.

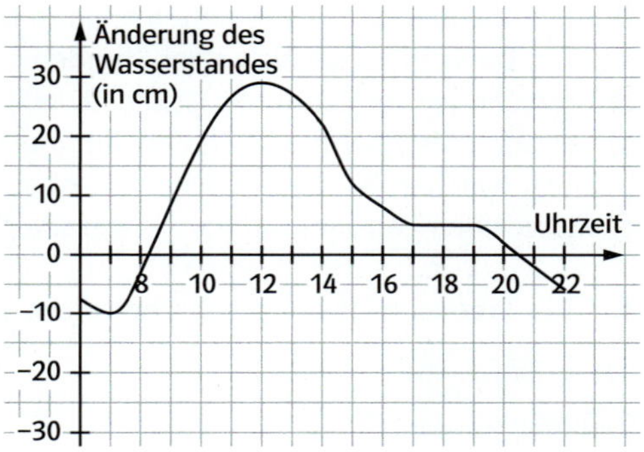

Fig. 1

Aufgaben

1 Im Torfhaus (Harz) wurden zu verschiedenen Zeiten die Schneehöhen gemessen und in eine Tabelle eingetragen.

Uhrzeit	9	10	11	12	13	14	15	16	17
Schneehöhe (in cm)	57	57	57	62	67	75	78	77	72

a) Zeichne den Graphen der Zuordnung *Zeit → Schneehöhe (in cm)* in ein Koordinatensystem.

b) Wie hoch wird der Schnee um 12.30 Uhr etwa gelegen haben?

2 In der Tabelle sind die Temperaturen von heißem Wasser eingetragen, das in zwei unterschiedlichen Gefäßen abkühlt.

Zeit (in min)	0	5	10	15	20	25	30	35	40	45	50	55	60
Temperatur (in °C), Gefäß 1	50,0	34,2	26,7	23,2	21,5	20,7	20,3	20,2	20,1	20,0	20,0	20,0	20,0
Temperatur (in °C), Gefäß 2	50,0	40,1	33,5	29,5	26,1	24,1	22,7	21,8	21,2	20,8	20,5	20,4	20,2

a) Zeichne den Graphen der Zuordnung *Zeit (in min) → Temperatur (in °C)* für beide Gefäße in dasselbe Koordinatensystem.

b) Welche ungefähre Temperatur hat das Wasser in den beiden Gefäßen nach 22 Minuten?

c) Nenne mögliche Ursachen für den unterschiedlichen Verlauf der Graphen. Wie hoch ist vermutlich die Umgebungstemperatur?

3 Stelle ein zylinderförmiges Gefäß unter einen gleichmäßig fließenden Wasserhahn und miss die Füllhöhe in geeigneten Zeitabständen. Zeichne den Graphen der Zuordnung *Zeit (in s) → Füllhöhe (in cm)* in ein Koordinatensystem.

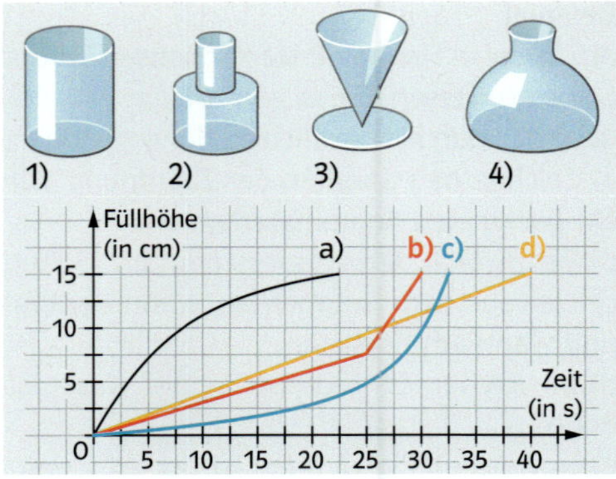

Fig. 1

4 Die in Fig. 1 abgebildeten vier Gefäße werden unter einem gleichmäßig fließenden Wasserhahn gefüllt. Die Graphen veranschaulichen die Zuordnung *Zeit → Füllhöhe*. Welcher Graph gehört zu welchem Gefäß? Begründe.

5 Eine Schnecke möchte eine 8 m hohe Mauer hinaufkriechen. In zwei Stunden schafft sie 5 m. Dann muss sie sich zwei Stunden lang ausruhen, wobei sie wieder 2 m nach unten rutscht. Jedem Zeitpunkt ist die jeweilige Höhe der Schnecke zugeordnet.
a) Schreibe die Zuordnung als Tabelle und zeichne den zugehörigen Graphen.
b) Nach welcher Zeit ist die Schnecke oben angekommen?
c) Zu welchen Zeitpunkten hat sie gerade die Hälfte der Gesamthöhe erreicht?

6 Die Tabelle zeigt die durchschnittliche Körpergröße von Kleinkindern.

Alter (in Monaten)	0	2	4	6	9	12
Körpergröße (in cm)	50	58	63	67	72	76

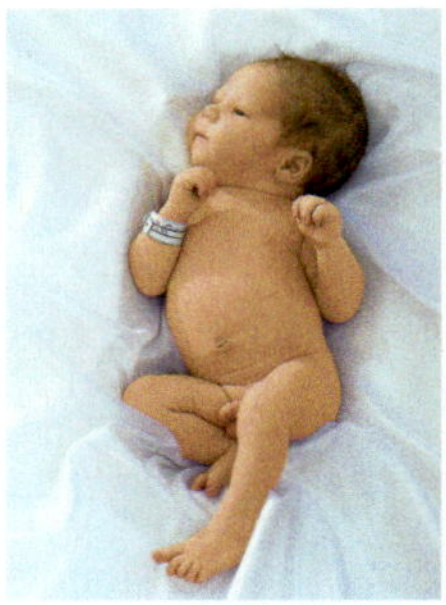

a) Veranschauliche in einem Koordinatensystem, wie die Körpergröße vom Lebensalter abhängt. Ist es sinnvoll, die einzelnen Punkte durch eine Kurve zu verbinden? Begründe deine Entscheidung.
b) In welchem Zeitraum wächst ein Kleinkind am schnellsten? Wie groß wäre es mit drei Jahren, wenn es gleichmäßig so weiter wachsen würde wie in den ersten beiden Lebensmonaten?

7 Um von Ort A zu Ort E zu gelangen, gibt es in Fig. 2 drei mögliche Wege.
a) Beschreibe für die drei Wege, wie sich die Geschwindigkeit während einer möglichen Autofahrt verändert.
b) Skizziere für die drei Wege je einen möglichen Graphen der Zuordnung *zurückgelegte Wegstrecke → Geschwindigkeit*.

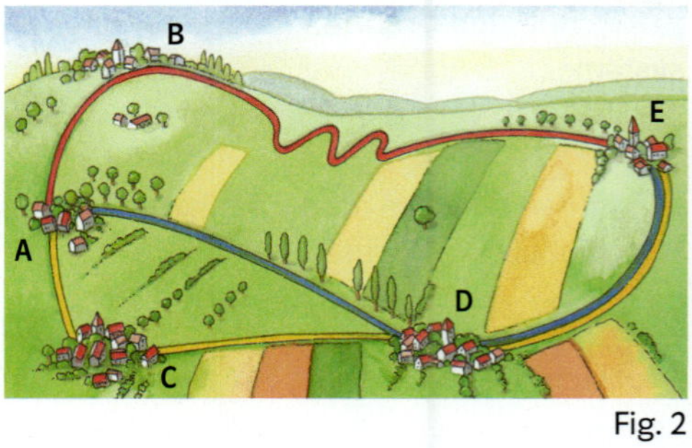

Fig. 2

8 Skizziere einen Graphen für die Zuordnung *zurückgelegte Wegstrecke → Geschwindigkeit* für eine Autofahrt. Lass deinen Banknachbarn den Verlauf der Fahrt in einer kurzen Geschichte beschreiben (z. B.: Welche Straßen wurden benutzt? Wurden Pausen eingelegt? Gab es Besonderheiten?) Geht dann umgekehrt vor: Einer erzählt von einer Fahrt, der andere skizziert den zugehörigen Graphen.

9 Fig. 1 zeigt den Wasserverbrauch einer Gemeinde am Abend der Übertragung eines Fußballendspieles.
a) Wie hoch war der Wasserverbrauch um 21.00 Uhr (19.15 Uhr)?
b) Wann begann das Spiel? Wann war die Halbzeit? Gab es eine Verlängerung?
c) Wie könnte der Graph aussehen, wenn ein Eishockeyspiel (Tennisfinale) übertragen wird?

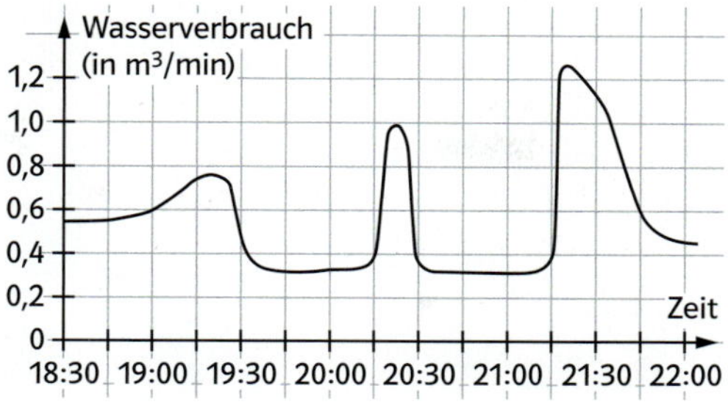

Fig. 1

10 Bei Andreas wurde zweimal am Tag die Körpertemperatur gemessen (Fig. 2). Warum entspricht diese „Fieberkurve" nicht dem tatsächlichen Temperaturverlauf?

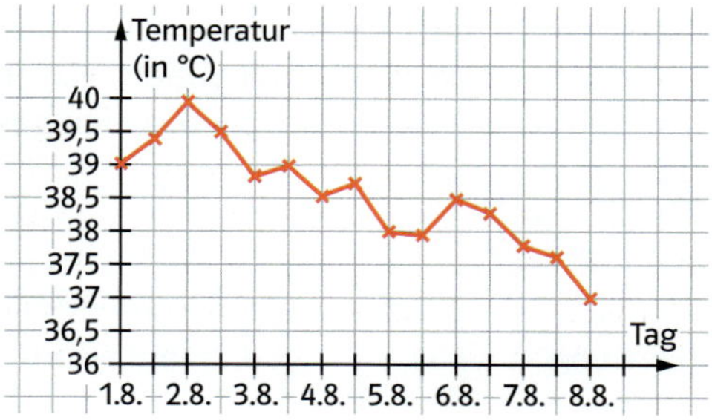

Fig. 2

Warum werden Fieberkurven im Krankenhaus wie in Fig. 2 dargestellt?

Bist du sicher?

1 Bei Tieren ändert sich ähnlich wie beim Menschen die Körpertemperatur im Laufe eines Tages. Die Tabelle zeigt Messungen bei einer Drossel und bei einer Eule.

Uhrzeit	0	3	6	9	12	15	18	21
Körpertemperatur der Drossel (in °C)	38,5	39,0	41,9	42,1	42,8	41,8	41,6	39,7
Körpertemperatur der Eule (in °C)	40,8	41,1	40,6	40,2	39,9	40,1	40,2	40,5

a) Zeichne die Graphen der Zuordnungen *Uhrzeit → Körpertemperatur (in °C)* für die Drossel und die Eule in dasselbe Koordinatensystem.
b) Welche Körpertemperaturen hatten die beiden Vögel vermutlich um 7.00 Uhr?
c) Welcher der beiden Vögel ist ein Tagtier, welcher ein Nachttier? Begründe.

2 Fig. 3 zeigt, wie sich der Inhalt eines Heizöltanks im Jahresverlauf verändert.
a) Erstelle zur Zuordnung *Zeit (in Monaten) → Inhalt eines Heizöltanks (in l)* eine Tabelle, aus der zu jedem Monatsbeginn der Tankinhalt abzulesen ist.
b) Beschreibe und begründe den Verlauf des Graphen in Fig. 3.

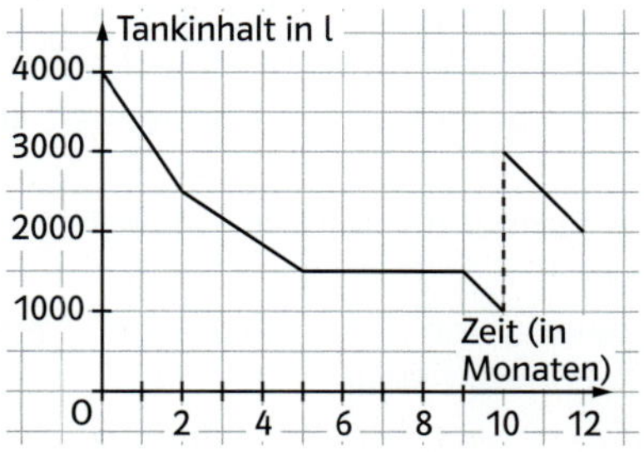

Fig. 3

11 Auf dem Jahrmarkt kostet der Chip für den Auto-Scooter 1 €. Kauft man mehrere Chips auf einmal, so wird ein Preisnachlass gewährt: 3 Chips kosten 2,50 €, 5 Chips kosten 3 €. Für elf Fahrten müssen im günstigsten Fall 3 € + 3 € + 1 € = 7 € bezahlt werden.
a) Schreibe für die Zuordnung *Anzahl der Fahrten → günstigster Preis (in €)* eine Tabelle auf, die bis zu 15 Fahrten berücksichtigt.
b) Zeichne den Graphen der Zuordnung. Ist es sinnvoll, die einzelnen Punkte miteinander zu verbinden? Begründe.

3 Gesetzmäßigkeiten bei Zuordnungen

Würfelförmige Geschenkkartons werden mit einem Geschenkband verziert. Für die Schleife allein sind 24 cm Band nötig. Für einen Karton mit 12 cm Kantenlänge sind noch 70 cm Band übrig.

$A = 2\,cm \cdot 2\,cm$
$= (2\,cm)^2$
$= 4\,cm^2$

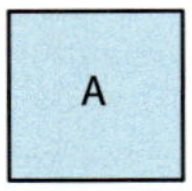

s = 2 cm

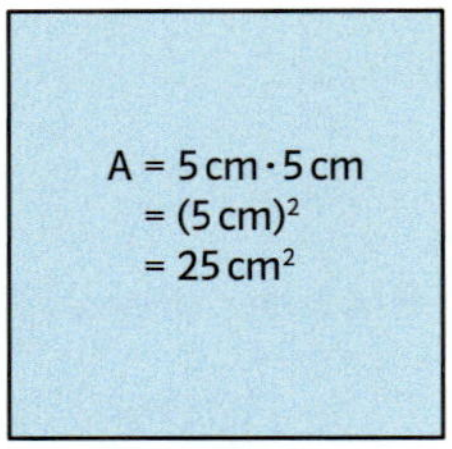

s = 5 cm

Flächeninhalt:
$A = s \cdot s = s^2$

Gleichungen wie $A = s^2$ bezeichnet man auch als Formeln.

Viele Zuordnungen beruhen auf einer Rechenvorschrift. So kann man zum Beispiel bei Quadraten zu jeder Kantenlänge s den Flächeninhalt A berechnen, indem man die Kantenlänge mit sich selbst multipliziert. Für die Zuordnung *Kantenlänge s (in cm) → Flächeninhalt A (in cm²)* ergibt sich daraus eine gesetzmäßig aufgebaute **Wertetabelle**:

s (in cm)	1	2	3	4	5	10
A (in cm²)	1	4	9	16	25	100

Die Rechenvorschrift zur Berechnung des Flächeninhalts A lässt sich kurz mithilfe der **Gleichung** $A = s \cdot s = s^2$ zusammenfassen.

Bei vielen Zuordnungen lässt sich die zugeordnete Größe mithilfe einer Gleichung berechnen. Liegt der Zuordnung eine Gleichung zugrunde, so ergibt sich eine gesetzmäßig aufgebaute Wertetabelle.

Beispiel
In den USA wird die Temperatur in Grad Fahrenheit (°F) gemessen. Jeder Temperatur in Grad Celsius kann eine Temperatur in Grad Fahrenheit zugeordnet werden. Für die Umrechnung lässt sich die Gleichung

$$T_F = \frac{9}{5} \cdot T_C + 32$$

verwenden. Dabei bedeuten T_F die Temperatur in °F und T_C die Temperatur in °C.
a) Rechne die Temperatur 25 °C in Grad Fahrenheit um.
b) Erstelle für die Zuordnung $T_C \rightarrow T_F$ eine Wertetabelle, aus der du zu 0 °C; 5 °C; …; 30 °C die Temperatur in Grad Fahrenheit ablesen kannst. Zeichne den Graphen.

Lösung:
a) Für die Temperatur in Grad Fahrenheit erhält man $T_F = \frac{9}{5} \cdot 25 + 32 = 77$.
Der Temperatur von 25 °C entsprechen 77 °F auf der Fahrenheit-Skala.
b) *Wie in a) gezeigt, berechnet man die Werte der Tabelle.*

T_C (in °C)	0	5	10	15	20	25	30
T_F (in °F)	32	41	50	59	68	77	86

Da auch jeder Zwischentemperatur in Grad Celsius ein Wert von T_F zugeordnet ist, ist es sinnvoll, die erhaltenen Punkte miteinander zu verbinden, sodass sich als Graph eine Gerade ergibt (Fig. 2).

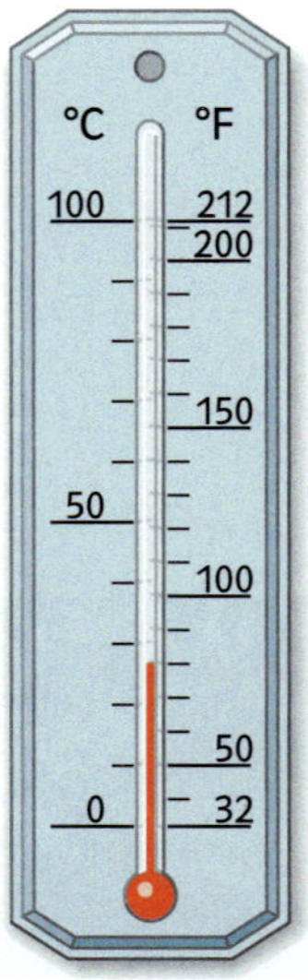

Fig. 1

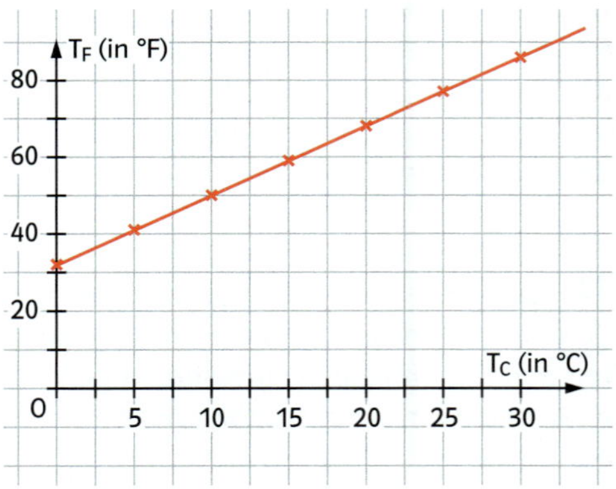

Fig. 2

Aufgaben

1 a) Beschreibe in Worten, wie sich der Flächeninhalt A in Fig. 1 und in Fig. 2 mithilfe der Kantenlänge s berechnen lässt.
b) Gib zu Fig. 1 und Fig. 2 jeweils eine Gleichung an, mit der sich der Flächeninhalt A berechnen lässt.
c) Erstelle für die Zuordnungen *s (in cm)* → *A (in cm²)* jeweils eine Wertetabelle.
d) Zeichne zu den Zuordnungen *s (in cm)* → *A (in cm²)* die Graphen.

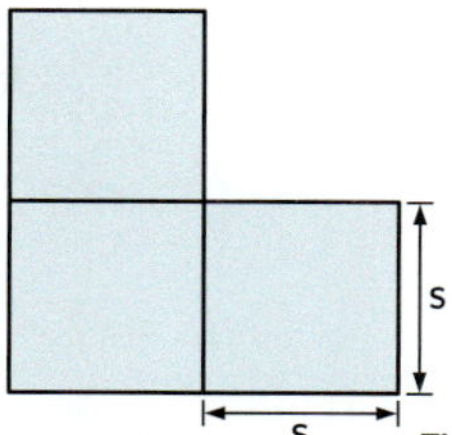

Fig. 1

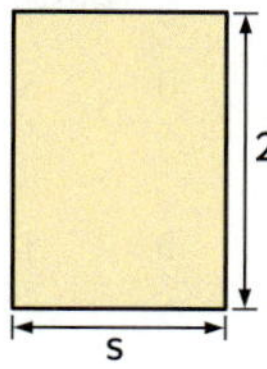

Fig. 2

2 Die Zuordnung *k* → *V* ordnet bei einem Würfel jeder Kantenlänge k (in cm) das Volumen V (in cm^3) zu.
a) Gib eine Gleichung an, mit der sich das Volumen V mithilfe der Kantenlänge k berechnen lässt.
b) Erstelle eine Wertetabelle für die Kantenlängen 0,5 cm; 1 cm; 2 cm; 3 cm und 4 cm und zeichne den Graphen der Zuordnung.

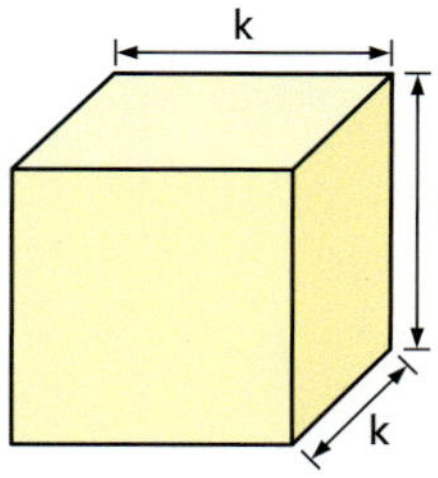

Fig. 3

3 Zur Ermittlung des „Normalgewichts" eines Erwachsenen findet man häufig die folgende Faustregel:
„Körpergröße in cm minus 100 ergibt das Normalgewicht in kg."
a) Lege eine Tabelle an, in die du das Normalgewicht für Körpergrößen zwischen 150 cm und 195 cm (in Schritten von jeweils 5 cm) einträgst.
b) Gib für die Zuordnung *Körpergröße L* → *Normalgewicht G* eine Gleichung an, mit der sich das Normalgewicht G berechnen lässt.
c) Gilt die Faustregel für alle Menschen? Begründe.

4 In der Fahrschule lernt man eine Faustregel, wie man zu jeder Geschwindigkeit eines Autos den Bremsweg berechnen kann: „Dividiere die Tachoanzeige durch 10 und multipliziere das Ergebnis mit sich selbst, so erhältst du den Bremsweg in m".
a) Bestimme eine Gleichung, mit der man den Bremsweg s (in m) anhand der Geschwindigkeit v $\left(\text{in } \frac{\text{km}}{\text{h}}\right)$ berechnen kann.
b) Lege eine Tabelle an, in die du den Bremsweg für die Geschwindigkeiten $20\,\frac{\text{km}}{\text{h}}$; $30\,\frac{\text{km}}{\text{h}}$; $50\,\frac{\text{km}}{\text{h}}$ und $100\,\frac{\text{km}}{\text{h}}$ einträgst.
c) Zeichne den Graphen der Zuordnung *v* → *s*.

5 Bevor ein Autofahrer beim Auftreten einer plötzlichen Gefahr reagiert, vergeht eine gewisse Reaktionszeit. Der in dieser Zeitspanne zurückgelegte Weg heißt Reaktionsweg. Er kann mithilfe einer Faustregel berechnet werden: „Dividiere die Tachoanzeige durch 10 und multipliziere das Ergebnis mit 3, so erhältst du den Reaktionsweg in m."
a) Bestimme eine Gleichung, mit der man den Reaktionsweg r (in m) anhand der Geschwindigkeit v $\left(\text{in } \frac{\text{km}}{\text{h}}\right)$ berechnen kann.
b) Lege eine Tabelle an, in die du den Reaktionsweg für die Geschwindigkeiten $10\,\frac{\text{km}}{\text{h}}$; $20\,\frac{\text{km}}{\text{h}}$; $30\,\frac{\text{km}}{\text{h}}$; …; $100\,\frac{\text{km}}{\text{h}}$ einträgst. Zeichne den Graphen der Zuordnung $v\left(in\ \frac{km}{h}\right) \rightarrow r\ (in\ m)$.

6 Gib für die Zuordnung $x \rightarrow y$ an, wie sich die y-Werte anhand der x-Werte berechnen lassen. Ergänze die Tabelle entsprechend.

a)

x	0	1	2	3		5
y	0	6		18	24	30

b)

x	1	2	3	4	5	
y	1	4	9			81

c)

x	0	1	2	3	4	
y	2	5	8	11		20

d)

x	0,5	1	2	4	5	6
y	2	1	0,5	0,25		

7 Berechne bei der Zuordnung $x \rightarrow y$ die y-Werte mithilfe der angegebenen Gleichung. Wähle für x die Zahlen −2; −1; 0; 0,5; 5 und 10 und schreibe deine Ergebnisse in Tabellenform.

a) $y = 3 \cdot x$ b) $y = -x$ c) $y = \frac{1}{x}$ d) $y = \frac{1}{x^2}$

8 Gib zu den folgenden Zuordnungen eine Rechenvorschrift in Worten an. Nenne die zugehörige Gleichung.

a) *Kantenlänge q → Umfang U* beim Quadrat

b) *Kantenlänge w → Oberflächeninhalt O* beim Würfel

c) $\alpha \rightarrow \beta$ beim Parallelogramm (Fig. 1)

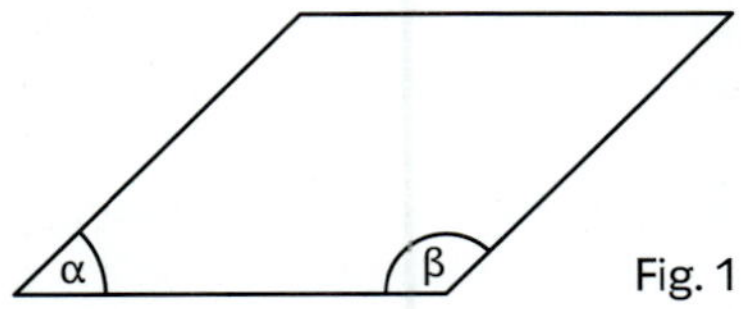

Fig. 1

9 Das Rechteck in Fig. 2 hat den Flächeninhalt $6\,cm^2$.

a) Vervollständige die Tabelle so, dass das Rechteck mit der Länge a und der Breite b ebenfalls den Flächeninhalt $6\,cm^2$ hat.

Länge a (in cm)	3	4			10
Breite b (in cm)	2		3	6	

b) Zeichne die Graphen der Zuordnungen $a \rightarrow b$ und $b \rightarrow a$. Was stellst du fest?

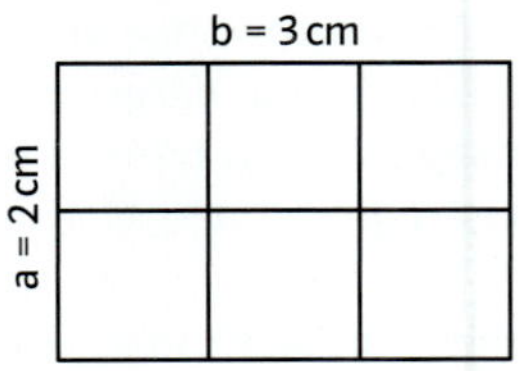

Fig. 2

10 Berechne zu den in Aufgabe 9 betrachteten Rechtecken mit dem Flächeninhalt $6\,cm^2$ jeweils den Umfang U. Erstelle zur Zuordnung *Länge a (in cm) → Umfang U (in cm)* eine Wertetabelle und zeichne den Graphen.

Kannst du das noch?

11 Schreibe als Subtraktionsaufgabe und fülle die Kästchen passend aus.

a) $-4 + \square = 11$ b) $\square + \frac{3}{4} = \frac{5}{8}$ c) $\square - \frac{4}{5} = -\frac{3}{10}$ d) $\frac{2}{3} + \square = -\frac{4}{9}$

12 Schreibe als Divisionsaufgabe und fülle die Kästchen passend aus.

a) $\square \cdot (-7) = 56$ b) $(-12) \cdot \square = -72$ c) $\square \cdot 9 = -108$ d) $15 \cdot \square = -120$

e) $\left(-\frac{3}{4}\right) \cdot \square = -6$ f) $\square \cdot \frac{3}{2} = \frac{9}{10}$ g) $\square \cdot \left(-\frac{3}{5}\right) = -\frac{2}{5}$ h) $3{,}5 \cdot \square = -1$

13 Übertrage in dein Heft und setze für $\square$ die passende Zahl ein. Mache die Probe.

a) $\square + 2{,}5 = 17$ b) $\square : 2 + 2 = 8$ c) $\square - 2{,}5 \cdot 3 = -1$ d) $24 + \square \cdot 13 = 89$

4 Proportionale Zuordnungen

In „Inges Käsetheke“ kann der Preis für das gewogene Käsestück direkt abgelesen werden. Frau Hungrig hätte gern ein dreimal so großes Stück Käse. Herr Schlauberger möchte gern den Kilogramm-Preis wissen.

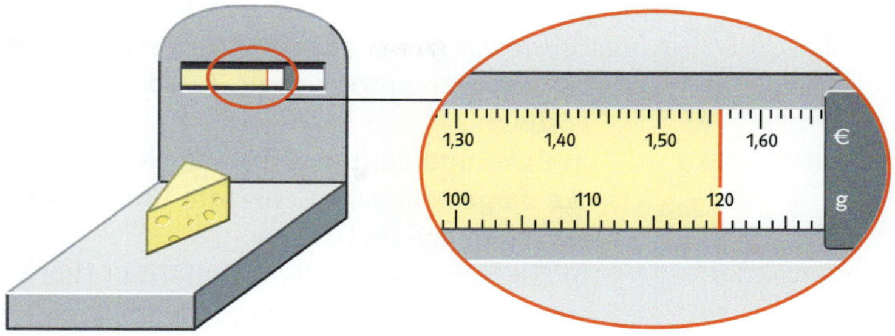

Beim Kauf von Lebensmitteln richtet sich der Preis nach der gewünschten Menge. Kostet zum Beispiel 1 kg Äpfel 2 €, dann muss man für die doppelte Menge auch den doppelten Preis, also 4 €, bezahlen. Entsprechend erhält man die halbe Menge zum halben Preis.

Gewicht G (in kg)	0,5	1	2	3	5	10
Preis P (in €)	1	2	4	6	10	20

(Pfeile: von 1 nach 0,5 bzw. 2 nach 1: :2; von 1 nach 2 bzw. 2 nach 4: ·2; ·3; ·5; von 5 nach 10 bzw. 10 nach 20: ·2)

Bei der betrachteten Zuordnung ist dem doppelten (halben, dreifachen, fünffachen) Gewicht der doppelte (halbe, dreifache, fünffache) Preis zugeordnet. Zuordnungen mit dieser Eigenschaft nennt man **proportional**. Man sagt auch: Der Preis P ist proportional zum Gewicht G oder der Preis P und das Gewicht G sind zueinander proportional.
Da man z. B. das Wertepaar (3 | 6) erhält, indem man beide Werte des Paares (1 | 2) mit 3 multipliziert, sind die Quotienten der Wertepaare (1 | 2) und (3 | 6) gleich groß:

$\frac{2}{1} = \frac{2 \cdot 3}{1 \cdot 3} = \frac{6}{3} = 2.$

In gleicher Weise ergibt sich auch für alle weiteren Wertepaare der Quotient 2:

$\frac{1}{0,5} = \frac{2}{1} = \frac{4}{2} = \frac{6}{3} = \frac{10}{5} = \frac{20}{10} = \ldots = 2.$

Alle Wertepaare der proportionalen Zuordnung *Gewicht G → Preis P* sind **quotientengleich**. Der konstante Quotient 2 lässt sich hier leicht deuten: Die Äpfel kosten 2 € je kg.
Der Preis P kann mithilfe der Gleichung $P = 2 \cdot G$ berechnet werden. Hier tritt der konstante Quotient 2 als Faktor auf. Man sagt auch:
Der **Proportionalitätsfaktor** der proportionalen Zuordnung ist 2.
Trägt man die Wertepaare aus der Tabelle in ein Koordinatensystem ein, so ergibt sich der Graph der proportionalen Zuordnung (Fig. 1).

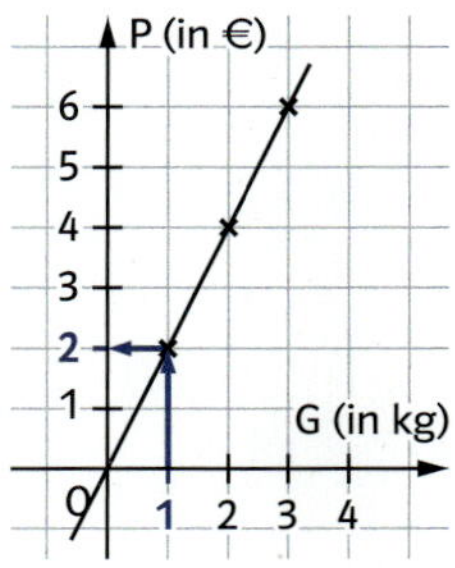

Fig. 1

Bei einer **proportionalen Zuordnung** $x \to y$ ist dem k-fachen Wert von x auch der k-fache Wert von y zugeordnet ($k \geqq 0$). Die Quotienten sind für alle Wertepaare gleich groß. Ist dieser Quotient zum Beispiel 0,8, so lässt sich der y-Wert mithilfe der Gleichung $y = 0,8 \cdot x$ berechnen.
Bei proportionalen Zuordnungen liegen die Punkte des Graphen auf einer Geraden, die durch den Koordinatenursprung verläuft.

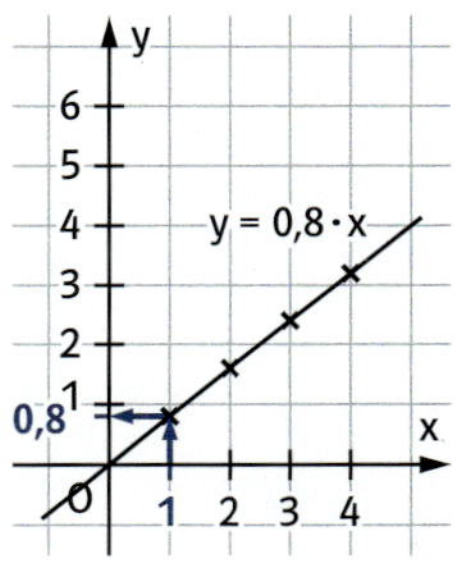

Fig. 2

☐ (in km)	☐ (in l)
50	3,8
200	15,2
500	38,0
1000	76,0

Tab. 1

Beispiel 1

In Tab. 1 ist eine Zuordnung dargestellt.

a) Auf welchen Sachverhalt könnte sich die Zuordnung beziehen? Setze an die Stelle der Leerfelder geeignete Überschriften ein.

b) Liegt eine proportionale Zuordnung vor? Begründe. Gib drei weitere Wertepaare an.

Lösung:

a) Es könnte der Benzinverbrauch eines Autos in Abhängigkeit von der gefahrenen Strecke dargestellt sein. Geeignete Überschriften: gefahrene Strecke (in km); verbrauchte Benzinmenge (in l).

b) Zur halben, doppelten, dreifachen Fahrstrecke ergibt sich der halbe, doppelte, dreifache Verbrauch. Dabei ist eine gleich bleibende Fahrweise vorausgesetzt. Ausgehend von zum Beispiel dem Wertepaar (50 | 3,8) erhält man durch Halbieren, Verdoppeln und Verdreifachen:
Für 25 km werden 1,9 l Benzin verbraucht, für 100 km sind es 7,6 l, für 150 km 11,4 l.

	Fahrstrecke (in km)	Benzinmenge (in l)	
:2	25	1,9	:2
	50	3,8	
· 2	100	7,6	· 2
· 3	150	11,4	· 3

Beispiel 2

Eine Drahtrolle mit 100 m Draht hat ein Gewicht von 1,2 kg = 1200 g.

a) Begründe, warum die Zuordnung *Drahtlänge L (in m) → Gewicht G (in g)* proportional ist. Bestimme und deute den Proportionalitätsfaktor.

b) Mit welcher Gleichung lässt sich das Gewicht G berechnen? Berechne das Gewicht von 130 m Draht.

c) Zeichne den Graphen der Zuordnung *Drahtlänge L (in m) → Gewicht G (in g).*

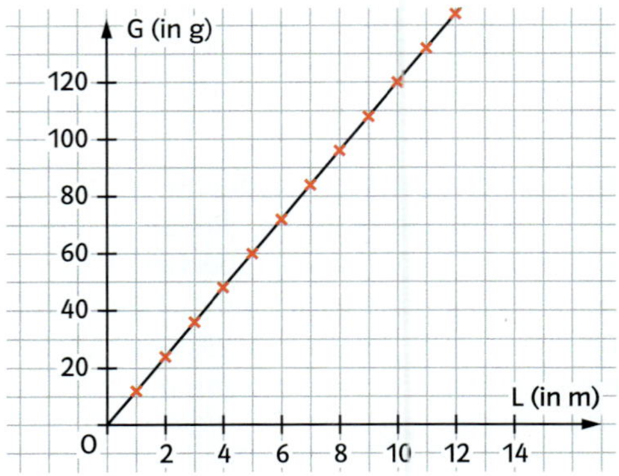

Fig. 1

Lösung:

a) Nimmt man die halbe, doppelte, dreifache Länge L des Drahtes, so erhält man das halbe, doppelte, dreifache Gewicht G.
Proportionalitätsfaktor: $1200 : 100 = 12$. Deutung: Jeder Meter Draht wiegt 12 g.

b) $G = 12 \cdot L$, somit $G = 12 \cdot 130 = 1560$; also wiegen 130 m Draht 1560 g = 1,56 kg.

c) Siehe Fig. 1.

Aufgaben

1 Welche Zuordnung ist proportional? Begründe deine Antwort.

a) Bei Kopierpapier: *Anzahl der Blätter → Höhe des Stapels*

b) Bei einem Menschen: *Alter → Körpergewicht*

c) *Seitenlänge eines Quadrates → Umfang (Flächeninhalt) eines Quadrates*

2 Die Schülerinnen und Schüler der Klasse 6d haben Fotos von ihrer Klassenfahrt nachbestellt. Jana zahlt für 8 Fotos 1,92 € .

a) Notiere eine Tabelle, in der du den Bildanzahlen 1; 2; 3; …; 20 den Preis zuordnest.

b) Nenne und deute den Proportionalitätsfaktor der Zuordnung *Bildanzahl → Preis (in €).*

3 Die Tabelle gehört zu einer proportionalen Zuordnung. Übertrage die Tabelle in dein Heft und fülle die Lücken aus.

a)

x	0	1	2	3	5	7
y				6		

b)

x	2	5	10	15	20	
y			6			18

c)

x	3	6		12		
y	7		21		35	70

d)

x	0	1	2		20	100
y			1,6	4,0		

4 Stelle die durch die Tabellen in Aufgabe 3 gegebenen Zuordnungen grafisch dar. Was haben die Graphen gemeinsam? Worin unterscheiden sie sich?

5 Die Tabellen gehören zu proportionalen Zuordnungen.

Zeit (in s)	Volumen (in l)
10	5
8	
25	

Gewicht (in kg)	Preis (in €)
0,5	0,75
0,8	
1,5	

Länge (in m)	Gewicht (in kg)
2	
3,5	
5	4,5

Zeit (in min)	Strecke (in km)
30	
120	48
125	

a) Bestimme und deute jeweils den Proportionalitätsfaktor.
b) Übertrage die Tabellen in dein Heft und fülle sie aus.

6 Stelle die durch die Tabellen in Aufgabe 5 gegebenen Zuordnungen in je einem Koordinatensystem grafisch dar. Lies jeweils drei weitere Wertepaare aus der Zeichnung ab.

Bist du sicher?

1 Ein Radrennfahrer legt in 3 h eine Strecke von 126 km zurück.
a) Unter welchen Bedingungen ist die Zuordnung *Fahrzeit (in h)* → *Fahrstrecke (in km)* eine proportionale Zuordnung?
Bestimme und deute den Proportionalitätsfaktor.
b) Schreibe eine Tabelle, aus der du ablesen kannst, welche Strecke der Radrennfahrer innerhalb von 20 min; 40 min; 60 min; …; 200 min zurücklegen kann.

2 Prüfe, ob durch die Tabelle eine proportionale Zuordnung dargestellt werden kann. Bestimme gegebenenfalls die fehlenden Werte.

x	3	6	9	15	
y	2	4	6		20

7 Hängt man Gewichte an eine Feder, so dehnt sie sich aus. Ein Experiment ergab:

Gewicht (in g)	10	15	25	40	55	60	65
Ausdehnung (in cm)	2,5	3,7	6,3	10,1	13,7	14,8	16,3

a) Prüfe, ob die Wertepaare annähernd quotientengleich sind. Erläutere „annähernd".
b) Zeichne den dazugehörigen Graphen in ein Koordinatensystem.
c) Welche Ausdehnung der Feder wäre bei einem Gewicht von 30 g, welche bei einem Gewicht von 300 g zu erwarten?

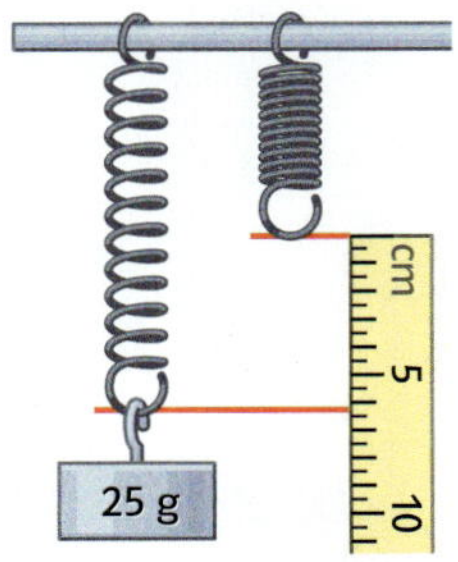

Fig. 1

5 Antiproportionale Zuordnungen

Fischanzahl (mittlere Größe)	Doseninhalt reicht für etwa ... Tage
6	180
12	90
18	60
24	45
30	36

Je mehr Fische sich im Aquarium tummeln, desto schneller ist die Dose Fischfutter verbraucht. Der Doseninhalt soll für 15 mittelgroße Fische 70 Tage lang ausreichen.

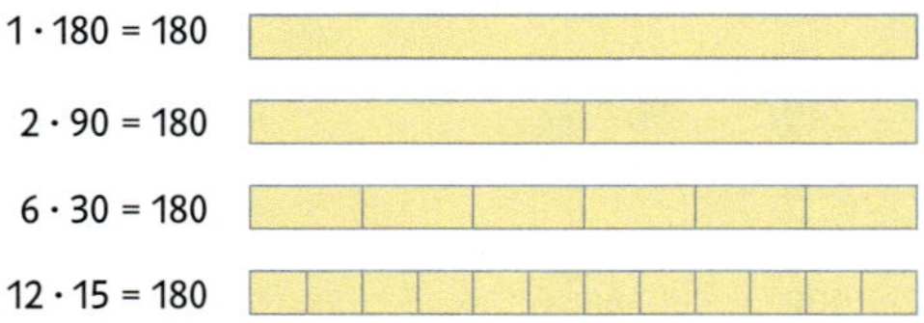

Fig. 1

Beim Teilen nimmt die Größe eines Teils mit wachsender Anzahl der Teile ab. Schneidet man zum Beispiel ein 180 cm langes Band in 6 gleich lange Stücke, so sind diese jeweils 30 cm lang. Bei 12 Teilstücken gleicher Länge ist jedes nur 15 cm lang. Bei doppelt so vielen Teilstücken ist jedes nur halb so lang, bei halb so vielen Teilstücken ist jedes entsprechend doppelt so lang.

·2 ·3 ·6 ·12 :5

Anzahl n der Stücke	1	2	3	6	12	60
Länge L der Stücke (in cm)	180	90	60	30	15	3

:2 :3 :6 :12 ·5

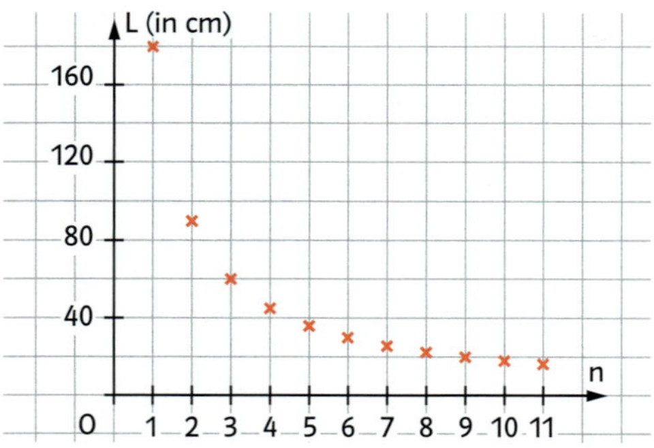

Fig. 2

Bei der betrachteten Zuordnung ist der doppelten (dreifachen, sechsfachen) Anzahl die Hälfte (ein Drittel, ein Sechstel) der Länge zugeordnet. Bei halber Anzahl ergeben sich doppelt so lange Teilstücke. Zuordnungen mit dieser Eigenschaft nennt man **antiproportional** oder **umgekehrt proportional**. Da man z. B. das Wertepaar (3|60) erhält, indem man beim Wertepaar (1|180) die Anzahl 1 mit 3 multipliziert und den Längenwert 180 durch 3 dividiert, sind die Produkte der Wertepaare (1|180) und (3|60) gleich groß:

$1 \cdot 180 = (1 \cdot 3) \cdot (180 : 3) = 3 \cdot 60 = 180.$

In gleicher Weise ergibt sich auch für alle weiteren Wertepaare das Produkt 180:

$1 \cdot 180 = 2 \cdot 90 = 3 \cdot 60 = 6 \cdot 30 = 12 \cdot 15 = 100 \cdot 1{,}8 = \ldots = 180.$

Alle Wertepaare der antiproportionalen Zuordnung *Anzahl n → Länge L (in cm)* sind **produktgleich**.

Das konstante Produkt 180 lässt sich hier leicht deuten: Das ungeteilte Band (ein einziges „Teilstück") ist 180 cm lang.

Die Länge L eines Teilstücks kann mithilfe der Gleichung

$L = 180 : n = \frac{180}{n}$

berechnet werden. Trägt man die Wertepaare aus der Tabelle in ein Koordinatensystem ein, so ergibt sich der Graph der antiproportionalen Zuordnung (Fig. 2).

x	y
2	12
4	6
6	4
8	3

Bei einer **antiproportionalen Zuordnung** $x \to y$ ist dem k-fachen Wert von x der k-te Teil von y zugeordnet (k > 0).
Die Produkte sind für alle Wertepaare gleich groß. Ist das Produkt zum Beispiel 24, so lässt sich der y-Wert mithilfe der Gleichung $y = 24 : x$ berechnen.
Die Punkte des Graphen liegen auf einer abfallenden Kurve.

Beispiel

Marcel plant eine mehrtägige Radtour von Braunschweig nach Lübeck. Je mehr Tage er sich Zeit nimmt, desto weniger Kilometer muss er pro Tag zurücklegen. Er hat ausgerechnet, wie viele Kilometer er im Durchschnitt pro Tag schaffen muss (Tab. 1).

a) Begründe, warum die Zuordnung *Zeitdauer t (in Tagen) → durchschnittliche Tagesleistung W (in km)* antiproportional ist.

b) Gib drei weitere Wertepaare an und zeichne den Graphen der Zuordnung.

Lösung:

a) Bei doppelter Zeitdauer ist die durchschnittliche Tagesleistung halb so groß, bei dreifacher Zeitdauer nur ein Drittel. Das Produkt ist bei allen Wertepaaren 240. Die Gesamtstrecke beträgt also 240 km.

b) Ausgehend von zum Beispiel dem Wertepaar (2|120) erhält man durch Halbieren, Vervierfachen und Verfünffachen der Zeitdauer. Bei eintägiger Fahrt beträgt die Tagesleistung 240 km, bei acht Tagen 30 km und bei zehn Tagen 24 km (Tab. 2).

Der Graph der Zuordnung ist in Fig. 1 gezeichnet. Da die Zeitdauer nicht ganzzahlig sein muss, ist es sinnvoll, die Punkte durch eine Kurve zu verbinden.

Zeitdauer t der Radtour (in Tagen)	durchschnittliche Tagesleistung W (in km)
2	120
3	80
4	60
5	48
6	40

Tab. 1

	Zeitdauer t der Radtour (in Tagen)	durchschnittliche Tagesleistung W (in km)	
:2	1	240	·2
	2	120	
·4	8	30	:4
·5	10	24	:5

Tab. 2

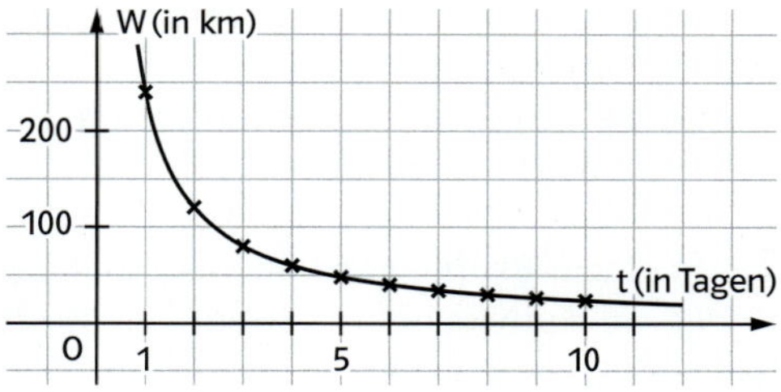

Fig. 1

Die Kurve, auf der die Punkte des Graphen bei antiproportionalen Zuordnungen liegen, heißt Hyperbel.

Aufgaben

1 Welche Zuordnung ist antiproportional? Begründe deine Antwort.

a) Beim Ausheben einer Baugrube: *Anzahl der Bagger → Zeit, bis der Aushub fertig ist*

b) Beim Verteilen eines Gummibärchenvorrates auf mehrere Kinder: *Anzahl der Kinder → Anzahl der Gummibärchen pro Kind*

c) Beim Abfließen des Wassers aus einer Badewanne: *Zeitdauer nach Ziehen des Stöpsels → verbliebene Wassermenge*

2 Bei einer Expedition mit 15 Teilnehmern reicht der Trinkwasservorrat für 24 Tage.

a) Wie lange reicht der gleiche Wasservorrat bei 4; 6; 8; 10; 12; 16; 20; 24; 30 Teilnehmern? Notiere deine Ergebnisse in einer Tabelle. Erläutere deinen Rechenweg.

b) Berechne und deute das Produkt zu allen Wertepaaren der Zuordnung *Teilnehmerzahl → Zeitdauer, bis der Wasservorrat verbraucht ist (in Tagen).*

3 Die Kosten für einen Tagesauflug betragen 147 €. Sie werden gleichmäßig auf die Teilnehmer verteilt.

a) Lege zur Zuordnung *Teilnehmerzahl → Kostenanteil je Teilnehmer (in €)* eine Tabelle an, aus der die Kostenanteile bei 10; 15; 20; …; 40 Teilnehmern abgelesen werden können.

b) Wie viele Personen müssen mitfahren, damit der Kostenanteil nicht über 8 € liegt?

4 Kann die Tabelle zu einer antiproportionalen Zuordnung gehören? Begründe.

a)

x	1	2	3	4	6	8
y	48	24	16	12	8	6

b)

x	2	5	10	20	25	50
y	2,5	1	0,5	0,3	0,2	0,1

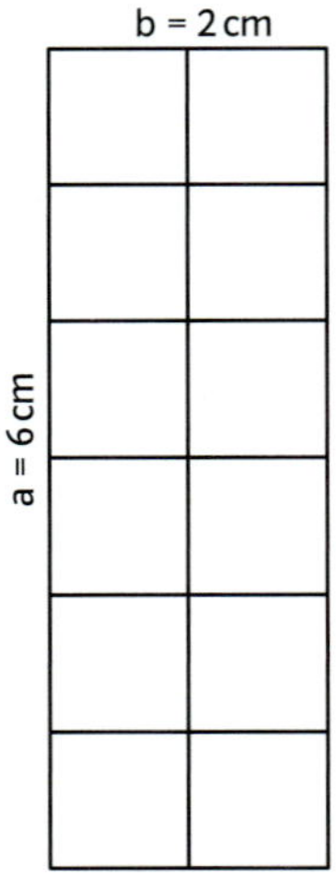

Fig. 1

5 Die Tabelle gehört zu einer antiproportionalen Zuordnung. Übertrage in dein Heft und fülle die Lücken aus.

a)

x	1	2	4	6	10	20
y	12					

b)

x	1		5	10		
y		100	40		10	4

6 Ein Rechteck soll den Flächeninhalt $12\,cm^2$ besitzen. Es kann zum Beispiel 6 cm lang und 2 cm breit sein (Fig. 1).

a) Übertrage die Tabelle für die Zuordnung *Länge a (in cm) → Breite b (in cm)* in dein Heft und fülle die Lücken aus.

Länge a (in cm)	0,5	1	2	3	4	5	6	8	10	12
Länge b (in cm)							2			

b) Wie lautet die Rechenvorschrift, mit der sich die Breite b berechnen lässt? Gib eine geeignete Gleichung an.

c) Zeichne den Graphen der Zuordnung *Länge a (in cm) → Breite b (in cm)*.
Lies weitere Wertepaare ab.

7 In einem Blumengeschäft werden Rosen zu 1,25 € das Stück angeboten.

a) Wie viel Euro kostet ein Strauß mit 15 (20; 25; 30) Rosen? Um welchen Zuordnungstyp handelt es sich bei der Zuordnung *Anzahl der Rosen → Preis des Straußes*?

b) Die Belegschaft einer Firma hat zum Jubiläum eines Kollegen einen Blumenstrauß für 30 € bestellt. Wie viel Euro muss jeder bezahlen, wenn sich 15 (20; 25; 30) Personen zu gleichen Teilen an den Kosten beteiligen? Um welchen Zuordnungstyp handelt es sich bei der Zuordnung *Anzahl der Personen → Kostenanteil je Person*?

8 a) Überlege dir eine proportionale und eine antiproportionale Zuordnung. Formuliere für beide Zuordnungen zwei Aufgaben.

b) Tausche die Aufgaben mit deinem Nachbarn und löst sie gegenseitig.

c) Korrigiert die Lösungen der Aufgaben gemeinsam.

Bist du sicher?

1 Die Wanderkasse einer Jugendgruppe enthält 840 €.

a) Wie viel Euro kann die Jugendgruppe täglich ausgeben, wenn sie 4 (6; 8) Tage unterwegs ist und die Ersparnisse vollständig aufgebraucht werden können?

b) Stelle die Zuordnung *Anzahl der Tage → Ausgaben pro Tag (in €)* in einer Tabelle dar. Um welchen Zuordnungstyp handelt es sich bei der Zuordnung?

c) Die Gruppe möchte pro Tag 120 € ausgeben. Wie viel Geld benötigt sie für die Wanderkasse, wenn sie 5 Tage (8 Tage; 14 Tage) unterwegs ist?

d) Stelle die Zuordnung *Anzahl der Tage → Betrag in der Wanderkasse (in €)* in einer Tabelle dar. Um welchen Zuordnungstyp handelt es sich dabei?

6 Drei Größen sind gesetzt – Dreisatz

Die Großpackung mit 2000 Nägeln ist nicht ausgezeichnet. Tischlermeister Hobel denkt sich: „Die Großpackung kommt nur dann infrage, wenn sie weniger als 18,64 € kostet".

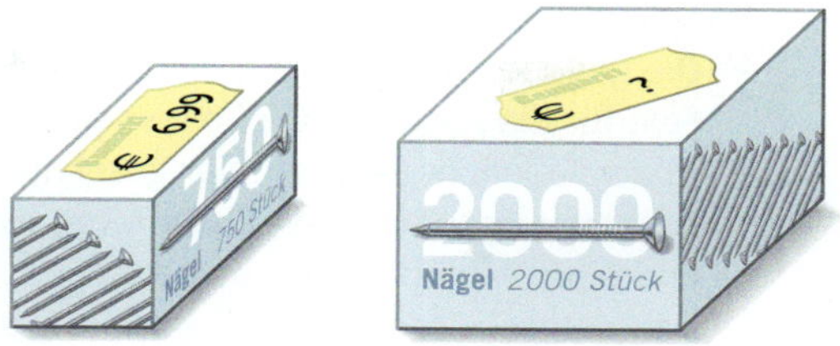

In einem Backrezept ist angegeben, dass man für 8 Obsttörtchen 200 g Mehl benötigt. Will man nur halb so viele Törtchen backen, so nimmt man halb so viel Mehl, also 100 g Mehl für 4 Törtchen. Für 16 Törtchen nimmt man entsprechend 400 g Mehl. Aber wie viel Gramm Mehl braucht man für 15 Törtchen?
Die drei gegebenen Angaben lassen sich übersichtlich in einer Tabelle mit zwei Spalten anordnen. Da die Zuordnung
Anzahl der Törtchen → Mehlgewicht (in g)
proportional ist, kann man die gesuchte Größe in zwei Rechenschritten bestimmen. Der Lösungsweg kann mithilfe von drei Sätzen oder mit einer Tabelle dargestellt werden:

Anzahl der Törtchen	Mehlgewicht (in g)
8	200
15	?

Bei 8 Törtchen nimmt man 200 g.
Bei 1 Törtchen nimmt man 200 g : 8 = 25 g.
Bei 15 Törtchen nimmt man 25 g · 15 = 375 g.

Anzahl der Törtchen	Mehlgewicht (in g)
8	200
: 8 ↓ 1	25 ↓ : 8
· 15 ↓ 15	375 ↓ · 15

Will man umgekehrt wissen, für wie viele Törtchen zum Beispiel 500 g Mehl ausreichen, so kann man ganz ähnlich vorgehen. Die gesuchte Größe steht jetzt auf der linken Seite. Es empfiehlt sich, von 200 g über 100 g auf 500 g zu schließen und die Tabellenzeilen von rechts nach links zu lesen.

200 g ergeben 8 Törtchen.
100 g ergeben 8 Törtchen : 2 = 4 Törtchen.
500 g ergeben 4 Törtchen · 5 = 20 Törtchen.

Anzahl der Törtchen	Mehlgewicht (in g)
8	200
: 2 ↓ 4	100 ↓ : 2
· 5 ↓ 20	500 ↓ · 5

Statt im ersten Rechenschritt von 200 g auf 100 g zu schließen, hätte man auch auf 1 g schließen können.

Anzahl der Törtchen	Mehlgewicht (in g)
8	200
: 200 ↓ 0,04	1 ↓ : 200
· 500 ↓ 20	500 ↓ · 500

Der geschickt gewählte Zwischenschritt auf 100 begrenzt hier den Rechenaufwand. Der Rechenweg über 1 führt immer zum Ziel. Allerdings erhält man dabei oft Zahlen, mit denen man schlecht im Kopf rechnen kann.
Es wurden zwei **Dreisatzaufgaben** betrachtet. Bei der Lösung konnten die Eigenschaften proportionaler Zuordnungen genutzt werden, weil sich beide Aufgaben auf die proportionale Zuordnung *Anzahl der Törtchen → Mehlgewicht (in g)* bezogen. Bevor man jedoch das dargestellte Lösungsverfahren anwendet, muss geprüft werden, ob sich die Aufgabe auf eine proportionale Zuordnung bezieht.

Verwendet man einen Taschenrechner, so ist die geschickte Wahl eines Zwischenschrittes weniger von Bedeutung.

Zuschauerzahl	€
400	2400
…	…
500	?

Zuschauerzahl	€
400	2400
: 4 → 100	
· 5 → 500	?

Zuschauerzahl	€
400	2400
: 4 → 100	600 (: 4)
· 5 → 500	3000 (· 5)

Der Zwischenschritt auf 1 hätte zusätzlich den Preis für eine Eintrittskarte geliefert.

Vorgehensweise bei Dreisatzaufgaben zu proportionalen Zuordnungen:
- Die gegebenen Angaben in eine Tabelle eintragen. Dabei eine Leerzeile und ein Feld für die gesuchte Größe vorsehen.
- In der Tabellenspalte, die der gesuchten Größe gegenüberliegt, über ein geeignetes Zwischenergebnis einen Rechenweg entwickeln, der im Regelfall aus einer Division und einer Multiplikation besteht.
- Den entwickelten Rechenweg auf die andere Tabellenspalte übertragen und die gesuchte Größe berechnen.

Beispiel 1
Bei einem Handballspiel bezahlten 400 Zuschauer zusammen 2400 € Eintritt. Wie hoch wären die Einnahmen bei 500 Zuschauern gewesen?
Lösung:
Wenn man voraussetzt, dass alle Zuschauer den gleichen Eintrittspreis bezahlen, ist die Gesamteinnahme proportional zur Zuschauerzahl, denn bei doppelt so vielen Zuschauern verdoppelt sich auch die Gesamteinnahme.
400 Zuschauer bezahlen zusammen 2400 €. 100 Zuschauer bezahlen zusammen 600 €.
500 Zuschauer bezahlen zusammen 3000 €.

Beispiel 2
Eine Wandfläche von 185 m^2 soll gestrichen werden. Für die ersten 14 m^2 wurden 2,3 Liter Farbe verbraucht. Wie viel Farbe braucht man für die gesamte Wand?
Lösung:
Für die doppelte Wandfläche braucht man bei gleichmäßigem Anstrich doppelt so viel Farbe. Die Zuordnung Wandfläche (in m^2) → Farbmenge (in l) *ist also eine proportionale Zuordnung.*

Wandfläche (in m^2)	Farbmenge (in l)
14	2,3
: 14 → 1	≈ 0,16 (: 14)
· 185 → 185	≈ 30 (· 185)

Zwischenergebnis nicht runden.
Berechnetes Endergebnis sinnvoll runden.
Für die gesamte Wand benötigt man ca. 30 l Farbe.

Aufgaben

1 In der Tabelle ist eine proportionale Zuordnung dargestellt. Fülle die Lücken aus.

a)

h	km
3	210
□ → 1	□ (□)
□ → 8	□ (□)

b)

g	Anzahl
250	3,50
: 5 → □	□ (□)
□ → 600	□ (□)

c)

m	min
150	240
□ → □	16 (□)
□ → □	48 (□)

2 In eine Badewanne fließen 24 l innerhalb von 45 s. Nach welcher Zeit ist die Wanne mit 160 l gefüllt?

3 Ein Auto verbraucht auf 100 km durchschnittlich 6,0 l Diesel. Wie hoch ist der Verbrauch bei einer 250 km langen Fahrt? Wie weit kann man mit einer Tankfüllung von 51 l fahren?

4 Wenn man entsteinte Kirschen mit Gelierzucker aufkocht, kann man Kirschmarmelade herstellen. Für eine Packung Gelierzucker braucht man 750 g Kirschen (Fig. 1).
a) Wie viel Gelierzucker benötigt man für 2,5 kg Kirschen?
b) Wie viele Kilogramm Kirschen braucht man, wenn 1200 g Gelierzucker verbraucht werden sollen?
c) Wie viel Gelierzucker und wie viele Kirschen werden für 1,5 kg Marmelade benötigt?

Fig. 1

5 Ein Stück Schafskäse wiegt 210 g und kostet 2,52 €, ein Stück Butterkäse von 360 g kostet 3,06 €, 125 g Camembert kosten 2,75 €.
a) Was kosten 350 g Schafskäse (400 g Butterkäse; 200 g Camembert)?
b) Wie viel Butterkäse bekommt man für 4,59 €?

6 Berechne mit der Angabe aus Aufgabe 5 die Kilogramm-Preise der drei Käsesorten.

7 Die schwerste Tafel Schokolade der Welt wurde im Jahr 2000 in Turin hergestellt. Hätte man sie in lauter 50 g schwere Portionen aufgeteilt, so hätte man 45 600 Portionen erhalten. Wie schwer wäre eine Portion gewesen, wenn man in 5000 Teile aufgeteilt hätte?

8 Vor fast 2000 Jahren bauten die Römer eine 50 km lange Wasserleitung, die die damalige römische Metropole Nîmes (in Südfrankreich) mit frischem Wasser versorgte. Die Quelle lag nur 17 m höher als das Ende der Leitung in Nîmes. Etwa auf halber Strecke musste das Tal des Flüsschens Gardon überquert werden. Dafür wurde ein 275 m langer Aquädukt errichtet, der Pont du Gard. Berechne den Höhenunterschied zwischen den beiden Enden des Pont du Gard.

Bist du sicher?

1 Ein Stapel mit 150 Blättern Kopierpapier wiegt 0,750 kg.
a) Wie viel wiegt eine Packung mit 1000 Blättern?
b) Ein Stapel wiegt 1,250 kg. Aus wie vielen Blättern besteht er?

9 Eine Stockente braucht für das Ausbrüten von neun Eiern 27 Tage. Wie lange braucht ein Seeadler bei zwei Eiern?

10 Zwölf Schülerinnen und Schüler der Klasse 6b geben Sport als ihr Lieblingsfach an. Für Deutsch entscheiden sich fünf, für Englisch vier, für Mathematik nur drei. Auf die übrigen Fächer entfallen insgesamt sechs Stimmen.
a) Ordne den Fächern die jeweilige Anzahl an Stimmen zu. Schreibe das Umfrageergebnis als Tabelle.
b) Zeichne ein Kreisdiagramm. Berechne zunächst die erforderlichen Winkelgrößen.

Die Größe des Winkels im Kreisdiagramm ist proportional zur Stimmenzahl.

Stimmenanzahl	Winkel
?	360°
12	
...	

11 Erstelle zum Umfrageergebnis in Aufgabe 10 ein Säulendiagramm, bei dem die Säule für das Fach Sport 6 cm hoch wird.

12 Eine Kabeltrommel mit 50 m Kabel wiegt 6,5 kg. Die gleiche Trommel mit 30 m Kabel wiegt 4,9 kg. Wie kann man das Gewicht der Trommel ohne Kabel bestimmen, ohne das Kabel abzuwickeln?

Bei einigen der folgenden Aufgaben solltest du ein Rechenhilfsmittel benutzen.

13 Bei den Olympischen Spielen 2004 in Athen starteten 79 deutsche Teilnehmerinnen und Teilnehmer in der Leichtathletik, 59 in den verschiedenen Wassersportarten, 49 beim Rudern, 23 im Radsport und 85 waren Mannschaftsmitglieder von Ballsportarten. Die restlichen 147 gehörten zu 16 anderen Sportarten. Erstelle ein Kreisdiagramm für die Zusammensetzung der deutschen Mannschaft nach Sportarten.

14 Die folgende Tabelle zeigt den Mineralölverbrauch verschiedener Länder im Jahr 2003 (in Millionen Tonnen).

USA	China	Japan	Russland	Deutschland	Italien	Spanien	Niederlande
895	263	252	126	125	90	75	45

In einer Zeitungsmeldung sollen diese Werte durch ein Säulendiagramm veranschaulicht werden. Die Säule für den Verbrauch der USA soll dabei 10 cm hoch werden.
a) Wie hoch müssen dann die anderen Säulen werden?
b) Berechne den Ölverbrauch Saudi-Arabiens, wenn die zugehörige Säule in dieser Darstellung 7,5 mm hoch ist.
c) Zeichne das Säulendiagramm.

Die Zahlen geben an, wie viele Milligramm Vitamin C in 100 g Frucht enthalten sind.

Fig. 1

15 Mit unserer Nahrung sollen wir täglich mindestens 75 mg Vitamin C aufnehmen.
a) Wie viel Gramm muss man jeweils von einer der abgebildeten Fruchtsorten essen, um den täglichen Bedarf an Vitamin C damit zu decken?
b) Wie viele Bananen muss man noch essen, wenn man schon einen 170 g schweren Apfel gegessen hat?

So hieß der Dreisatz damals:

Einfache Regel-de-tri

16 Aus einem Mathematikbuch aus dem Jahr 1909:

Ein Fußgänger legt in 5 Stunden einen Weg von 26 km zurück.
a. Wieviel km Weg kann er in 12 Stunden zurücklegen?
b. Wieviel Zeit braucht er zu einem Wege von 143 km Länge?

Beide Weltrekorde werden von dem Marokkaner Hicham El Guerrouj (Stand Februar 2006) gehalten.

17 Der Weltrekord für den Meilenlauf (1 Meile = 1609 m) beträgt 3 min 43,13 s. Nach welcher Zeit hat wohl der Läufer die 1500-m-Marke passiert? Vergleiche mit dem Weltrekord über 1500 m, der bei 3 min 26,00 s steht.

18 Für die Abhängigkeit zweier Größen soll gelten: Nimmt die erste Größe um jeweils 10 Einheiten zu, so nimmt die zweite Größe um jeweils 2 Einheiten zu. Kann man hier das Lösungsverfahren für Dreisatzaufgaben anwenden? Suche nach geeigneten Beispielen.

Zum Experimentieren

Recherchiere im Internet den Tarif eures Ortes für Wasser.

19 a) Öffne einen Wasserhahn ein wenig, sodass er gerade zu tropfen beginnt. Stelle unter den Hahn einen Messbecher und bestimme die Zeit, bis in den Messbecher 100 cm^3 Wasser getropft sind.
b) Berechne den Wasserverlust, der durch einen tropfenden Wasserhahn in einer Woche entsteht.
c) Wie viel Geld geht dabei in einem Jahr verloren?

7 Dreisatz bei antiproportionalen Zuordnungen

Trucker-Harry kommt an der Raststätte mit Biker-Rolf ins Gespräch. Harry: „Hannover – Berlin fahre ich normal in 4 h. Das sind im Schnitt 75 km pro Stunde.“ Rolf: „Mein Bike fährt 200, dann müsste ich die Strecke ja in $1\frac{1}{2}$ h schaffen.“

Bei proportionalen Zuordnungen konnte zu drei gesetzten Größen eine gesuchte vierte Größe berechnet werden. Es ist allerdings nicht selbstverständlich, dass proportionale Verhältnisse vorliegen:
Lisa ist 5 Jahre alt und 1,15 m groß. Wie groß wird sie mit 10 Jahren sein?
Wenn sie doppelt so alt ist, ist sie zwar größer geworden, aber sicher nicht doppelt so groß. Sonst wäre sie ja mit 10 Jahren 2,30 m groß und das kann wohl nicht sein. Die Zuordnung *Lebensalter (in Jahren) → Körpergröße (in m)* ist nicht proportional. Das Verfahren für Dreisatzaufgaben ist hier also nicht anwendbar.
Mahmud hat zum Geburtstag eine große Tüte Gummibärchen erhalten. Verteilt er alle gleichmäßig an 6 Kinder, so erhält jedes Kind 16 Bärchen. Wie viele Bärchen erhält jedes Kind, wenn er sie an 8 Kinder verteilt?
Bei doppelt so vielen Kindern erhält jedes Kind nur halb so viele Bärchen, also bei 12 Kindern 8 Bärchen pro Kind. Bei 3 Kindern erhält jedes entsprechend doppelt so viele Bärchen, also $16 \cdot 2 = 32$. Die Zuordnung *Kinderzahl → Anzahl Bärchen je Kind* ist antiproportional. Wie bei proportionalen Zuordnungen kann man die gesuchte Größe in zwei Rechenschritten bestimmen. Der Lösungsweg wird wieder in einer Tabelle oder in drei Sätzen dargestellt.

Bei 6 Kindern erhält jedes 16 Gummibärchen.
Ein einziges Kind erhält $16 \cdot 6 = 96$ Gummibärchen.
Bei 8 Kindern erhält jedes $96 : 8 = 12$ Gummibärchen.

	Kinderzahl	Anzahl Bärchen je Kind	
: 6	6	16	· 6
· 8	1	96	: 8
	8	12	

Vorgehensweise bei Dreisatzaufgaben zu antiproportionalen Zuordnungen:
- Die gegebenen Angaben in eine Tabelle eintragen. Dabei eine Leerzeile und ein Feld für die gesuchte Größe vorsehen.
- In der Tabellenspalte, die der gesuchten Größe gegenüberliegt, über ein geeignetes Zwischenergebnis einen Rechenweg entwickeln, der im Regelfall aus einer Division und einer Multiplikation besteht.
- Den entwickelten Rechenweg auf die andere Tabellenseite übertragen und die gesuchte Größe berechnen. Beim Übertragen des Rechenweges müssen Division und Multiplikation ausgetauscht werden.

Beispiel 1
Um die Fenster eines Bürogebäudes zu reinigen, brauchen drei Fensterputzer sechs Tage.
a) Wie lange würden zwei Fensterputzer für die gleiche Arbeit brauchen?
b) Nach zwei Tagen wird einer der drei Fensterputzer krank. Wie lange dauert nun die gesamte Reinigung?

Anzahl	Tage
3	6
…	…
2	?

Tab. 1

Anzahl	Tage
3	6
: 3 → 1	
· 2 → 2	?

Tab. 2

Anzahl	Tage
3	6
: 3 → 1	18 (· 3)
· 2 → 2	9 (: 2)

Tab. 3

Lösung:
Unter der Voraussetzung, dass alle Fensterputzer gleich schnell arbeiten, ist die Zuordnung Zahl der Fensterputzer → Arbeitszeit (in Tagen) *antiproportional, denn bei doppelt so vielen Fensterputzern halbiert sich die Arbeitszeit.*
a) Der Lösungsweg ist in Tab. 1 bis Tab. 3 dargestellt.
Drei Fensterputzer brauchen sechs Tage. Ein Fensterputzer braucht 6 Tage · 3 = 18 Tage.
Zwei Fensterputzer brauchen 18 Tage : 2 = 9 Tage.
b) *Auch die Zuordnung* Zahl der Fensterputzer → verbleibende Arbeitszeit (in Tagen) *ist antiproportional.*
Drei Fensterputzer hätten noch 6 Tage − 2 Tage = 4 Tage für die Restarbeit gebraucht.
Ein Fensterputzer hätte noch 4 Tage · 3 = 12 Tage gebraucht.
Zwei Fensterputzer brauchen noch 12 Tage : 2 = 6 Tage.
Die Reinigung der Fenster dauert also insgesamt 2 Tage + 6 Tage = 8 Tage.

Anzahl Fensterputzer	verbleibende Arbeitszeit (in Tagen)
3	4
: 3 → 1	12 (· 3)
· 2 → 2	6 (: 2)

Beispiel 2
Wenn Vera jeden Tag zehn Seiten in ihrem Buch liest, braucht sie zwölf Tage, bis sie es ausgelesen hat.
a) Wie lange braucht sie, wenn sie pro Tag nur sechs Seiten liest?
b) Wie viele Seiten muss sie pro Tag lesen, wenn sie schon nach acht Tagen fertig sein möchte?
Lösung:
Wenn Vera täglich doppelt so viele Seiten liest, ist sie in der halben Zeit fertig. Die Zuordnung Anzahl Seiten pro Tag → Lesedauer (in Tagen) *ist antiproportional.*

Als Zwischenschritt kann bei a) statt 1 auch 2 gewählt werden, bei b) statt 4 auch 1 oder 2.

a)

Seiten pro Tag	Tage
10	12
: 10 → 1	120 (· 10)
· 6 → 6	20 (: 6)

Vera braucht 20 Tage, bis sie das Buch ausgelesen hat.

b)

Seiten pro Tag	Tage
10	12
· 3 → 30	4 (: 3)
: 2 → 15	8 (· 2)

Vera muss täglich 15 Seiten lesen, um in acht Tagen fertig zu sein.

Aufgaben

1 In der Tabelle ist eine antiproportionale Zuordnung dargestellt. Fülle die Lücken aus.

a)

l	Anzahl
0,7	30
□ → 0,1	□ (□)
□ → 1,5	□ (□)

b)

h	$\frac{km}{h}$
$2\frac{1}{2}$	120
: 5 → □	□ (□)
□ → 4	□ (□)

c)

Anzahl	Tage
9	49
□ → □	□ (□)
□ → □	21 (□)

2 Mit dem Inhalt eines Weintanks werden 1360 Flaschen mit je 0,75 l Inhalt abgefüllt.
a) Wie viele Glasballons mit je 4 l Inhalt könnte man aus diesem Tank füllen?
b) Der Wein soll in zwölf gleich große Fässer umgefüllt werden. Wie groß ist der Inhalt eines Fasses?

3 Anne und Steffi machen eine Radtour von Oldenburg nach Salzgitter. Auf der sechstägigen Hinfahrt müssen im Durchschnitt täglich 42 km geschafft werden. Für die Rückfahrt sind 4 Tage (7 Tage; 9 Tage; 12 Tage) vorgesehen.

4 Affen sind verrückt nach ungesalzenen Erdnüssen. Ein Erdnussvorrat reicht für 8 Affen 45 Tage. Wie lange reicht der Vorrat für 12 (3; 5; 18; 40) Affen, wenn gleicher und gleich bleibender Appetit auf Erdnüsse vorausgesetzt wird?

5 Bei einer durchschnittlichen Geschwindigkeit von $18\,\frac{km}{h}$ dauert die Umrundung des Steinhuder Meeres mit dem Fahrrad 75 min. Kann man das in 1 h (30 min; 45 min) schaffen?

6 Eine Großbäckerei stellt aus einer Lieferung Teig 950 Tafelbrötchen mit jeweils 40 g Gewicht her. Wie viele Brötchen hätte sie aus dem Teig herstellen können, wenn sie die Brötchen 2 g leichter (7,5 g schwerer) gemacht hätte?

7 Ein Passagierschiff startet eine Kreuzfahrt mit 348 Personen an Bord. Der Lebensmittelvorrat reicht für 18 Tage.
a) Nach sechs Tagen werden 87 Personen zusätzlich an Bord genommen. Wie lange reicht der Vorrat jetzt noch?
b) Wie viele Personen könnten nach sechs Tagen noch zusteigen, wenn die Kreuzfahrt insgesamt 14 Tage dauert?

Kannst du das noch?

8 Berechne und wandle das Ergebnis in einen Dezimalbruch um.
a) $\frac{2}{5} + \frac{5}{8}$ b) $\frac{2}{5} - \frac{5}{8}$ c) $\left(-\frac{2}{5}\right) \cdot \frac{5}{8}$ d) $\frac{2}{5} : \left(-\frac{5}{8}\right)$

9 a) Multipliziere $3\frac{1}{4}$ mit $-\frac{4}{5}$ und $2\frac{3}{8}$ mit $-\frac{4}{5}$. Addiere die erhaltenen Produkte.
b) Multipliziere die Summe von $3\frac{1}{4}$ und $2\frac{3}{8}$ mit $-\frac{4}{5}$. Was stellst du fest? Begründe.

10 In der Vorweihnachtszeit kaufen im Spielwarengeschäft „Wünsche erfüllen" besonders viele Kunden ein. Sechs Tage vor dem Fest sind es 40 Kunden, drei Tage vor dem Fest sind es sogar 80. Frau Lieblich befürchtet: „Dann werden es am Tag vor dem Fest bestimmt 240 Kunden." Erkläre Frau Lieblichs Rechnung. Was meinst du zu ihrer Befürchtung?

11 Stefan und Tom haben 1,6 kg Pilze innerhalb von $2\frac{1}{2}$ h gesammelt. Stefan: „Am Wochenende nehmen wir Annika, Arne und Laura auch noch mit, dann finden wir gleich 4 kg." Tom: „Noch einmal 1,6 kg Pilze reichen doch, wir suchen lieber nur 1 h lang." Welche Zuordnungen betrachten Stefan und Tom? Sind ihre Voraussetzungen gerechtfertigt?

12 Herr Schleicher unterhält sich mit seinem Sohn Kai über den Benzinverbrauch des neuen Wohnmobils. Vater Schleicher: „Im Stadtverkehr bei $50\,\frac{km}{h}$ verbraucht das Wohnmobil 15 l. Wenn wir auf der Autobahn $100\,\frac{km}{h}$ fahren, verbraucht es nur 7,5 l." Kai schlägt vor: „Dann fahr doch $150\,\frac{km}{h}$, dann verbraucht es nur 5 l."
a) Welchen Verbrauch hätte Kai für $120\,\frac{km}{h}$, welchen Verbrauch für $20\,\frac{km}{h}$ errechnet?
b) Übernehmt Vater Schleichers und Kais Rolle und setzt das Gespräch fort.

Der von der Fahrgeschwindigkeit abhängige Benzinverbrauch von Autos bezieht sich auf eine Fahrstrecke von 100 km.

8 Maßstabsgerechte Darstellungen

Herr Schumacher überlegt sich, ob er ein neues Auto kaufen soll. Der Autohändler verspricht ihm als Werbegeschenk ein Modell des Autos im Maßstab 1 : 10. Herr Schumacher erschrickt: „Der Stellplatz für mein Auto ist $15\,m^2$ groß. Da brauche ich ja $1{,}5\,m^2$ Platz für das Modell!“

Man unterscheidet:

Topografische Karten
Maßstab 1 : 25 000 bis 1 : 200 000

Übersichtskarten
Maßstab bis 1 : 900 000

Geografische Karten
Maßstab ab 1 : 1 000 000

Landkarten sind verkleinerte Darstellungen von Teilen der Erdoberfläche, in denen nur wichtige Dinge wie Flüsse, Straßen oder Gebäude dargestellt werden. Je nach Verwendungszweck wählt man einen anderen **Maßstab**. Die Karte mit dem Steinhuder Meer ist im Maßstab 1 : 200 000 gezeichnet. Die Entfernungen auf der Karte sind nur $\frac{1}{200\,000}$ der wirklichen Entfernung.

Fig. 1

So ist zum Beispiel der tatsächlichen Entfernung 5 km die gezeichnete Entfernung $\frac{1}{200\,000} \cdot 5\,km = \frac{500\,000\,cm}{200\,000} = 2{,}5\,cm$ zugeordnet. Ist die wirkliche Entfernung doppelt so groß, so wird sie auf der Karte auch doppelt so groß dargestellt – die Abstände auf der Karte sind proportional zu den wirklichen Entfernungen.

Maßstab 1 : 20 bedeutet eine Verkleinerung auf ein Zwanzigstel.

Maßstab 20 : 1 bedeutet eine Vergrößerung auf das Zwanzigfache; d. h., 20 cm in der Abbildung entsprechen 1 cm in der Wirklichkeit.

wirkliche Entfernung (in km)	5	10	1	2	8
Entfernung auf der Karte (in cm)	2,5	5	0,5	1	4

(Pfeile von 2 nach 8 und von 1 nach 4: $\cdot 4$)

Das Steinhuder Meer ist auf der Karte etwa 4 cm lang gezeichnet. Die wirkliche Länge beträgt $200\,000 \cdot 4\,cm = 800\,000\,cm = 8\,km$.

Der **Maßstab** ist der Proportionalitätsfaktor der Zuordnung *wirkliche Entfernung → gezeichnete Entfernung*. Beim Maßstab 1 : 200 000 wird 1 km durch $\frac{1}{200\,000} \cdot 1\,km = 0{,}5\,cm$ dargestellt. Umgekehrt entspricht 1 cm in der Abbildung $200\,000 \cdot 1\,cm = 2\,km$.

Beispiel 1 Wirkliche Größen bestimmen
Das Klassenzimmer (Fig. 2) ist im Maßstab 1 : 200 gezeichnet.
a) Bestimme seine Länge und Breite.
b) Welchen Flächeninhalt hat das Zimmer auf dem Plan und in Wirklichkeit?

Fig. 2

Lösung:
1 cm entspricht 200 cm = 2 m.
a) gemessene Länge: 6,0 cm; wirkliche Länge: $6{,}0 \cdot 2\,m = 12{,}0\,m$
gemessene Breite: 2,7 cm; wirkliche Breite: $2{,}7 \cdot 2\,m = 5{,}4\,m$
b) Flächeninhalt im Plan: $6{,}0 \cdot 2{,}7\,cm^2 = 16{,}2\,cm^2$
Flächeninhalt in Wirklichkeit: $12{,}0 \cdot 5{,}4\,m^2 = 64{,}8\,m^2$

Der Flächeninhalt verkleinert sich auf $\frac{1}{200} \cdot \frac{1}{200} = \frac{1}{40\,000}$*!*

Beispiel 2 Maßstab festlegen

Das Spielfeld beim Hallenhandball ist 40 m lang und 20 m breit. Wie muss man den Maßstab wählen, damit man das Spielfeld problemlos auf ein DIN-A4-Blatt (210 × 297 mm) zeichnen kann? Wie groß sind dann die Seitenlängen auf dem Blatt?

Lösung:

Länge des Spielfelds: 40 m = 40 000 mm; Länge des Blatts: 297 mm.

Vergleich der Längen: 40 000 : 297 ≈ 134.

Passende Maßstäbe sind z. B. 1 : 140, 1 : 160 oder auch 1 : 200. Bei 1 : 160 beträgt die Länge auf dem Blatt 40 m : 160 = 40 000 cm : 160 = 25 cm, die Breite die Hälfte, also 12,5 cm.

Bei den Maßstäben 1 : 140, 1 : 160, 1 : 200 wird stärker verkleinert als beim Maßstab 1 : 134. Also passt das Spielfeld in allen drei Fällen auf das Blatt.

Aufgaben

1 Der Kartenausschnitt zeigt das Neckartal bei Nürtingen im Maßstab 1 : 50 000.

a) Wie lange ist das Neckarstück zwischen den beiden Brücken in Neckartailfingen und Neckarhausen?

b) Wie breit ist der Neckar auf diesem Flussabschnitt ungefähr?

c) Bestimme den Flächeninhalt des Baggersees an der Bundesstraße B 297.

d) Unter welchem Winkel kreuzen sich die beiden Bundesstraßen B 297 und B 313?

e) Ein Wanderer startet auf dem Parkplatz beim Naturtheater und wandert mit einer durchschnittlichen Geschwindigkeit von $5\,\frac{\text{km}}{\text{h}}$ auf dem Heerweg. Wo befindet er sich nach einer halben Stunde?

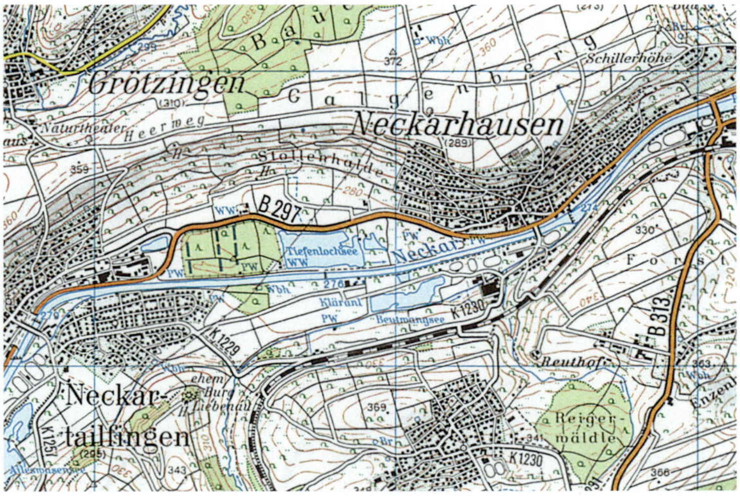

2 Mithilfe eines Mikroskops wird ein 0,2 mm langes Pantoffeltierchen fotografiert. Auf dem Foto ist es 6 cm lang. Bestimme den Maßstab.

3 Die Zeichnung im Maßstab 1 : 150 zeigt die „Adler", die erste deutsche Lokomotive. Das Vorbild war 7,62 m lang und wog 6,5 t.

a) Berechne, wie lang die Lokomotive in der Zeichnung sein müsste, und vergleiche.

b) Bestimme die Durchmesser der Räder und die Höhe des Kamins.

c) Welchen Winkel schließen benachbarte Speichen des mittleren Rads ein?

d) Die moderne elektrische Lokomotive BR 146 ist 19,90 m lang. Wie lang wäre sie in einer Zeichnung gleichen Maßstabs?

Die „Adler" machte ihre erste Fahrt am 7.12.1835 auf der Strecke Nürnberg–Fürth. Ihre Höchstgeschwindigkeit betrug bei 50 t Zuglast $23\,\frac{km}{h}$.

4 Eine Spielzeugfirma stellte die „Adler" im Maßstab 1 : 80 aus Metall her. Welche Längenangaben würdest du in dem Katalog für die Spielzeuglokomotive angeben? Wie viel wiegt wohl die Spielzeuglokomotive?

Wiederholen – Vertiefen – Vernetzen

1 Für welche Zuordnung lässt sich eine Gesetzmäßigkeit finden? Beschreibe – wenn möglich – die Gesetzmäßigkeit in Worten.

a) *Uhrzeit → Temperatur*
b) *Anzahl von Brötchen → Preis*
c) *Alter eines Kindes → Körpergröße*
d) *Anzahl der Arbeiter → Arbeitszeit*

2 Die Entwicklung der Erdbevölkerung ist in folgender Tabelle angegeben.

Entwicklung der Erdbevölkerung seit 1650								
Jahr	1650	1750	1850	1900	1950	1970	1980	1990
Einwohnerzahl (in Mio.)	470	694	1091	1571	2513	3678	4478	5321

a) Zeichne den Graphen der Zuordnung *Jahr → Einwohnerzahl (in Mio.)*.
b) Wie viele Menschen haben vermutlich im Jahr 1800 auf der Erde gelebt?
c) Wie wird sich die Bevölkerung wohl in den nächsten Jahren entwickeln?

3 Ein Wald muss im Laufe seines etwa 100-jährigen Wachstums dreimal durchforstet werden. Der Graph in Fig. 1 zeigt den Holzbestand in einem 1 ha großen Wald.
a) Nach wie vielen Jahren beträgt der Holzbestand $300\,m^3$ ($400\,m^3$; $275\,m^3$)?
b) Wann wurde jeweils durchforstet und wie viele Kubikmeter wurde bei den Durchforstungen insgesamt geschlagen?

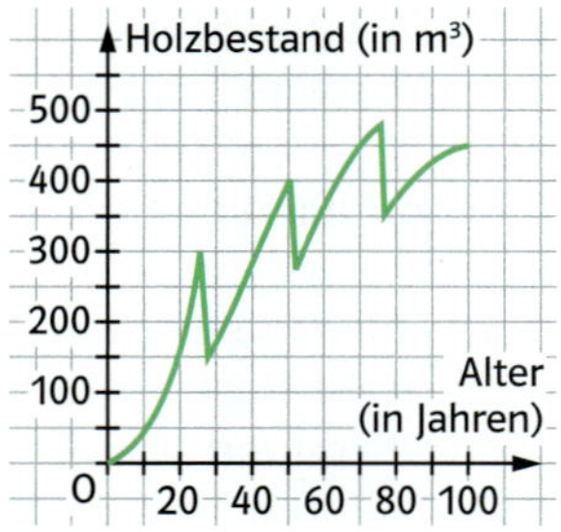

Fig. 1

4 Ein Auto fährt auf der in Fig. 2 abgebildeten Straße von A nach B. Welcher der drei abgebildeten Graphen gehört vermutlich zur Zuordnung *Zeit t → Geschwindigkeit v*? Begründe deine Entscheidung.

Fig. 2

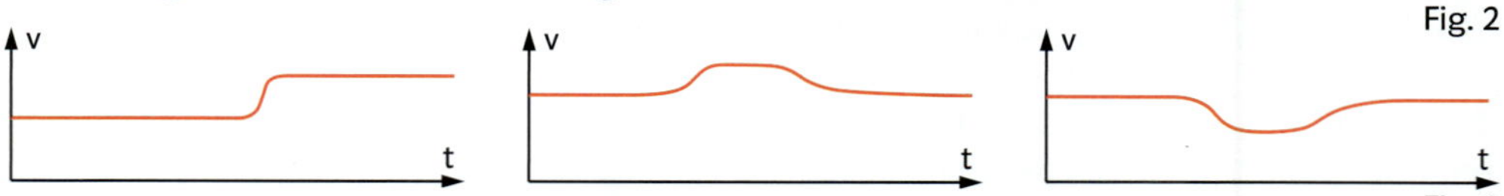

Fig. 3

5 Wenn Herr Wassenberg sein Auto voll tankt, befinden sich 50 Liter Benzin im Tank. Er kann damit erfahrungsgemäß etwa 600 km weit fahren.
a) Gib für die Zuordnung *Tankinhalt → Reichweite* eine Gleichung an, mit der sich die Reichweite berechnen lässt.
b) Um welchen Zuordnungstyp handelt es sich?
c) Zeichne den Graphen der Zuordnung.
d) Wie verändert sich der Graph, wenn Herr Wassenberg nicht energiesparend fährt?

6 Übertrage die Tabelle in dein Heft und fülle sie aus. Verwende die Angaben auf dem Marmeladenglas in Fig. 4.

Marmeladenmenge (in g)	0	10	50	100	200	250	500	800
Früchtegehalt (in g)								
Zuckergehalt (in g)								

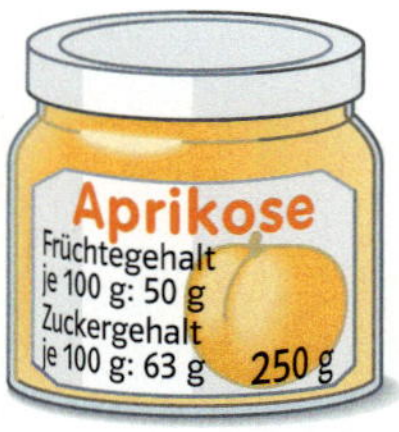

Fig. 4

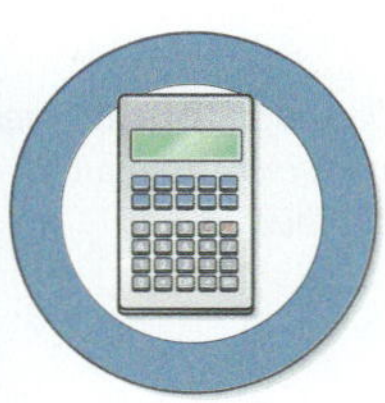

7 Geschwindigkeiten von Schiffen werden in Knoten angegeben. 1 Knoten bedeutet, dass das Schiff in einer Stunde eine Seemeile zurücklegt. Eine Seemeile sind 1,852 km.
a) Die Höchstgeschwindigkeit eines Katamarans beträgt 30 Knoten. Welche Strecke kann er in 5 Stunden höchstens segeln? Gib das Ergebnis in Seemeilen und Kilometer an.
b) Wie lange braucht er mindestens für eine Strecke von 75 km?

8 Eine 2,40 m lange Schnur wird in gleich lange Stücke zerschnitten.
a) Lege eine Tabelle für die Zuordnung *Anzahl der Stücke → Länge der Stücke (in cm)* für 1; 2; …; 10 Stücke an.
b) Gib eine Gleichung an, mit der man die Länge der Stücke berechnen kann.
c) Um welchen Zuordnungstyp handelt es sich?
d) Zeichne den Graphen der Zuordnung.
e) Ist es bei dieser Zuordnung sinnvoll, die eingetragenen Punkte zu verbinden? Begründe.

9 In Fig. 1 ist für eine niedersächsische Kleinstadt die Temperatur, die Niederschlagsmenge und die Sonnenscheindauer im Januar 2004 grafisch dargestellt.
a) Welches war der kälteste, welches der wärmste Tag?
b) Berechne die durchschnittliche Sonnenscheindauer pro Tag.
c) Überlege dir weitere Fragen, die durch Ablesen und Rechnen beantwortet werden können. Stelle die Fragen deinem Partner.
d) Besorgt euch eine ähnliche Darstellung und schreibt einen Bericht über das Wetter dieses Monats.

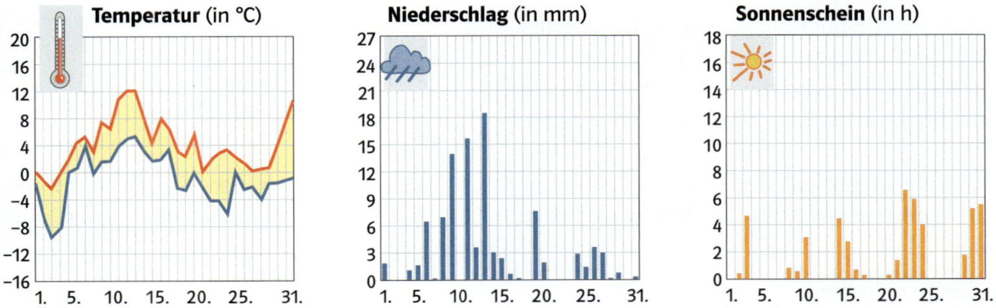

Fig. 1

10 Lilian experimentiert an einem defekten Wasserhahn, der seit einiger Zeit gleichmäßig tropft. Sie stellt ein Gefäß unter den Wasserhahn und sieht nach 15 Minuten, dass die Höhe des Wasserspiegels 35 cm beträgt.
a) Nach welcher Zeit wird das Gefäß überlaufen, wenn es 50 cm hoch ist?
b) Nach welcher Zeit würde das Gefäß überlaufen, wenn aus dem Wasserhahn die dreifache Wassermenge in gleicher Zeit tropft?
c) Nach welcher Zeit würde das Gefäß überlaufen, wenn Lilian das Gefäß durch ein gleich hohes ersetzt, bei dem eine Seite der rechteckigen Grundfläche nur halb so lang ist?

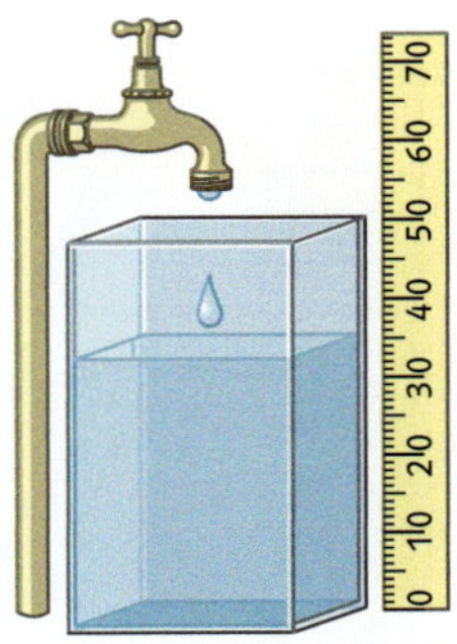

Fig. 2

Alle Aufgaben stammen aus verschieden alten Schulbüchern.

11 Andere Zeiten – andere Probleme – gleiche Mathematik

a) 1887: Von einem $\frac{11}{4}$ breiten Tuche braucht man $3\frac{1}{2}$ Meter zu einem Kleide. Wie viel Meter braucht man von einem Tuche, welches $\frac{9}{4}$ breit ist?

b) 1920: 24 Weber fertigen in 12 Tagen 5400 m Zeug.
Wie viel Meter können 50 Weber in derselben Zeit fertigen?
Wie viel Meter können 24 Weber in 45 Tagen fertigen?

1 dz (Doppelzentner) = 100 kg

c) 1941: In Jena (60 000 Einwohner) wurden 1936 täglich 60 dz Küchenabfälle gesammelt, darunter 5 dz Brot. Wie viele dz Küchenabfälle und wie viele dz Brot können entsprechend in Berlin gesammelt werden? Berlin hat 4,25 Millionen Einwohner.

d) 1963: Bauer Herbst brachte im vorigen Jahr seinen Dunghaufen mit einem Pferdegespann aufs Feld. Es waren 38 Fuhren mit je $0{,}9\,m^3$ Mist. In diesem Jahr transportierte er einen gleich großen Dunghaufen mit einem Schlepper ab, mit dem er jedesmal $1{,}75\,m^3$ befördern konnte. Wie viele Fuhren waren diesmal notwendig?

e) 1994: Pia geht im Nachbarort zur Schule. Wenn sie mit dem Fahrrad gleichmäßig mit $15\,\frac{km}{h}$ fährt, braucht sie für den Schulweg 20 Minuten. Wie lange wäre sie zu Fuß bei einer Geschwindigkeit von $5\,\frac{km}{h}$ unterwegs?

f) 2004: Bei Onurs Handy-Vertrag sind pro Monat 20 SMS frei. Im Januar hat Onur 54 SMS verschickt und musste dafür 6,46 € bezahlen. Wie hoch sind seine Kosten im Februar, wenn er 44 SMS verschickt hat?

12 Rebecca schneidet aus Pappe verschieden große Rechtecke aus. Sie misst die Seitenlängen, berechnet die Flächeninhalte und wiegt dann die Rechtecke. Die gefundenen Werte trägt sie in ein Koordinatensystem ein (Fig. 1).

a) Müsste die Zuordnung *Flächeninhalt → Gewicht* proportional sein? Begründe.

b) Wie kommt es, dass die Punkte nicht alle auf einer Geraden liegen? Nach welchen Gesichtspunkten wurde die Gerade ins Koordinatensystem gezeichnet?

c) Wie schwer wird ein Rechteck aus Pappe mit dem Flächeninhalt $1\,m^2$ ungefähr sein?

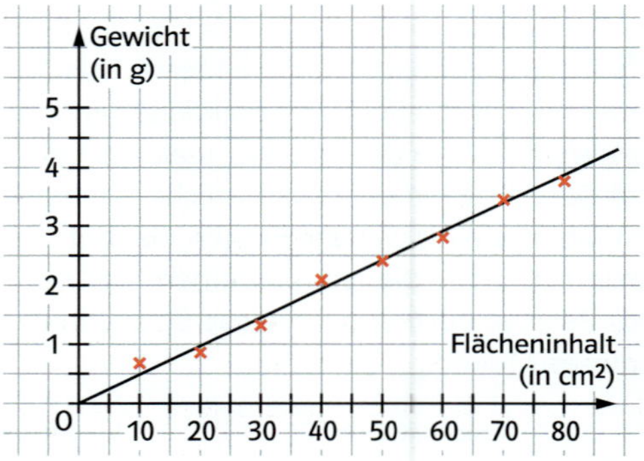

Fig. 1

13 Eine Mauer soll in 6 m Höhe durch einen Balken abgestützt werden (Fig. 2). Je größer der Winkel α zwischen der Mauer und dem Balken ist, desto länger muss der Balken sein.

a)

Winkel α (in Grad)	10	20	30	45	60
Länge des Balkens (in m)					

Übertrage die Tabelle in dein Heft und bestimme die zu den angegebenen Winkelgrößen gehörenden Balkenlängen mithilfe einer Zeichnung im Maßstab 1 : 100.

b) Veranschauliche die Zuordnung *Winkel α (in Grad) → Balkenlänge (in m)*. Ist es sinnvoll, die eingezeichneten Punkte miteinander zu verbinden?
Lies ab, welchen Winkel ein 7,8 m langer Stützbalken mit der Mauer einschließt.

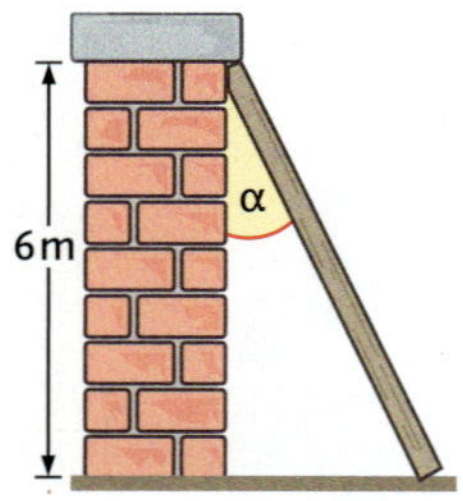

Fig. 2

BA0[illegible]	[illegible]	[illegible]	[illegible]	[illegible]	[illegible]
BA012	[illegible]	[illegible]	[illegible]	[illegible]	[illegible]
BA012	R08	[illegible]	[illegible]	[illegible]	[illegible]
BA012	R08	B0[illegible]	[illegible]	[illegible]	[illegible]
BA013	R08	G01	[illegible]	[illegible]	[illegible]
BA013	R08	C10	itfhuc	[illegible]	[illegible]
BA013	R08	E02	r48mtq	fk[illegible]	[illegible]
BA013	R08	G01	ifhuns	gcxw2d	[illegible]
BA012	R09	B02	p6ct8d	b7j4fk	☐
BA013	R09	A01	gb695s	svsbdq	☐
BA013	R09	C09	dewuei	ah4fqv	☐
BA012	R10	A01	gup7ee	a4rc5x	☐
BA013	R10	D03	krkn72	hmkich	☐
BA013	R10	F01	epc8ra	xuw6hg	☐
BA013	R10	F01	epc8ra	878mfc	☐
BA013	R10	B04	imrbkw	p2h8km	☐
BA013	R10	D08	3regnk	fdc636	☐
BA012	R11	A01	9qg4hj	hvsds4	☐
BA013	R11	F01	5c6h4i	ccu39n	☐
BA013	R11	B01	5ik6js	bnhjir	☐
BA013	R11	D10	2iwd76	u4iqad	☐
BA013	R11	E03	2r9v5v	ap2bp2	☐
BA012	R12	B06	63itqc	2trh72	☐
BA012	R12	B01	bpjrxi	7tuh3k	☐
BA013	R12	E01	jihqj8	fasjit	☐
BA013	R12	A01	4782hd	xb4n79	☐
BA012	R13	C02	nsa7vu	9kxr84	☐

21:2
OD7

WORLD OF BOOKS
ORDER-ID FL03-3

Area	Rack	Shelf	Box	sku	missing
BA013 ✓	R07 ✓	B04	26cf8a	7x5kwb	☐
BA013 ✓	R07	E02	uu8ebk	9g7i5j	☐
BA013 ✓	R07	A01	iisese	mvdid6	☐
...013 ✓	R07	D10	5pfjjq	3beceh	☐
[illegible]	R08	E03	d85vik	5m68rn	☐
[illegible]	[illegible]	E04	pqjama	6vvex7	☐
[illegible]	[illegible]	[illegible]	gjnrsx	52vv99	☐
[illegible]	[illegible]	[illegible]	...fthuns	t5qdv2	☐
[illegible]	[illegible]	[illegible]	[illegible]	nwwntf	☐
[illegible]	[illegible]	[illegible]	[illegible]	...tupi	☐
[illegible]	[illegible]	[illegible]	[illegible]	[illegible]	☐
[illegible]	[illegible]	[illegible]	[illegible]	[illegible]	☐
[illegible]	[illegible]	[illegible]	[illegible]	[illegible]	☐

Wandern mit Karten

Topografische Karten enthalten viele Informationen, die bei der Planung einer Wanderung nützlich sein können. Auf der Karte ist ein Ausschnitt des Landkreises Tübingen zu sehen. Ihr Maßstab beträgt 1 : 35 000, d.h., 1 cm auf der Karte entspricht 35 000 cm = 350 m in der Wirklichkeit. Eine Messung auf der Karte und eine kurze Umrechnung zeigen, dass der Fußweg um den Kirchentellinsfurter Baggersee etwa 3,5 km lang ist.

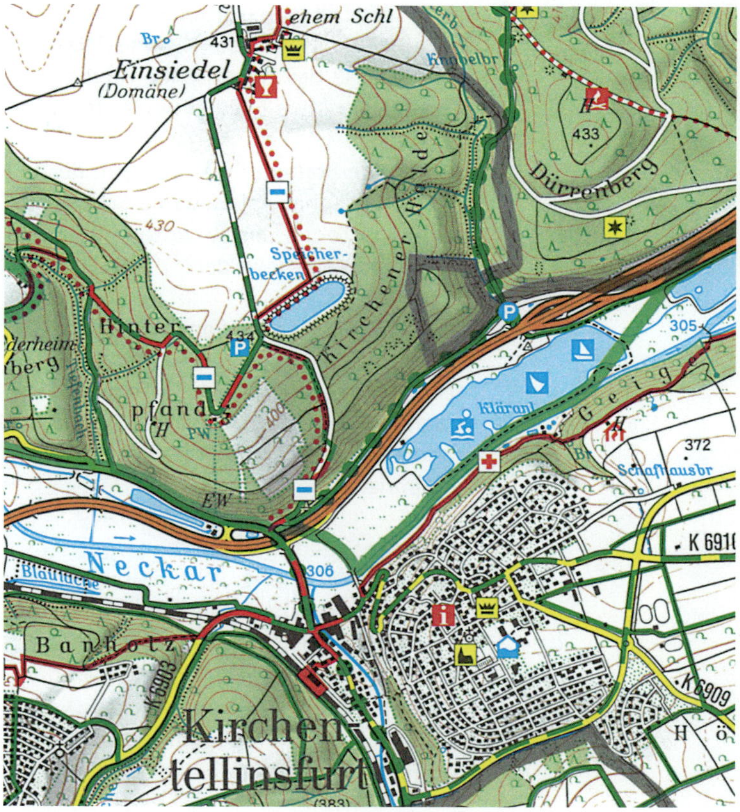

Mithilfe der Karte kann man nicht nur Entfernungen, sondern auch **Höhenunterschiede** bestimmen. An wichtigen Punkten ist die Höhe über dem Meeresspiegel angegeben.
So liegt z. B. der Neckar bei der Brücke 306 m ü. NN, das Hofgut Einsiedel 431 m ü. NN.; bei einer Wanderung ist also ein Anstieg von 125 m zu bewältigen.
Weitere Höhenangaben sind aus den Höhenlinien ersichtlich. Alle Punkte auf derselben Höhenlinie liegen auf der gleichen Höhe über dem Meeresspiegel. So kann man z. B. erkennen, dass man auf der Straße zwischen dem Neckartal und Einsiedel kurz vor dem Speicherbecken die Höhe 400 m ü. NN erreicht hat.
Je enger Höhenlinien beieinander liegen, desto steiler ist das Gelände.

Bei der Beschreibung von Wanderungen wird häufig ein so genanntes Höhenprofil verwendet. Fig. 1 zeigt das Höhenprofil einer Wanderung vom Bahnhof Kirchentellinsfurt zum Hofgut Einsiedel. Um die Höhenunterschiede der Wanderstrecke deutlich darzustellen, verwendet man für die Höhenangaben eine andere Achseneinteilung als für die Entfernungen.

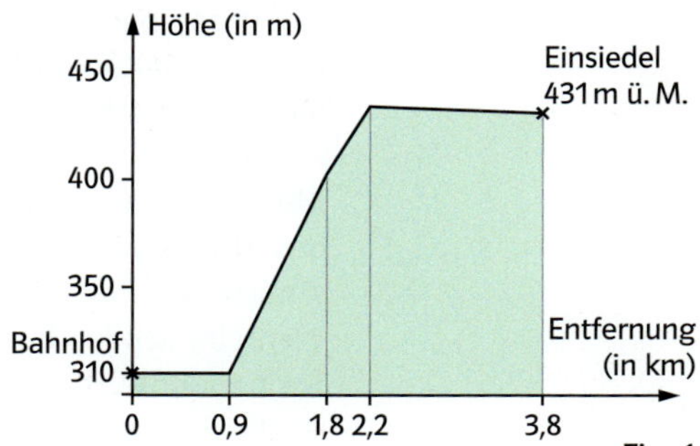

Fig. 1

Für die Schätzung der voraussichtlichen **Wanderzeit** haben sich die folgenden Faustregeln bewährt:
Für eine Wanderstrecke von 4 km braucht man etwa eine Stunde.
Für einen Anstieg mit dem Höhenunterschied 400 m muss man eine weitere Stunde Wanderzeit dazurechnen.
Die Zeit für die Wanderung vom Bahnhof Kirchentellinsfurt zum Hofgut Einsiedel berechnet sich damit folgendermaßen:
Für die Wanderstrecke von 3,8 km muss man etwa eine Stunde rechnen.
Für die Höhendifferenz von 125 m kommen noch ca. 20 Minuten dazu.
Die gesamte Wanderzeit beträgt also voraussichtlich 1 Stunde und 20 Minuten.

Uhren

Schon sehr früh versuchten die Menschen, die Zeit zu messen. Erste Hinweise dazu findet man in den ägyptischen Hieroglyphen, die vor etwa 5000 Jahren aufgezeichnet wurden.
Durch einen Stab im Boden konnte der Tag mithilfe der Schattenlänge und Schattenrichtung in Zeitabschnitte unterteilt und so die Zeit gemessen werden.

Bauanleitung für eine Sonnenuhr

Steckt einen etwa 1m langen Stab in den Boden. Der Schatten des Stabes ist der Stundenzeiger der Uhr; er bewegt sich mit der Sonne.

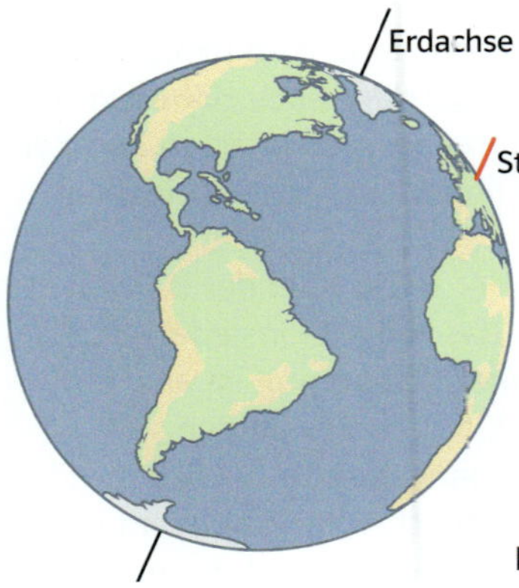

Fig. 1

Damit der Schatten in gleichen Zeiten gleiche Winkel überstreicht, muss der Stab parallel zur Erdachse stehen. Das erreicht man dadurch, dass der Stab nicht senkrecht in den Boden gesteckt wird, sondern schräg in nördlicher Richtung.

Der Winkel α zwischen Stab und Erdboden richtet sich dabei nach dem Breitengrad, auf dem die Sonnenuhr aufgestellt wird. Sucht den passenden Breitengrad (Winkel) im Atlas. Soltau liegt zum Beispiel auf dem 53. Grad (Winkel) nördlicher Breite.

Messt jetzt den Winkel, den der Schatten des Stabes von Stunde zu Stunde überstreicht. Was lässt sich feststellen?
Wenn ihr schließlich ein Ziffernblatt für die Sonnenuhr (z. B. mit Steinchen) markiert, ist die Sonnenuhr fertig. Überprüft sie zu verschiedenen Zeiten!

Es gab auch tragbare Sonnenuhren. Die Taschenuhr aus Elfenbein in Fig. 2 stammt aus der Zeit um 1650 n. Chr.
Sie hatte eine Einstellmöglichkeit für die Breitengrade von 42° (z. B. Rom) bis 56° (z. B. Kopenhagen) und konnte sowohl vertikal als auch horizontal abgelesen werden. Wozu diente wohl der eingebaute Kompass?

Fig. 2

Uhren

Sonnenuhren hatten jedoch einen Nachteil: Bei Nacht oder schlechter Witterung konnte man sie nicht benutzen. Deshalb hat man schon früh auch andere Uhren gebaut.

1 Könnt ihr erklären, wie die dargestellten „Uhren" funktionieren? Welche messbare Größe wird jeweils der Zeit zugeordnet?

Fig. 1

Fig. 2

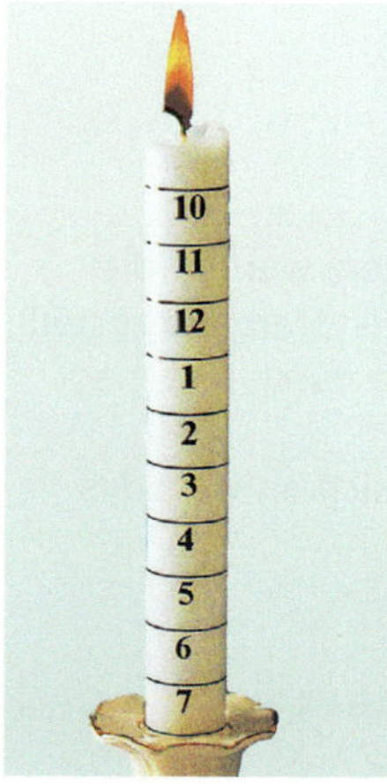

Fig. 3

Fig. 4

2 Versucht selbst, eine Uhr zu entwickeln und zu bauen.

3 Bis ins 19. Jahrhundert hinein benutzte man im Bergischen Land Öluhren wie in Fig. 5. Der sinkende Ölspiegel zeigte die verstrichene Zeit an. Bei einer Öluhr, bei der das Gefäß ein Quader mit quadratischer Grundfläche ist, lässt sich der Ölstand leicht berechnen.
In einem quadratischen Messgefäß mit 3 cm Kantenlänge und 8 cm Höhe steht das Öl 6 cm hoch. Innerhalb von 40 Minuten sinkt die Höhe des Ölstandes um 2 cm.
Der Ölverbrauch, der durch das Absinken des Ölstandes sichtbar wird, ist ein Maß für die verstrichene Zeit: Nach 40 min sind $3\,\text{cm} \cdot 3\,\text{cm} \cdot 2\,\text{cm} = 18\,\text{cm}^3$ Öl verbraucht.
a) Legt eine Wertetabelle für die Zuordnung *Zeit (in min)* → *Ölverbrauch (in cm³)* an. Geht in 10-min-Schritten vor. Welcher Zeitraum wird durch die Uhr abgedeckt?
b) Wie groß muss die Grundfläche des Gefäßes sein, damit der Ölspiegel alle 10 Minuten um 1 mm; 2 mm; 1 cm sinkt? Bei welcher der drei Grundflächen lässt sich die Uhr am genauesten ablesen?

Fig. 5

4 a) Betrachtet den Abbrand der Kerze in Fig. 6 und erstellt eine Wertetabelle für die Zuordnung *Brenndauer (in h) → Abbrand (in cm)*.
b) Zeichnet den dazugehörigen Graphen. Welcher Zuordnungstyp liegt vor?
c) Wie weit wird die Kerze nach 1,5 h (40 min) abgebrannt sein?
d) Nach welcher Zeit ist die Kerze vollständig abgebrannt?

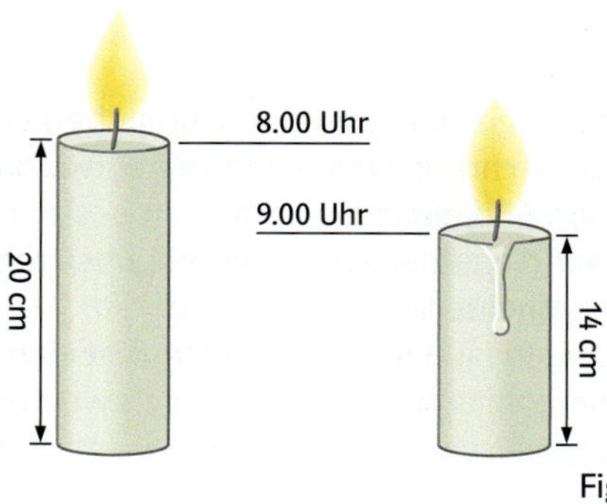

Fig. 6

Rückblick

Darstellung einer Zuordnung
Eine Zuordnung kann dargestellt werden
- in Form einer Tabelle,
- durch einen Text,
- mithilfe von Pfeilen,
- mithilfe einer bildlichen Veranschaulichung,
- als Graph in einem Koordinatensystem,
- durch eine Gleichung.

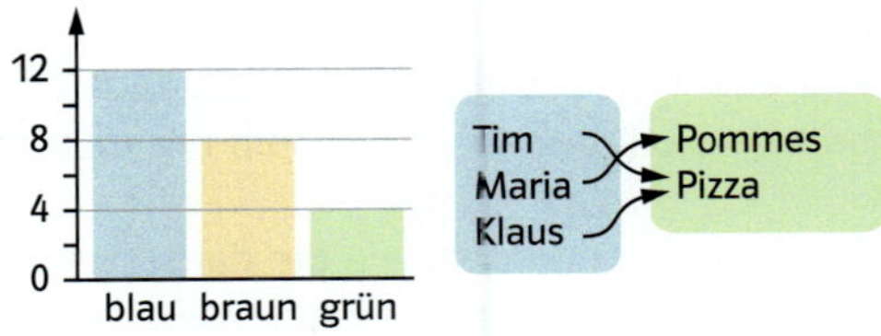

$y = -5 \cdot x + 3$

Uhrzeit	6	9	12	15
Temperatur (in °C)	−4	0	2	1

Fig. 1

Graph einer Zuordnung
Um zu einer Zuordnung den Graphen zu zeichnen, werden die Wertepaare durch Punkte in einem Koordinatensystem dargestellt. Häufig ist es sinnvoll, die eingetragenen Punkte durch eine passende Kurve zu verbinden.
Einige Eigenschaften von Zuordnungen lassen sich anhand des Graphen gut ablesen.

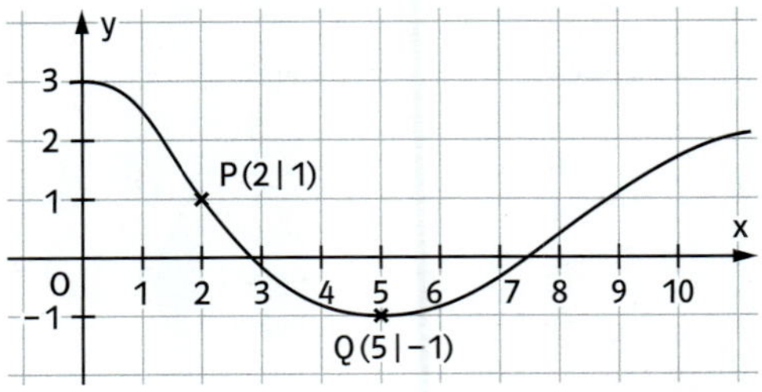

Fig. 2

Besondere Zuordnungstypen
Bei einer proportionalen Zuordnung $x \to y$ ist dem k-fachen Wert von x auch der k-fache Wert von y zugeordnet ($k \geqq 0$). Die Wertepaare sind quotientengleich. Ist der Quotient $y : x$ zum Beispiel 2, so lässt sich der y-Wert mithilfe der Gleichung $y = 2 \cdot x$ berechnen.
Die Punkte des Graphen einer proportionalen Zuordnung liegen auf einer Geraden durch den Ursprung (0 | 0).

$\cdot 2$ (von x = 2 zu x = 4)

x	0	1	2	3	4	5	6
y	0	2	4	6	8	10	12

$\cdot 2$ (von y = 4 zu y = 8)

Bei einer antiproportionalen Zuordnung $x \to y$ ist dem k-fachen Wert von x der k-te Teil von y zugeordnet ($k > 0$). Die Wertepaare sind produktgleich. Ist das Produkt $y \cdot x$ zum Beispiel 4, so lässt sich der y-Wert mithilfe der Gleichung $y = 4 : x$ berechnen.
Die Punkte des Graphen einer antiproportionalen Zuordnung liegen auf einer abfallenden Kurve.

$\cdot \frac{5}{2}$ (von x = 2 zu x = 5)

x	0,5	1	2	3	4	5
y	8	4	2	$\frac{4}{3}$	1	$\frac{4}{5}$

$: \frac{5}{2}$ (von y = 2 zu y = $\frac{4}{5}$)

Dreisatz
Aufgaben, bei denen zu drei gesetzten Größen eine vierte Größe berechnet werden kann, bezeichnet man als Dreisatzaufgaben.
Das Rechenverfahren nutzt die Eigenschaften proportionaler bzw. antiproportionaler Zuordnungen:
- Die gegebenen drei Größen werden in eine Zuordnungstabelle eingetragen.
- In der Tabellenspalte, die der gesuchten Größe gegenüberliegt, wird mithilfe eines Zwischenschritts ein Rechenweg entwickelt, der meist aus einer Division und einer Multiplikation besteht.
- Dieser Rechenweg wird auf die andere Tabellenseite übertragen und zur Berechnung der gesuchten Größe verwendet.

Bei proportionalen Zuordnungen ist der Rechenweg auf beiden Tabellenseiten gleich, bei antiproportionalen Zuordnungen werden Division und Multiplikation getauscht und damit entgegengesetzte Rechnungen durchgeführt.

25 Liter Benzin kosten 30 €. Was kosten 60 l?

Volumen (in l)	Preis (in €)
25 : 5 ↓ 5 · 12 ↓ 60	30 ↓ : 5 6 ↓ · 12 72

60 Liter Benzin kosten 72 €.

Ein Heuvorrat reicht für 6 Kühe 50 Tage.
Berechnung der Zeit, für die der Vorrat bei 10 Kühen reicht:

Anzahl der Kühe	Zeit (in Tagen)
6 : 6 ↓ 1 · 10 ↓ 10	50 ↓ · 6 300 ↓ : 10 30

Für 10 Kühe reicht der Vorrat 30 Tage.

Training

Runde 1

1 Welcher der Graphen gehört zu welcher Zuordnung? Begründe.
a) *Brenndauer → Höhe einer brennenden Kerze*
b) *Alter eines Menschen → Körpergröße*
c) *Zeit → Höhe einer Schaukel*
d) *Zeit → Temperatur eines sich abkühlenden Getränks*

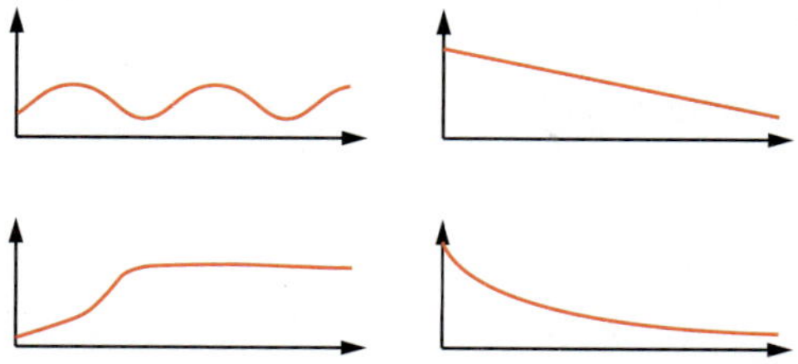

Fig. 1

2 Eine Brezel kostet 50 Cent, drei Brezeln werden zum Sonderpreis von 1,20 € verkauft.
a) Wie viel kosten fünf Brezeln?
b) Erstelle eine Tabelle, aus der der günstigste Preis für 1; 2; ...; 10 Brezeln ablesbar ist.
c) Zeichne den Graphen der Zuordnung *Anzahl Brezeln → günstigster Preis (in €).*

3 Bauunternehmer Heidjer will 24 t Erdaushub auf die Deponie bringen. Er erinnert sich: „Letztes Mal musste ich 64,80 € für 18 Tonnen bezahlen."
a) Wie viel muss er zahlen, wenn sich der Preis nicht verändert hat?
b) Wie viel muss er zahlen, wenn der Preis um 30 Cent pro Tonne erhöht wurde?

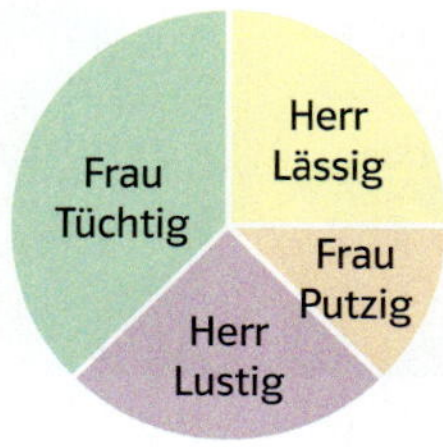

Fig. 2

4 Bei der Wahl zum Vereinsvorsitzenden bewarben sich Frau Tüchtig, Herr Lustig, Frau Putzig und Herr Lässig. Das Kreisdiagramm in Fig. 2 zeigt das Wahlergebnis.
a) Bei der Wahl wurden 128 Stimmen abgegeben. Wie viele Stimmen erhielt Herr Lässig?
b) Veranschauliche das Wahlergebnis durch ein Säulendiagramm.

Runde 2

1 Aus Fig. 3 kannst du die mittleren Jahrestemperaturen von 90 000 v. Chr. bis heute ablesen.
a) Lies die Temperatur in Zeitabständen von 10 000 Jahren ab und schreibe eine Wertetabelle.
b) Welche Vorteile hat die gezeichnete Kurve gegenüber der Tabelle?

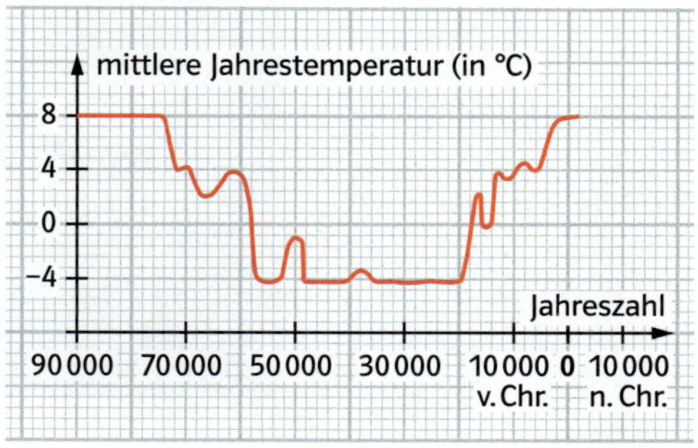

Fig. 3

2 Bei der Wahl zum Sprecher der Tischtennisabteilung erhielten Frau Platte 3, Frau Netz 5, Herr Schläger 8 und Frau Ball 2 Stimmen. Veranschauliche das Wahlergebnis durch ein Kreisdiagramm.

3 Eine 1-Cent-Münze wiegt 2,30 g, eine 2-Cent-Münze 3,06 g, eine 5-Cent-Münze 3,92 g.
a) Wie viel wiegen 8 Cent mindestens, wie viel höchstens?
b) Übertrage die Tabelle in dein Heft und ergänze sie.

Geldbetrag (in ct)	1	2	3	4	5	6	7	8	9
Mindestgewicht (in g)									

c) Zeichne den Graphen der Zuordnung *Geldbetrag (in ct) → Mindestgewicht (in g).* Ist es sinnvoll, die Punkte zu verbinden? Begründe.

4 Auf einer Landkarte mit dem Maßstab 1 : 200 000 sind zwei Orte 7,5 cm voneinander entfernt.
a) Berechne die Entfernung der Orte in Wirklichkeit.
b) Wie kann man alle Punkte auf der Karte einzeichnen, die in Wirklichkeit von einem bestimmten Ort höchstens 20 km entfernt sind?

Lösungen auf den Seiten 251 – 252.

Das kannst du schon

- Anteile mithilfe von Brüchen und in Prozent angeben
- Dreisatzaufgaben für proportionale Zuordnungen lösen
- Rechenvorschriften zu proportionalen Zuordnungen angeben

Alfred Nobel – er hat das Dynamit erfunden – stiftete die Nobelpreise. Zur Finanzierung der Preisgelder werden die Zinsen aus seinem Vermögen verwendet. Im Jahr 2003 wurden 10 Millionen schwedische Kronen, das sind 1,1 Millionen Euro, an die Preisträgerinnen und Preisträger verteilt.

Berühmte Nobelpreisträger/innen

Marie Curie, 1903 (Physik)

Nelson Mandela, 1993 (Frieden)

Albert Einstein, 1921 (Physik)

Christiane Nüsslein-Volhard, 1995 (Medizin)

Zahlen und Operationen | Größen und Messen | Raum und Form | **Funktionaler Zusammenhang** | Daten und Zufall

Fifty-fifty? Hundertpro! Prozente, Prozente, Prozente

Luft holen
Bei jedem Atemzug werden 80 bis 90 Prozent der Luft in der Lunge von Walen erneuert – im Vergleich zu 10 bis 20 Prozent bei den meisten Landsäugetieren.

Das kannst du bald

- Mit Prozenten rechnen und Prozentangaben grafisch darstellen
- Grundaufgaben der Prozentrechnung lösen
- Zinsen berechnen
- Viele Aufgaben aus der Praxis lösen

1 Prozente – Vergleiche werden einfacher

Du kannst Bruchzahlen miteinander vergleichen, wenn du sie so erweiterst, dass beide den gleichen Nenner erhalten. Beim Nenner 100 kannst du anstelle der Bruchschreibweise auch die Prozentschreibweise verwenden.
Danielas und Tills Trefferquote kann man leicht in Prozent angeben, bei Kim ist das schon schwieriger.

Fig. 1

Im Alltag findet man häufig Prozentangaben wie in Fig. 1. Dabei ist 15% nur eine andere Schreibweise für $\frac{15}{100}$. Die Angabe „15% billiger" in der Werbung für die Stiefmütterchen bedeutet: Man spart $\frac{15}{100}$ vom normalen Preis. Eine Prozentangabe ist also dasselbe wie ein Bruch mit dem Nenner 100.

Die Prozentschreibweise ist eine andere Schreibweise für Brüche mit dem Nenner 100: $\frac{15}{100} = 15\%$; $\frac{109}{100} = 109\%$; ...; $\frac{p}{100} = p\%$.

% – sprich Prozent – kommt von den lateinischen Wörtern pro (von, für) und centum (hundert).

Prozentangaben sind vorteilhaft, wenn man Anteile vergleicht, weil dann Brüche mit dem gleichen Nenner 100 verglichen werden. Man sieht z. B. sofort, dass 7% mehr sind als 5%, aber nicht, welcher der Brüche $\frac{3}{20}$ und $\frac{4}{25}$ größer ist. Diese Brüche können mithilfe von Prozentangaben verglichen werden, indem man sie auf den Nenner 100 erweitert:
$\frac{3}{20} = \frac{15}{100} = 15\%$ und $\frac{4}{25} = \frac{16}{100} = 16\%$.
Also ist der Bruch $\frac{4}{25}$ größer als $\frac{3}{20}$, denn 16% sind mehr als 15%.

Wenn man einen Bruch nicht auf den Nenner 100 erweitern kann, dividiert man einfach den Zähler durch den Nenner, um, über die Dezimalbruchdarstellung, auf eine Prozentangabe zu kommen.

Beispiel 1 Brüche in Prozentschreibweise umwandeln
Schreibe in Prozent. a) $\frac{2}{5}$ b) $\frac{13}{40}$ c) $\frac{2}{3}$
Lösung:
a) $\frac{2}{5} = \frac{40}{100} = 40\%$ b) $\frac{13}{40} = 13:40 = 0{,}325 = \frac{32{,}5}{100} = 32{,}5\%$ c) $\frac{2}{3} = 2:3 = 0{,}666\ldots \approx 66{,}7\%$

Beispiel 2 Prozentangaben in Brüche umwandeln
Schreibe als Bruch. Kürze so weit wie möglich. a) 35% b) 2,8% c) 120%
Lösung:
a) $35\% = \frac{35}{100} = \frac{7}{20}$ b) $2{,}8\% = \frac{2{,}8}{100} = \frac{28}{1000} = \frac{7}{250}$ c) $120\% = \frac{120}{100} = \frac{6}{5}$

Beispiel 3 Vergleichen mithilfe von Prozentangaben
Anja und Tim üben Elfmeterschießen. Anja trifft bei 20 Schüssen 14-mal, Tim bei 25 Schüssen 17-mal. Gib die Trefferquote in Prozent an und vergleiche.
Lösung:
Anjas Trefferquote ist $\frac{14}{20} = \frac{70}{100} = 70\%$, Tims Trefferquote ist $\frac{17}{25} = \frac{68}{100} = 68\%$.
Anja hat die höhere Trefferquote.

Aufgaben

1 Gib in Prozent an. Rechne im Kopf.

a) $\frac{7}{100}$ b) $\frac{27}{100}$ c) $\frac{3}{50}$ d) $\frac{47}{50}$ e) $\frac{1}{20}$ f) $\frac{4}{25}$

g) $\frac{3}{12}$ h) $\frac{3}{5}$ i) $\frac{21}{30}$ j) $\frac{50}{1000}$ k) $\frac{5}{1000}$ l) $\frac{3}{8}$

Merke:
$\frac{1}{2} = 50\,\%$
$\frac{1}{3} = 33\frac{1}{3}\,\%$
$\frac{1}{4} = 25\,\%$
$\frac{1}{5} = 20\,\%$
$\frac{1}{8} = 12{,}5\,\%$
$\frac{1}{10} = 10\,\%$
$\frac{1}{1} = 100\,\%$
$\frac{2}{1} = 200\,\%$

2 Schreibe als Bruch. Rechne im Kopf und kürze, wenn möglich.

a) 23 % b) 10 % c) 75 % d) 99 % e) 60 % f) 72 %

g) 11 % h) 70 % i) 120 % j) 0,5 % k) 300 % l) 7,2 %

3 In Fig. 1 siehst du sieben Figuren, bei denen Teile gefärbt sind. Wie viel Prozent der Gesamtfläche sind jeweils gefärbt?
Ordne die Anteile der Größe nach. Die Buchstaben können bei der Kontrolle eine Hilfe sein.

4 Schreibe in Prozent. Runde auf eine Dezimalstelle.

a) $\frac{9}{40}$ b) $\frac{45}{60}$ c) $\frac{3}{500}$ d) $\frac{475}{2000}$ e) $\frac{1}{6}$ f) $\frac{7}{9}$

g) $\frac{1}{30}$ h) $\frac{3}{7}$ i) $\frac{42}{30}$ j) $\frac{2}{3}$ k) 0,333 l) $1\frac{1}{5}$

5 Schreibe die Sätze mit Prozentangaben.
a) Zehn von hundert Niedersachsen sind zwischen 6 und 15 Jahren alt.
b) Von 100 Bergunfällen sind 50 Lawinenunglücke.
c) Ein Meisterschütze trifft bei zehn Schüssen neunmal ins Schwarze.
d) Von den rund 10 000 Eisbergen, die jährlich von Westgrönland ausgehen, driften 375 in den Nordatlantik und gefährden dort die Schifffahrt.

6 Welche Zahl ist größer?

a) 5 %; 8 % b) 20 %; $\frac{1}{4}$ c) 0,65; $\frac{5}{6}$ d) $\frac{4}{5}$; $\frac{7}{11}$ e) 5,6 %; 5,6 f) $\frac{9}{11}$; 99 %

7 Sven wirft 30-mal auf einen Basketballkorb und trifft 19-mal, Svenja wirft 20-mal und trifft 12-mal. Wer hat die höhere Trefferquote?

8 Eine 100-g-Tafel Schokolade enthält 23 g Mandeln, ein 30-g-Knusperriegel enthält 7 g Mandeln. Bei welcher Süßigkeit ist der Anteil der Mandeln größer?

9 Die drei sechsten Klassen des Einstein-Gymnasiums werden von 90 Schülerinnen und Schülern besucht. Davon sind 30 in der 6a und 32 in der 6b. Bei der Klassensprecherwahl in der 6a wurde Tanja mit 16 Stimmen, in der 6b wurde David mit 17 Stimmen und in der 6c wurde Steffi mit 15 Stimmen gewählt.
Wer hatte den größten Stimmenanteil?

10 Erfinde zu den Angaben eine Aufgabe. Löse sie erst selbst und stelle sie dann deiner Nachbarin oder deinem Nachbarn. Erhaltet ihr dieselben Ergebnisse?
Deutschland hat etwa 82 Millionen Einwohner, davon sind rund sieben Millionen Ausländer. Niedersachsen hat 8,0 Millionen Einwohner, davon sind 0,5 Millionen Ausländer. Von den etwa 55 Millionen Kraftfahrzeugen in Deutschland sind etwa 5,5 Millionen in Niedersachsen zugelassen.

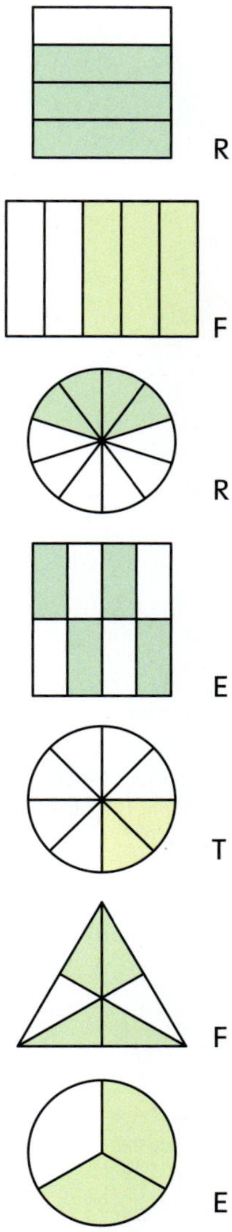

Fig. 1

2 Prozentsatz – Prozentwert – Grundwert

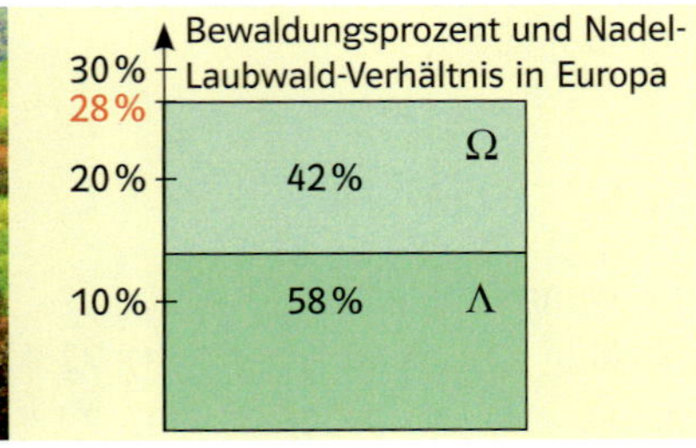

28% + 58% + 42% = 128%
Mehr als 100% Wald?

Auf Lebensmittelpackungen findet man häufig Hinweise zur Zusammensetzung des Inhalts. In Fig. 1 werden verschiedenen Prozentangaben verschiedene Gewichtsangaben zugeordnet.
Man bezeichnet dabei 38,4 g als **Prozentwert**, der dem **Prozentsatz** 64% zugeordnet ist. Entsprechend sind die Prozentwerte 9,6 g und 4,8 g den Prozentsätzen 16% und 8% zugeordnet. Ausgehend von 8% ergibt sich zum doppelten Prozentsatz der doppelte Prozentwert, zum vierfachen Prozentsatz der vierfache Prozentwert.
Die Punkte des Graphen der Zuordnung *Prozentsatz p% → Prozentwert W* liegen auf einer Geraden durch den Ursprung des Koordinatensystems (Fig. 2).
Die Müslimenge von 60 g, die dem Prozentsatz 100% zugeordnet ist, heißt **Grundwert**. Alle in Fig. 1 angegebenen Prozentsätze beziehen sich auf diesen Grundwert.

Den Tag mit Müsli beginnen – ein Traumstart	
Zusammensetzung	Eine 60-g-Portion enthält
Kohlenhydrate 64% Eiweiß, Proteine 16% Fette 8%	38,4g 9,6g 4,8g

Fig. 1

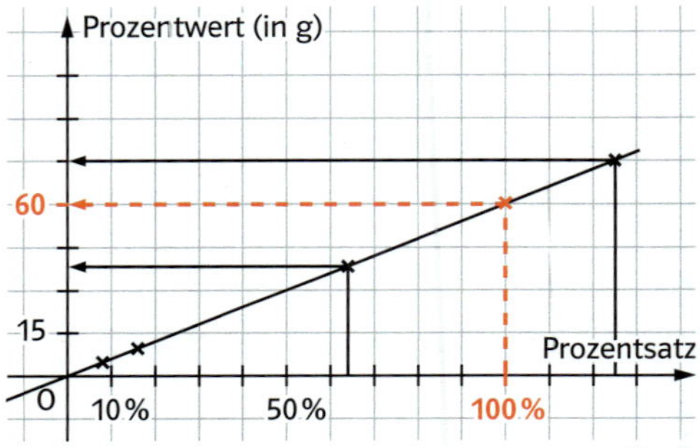

Fig. 2

Wenn man zwei Größen mit gleichen Einheiten dividiert, so fallen die Einheiten weg: $\frac{38{,}4\,g}{60\,g} = \frac{38{,}4}{60}$.

Die Zuordnung *Prozentsatz p % → Prozentsatz W* ist bei festem Grundwert G eine proportionale Zuordnung.

Prozentsätze lassen sich nun wieder als Anteile vom Grundwert deuten:
$\frac{38{,}4}{60} = \frac{6{,}4}{10} = 0{,}64 = 0{,}64\%$; $\frac{9{,}6}{60} = \frac{1{,}6}{60} = 0{,}16 = 16\%$; $\frac{4{,}8}{60} = \frac{0{,}8}{10} = 0{,}08 = 8\%$.
Dabei kann es durchaus sinnvoll sein, Prozentsätze größer als 100% zu betrachten. Isst man zum Frühstück 15 g mehr als die Normalportion von 60 g, so sind das zusätzlich 25%, insgesamt also 125% der Normalportion: $\frac{15}{60} = \frac{1}{4} = 0{,}25$; $\frac{75}{60} = \frac{5}{4} = 1{,}25 = 125\%$.

Prozentsatz p% = ?

$\frac{\textit{Wie viel vom}}{\textit{Grundwert}}$?

Der Prozentsatz p% ergibt sich, indem man den Prozentwert W durch den Grundwert G dividiert: $p\% = \frac{W}{G} = W : G$.

Beispiel 1 Grundwert erkennen und Pozentsätze bestimmen
In der Klasse 6c sind nur 8 Jungen. Der Mädchenanteil ist mit 75 % sehr hoch.
a) Auf welchen Grundwert bezieht sich der Prozentsatz 75 %?
b) Bei der letzten Klassenarbeit gab es in der 6c vier Einsen, leider aber auch sechs Fünfen. Wie viel Prozent der Klasse sind das jeweils?
Lösung:
a) 75 % ist auf die Gesamtzahl aller Schüler der Klasse 6c bezogen. 75 % Mädchen bedeuten zugleich 25 % Jungen. Dann hat die Klasse viermal so viele Schüler, also $8 \cdot 4 = 32$.
b) Man dividiert die Prozentwerte 4 und 6 jeweils durch den Grundwert 32 und erhält:
$\frac{4}{32} = \frac{1}{8} = 0{,}125 = 12{,}5\,\%$ Einsen; $\frac{6}{32} = \frac{3}{16} = 3{,}0 : 16 = 0{,}1875 = 18{,}75\,\%$ Fünfen.
Da die Zuordnung *Prozentsatz p % → Prozentwert W* proportional ist, können die Prozentsätze ebenso anhand einer Zuordnungstabelle bestimmt werden:

	Jungen	Mädchen	insgesamt	Einsen	Fünfen
p %	25 %	75 %	100 %	12,5 %	18,75 %
Anzahl	8	24	32	4	6

· 4   : 8   · 1,5

Beispiel 2 Ein Prozentsatz – verschiedene Prozentwerte und Grundwerte
Gib zur Werbung „Ausverkauf – alle Schuhe zu 60 % des alten Preises" je zwei mögliche Prozentwerte und zugehörige Grundwerte an. Schreibe dazu Antwortsätze auf.
Lösung:
W = 60 €, G = 100 €. Die Schuhe kosten jetzt 60 € statt früher 100 €.
W = 30 €, G = 50 €. Der alte Preis der Schuhe war 50 €, der neue ist 30 €.

Beispiel 3 Vergleichen von Prozentsätzen
Das Lise-Meitner-Gymnasium (LMG) wird von 720 Kindern und Jugendlichen besucht, davon sind 380 Mädchen. Das Willy-Brandt-Gymnasium (WBG) besuchen 275 Mädchen und 265 Jungen. Bei welcher Schule ist der Prozentsatz an Mädchen größer?

Wie groß ist der Mädchenanteil an einer Mädchenschule?

Lösung:
LMG: G = 720; W = 380
Prozentsatz an Mädchen: $\frac{380}{720} = \frac{19}{36} = 19{,}0 : 36 = 0{,}5277\ldots \approx 52{,}8\,\%$.
WBG: G = 275 + 265 = 540; W = 275
Prozentsatz an Mädchen: $\frac{275}{540} = \frac{55}{108} = 55{,}0 : 108 = 0{,}5092\ldots \approx 50{,}9\,\%$.
Am LMG ist der Prozentsatz an Mädchen etwas größer als am WBG.

Aufgaben

1 Übertrage in dein Heft. Fülle die Lücken aus.

a)

p %	25 %	50 %	75 %	100 %
W	16			

b)

p %	10 %		40 %	100 %
W		60		240

c)

p %		30 %	100 %	
W	6	18		90

d)

p %	20 %	60 %		140 %
W		78	130	

2 Gib zu den Zuordnungstabellen in Aufgabe 1 jeweils den Grundwert G an.

3 Berechne den Prozentsatz im Kopf.

	a)	b)	c)	d)	e)	f)	g)	h)
W	5 m	5 l	1 min	7	11 Tage	30 m^2	13 m	30 min
G	10 m	20 l	5 min	35	11 Tage	300 m^2	50 m	20 min

4 Berechne den Prozentsatz.
a) W = 18 und G = 120
b) W = 1,5 und G = 2,5
c) W = 0,32 und G = 3,2
d) W = 57 und G = 60
e) W = 60 und G = 57
f) W ist halb so groß wie G
g) W = 80 und G ist um 8 größer als W.
h) W = G

5 Wie viel Prozent sind
a) 1 von 5; 10; 100; 20,
b) 4 von 10; 20; 50; 200,
c) 6 von 35; 200; 9,6; 5,
d) 14 von 45; 90; 110; 12,5,
e) 1,5 von 10; 15; 55; 2,5,
f) 0,2 von 200; 2,2; 20; 5?

6 Wie viel Prozent der Gummibärchen in Fig. 1 sind
a) grün (rot; gelb; blau),
b) grün oder rot (nicht gelb; weder gelb noch grün) gefärbt?

7 Um wie viel Prozent ist die obere Zahl größer als die untere Zahl? Um wie viel Prozent ist die untere Zahl kleiner als die obere Zahl?

a)	b)	c)	d)	e)	f)	g)	h)
15	6	7	12	1,1	50	1,3	1250
10	5	4	9	1	33	1,25	500

8 Gib zu dem Prozentsatz mögliche Werte für Prozentwert und Grundwert an.
a) Daniel erhält eine Taschengelderhöhung von 20 Prozent.
b) Im Schlussverkauf werden Jeans um 40 Prozent reduziert angeboten.
c) Eine Spielshow im Fernsehen hatte am Samstag eine Einschaltquote von 12 Prozent.

9 Noemi bekommt 8 € Taschengeld und gibt davon 2,50 € für Comics aus. Robert gibt für Comics 1,90 € aus und hat dann noch 4,10 € von seinem Taschengeld übrig.
Wie viel Prozent ihres Taschengeldes gibt Noemi für Comics aus?
Wie viel Prozent sind es bei Robert? Vergleiche.

Fig. 1

10 Auf einer Internetseite fand sich folgende Angabe: Mindestens 16 Millionen Bundesbürger sind Linkshänder, das sind 20 bis 30 Prozent der Deutschen.
a) Was ist bei dieser Angabe bekannt – Prozentwert, Grundwert oder Prozentsatz?
b) Überprüfe die Prozentangabe, falls man von 80 Millionen Bundesbürgern ausgeht.
c) Trifft die Prozentangabe auch in deiner Klasse zu?

11 a) Zähle, wie oft der Buchstabe „e" in dem Text in Fig. 2 vorkommt. Lass deinen Banknachbarn die Anzahl der „n" zählen. Kontrolliert eure Ergebnisse gegenseitig.
b) Berechnet, zu wie viel Prozent die Buchstaben „e" und „n" in Fig. 2 auftauchen. Berechnet auch die Anteile für andere Buchstaben.
c) Sucht selbst einen Text aus und bestimmt die Anteile, mit denen bestimmte Buchstaben auftreten. Vergleicht die Prozentsätze bei verschiedenen Texten.

Hier habt ihr einen Satz, bei dem ihr zählen könnt, wie häufig verschiedene Buchstaben vorkommen.

Fig. 2

Bist du sicher?

1 Berechne den Prozentsatz, der dem folgenden Anteil entspricht.
a) 36 € von 400 €   b) 48 kg von 1200 kg   c) 345 m von 500 m   d) 90 l von 500 l

2 In der Klasse 6a sind von 30 Schülerinnen und Schülern 12 Einzelkinder. In der Klasse 6b haben von 15 Mädchen und 13 Jungen insgesamt 21 Schülerinnen und Schüler Geschwister. In welcher der beiden Klassen ist der Anteil an Einzelkindern größer?

12 Auf welchen Grundwert beziehen sich die angegebenen Prozentsätze?

a)

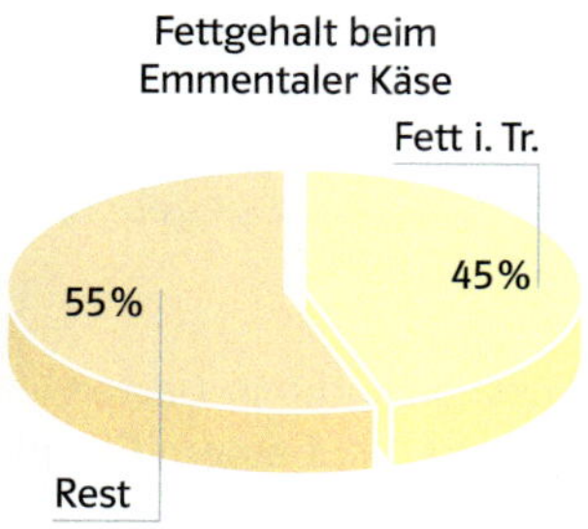

b)

c)

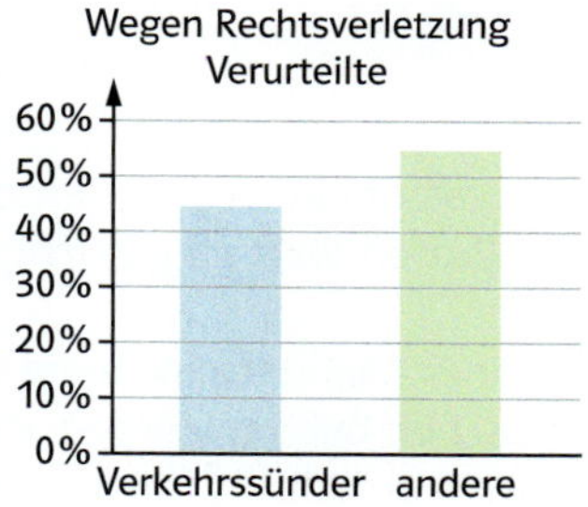

13 Karin kauft Reitstiefel für 50 % des alten Preises.
a) Wie viel Prozent spart sie?
b) Um wie viel Prozent des neuen Preises lag der alte Preis höher?

14 In dem Zeitungsartikel in Fig. 1 kommen viele Zahlenangaben vor.
a) Welche davon sind Prozentsatz, Prozentwert, Grundwert?
b) In dem Bericht ist ein Fehler! Findest du ihn?
c) Schreibe selbst einen Bericht mit Prozentangaben und „baue einen Fehler" ein. Findet dein Banknachbar diesen?

15 Formuliere eine Aufgabe zum Textinhalt und stelle sie deinem Banknachbarn. Gib an, welche der Größen Prozentwert, Prozentsatz bzw. Grundwert bei der Aufgabe gegeben (gesucht) sind.
a) Bei der Bundestagswahl 2002 wurden insgesamt 48 582 761 Erststimmen abgegeben, davon waren 741 037 ungültig.
b) Der Anteil der Internet-Nutzer an der Gesamtbevölkerung hat sich im ersten Halbjahr 2002 stabilisiert und liegt auch im dritten Quartal bei 47 Prozent der befragten 3880 Deutschen ab 18 Jahren.

Berliner Betriebe haben bei der „Nachvermittlungsbörse 2002" mehr als 370 zusätzliche Ausbildungsplätze bereitgestellt, davon über 300 im Bereich der IHK und 64 im Bereich der Handwerkskammer. Es wurden alle Jugendlichen, die nach den Unterlagen der Arbeitsämter bis zum 30. September noch keinen Ausbildungsplatz gefunden hatten, schriftlich eingeladen. Insgesamt 2270 Jugendliche waren persönlich eingeladen worden. Davon erschienen 878 (43 %).

Fig. 1

Hinweis:
Bei Aufgabe 15 und einigen der folgenden Aufgaben solltest du ein Rechenhilfsmittel benutzen.

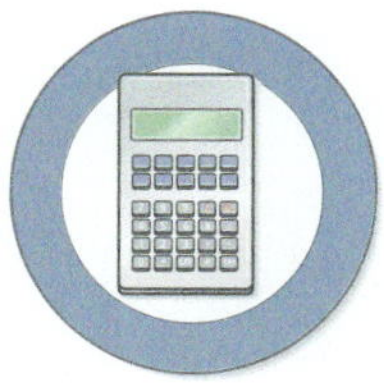

Kannst du das noch?

16 Handelt es sich um ein Zufallsexperiment? Begründe.
a) Ermitteln der Schuhgröße eines Schülers.   b) Drehen eines Glücksrades.

17 Peter zieht nur Socken in roter oder grüner Farbe an. Sie liegen immer einzeln in einer Schachtel im Kleiderschrank. An einem Morgen zieht er zwei Socken im Dunkeln an. Wie groß ist die Wahrscheinlichkeit, dass er an beiden Füßen die gleiche Farbe trägt, wenn fünf Paar rote und drei Paar grüne Socken als Einzelsocken in der Schachtel lagen?

3 Grundaufgaben der Prozentrechnung

Bei einem Schulfest haben die Schülerinnen und Schüler der Klasse 6a und 6b Stände aufgebaut, an denen sie Lose verkaufen.
Werbeplakate können helfen, sich für eine der beiden Verlosungen zu entscheiden.

Im Zusammenhang mit Prozentaufgaben sind oft Grundwert und Prozentsatz gegeben, der Prozentwert ist gesucht.

Prozentwert W = ?

In einer Kleingartenkolonie dürfen höchstens 12 % der Grundstücksfläche durch Gartenhäuschen bebaut werden. Welche Grundfläche darf ein Gartenhäuschen auf einem Grundstück von 180 m² Größe haben?
Die Angaben beziehen sich auf die proportionale Zuordnung *Prozentsatz p % → Prozentwert W*, bei der dem Prozentsatz 100 % der Grundwert 180 m² zugeordnet ist.
Drei von vier Größen sind gesetzt. Das Dreisatzverfahren liefert den Prozentwert W:
100 % sind die Gesamtfläche von 180 m².
1 % davon ist der hundertste Teil und damit $180\,m^2 : 100 = 1{,}8\,m^2$.
12 % davon sind das 12fache und damit $1{,}8\,m^2 \cdot 12 = 21{,}6\,m^2$.

p %	m²
100 %	180
1 %	1,8
12 %	21,6

Das Gartenhäuschen darf also eine Grundfläche von bis zu 21,6 m² haben.
Das gleiche Ergebnis erhält man, wenn man die Aufgabe im Sinne der Bruchrechnung deutet: 12 % von 180 m² sind $\frac{12}{100}$ von 180 m². Man rechnet: $\frac{12}{100} \cdot 180\,m^2 = 0{,}12 \cdot 180\,m^2 = 21{,}6\,m^2$.

100 %	*G*
1 %	$\frac{G}{100}$
p %	$\frac{G}{100} \cdot p$

$W = \frac{G}{100} \cdot p$
$= p\,\% \cdot G$

Sind Grundwert G und Prozentsatz p % gegeben, so berechnet man den Prozentwert W mithilfe der Gleichung $W = \frac{G}{100} \cdot p$.
In gleicher Weise ergibt sich der Prozentwert W, wenn man den Prozentsatz p % mit dem Grundwert G multipliziert: $W = \frac{p}{100} \cdot G = p\,\% \cdot G$.

Auf dem Nachbargrundstück sind 12 % des Gartens mit einem Gartenhäuschen der Grundfläche 27 m² bebaut (Fig. 1). Wie groß ist das Grundstück?
Nun sind Prozentwert und Prozentsatz gegeben, der Grundwert ist gesucht.

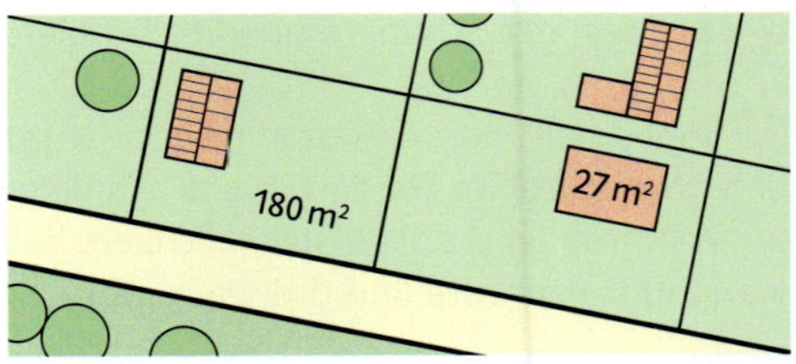

Fig. 1

Wieder sind drei von vier Größen gesetzt. Durch Anwendung des Dreisatzverfahrens ergibt sich nun der Grundwert G:

12 % sind die Grundfläche des Gartenhäuschens, also $27\,m^2$.
1 % ist der zwölfte Teil davon und damit $27\,m^2 : 12 = 2{,}25\,m^2$.
100 % sind davon das 100fache und damit $2{,}25\,m^2 \cdot 100 = 225\,m^2$.
Das Grundstück ist also $225\,m^2$ groß.
Zum gleichen Ergebnis gelangt man, wenn man den Prozentwert durch den Prozentsatz dividiert: $27\,m^2 : 12\,\% = 27\,m^2 : 0{,}12 = 2700\,m^2 : 12 = 225\,m^2$.

p%	m^2
12 %	27
1 %	2,25
100 %	225

Sind Prozentwert W und Prozentsatz p % gegeben, so berechnet man den Grundwert G mithilfe der Gleichung $G = \frac{W}{p} \cdot 100$.
In gleicher Weise ergibt sich der Grundwert G, wenn man den Prozentwert W durch den Prozentsatz p % dividiert: $G = \frac{W}{p\,\%} = \frac{W}{\frac{p}{100}} = W \cdot \frac{100}{p}$.

p %	*W*
1 %	$\frac{W}{p}$
100 %	$\frac{W}{p} \cdot 100$

$G = \frac{W}{p} \cdot 100$
$= \frac{W}{p\,\%}$

Beispiel 1 Prozentwerte bestimmen
Von den 960 Schülerinnen und Schülern des Mozartgymnasiums spielen 35 % mindestens ein Musikinstrument. Von den restlichen Schülerinnen und Schülern sind 6,25 % im Chor.
a) Wie viele Schülerinnen und Schüler des Mozartgymnasiums spielen mindestens ein Musikinstrument?
b) Wie viele Chormitglieder spielen kein Musikinstrument?
Lösung:
a) Gegeben: G = 960; p % = 35 %
Gesucht: W
100 % sind 960 Schülerinnen und Schüler.
5 % sind der zwanzigste Teil davon:
960 : 20 = 48.
35 % sind davon das 7fache: 48 · 7 = 336.
336 Schülerinnen und Schüler spielen mindestens ein Musikinstrument.

p%	m^2
100 %	960
5 %	48
35 %	336

Du kannst als Zwischenschritt auch 1 % einfügen.

b) Die Prozentangabe bezieht sich auf alle Schülerinnen und Schüler, die kein Instrument spielen, also auf den Grundwert G = 960 − 336 = 624.
Gegeben: G = 624; p % = 6,25 %
Gesucht: W
100 % sind 624 Schülerinnen und Schüler.
1 % ist der hundertste Teil davon:
624 : 100 = 6,24.
6,25 % sind davon das 6,25fache:
6,24 · 6,25 = 39.
39 Chormitglieder spielen kein Musikinstrument.

p%	m^2
100 %	624
1 %	6,24
6,25 %	39

Keine Angst vor Dezimalbrüchen! Manchmal fallen Brüche beim zweiten Rechenschritt wieder heraus, manchmal muss man runden.

FIRMA STROMER & CO.

13.07.2006

RECHNUNG

Fernseher
Preis incl. 16 % MwSt.

243,60 €

Wir danken Ihnen für den Auftrag.

Fig. 1

Beispiel 2 Grundwert bestimmen

Auf der Rechnung für ein Fernsehgerät (Fig. 1) ist nur der Endpreis mit Mehrwertsteuer (MwSt.) angegeben. Wie teuer ist das Fernsehgerät ohne Mehrwertsteuer?

Lösung:

Der Grundwert ist der Preis ohne Mehrwertsteuer (100 %). Der Endpreis ist der Preis ohne Steuer (100 %) plus Mehrwertsteuer (16 %). Also ist der Endpreis von 243,60 € dem Prozentsatz 116 % zugeordnet.

Gegeben: W = 243,60 €;
p % = 100 % + 16 % = 116 %

Gesucht: G

116 % sind 243,60 €.
1 % ist 243,60 € : 116 = 2,10 €.
100 % sind 2,10 € · 100 = 210 €.

Der Fernseher kostet ohne Mehrwertsteuer 210 €.

p %	€
116 %	243,10
1 %	2,10
100 %	210

Aufgaben

1 Berechne.

a) 20 % von 72 b) 9 % von 700 c) 1,5 % von 2400 d) 16 % von 450 €
e) 99 % von 620 € f) 0,15 % von 400 kg g) 0,4 % von 18 ha h) 110 % von 2 dm^3

2 Übertrage in dein Heft. Vervollständige.

a)

	800 m^2	90 €	2100 l
5 %	40 m^2		
9 %			
15 %			
45 %			

b)

	20 m	750 €	4,5 kg
7 %		52,50 €	
0,7 %			
14 %			
77 %			

3 a) Welche Zahl ist um 6 % größer als 100; 200; 500; 10 000?
b) Welche Zahl ist um 85 % kleiner als 100; 200; 500; 10 000?

4 Berechne den Grundwert.

	a)	b)	c)	d)	e)	f)	g)	h)
p %	50 %	25 %	10 %	5 %	1,5 %	15 %	1,2 %	125 %
W	100 km	40 €	33 m^2	5 kg	123 km	1,8 m^3	12 m^2	120 €

5 Übertrage in dein Heft. Vervollständige.

	a)	b)	c)	d)	e)	f)	g)	h)
p %	5 %		20 %		1,7 %	24 %	24 %	116 %
W		44 t	300 m	1,7 cm^2	6,8 t		900	
G	200	500 t		6,8 cm^2		900		450 €

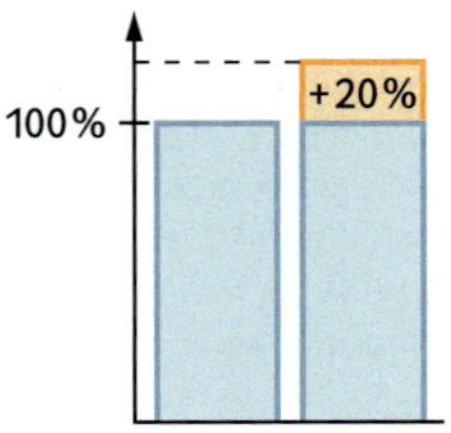

Fig. 2

6 Ein Händler verkauft seine Ware 20 % teurer, als er sie selbst eingekauft hat.
a) Zu welchem Preis wurde ein Artikel eingekauft, der für 150 € verkauft wird?
b) Zu welchem Preis wird ein Artikel verkauft, der für 150 € eingekauft wurde?

Bist du sicher?

1 a) Berechne 35 % von 95 kg. b) Wie viel Prozent sind 132 km von 400 km?
c) 75 % eines Geldbetrages sind 24 €. Wie groß ist der Geldbetrag?

2 Im Ausverkauf kostet eine Uhr statt 145 € nur noch 89,90 €. Wie viel Prozent spart man? Wie viel Prozent teurer ist eine Uhr, deren Preis von 98 € auf 151,90 € erhöht wird?

3 Ein Bauteil kostet mit 16 % Mehrwertsteuer 39,44 €. Wie viel kostet es ohne MwSt.?

Ergebnisse (vermischt und ohne Einheiten!)

34	*55*
33,25	*32*
33	*38*

7 Von 1998 bis 2004 stieg die Schülerzahl an Gymnasien in Niedersachsen um etwa 58,6 % auf rund 231 000. Wie viele Gymnasiasten gab es 1998 etwa?

8 Silkes Eltern ärgern sich, weil die Miete um 18 % erhöht worden ist. Jetzt müssen sie monatlich 802,40 € bezahlen.

9 Eine Kaufhauskette wirbt mit Preisnachlässen.
a) Wie viel Prozent werden jeweils gespart?
b) Lisa meint: „Bei dem Angebot 0,98 € statt vorher 1,22 € spart man am meisten!" Was meinst du dazu?

Fig. 1

10 a) Wie viel Gramm Cappuccino-Pulver bekam man früher bei einer Dose Capri?
b) Wie viel Gramm bekommt man, wenn nochmals 20 Prozent hinzukommen? Auf diese Frage kann man zwei Antworten geben – wieso?

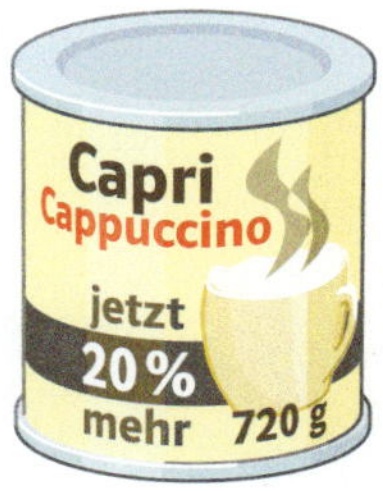

Fig. 2

11 100 g ungekochte italienische Spaghetti enthalten 11,7 g Eiweiß, 73,7 g Kohlenhydrate und 1,4 g Fett. Werden die Spaghetti gekocht, so verringern sich die Anteile: 100 g gekochte Spaghetti enthalten 4,2 g Eiweiß, 26,4 g Kohlenhydrate und 0,5 g Fett.
a) Um wie viel Prozent verringern sich die Anteile beim Kochen? Warum?
b) Sina und Tim essen zusammen eine große Portion Spaghetti. Dabei nehmen sie insgesamt 132 g Kohlenhydrate zu sich. Wie viel Gramm Spaghetti „verdrücken" die beiden?

12 **Schnelle Prozente – ein Spiel für zwei**
Zur Vorbereitung müsst ihr drei verschiedene Sorten Spielkarten basteln. Ihr braucht
- sechs Karten, bei denen eine Seite rot angemalt ist und auf der anderen Seite ein Prozentsatz steht (5 %; 8 %; 15 %; 25 %; 80 %; 120 %),
- zehn Karten, bei denen eine Seite blau ist und auf der anderen Seite Größen stehen (120 €; 75 ct; 3,6 km; 270 cm; 5,4 dm; 630 g; 27 kg; 1,56 t; 45 min; 3 h 30 min),
- zwei Karten, bei denen eine Seite grün angemalt ist und auf der anderen Seite Prozentwert bzw. Grundwert steht.

Und so wird gespielt:
- Beide Spieler ziehen jeweils eine Karte von jeder Farbe.
- Dann rechnet jeder Spieler seine Aufgabe. Die grüne Karte zeigt an, wie die Angabe auf der blauen Karte zu verstehen ist.
- Wer zuerst fertig ist und richtig gerechnet hat, bekommt einen Punkt.
- Ist ein Spieler zuerst fertig und hat falsch gerechnet, so erhält er einen Punkt Abzug.
- Gewonnen hat der Spieler, der zuerst fünf Punkte gesammelt hat.

Ihr müsst klären, ob ein Taschenrechner als Rechenhilfe verwendet werden darf.

13 Stelle eine passende Frage und berechne – falls möglich – die fehlende der drei Größen Prozentsatz, Prozentwert und Grundwert.

a) Die deutsche Grenze ist insgesamt 3757 km lang, davon hat die Grenze mit Frankreich eine Länge von 448 km.
b) Die Ausgaben pro Schüler eines Gymnasiums betrugen in Deutschland (1999) durchschnittlich 5100 €. Betrachtet man alle Schulformen, so kommt man auf durchschnittlich 4200 € pro Schüler.
c) Im Schuljahr 2004/2005 waren in Niedersachsen etwa 67700 Lehrer beschäftigt, das waren etwa 10,07 % der Lehrer in Deutschland. Zum Vergleich: Der Bevölkerungsanteil von Niedersachsen an der deutschen Gesamtbevölkerung betrug etwa 9,70 %.
d) Im Jahre 2003 lebten in Deutschland 82,53 Millionen Menschen, davon waren 40,36 Millionen männlich. Der Anteil ausländischer Bewohner lag bei 8,9 %, davon waren 1,88 Millionen Türken.
e) Die Erde ist etwa 150 Millionen km von der Sonne entfernt, der Abstand des Jupiter beträgt etwa 520 % des Erdabstandes.

14 Überprüfe, ob die in dem Zeitungsartikel genannten Prozentangaben auch für deine Klasse (Schule) zutreffen. Etwa ein Sechstel der Bundesbürger ist unter 15 Jahre alt.

> Nahezu zwei Drittel der Erwachsenen in Deutschland tragen eine Brille. In den vergangenen drei Jahren stieg der Anteil der Brillenträger an der erwachsenen Bevölkerung von 61 auf 63 Prozent, wie die vom Demoskopie-Institut Allensbach vorgestellte „Brillenstudie 2002" ergab. Das sind fast 44 Millionen Menschen ab 15 Jahren. Bei den Kindern unter 15 Jahren seien 1,6 Millionen Brillenträger.

15 Führt eine Umfrage zu Themen wie in Fig. 1 durch. Zunächst müsst ihr euer Vorgehen planen. Möglich ist z. B., dass jede(r) von euch zehn Schüler eurer Schule fragt. Die Fragen müsst ihr euch vorher überlegen.
Erstellt einen passenden Fragebogen, der nicht zu umfangreich ist. Die Bearbeitung eines Fragebogens sollte für einen Befragten nicht länger als eine Minute dauern.
Sammelt die Umfrageergebnisse und stellt sie in Tabellen und Kreisdiagrammen mit Prozentangaben dar.

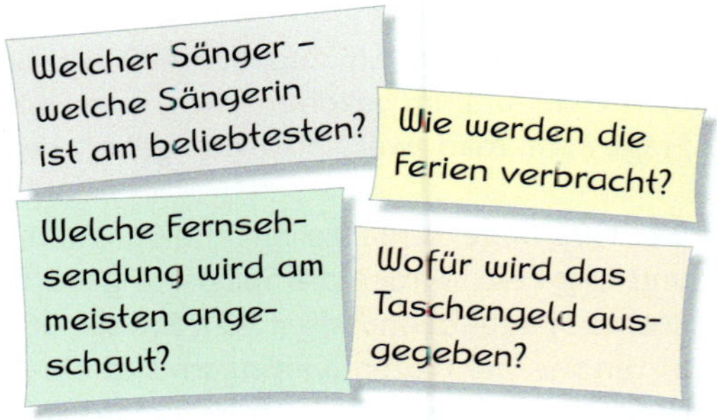

Fig. 1

Kannst du das noch?

16 Die in Fig. 2 bis 5 blau eingezeichneten Geraden sind Symmetrieachsen der Figuren.
a) Welche Strecken und Winkel sind aufgrund der Symmetrie gleich groß?
b) Haben die Figuren noch weitere Symmetrieachsen oder liegt eine Punktsymmetrie vor?
c) Haben die Figuren besondere Namen?

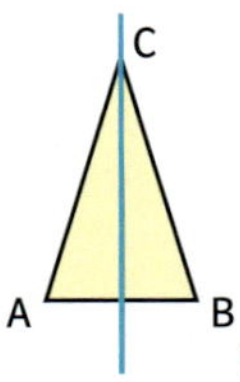

Fig. 2

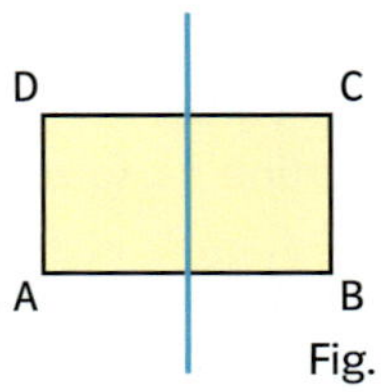

Fig. 3

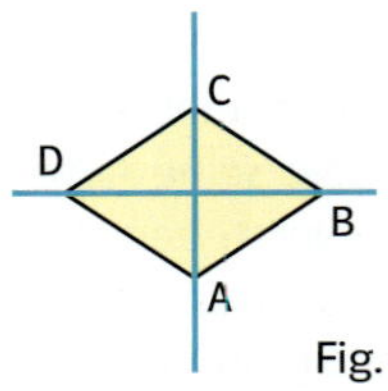

Fig. 4

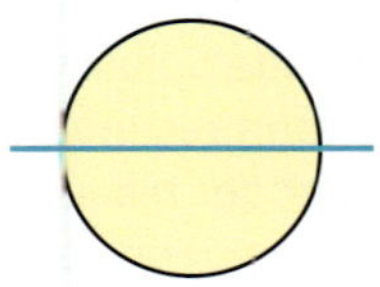

Fig. 5

Info

Prozentuale Anteile im Kreisdiagramm

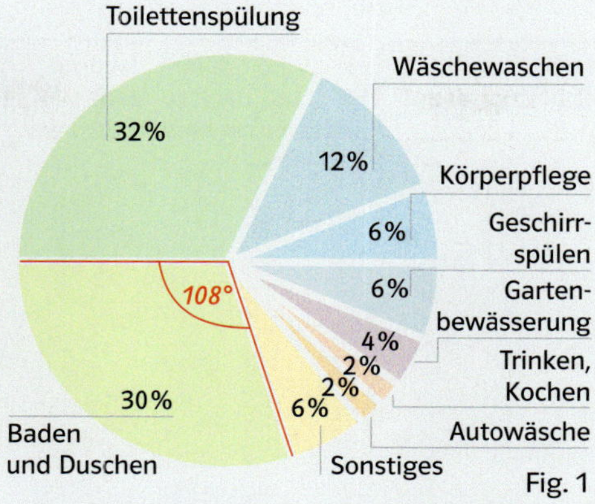

Fig. 1

Prozentangaben wie die zum Wasserverbrauch der Bundesbürger kann man durch ein Kreisdiagramm veranschaulichen (Fig. 1). Die Mittelpunktswinkel sind zu den jeweiligen Prozentsätzen proportional. Dabei ist dem Prozentsatz 100 % der Vollwinkel von 360° als Grundwert zugeordnet.
Damit der Winkel für den Bereich „Baden und Duschen" den Prozentsatz 30 % richtig wiedergibt, rechnet man nach dem Dreisatzverfahren:
100 % entsprechen dem Vollwinkel von 360°. 10 % sind dann 36°, 30 % somit 108°.
Für 1 % ergibt sich ein Winkel von 360° : 100 = 3,6°, den man für alle weiteren Winkelberechnungen zugrunde legen kann:

p %	100 %	1 %	30 %	6 %	32 %
Mittelpunkts-winkel α	360°	3,6°	30 · 3,6° = 108°	6 · 3,6° = 21,6°	32 · 3,6° = 115,2°

$\alpha = p \cdot 3{,}6°$

Nachdem man die erforderlichen Winkel berechnet hat, zeichnet man einen Kreis mit einem Radius als „Startlinie". Von diesem Radius aus wird der erste Winkel abgetragen. Der entstehende Bereich wird von einem zweiten Radius begrenzt, von dem aus der nächste Winkel abgetragen wird. Wenn alle Winkel eingezeichnet sind, darf es weder Überschneidungen noch einen Restwinkel geben.

17 Eine Sorte Tierfutter enthält 25 % Heu, 40 % Gerste, 20 % Gemüse und 15 % Mais.
a) Wie viel Gramm der einzelnen Bestandteile sind in einer $2\frac{1}{2}$-kg-Packung enthalten?
b) Stelle die Zusammensetzung in einem Kreisdiagramm dar.

18 Erstelle zum Ergebnis der Schülersprecherwahl in Fig 2.
a) ein Balkendiagramm,
b) ein Kreisdiagramm.

Kandidat	Stimmen
Lisa	110
Kai	99
Sven	118
Anna	73

Fig. 2

19 Das Kreisdiagramm in Fig. 3 zeigt die Anteile der Zutaten in Katis Lieblingsmüsli.
a) Bestimme durch Ausmessen der Winkel die Anteile in Prozent.
b) Kati bewahrt ihr Müsli in einem Glas auf. In ihrem Müsli sind 105 g Haselnüsse enthalten. Wie viel Müsli ist in dem Glas?
c) Am liebsten mag Kati die Sonnenblumenkerne. Wie viel Gramm Sonnenblumenkerne sind in ihrem Glas enthalten?
d) Katis Bruder Leo mag Rosinen am liebsten. In einem unbewachten Augenblick stibitzt Leo alle Rosinen aus dem Glas. Wie verändern sich dadurch die Anteile?
Ob sich Kati darüber freut?

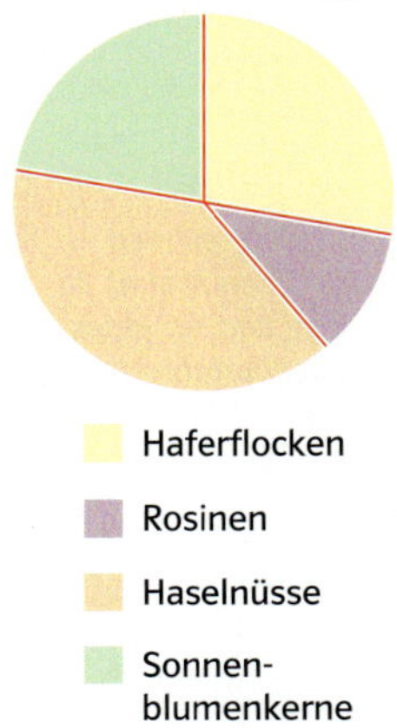

Fig. 3

4 Prozente im Geldwesen – Zinsrechnung

Von Sparkassen und Banken werden Sparer durch eine jährliche Gutschrift belohnt. Wer mehr gespart hat, erhält auch eine größere „Belohnung“.
Lohnt es sich vielleicht doch, ab und zu zur Bank zu rennen ...?

Wenn man Geld von der Bank leiht, muss man der Bank dafür Zinsen zahlen.

Anlagezeit ist die Zeit, die das Geld auf dem Konto verbleibt.

Karla hat seit Anfang des Jahres ein Sparkonto mit 400 € bei einer Bank. Die Bank belohnt sie dafür am Jahresende mit einer Gutschrift, die z. B. 1,5 % ihres Geldes ausmacht. Sie erhält dann 1,5 % von 400 €, also 6 € von der Bank.
Ein Mitarbeiter bei der Bank sagt dazu: Karla hat bei uns ein **Guthaben** oder **Kapital** von 400 €. Wir verzinsen ihr Geld mit einem **Zinssatz** von 1,5 %. Sie bekommt daher am Jahresende **Zinsen** in Höhe von 6 €, das sind 1,5 % von 400 €.

Begriff aus dem Bankwesen	Bedeutung in der Prozentrechnung
Zinssatz	Prozentsatz p %
Zinsen	Prozentwert W
Guthaben oder Kapital	Grundwert G
ein Monat	30 Tage
ein Jahr	360 Tage

Nur neue Namen – Wir können rechnen wie bisher!

Zinszeit (in Tagen)	*Zinsen (in €)*
360	*6,00*
1	$\frac{6,00}{360}$
150	$\frac{6,00}{360} \cdot 150 = \frac{150}{360} \cdot 6,00 = 2,50$

Tab. 1

Banken rechnen für jeden Monat 30 Tage und für jedes Kalenderjahr 360 Tage.

In der Regel werden Zinsen für ein Kalenderjahr bezahlt, man spricht von **Jahreszinsen**. Oft befindet sich das angelegte Geld nur für einen Teil des Jahres auf dem Konto. Für ein halbes Jahr erhält man auch nur die Hälfte der Jahreszinsen – die Zinsen sind zur Anlagezeit proportional. Liegt etwa Karlas Guthaben von 400 € nur 150 Tage auf dem Konto, so geht man vor wie in Tab. 1. Für 150 Tage erhält man 2,50 € Zinsen, das sind $\frac{150}{360}$ der Jahreszinsen von 6 €.

Wenn man für ein Kalenderjahr ein Guthaben G zu einem Zinssatz von p % bei der Bank anlegt, so erhält man dafür p % vom Guthaben G als Jahreszinsen W.
Wenn man innerhalb eines Kalenderjahres ein Guthaben zu einem Zinssatz von p % für t Tage bei der Bank anlegt, so erhält man dafür $\frac{t}{360}$ von den Jahreszinsen.

Beispiel 1 Zinssatz berechnen
Familie Huber erhält für 3500 € die Jahreszinsen 122,50 €. Wie hoch ist der Zinssatz?
Lösung:
G = 3500 €; W = 122,50 €; also: $p\% = \frac{122,50\,€}{3500\,€} = 122,5 : 3500 = 0,035 = 3,5\%$.
Der Zinssatz beträgt 3,5 %.

Beispiel 2 Zinsen berechnen
Jan hat auf seinem Sparbuch ein Guthaben von 600 €, das mit 2,5 % verzinst wird.
a) Wie viel Jahreszinsen bekommt er?
b) Welche Zinsen bekommt er in der Zeit vom 15. März bis zum 18. September?
Lösung:
a) Jahreszinsen: Aus Tab. 1 ergibt sich: 2,5 % von 600 € sind $(600\,€ : 100) \cdot 2{,}5 = 15\,€$.
b) Anlagezeit in Tagen: $t = 15 + 5 \cdot 30 + 18 = 183$.
Aus Tab. 2 ergibt sich: Die Zinsen für 183 Tage berechnen sich zu
$(15\,€ : 360) \cdot 183 = \frac{15\,€}{360} \cdot 183 = \frac{183}{360} \cdot 15\,€ = 7{,}625\,€ \approx 7{,}63\,€$.

p %	*€*
100 %	*600*
1 %	*6*
2,5 %	*15*

Tab. 1

Tage	*€*
360	*15*
1	$\frac{15}{360}$
183	*7,625*

Tab. 2

Aufgaben

1 Berechne die fehlenden Angaben.

	a)	b)	c)	d)	e)	f)
Guthaben (in €)	500	500		2400	7124	
Zinssatz	3 %		5 %		1,5 %	3,5 %
Jahreszinsen (in €)		20	200	60		170,31

2 a) Bei welchem Zinssatz erhält man für 450 € Kapital Jahreszinsen von 11,25 €?
b) Bei welchem Zinssatz erhöht sich ein Kapital in einem Jahr von 2100 € auf 2184 €?
c) Wie viel Jahreszinsen erbringt ein Guthaben von 246 € bei einem Zinssatz von 3,5 %? Wie viel Jahreszinsen erbringt das 10fache Guthaben?
d) Welches Guthaben erbringt bei einem Zinssatz von 3,5 % die Jahreszinsen 105 €?
e) Welches Guthaben wächst durch die Jahreszinsen bei einem Zinssatz von 3,5 % auf 6210 €, welches auf 2587,50 €?

Das Guthaben entspricht 100 %, die Zinsen entsprechen 3,5 %. Ein Guthaben mit Zinsen entspricht also 103,5 %.

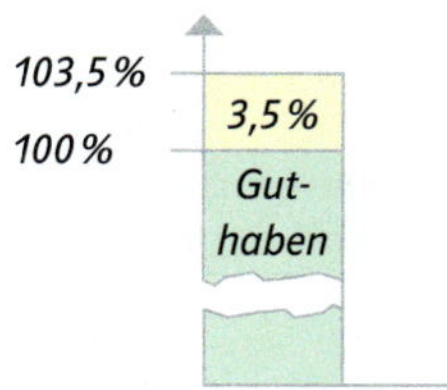

3 Berechne die Zinsen.

	a)	b)	c)	d)	e)	f)
Guthaben (in €)	1200	150	70 000	7000	7000	7700
Zinssatz	3 %	1,5 %	3,6 %	3,6 %	7,2 %	7 %
Tage	100	70	1	10	50	10

4 a) Bei welchem Zinssatz erbringen 600 € in 120 Tagen 8 € Zinsen?
b) Bei welchem Zinssatz erhöht sich ein Kapital in 180 Tagen von 2100 € auf 2126,25 €?

5 a) Berechne bei Kathrins Sparbuch die fehlenden Eintragungen für das Jahr 2006. Der Zinssatz beträgt 1,5 %.
b) Welches Guthaben hat sie bei gleich bleibendem Zinssatz Ende 2007, wenn sie keine Aus- oder Einzahlungen vornimmt?
c) Wie ändern sich die Zinsen, wenn der Zinssatz ab dem 1. August 2006 auf 2 Prozent angehoben wird?

Sparkonto 12011995-1725 Kathrin Kleine

Datum	Einzahlung	Auszahlung	Guthaben
30.12.2005	300,00 €		300,00 €
30.06.2006		100,00 €	200,00 €
15.08.2006	200,00 €		400,00 €
20.12.2006		250,00 €	150,00 €
Zinsen 2006	?		?

5 Zinseszinsen

Wenn dein Geld einschließlich der Zinsen länger als ein Jahr bei der Bank bleibt, werden für die Zinsen nochmals Zinsen gutgeschrieben. Im Sinne der Geldvermehrung gibt es also auch „Geldenkel" und „Geldurenkel" …

Ohne Zinseszinsen würde das Guthaben nur 636 € betragen. Die 54 Cent sind die Zinsen der Zinsen von 2005.

Liegt ein Guthaben von 600 € vom 1.1.2005 bis zum 31.12.2006 bei der Bank, so ergeben sich für das Jahr 2005 bei einem Zinssatz von 3% die Zinsen (600 € : 100) · 3 = 6 € · 3 = 18 €. Zusammen mit den Zinsen beträgt dann am 1.1.2006 das Guthaben 618 €. Für das Jahr 2006 erhält man nun bei demselben Zinssatz die Zinsen (618 € : 100) · 3 = 6,18 € · 3 = 18,54 €. Am 31.12.2006 beträgt somit das Guthaben 618 € + 18,54 € = 636,54 €.

Wenn die Zinsen am Jahresende einem Guthaben hinzugefügt werden, erbringen die Zinsen im folgenden Jahr auch Zinsen – diese nennt man **Zinseszinsen**.

Man nennt den Faktor 1,03 auch Zinsfaktor.

Wenn man die Entwicklung eines Kapitals mit Zinseszinsen für mehrere Jahre bestimmen will, ist die obige Methode zu aufwändig. Man kann das Kapital für das nächste Jahr einfacher bestimmen. Da dem Anfangsguthaben 100 Prozent entsprechen und jedes Jahr 3% hinzukommen, beträgt das neue Guthaben 103% vom Anfangsguthaben. Damit beträgt das neue Guthaben im obigen Beispiel am 1.1.2006:
103% von 600 €, also (600 € : 100) · 103 = 6 € · 103 = 618 €.

Beispiel 1 Anwachsen eines Kapitals über mehrere Jahre
Auf welchen Betrag wächst ein Kapital von 2500 € bei einem Zinssatz von 4% in vier Jahren an?
Lösung:
Der Anfangsbetrag 2500 € wird fortlaufend mit dem Zinsfaktor 1,04 multipliziert.
Rechnung:
$2500\,€ \cdot 1{,}04 \cdot 1{,}04 \cdot 1{,}04 \cdot 1{,}04 = 2924{,}6464\,€ \approx 2924{,}65\,€$.
Nach vier Jahren ist das Kapital auf 2924,65 € angewachsen.
Hinweis: *Das Ergebnis wird auf ganze Cent gerundet. Die Bank rundet Geldbeträge, falls erforderlich, nach jedem Jahr.*

Beispiel 2 Zinseszins bedingt durch Jahreswechsel
Ein Betrag von 450 € wird am 15. September 2006 auf ein Konto eingezahlt. Das Geld mit den entstandenen Zinsen wird am 24. März 2007 abgehoben. Wie groß ist der abgehobene Betrag bei einem Zinssatz von 4%?

Lösung:

Jahreszinsen 2006:	4% von 450€ sind (450€ : 100) · 4 = 450€ · 4 = 18€
Anlagezeit 2006 in Tagen:	15 + 3 · 30 = 105
Zinsen im Jahre 2006:	$\frac{105}{360} \cdot 18€ = 5{,}25€$
Guthaben Anfang 2007:	455,25€
Jahreszinsen 2007:	4% von 455,25€ sind (455,25€ : 100) · 4 = 4,5525€ · 4 = 18,21€
Anlagezeit 2007 in Tagen:	2 · 30 + 24 = 84
Zinsen im Jahre 2007:	$\frac{84}{360} \cdot 18{,}21€ = 4{,}249€ \approx 4{,}25€$.

Am 24. März 2007 wird ein Betrag von 450€ + 5,25€ + 4,25€ = 459,50€ abgehoben.

Würde der gleiche Betrag für die gleiche Zeit innerhalb eines Kalenderjahres angelegt, könnte man nur 459,45€ abheben. Wie kann das sein?

Aufgaben

1 Du hast Anfang des Jahres 2006 ein Guthaben von 1500€. Das Geld bleibt bis Ende 2008 auf der Bank. Übertrage die Tabelle (Tab. 1) in dein Heft und fülle sie aus für einen Zinssatz von
a) 3%, b) 4,5%.

Jahr	Guthaben ohne Zinsen	Zinsen	Guthaben mit Zinsen
2006			
2007			
2008			

Tab. 1

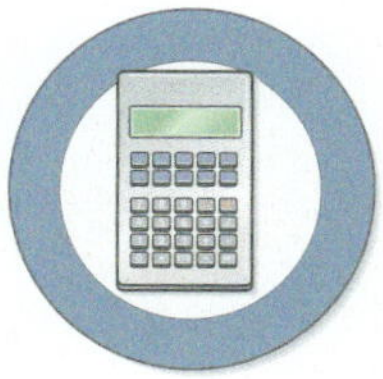

2 Auf welchen Betrag wächst das Kapital mit Zinseszinsen an, wenn es zu Beginn eines Jahres angelegt wird (Tab. 2)?

	a)	b)	c)	d)
Kapital (in €)	300	1000	5000	3000
Zinssatz	3,5%	1,5%	4,2%	4%
Jahre	2	3	1,5	2,5

Tab. 2

3 Um wie viel Prozent vergrößert sich ein Kapital von
a) 2000€, b) 400€, c) 10 000€
bei einem Zinssatz von 5% in vier Jahren?

Maren meint: „Wenn ich 10 Prozent Zinsen bekäme, würden sich meine 100€ in 10 Jahren mit Zinseszins verdoppeln!" Was meinst du dazu?

4 Versucht durch Probieren, die folgenden Aufgaben zu lösen (vgl. auch Beispiel 1). Ein Taschenrechner ist dabei hilfreich.
a) Wie viele Jahre muss man ein Kapital von 1000€ bei einem Zinssatz von 10% (5%; 3%) anlegen, damit es sich verdoppelt?
b) Ein Kapital von 1000€ soll sich in fünf Jahren verdoppeln. Welcher Zinssatz – gerundet auf eine Dezimalstelle – ist dazu nötig?

5 Clara legt zu Jahresbeginn 1200€ bei ihrer Bank an. Der Zinssatz beträgt 2,5%. Auf welches Guthaben ist der Anfangsbetrag nach
a) einem Jahr und vier Monaten, b) zwei Jahren und 75 Tagen
angewachsen?

6 Hannah hat von Tante Margit 500€ geschenkt bekommen, die für drei Jahre fest angelegt sind. Der Zinssatz steigt im zweiten und dritten Jahr deutlich an (Fig. 1).
a) Wie viel Geld kann Hannah nach dem dritten Jahr abheben?
b) Um wie viel Prozent ist das Sparguthaben im Sparzeitraum angewachsen?

Geduld zahlt sich aus:
1. Jahr 1%
2. Jahr 2%
3. Jahr 4%

Fig. 1

6 Überall Prozente

Ein sonderbarer Dialog
Jakob: „Hey, die Jeans im Kleiderladen sind jetzt schon zum zweiten Mal um 50 % reduziert worden."
Robin: „Oh, super! Dann kosten sie ja jetzt gar nichts mehr."

Wenn man ein Problem nicht direkt lösen kann, ist es sinnvoll, schrittweise vorzugehen. Dies wird an folgender Situation verdeutlicht:
Thomas hat Geburtstag. Heike und Jutta kaufen für die Geburtstagsfeier vier Überraschungseier, zwei Packungen Salzstangen und eine Packung Gebäck. Sie freuen sich über den günstigen Einkauf, weil der Lebensmittelmarkt gerade eine Aktion mit ermäßigten Preisen hat. „Wie viel Prozent haben wir jetzt eigentlich gespart?", will Jutta wissen.

Fig. 1

1 Verstehen der Aufgabe

Was ist gegeben?
Die neuen Preise: 0,51 € für die Eier, 2,97 € für das Gebäck und 0,96 € für die Salzstangen. Diese Preise sind 15 % bzw. 25 % bzw. 20 % geringer als der jeweilige alte Preis.
Was ist gesucht? Wie viel Prozent des alten Preises beträgt die Einsparung?

2 Ausdenken und Durchführen eines Plans

Zerlegen in Teilprobleme
1. Man rechnet für jeden Artikel den alten Preis aus.
   Bei den Schokoladeneiern geht das so:
   Grundwert G: alter Preis (zu berechnen)
   Prozentwert: W = 0,51 € (neuer Preis)
   Prozentsatz: p % = 100 % − 15 % = 85 %
   Man berechnet den Grundwert G:
   $G = (0{,}51\,€ : 85) \cdot 100 = \frac{51\,€}{85} = \frac{3}{5}\,€ = 0{,}60\,€.$
   Ebenso berechnet man die anderen alten Preise.
   alter Preis der Salzstangen: 1,20 €
   alter Preis des Gebäcks: 3,96 €
2. Man berechnet den Gesamtpreis für den Einkauf jeweils für alte und für neue Preise:
   Gesamtpreis alt: $4 \cdot 0{,}60\,€ + 2 \cdot 1{,}20\,€ + 3{,}96\,€ = 8{,}76\,€$
   Gesamtpreis neu: $4 \cdot 0{,}51\,€ + 2 \cdot 0{,}96\,€ + 2{,}97\,€ = 6{,}93\,€$
3. Es wurden also 8,76 € − 6,93 € = 1,83 € gespart.
4. Der eingesparte Betrag ist der Prozentwert W = 1,83 € zum Grundwert G = 8,76 €.
   Die Einsparung beträgt $\frac{W}{G} = \frac{1{,}83\,€}{8{,}76\,€} = 1{,}83 : 8{,}76 = 183{,}0 : 876$ $= 0{,}2089\ldots \approx 20{,}9\,\%$.

3 Rückschau

Kann das Ergebnis richtig sein?
Das Ergebnis 20,9 % liegt zwischen der größten und kleinsten in der Werbung genannten Einsparung. Der teuerste Artikel bringt die größte Einsparung. Das Ergebnis kann also stimmen.
Antwortsatz: Jutta und Heike sparen etwa 20,9 % des alten Preises.

Beispiel Informationen aus einem Text entnehmen
Wie viele Deutsche benutzen das Auto, um in den Urlaub zu fahren (vgl. Fig. 1)?
Lösung:
1. Aufgabe verstehen
Nur einige Informationen aus dem Text werden gebraucht.
Gegeben: Anzahl der Deutschen: 82 Millionen; davon fahren 70 % in Urlaub, davon $\frac{3}{4}$ mit dem Auto.
Gesucht: Anzahl der Deutschen, die mit dem Auto in den Urlaub fahren.
2. Rechenplan – Rechenweg
- Grundwert G = 82 000 000; Prozentsatz p % = 70 %
  70 % von 82 Millionen sind (82 000 000 : 100) · 70 = 820 000 · 70 = 57 400 000.
- Neuer Grundwert G = 57 400 000, Prozentsatz $\frac{3}{4}$ = 75 %.
  75 % von 57 400 000 sind (57 400 000 : 100) · 75 = 574 000 · 75
  = 43 050 000 ≈ 43 000 000.

3. Rückschau
Das Ergebnis beträgt etwa die Hälfte der Einwohnerzahl. Das kann stimmen.
Antwortsatz: Etwa 43 Millionen Deutsche machen mit dem Auto Urlaub.

70 Prozent der Deutschen machen jedes Jahr ein- oder zweimal Urlaub, drei Viertel davon benutzen dafür das Auto. Deutschland hat etwa 82 Millionen Einwohner.
Auf Deutschlands Straßen fahren zurzeit etwa 43 Millionen Autos, die Zunahme bis zum Jahr 2030 wird auf 40 Prozent geschätzt.

Fig. 1

Aufgaben

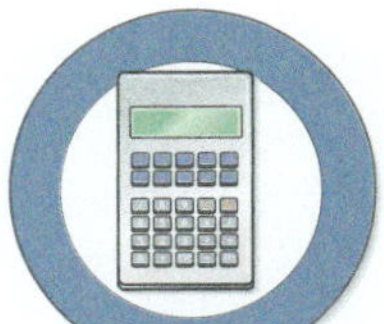

1 Ermittle mithilfe der Zeitungsmeldung in Fig. 1, wie viele Autos im Jahre 2030 auf deutschen Straßen etwa fahren werden.

2 Wie viel Prozent spart Frau Schön im Vergleich zum alten Preis, wenn sie
a) ein Armband und ein Collier kauft,
b) für ihre drei Töchter je ein Armband kauft?

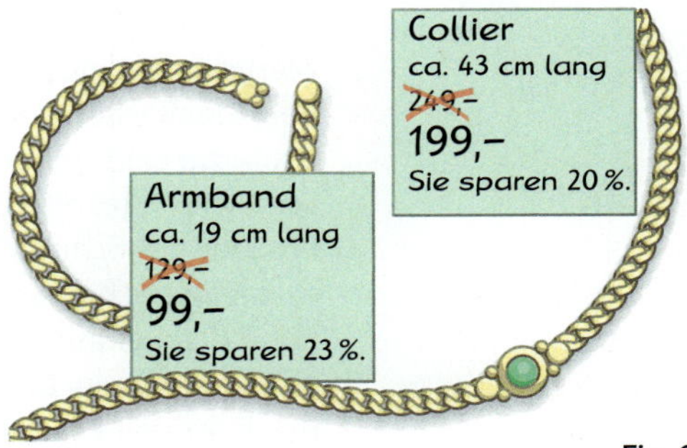

Fig. 2

3 Frau Hinz kauft von Herrn Kunz ein leicht defektes Fahrrad für 200 Euro. Sie repariert es und verkauft es an Frau Bach für 250 Euro weiter. Frau Bach fährt mit dem Fahrrad ein Jahr und verkauft es dann an Herrn Becker für 200 Euro.
a) Wie viel Prozent beträgt der Gewinn von Frau Hinz?
b) Wie viel Prozent beträgt der Verlust von Frau Bach?

4 Die Tabelle zeigt Preisermäßigungen einiger Kleidungsstücke. Eine Mutter kauft für ihre Kinder Lisa, Leo und Laura insgesamt zwei Jeans, einen Rock und vier Schals. Wie viel Prozent spart sie im Vergleich mit dem alten Preis? Schätze, bevor du rechnest.

Artikel	alter Preis (in €)	neuer Preis (in €)
Jeans	69,50	59,90
Rock	48,00	39,95
Schal	17,00	7,99

5 Bei der Dichromasie, einer Form der Farbenblindheit, kann jeweils eine der drei Farbkomponenten in Fig. 3 nicht wahrgenommen werden. Sieben Prozent der männlichen und ein Prozent der weiblichen Bevölkerung leiden darunter.
a) Hannover hat ca. 270 000 männliche Einwohner. Wie viele davon leiden etwa an Dichromasie?
b) Bei einer Untersuchung in einer Schule findet man 35 Jungen und sechs Mädchen mit Dichromasie. Kannst du sagen, wie viele Schülerinnen und Schüler die Schule etwa hat?

Hier kannst du prüfen, ob du farbenblind bist.

Fig. 3

Nur noch 26 % der knapp 11 000 in einer Umweltstudie der EU im Jahre 2002 befragten Jugendlichen halten die Umwelt für ein zentrales Thema (1996: noch 36 %).

Fig. 1

6 Prozentangaben werden oft übertragen. Wie viele Jugendliche ungefähr halten die Umwelt für ein zentrales Thema, wenn du die Angaben des Zeitungstextes überträgst auf
a) deine Klasse,
b) deine Schule,
c) die etwa 270 000 Jugendlichen zwischen 15 und 18 Jahren in Niedersachsen?

7 Die Tabelle zeigt für die Saison 2004/2005, wie viele Tore in der Fußballbundesliga jeweils in wie vielen Spielen erzielt wurden.

Zahl der Tore	0	1	2	3	4	5	6	7	8	9
Zahl der Spiele	19	43	66	77	53	29	13	4	1	1

a) Wie viel Prozent der Spiele endeten torlos, wie viel Prozent mit einem Tor, wie viel Prozent mit zwei Toren usw.? Wie viele Tore fielen durchschnittlich pro Spiel?
b) Im Internet findet man die Ergebnisse aller Spieltage der letzten Saison. In Gruppenarbeit könnt ihr damit eine entsprechende Tabelle erstellen. Vergleicht mit 1999/2000.

8 Vor 60 Millionen Jahren lebte der hundeähnliche Eohippus, dessen Zähne zum Kauen der Blätternahrung seines bewaldeten Lebensraumes geeignet waren. Vor 25 Millionen Jahren lebte der Merychippus, der auf den sich ausbreitenden Grasflächen seine Nahrung fand. Beide Urpferde sind im gleichen Maßstab wie unser heutiges Pferd abgebildet. Wie viel Prozent der Schulterhöhe
a) des Merychippus beträgt die Schulterhöhe des Eohippus,
b) des Eohippus beträgt die Schulterhöhe des heutigen Pferdes,
c) des Merychippus beträgt die Schulterhöhe des heutigen Pferdes?

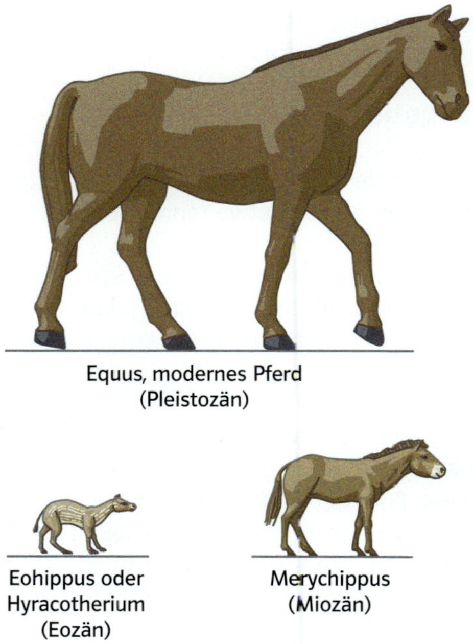

Fig. 2

9 Die Schnellbahnstrecke von Mannheim nach Stuttgart wurde 1991 eröffnet. Seit dieser Zeit fahren in Deutschland regelmäßig ICE. Ein ICE braucht für die Strecke 37 Minuten, während vorher ein Intercityzug über die alte Strecke noch 76 Minuten benötigte.
a) Wie viel Prozent an Zeit spart man bei der Benutzung eines ICE?
b) Wie viel Prozent der Strecke verläuft im Tunnel?

ICE: Intercityexpresszug

IC: Intercityzug

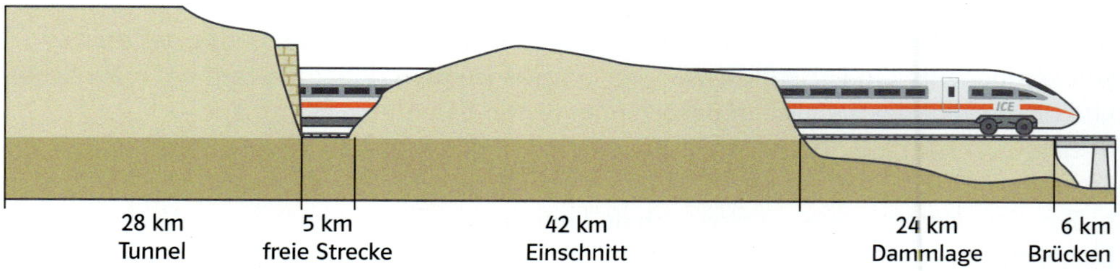

Fig. 3

Info

Häufig vorkommende Begriffe aus dem Alltag
- Kleine Anteile werden auch in **Promille** angegeben. Es gilt: 1 Promille = 1‰ = $\frac{1}{1000}$.
- Einen Preisnachlass nennt man häufig **Rabatt** (italienisch: Abschlag).
- Wenn man eine Rechnung innerhalb einer bestimmten Zeit bezahlt, spricht man bei Preisnachlässen auch von **Skonto** (italienisch: Abzug).
- Das Gewicht einer Ware ohne Verpackung heißt **Nettogewicht**, das Verpackungsgewicht heißt **Tara**. Beide Gewichte zusammen ergeben das **Bruttogewicht**.

10 a) Beim Handykauf bekommt Steffi 45 % Rabatt und zahlt noch 53,90 €. Wie viel hat Steffi gespart?
b) Der Preis für Janas Schuhe wurde um 15 Prozent auf 68 € gesenkt. Wie viel Euro Rabatt hat sie bekommen?
c) Nach einer Preiserhöhung um 19 Prozent kostet ein Paar Inliner 178,50 €. Wie viel hat es vorher gekostet?

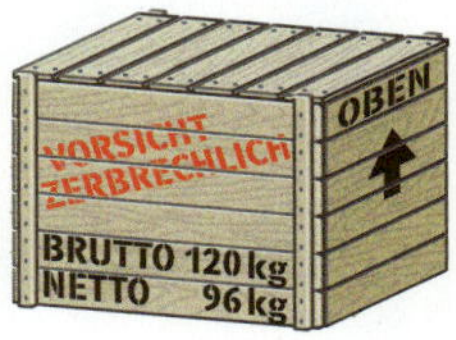

Fig. 1

11 Auch bei Gehältern spricht man von „brutto" und „netto". Silkes Mutter verdient 2750 €. Von diesem Bruttogehalt werden Beträge abgezogen, sodass sie nur das Nettogehalt 1760 € ausgezahlt bekommt. Wie viel Prozent betragen die Abgaben?

12 a) Wie viel Prozent des Bruttogewichts betragen Tara und Nettogewicht bei der Kiste in Fig. 1?
b) Eine Ware wiegt 250 kg, ihr Bruttogewicht ist fünf Prozent größer. Wie schwer ist die Verpackung?
c) Erfinde selbst Aufgaben mit „brutto", „netto" und „tara" und stelle sie deinem Banknachbarn.

13 Eine Kücheneinrichtung hat einen Grundpreis von 4800 €.
a) Hinzu kommen 16 % Mehrwertsteuer. Wie hoch ist dann der Rechnungsbetrag?
b) Bei Barzahlung werden 3 % Skonto abgezogen. Welcher Endpreis ist zu zahlen?
c) Ist es günstiger, wenn zunächst Skonto abgezogen wird und dann die Mehrwertsteuer hinzukommt? Begründe.
d) Um wie viel Prozent ist der Endpreis größer als der Grundpreis?

Aus dem Amtsblatt Klopfhausen
Bei der gestrigen Verkehrkontrolle am Sportplatz mussten leider wieder mehrere Alkoholsünder aus dem Verkehr gezogen werden. „Schon das Trinken von einer Flasche Bier erhöht den Alkoholgehalt im Blut bei einem 80 kg schweren Menschen um 0,3 Promille", mahnte Polizeimeister Lambert.

Fig. 2

14 Franz und Hubert wollen die nebenstehende Aussage von Polizeimeister Lambert im Amtsblatt überprüfen. Sie wissen, dass ein menschlicher Körper etwa zu 80 % aus Wasser besteht und fünf Liter Blut hat. Es gibt Bierflaschen mit 0,5 l oder 330 ml Inhalt. Der Alkoholgehalt von Bier ist etwa 5 %.

Kannst du das noch?

15 Wie viele verschiedene gleichschenklige Dreiecke kann man mit Streichhölzern legen, wenn die Basis aus einem Streichholz (aus höchstens zwei Streichhölzern) und jeder Schenkel aus höchstens zehn (fünf) Streichhölzern besteht?

16 Zeichne das Dreieck ABC mit A(2 | 6), B(0 | 4), C(3,5 | 0,5) und das Dreieck A'B'C' mit A'(6 | 6), B'(8 | 4), C'(4,5 | 0,5). Trage eine Spiegelachse a so ein, dass das Dreieck ABC beim Spiegeln an a auf das Dreieck A'B'C' abgebildet wird.

1 Übertrage die Tabelle in dein Heft. Vervollständige.

	a)	b)	c)	d)	e)	f)	g)	h)
p%	3%		25%		32%	16%	105%	116%
W		250	350 km	1,8 m^3		448 €		870 €
G	200 €	600		7,2 m^3	1400 km		280 g	

2 Jana hat für 45,90 € einen neuen Rucksack gekauft.
a) Einen Tag später wurde der Preis um 15% erhöht. Wie viel hat Jana gespart?
b) Jana erhielt 15% Rabatt. Wie teuer wäre der Rucksack ohne Rabatt gewesen?
c) Jan hat den gleichen Rucksack für 52 € gekauft. Wie viel Prozent war der Rucksack von Jana billiger? Wie viel Prozent war der Rucksack von Jan teurer?

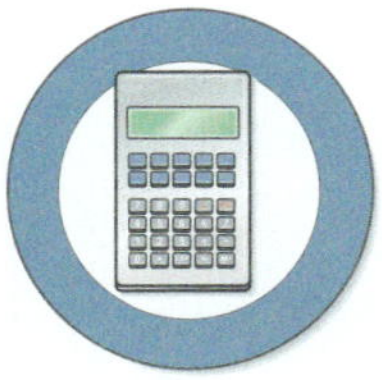

3 Frisch geerntete Kartoffeln enthalten etwa 78 Prozent Wasser, 18 Prozent Stärke und 2,2 Prozent Protein.
a) Stelle die Angaben grafisch dar.
b) Wie viel von diesen Inhaltsstoffen befinden sich in 2,5 kg Kartoffeln?
c) Wie viel Kartoffeln enthalten etwa einen Liter Wasser?

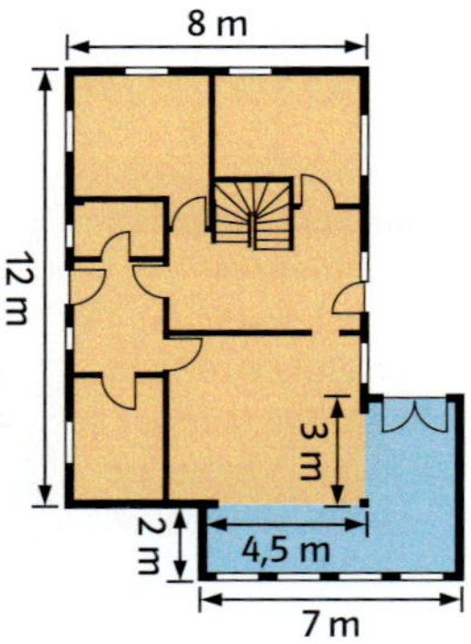

Fig. 1

4 Ein Haus mit rechteckigem Grundriss (in Fig. 1 orange) soll durch einen Anbau (blau) vergrößert werden. Das Haus hat ein Flachdach und ist 6,50 m hoch. Der Anbau soll 3,50 m hoch werden. Um wie viel Prozent vergrößert sich dabei
a) der Umfang des Hauses,
b) der Flächeninhalt des Grundrisses,
c) das Volumen des Hauses?

5 Bei Wettkampfspielen nennt man die reine Spielzeit auch Nettospielzeit, die Dauer des gesamten Spieles (ohne Pausen) auch Bruttospielzeit. Die Tabelle rechts zeigt typische Spielzeiten bei einigen Ballspielen. Um wie viel Prozent übersteigt jeweils die Bruttospielzeit die Nettospielzeit? Runde auf ganze Prozent.
Wenn über Sport gesprochen und berichtet wird, werden oft Prozente verwendet. Eine kleine Geschichte dazu steht auf Seite 214.

Ballspiel	Zeit netto	Zeit brutto
Fußball	58 min	94 min
Basketball	40 min	88 min
Tennis	39 min	168 min
Eishockey	60 min	133 min

6 Ken meint zu Fig. 2: „Im Jahr 1998 gab es 75% weniger Handybesitzer als 2002." Barbie sagt darauf: „Im Jahr 2002 gab es also 75% mehr Handybesitzer als 1998."
a) Was meinst du dazu?
b) Die Summe der Angaben für 2002 übersteigt 100 Prozent. Kann das sein?
c) Frage in deiner Klasse nach Handybesitz und Anschaffungsplänen. Gib das Befragungsergebnis in Prozent an.

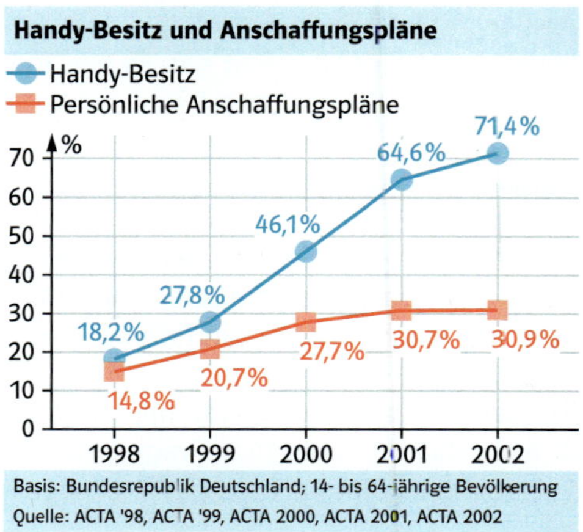

Fig. 2

Aus einem Lexikon
Der Pazifische Ozean bedeckt etwa 35% der Erdoberfläche und enthält über die Hälfte des nicht als Eis gebundenen Wassers des Planeten. Die Oberfläche des Pazifischen Ozeans ist erheblich größer als die der gesamten Landmasse der Erde. Die größte Länge beträgt von der Beringstraße bis zur Antarktis etwa 15 500 Kilometer, die größte Breite von Panama bis zur Malaiischen Halbinsel etwa 17 700 Kilometer. Die mittlere Tiefe des Pazifiks beträgt 4282 Meter; die tiefste Stelle, die überhaupt in einem der Weltmeere bekannt ist, liegt im Marianengraben vor Guam und beträgt 11 034 Meter (die so genannte Challenger Deep). Im Pazifischen Ozean gibt es insgesamt mehr als 30 000 solcher Inseln wie im Bild rechts, deren Oberfläche zusammengenommen jedoch nur 2,5 Promille der Gesamtoberfläche des Pazifiks ausmacht.

7 Angaben aus einem Lexikon verwerten
a) Die Erdoberfläche beträgt 510 Millionen km². Welche Oberfläche nehmen die 30 000 kleinen Pazifikinseln etwa ein?
b) Der Erdumfang beträgt etwa 40 000 km. Wie viel Prozent des Erdumfangs beträgt die größte Länge im Pazifik?
c) Wie viel Prozent der mittleren Tiefe des Pazifiks beträgt die Challenger Deep?
d) Wie viel Wasser enthält der Pazifik?
e) Stell dir vor, das gesamte Wasser des Pazifiks würde einen überall gleich tiefen See von der Größe Deutschlands bilden. Wie tief wäre dieser See? Die Oberfläche Deutschlands kannst du in einem Lexikon oder im Internet nachschlagen.

8 Prozent – Prozentpunkt
Zum Vergleich von Wahlergebnissen oder wirtschaftlichen Daten verwendet man oft den Begriff Prozentpunkt. Wenn etwa eine Partei bei einer Wahl ihren Stimmenanteil von 42,4% auf 47,8% erhöhen konnte, so hat sich der Anteil um 5,4 Prozentpunkte erhöht.
Bei der Landtagswahl 2003 in Niedersachsen wurden die folgenden Stimmenanteile erzielt (in Klammern stehen die Ergebnisse von 1998): CDU: 48,3% (35,9%); SPD: 33,4% (47,9%); FDP: 8,1% (4,9%); BÜNDNIS90 / DIE GRÜNEN: 7,6% (7,0%).
a) Zeiche ein Säulendiagramm, das die Stimmenanteile der Wahl von 2003 wiedergibt.
b) Gib die Änderung der Stimmenanteile von 1998 zu 2003 in Prozentpunkten an.
c) Gib die Änderung der Stimmenanteile von 1998 zu 2003 in Prozent an.

9 Das gibt's doch gar nicht – was ist hier faul?
Lest euch die Zeitungsartikel gegenseitig vor. Besprecht zusammen, was euch jeweils aufgefallen ist.

Jede dritte Ehe in Deutschland wird geschieden, in Großstädten sogar jede vierte.

Wochenpost 1995

Fuhr vor einigen Jahren noch jeder zehnte Autofahrer zu schnell, so ist es mittlerweile heute nur noch jeder fünfte. Doch auch fünf Prozent sind zu viele, und so wird weiterhin kontrolliert, und die Schnellfahrer haben zu zahlen.

Süddeutsche Zeitung, zitiert nach „Der Spiegel“, Nr. 49/1995

Nach Mitteilung des Statistischen Bundesamtes ist die Zahl der Abiturienten, die die Absicht haben zu studieren, in diesem Sommer erstmals wieder gestiegen. Von denen, die studieren wollen, sind 69 Prozent männlich und nur 52,4 Prozent weiblichen Geschlechts, verlautete aus Wiesbaden.

Badische Neueste Nachrichten 1987

Die epidemiologischen Untersuchungen haben nachgewiesen, dass unser Älterwerden mit besserer Gesundheit einhergeht. Beispielsweise waren die 70-Jährigen 1983 um 10 Jahre jünger und gesünder als die 70-Jährigen 1973.

Leipziger Volkszeitung 1995

Das nächste Mal gehen wir Fußball spielen

Svea Reiners

„Wenn die so weitermachen, verlieren sie noch das Spiel", sagte Thomas und schob nach, dass sie nur vierzig Prozent der Freiwürfe verwandelt hätten und dass man so keine Meisterschaft gewinnen könne. Eigentlich fand Lukas ihn ja ganz nett, aber seine ständigen Kommentare nervten. Das ganze Spiel über ging das schon so. Thomas war Mutters neuer Freund und es war ihre Idee gewesen, dass die beiden zum Basketballspiel gingen. Thomas rammte Lukas den Ellbogen in die Seite. „Hast du das gesehen?", fragte er. „Schon der dritte von fünf Freiwürfen, den der nicht reinbekommen hat!" Sie sollten gut miteinander auskommen, gemeinsame Erlebnisse würden das fördern, hatte die Mutter gesagt, und so nickte Lukas verständig.

Nach dem dritten Viertel fragte Thomas ihn, ob er nicht Lust habe, nächstes Wochenende mit zum Baseball zu kommen. Beim Baseball wäre es viel spannender, das ganze Spiel lebe ausschließlich von Statistiken, von dem Wer, Wann, Wie oft, Auf welche Art.

Nichts konnte schlimmer sein als mit Thomas bei einem Baseballspiel zu sein und sich die Zahlen zu den jeweiligen Spielern anzuhören, dachte Lukas, und er musste sich etwas einfallen lassen.

Vielleicht könnte man mit Thomas zum Fußball gehen, dachte er, doch dann stellte er sich vor, wie Thomas selbst das kommentieren würde: Mit links aus dem vorderen Mittelfeld kommen bei dem nur dreißig Prozent aller Flanken an. Mit dem Kopf trifft er das Tor nur in achtzig Prozent der Fälle.

Er wurde aus seinen Gedanken gerissen, als Thomas ihm sagte, dass die Heimmannschaft eine ausgesprochene Abschlussschwäche bei Fastbreaks habe, nur siebzig Prozent Trefferquote, dabei wären das ja hundertprozentige Chancen.

Fußball, das nächste Mal gehen wir zum Fußball, oder besser noch, spielen wir Fußball, dann kann er nicht reden, dachte Lukas, während Thomas verkündete, dass die 37 schon sieben von dreizehn Angriffen geblockt habe. „Weißt du, Thomas", sagte Lukas, „das nächste Mal gehen wir Fußball spielen. Hundert Pro."

Geschichte der Prozentrechnung

Schon im antiken Ägypten findet man Ansätze einer Prozentrechnung. So kommen schon Ausdrücke wie „ihr 5 von 100“ vor, in der Sprache von heute also 5 %. Im Mittelalter begannen die Kaufleute erst in Italien (pro cento (ital.): für hundert), dann auch in Deutschland, immer häufiger den Prozentbegriff zu benutzen.

Das Zeichen % für Prozent entstand aber erst später aus der Abkürzung p c^0 für pro cento. Aus dem handschriftlichen ꝯ für c^0 wurde im Laufe der Jahrhunderte %.

Im Mittelalter wurden die Preise für Waren oft für einen Zentner (= 100 Pfund) der Ware angegeben. Auf 100 Pfund bezogen wurden dann z. B. Gewinne und Verluste oder der Verpackungsanteil (Tara) berechnet.

Die älteste Form der Prozentrechnung ist jedoch die „Fusti“-Rechnung. Das italienische „fusto“ bedeutet so viel wie „Stängel, Stiel, Halm, Stamm“. Man verstand unter „Fusti“ das Unreine, Minderwertige einer Ware.

Der Fusti-Anteil wird im Bamberger Rechenbuch mit 13 % angegeben, nämlich je 1 Zentner 13 Pfund. Entsprechend sind 13 % von 2781 Pfund zu berechnen.
Als Ergebnis wird $361\frac{53}{100}$ Pfund genannt.
Rechne nach.

Aus dem Bamberger Rechenbuch von 1483

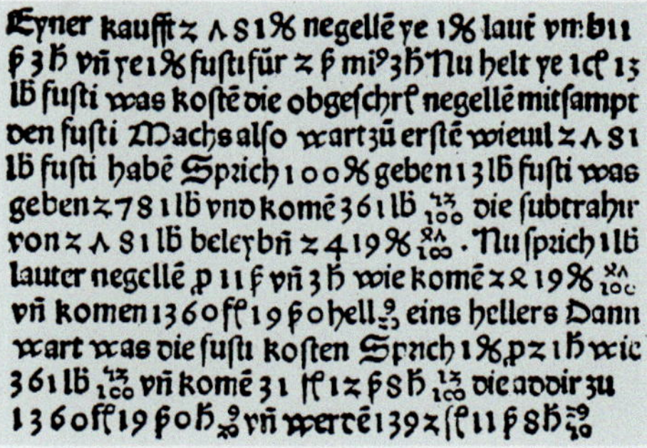

Der Text in der heutigen Sprache

Einer kauft 2781 (Gewürz-)Nelken, je 1 Pfund reine (= lauter) Nelken für 11 Schilling und 3 Heller und je 1 Pfund Fusti für 2 Schilling minus 3 Heller. Nun enthält je 1 Zentner 13 Pfund Fusti. Was kosten die oben geschriebenen Nelken mitsamt den Fusti?
Mache es so: Prüfe zuerst, wie viel Fusti 2781 Pfund haben. Sprich: 100 Pfund ergeben 13 Pfund Fusti, was ergeben 2781 Pfund? Heraus kommen $361\frac{53}{100}$ Pfund. [Es folgt die Berechnung der Kosten.]

Als nächstes eine Aufgabe aus dem **Rechenbuch von Adam Ries** von 1550.

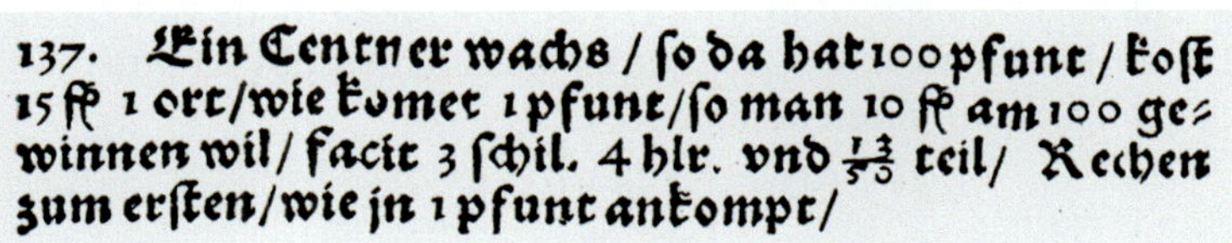

137. Ein Centner wachs / so da hat 100 pfunt / kost 15 fl 1 ort / wie kompt 1 pfunt / so man 10 fl am 100 gewinnen wil / facit 3 schil. 4 hlr. vnd $\frac{13}{50}$ teil / Rechen zum ersten / wie jn 1 pfunt ankompt /

Ein Zentner Wachs, das 100 Pfund hat, kostet 15 Gulden 1 Ort. Wie (teuer) kommt 1 Pfund, so man 10 Gulden an 100 gewinnen will.

Der Gewinn ist hier mit „10 Gulden an 100“ angegeben, also 10 %. Als Lösung soll dann zuerst der Einkaufspreis von 1 Pfund berechnet werden, also der hundertste Teil von 15 Gulden 1 Ort, das sind 3 Schilling $\frac{3}{5}$ Heller (rechne nach!). Der vorgesehene Gewinn soll 10 % betragen, also $3\frac{33}{50}$ Heller (rechne ebenfalls nach!). Damit ergibt sich als „facit“ der Preis für ein Pfund Wachs: 3 Schilling $4\frac{13}{50}$ Heller.

1 fl = 1 Florin oder Gulden

1 Gulden = 4 Ort (Viertel)
= 20 Schilling
= 240 Heller

Von großen und kleinen Tieren

1 Das größte Landtier, das es je auf der Erde gab, war vermutlich der Sauroposeidon. Die Abbildung zeigt einen Größenvergleich zwischen diesem ausgestorbenen Riesendinosaurier und einem Elefanten.
a) Wie viel Prozent beträgt die Größe des Elefanten im Vergleich zur Größe des Sauriers?
b) Nenne ein Tier, dessen Größe so viel Prozent der Größe eines Elefanten beträgt, wie du in Teil a) berechnet hast.

2 Einige unserer heutigen Tiere (z. B. Elefant, Strauß, Krokodil) hatten vor Millionen Jahren riesengroße Verwandte (Mammut, Riesenstrauß, Riesenkrokodil).

Mammut	4,5 m Höhe	Riesenstrauß	3 m Höhe	Riesenkrokodil	15 m Länge
Afrikanischer Elefant	3,5 m Höhe	Strauß	2,75 m Höhe	Leistenkrokodil	8,5 m Länge

Auf wie viel Prozent ihrer ehemaligen Größe sind die heutigen Tiere „geschrumpft“?

3 Von manchen Tieren gibt es auch heute Rassen von sehr unterschiedlicher Größe. Die kleinste Ponyrasse ist das Falabella-Miniaturpferd. Es hat eine Rückenhöhe von 72 cm. Damit erreicht es nur 40 % der Rückenhöhe des größten Kaltblutpferdes, des schottischen Cleydesdale. Welche Rückenhöhe haben diese Kaltblüter?

4 Auf der Erde sind heute ungefähr 1,2 Millionen Tierarten bekannt. Über die Hälfte davon sind Insekten. Die Wirbeltiere, d. h. Fische, Lurche, Kriechtiere, Vögel und Säugetiere zusammen, machen nur 3,75 % dieser Tierarten aus.
a) Wie viele Arten von Wirbeltieren sind insgesamt bekannt?
b) Bestimme mithilfe der Grafik, wie viele Arten von Fischen, Lurchen, Kriechtieren, Vögeln und Säugetieren jeweils bekannt sind.

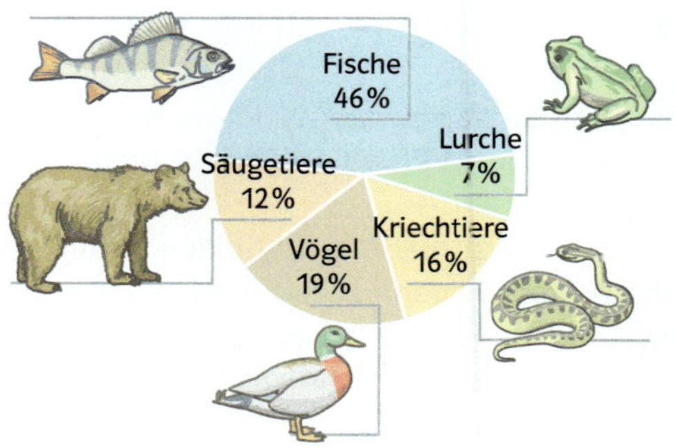

Von großen und kleinen Tieren

5 Die Säugetiere sind in Ordnungen unterteilt. Die Ordnung mit den meisten Arten bilden die Nagetiere. Die zweitgrößte Ordnung sind die Fledertiere. Sie besteht aus den Flederhunden und den Fledermäusen. Zusammen mit den Nagetieren stellt sie 70 % aller Säugetierarten. Dabei gibt es viermal so viel Nagetierarten wie Fledertierarten. Wie viel Prozent machen die Nagetierarten bzw. die Fledertierarten an allen Säugetierarten aus?

Wald

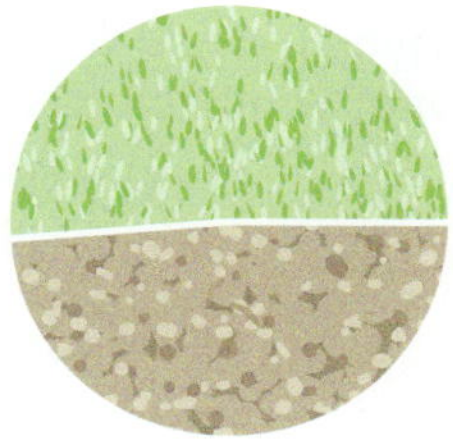

Steppe

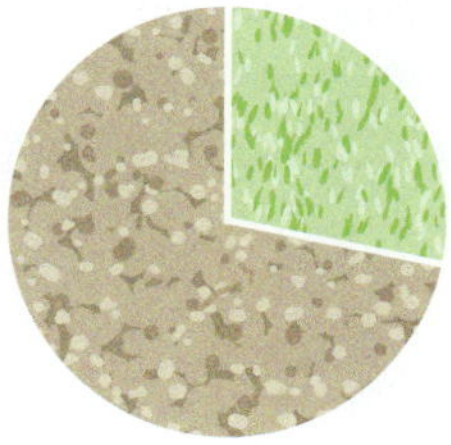

Wüste

6 Die Säugetiere haben im Laufe ihrer Entwicklung gelernt, sich den meisten Lebensräumen anzupassen. In der Steppe und in der Wüste werden sie allerdings durch fehlende Deckung und durch die Hitze gezwungen, teilweise unter der Erde zu leben. Bestimme für den Lebensraum Wald (Steppe; Wüste) mithilfe der Kreisdiagramme, wie viel Prozent der Säugetiere auf Bäumen, wie viel Prozent am Boden, wie viel Prozent unterirdisch leben.

7 a) Der Igel lebt im Winter „auf Sparflamme". Während seines Winterschlafs sinkt die Körpertemperatur von 35 °C um 80 % ab. Wie hoch ist die Temperatur dann noch?
b) Wenn der Igel wach ist, atmet er ca. 60-mal pro Minute, während des Winterschlafs dagegen nur dreimal pro Minute. Die Anzahl der Herzschläge pro Minute geht von 170 im wachen Zustand auf zwei im Schlafzustand herunter. Um wie viel Prozent nimmt die Anzahl der Herzschläge (der Atemzüge) im Winterschlaf ab?

8 In der Tabelle sind bestimmte Gewichte einiger Säuger angegeben. Wie viel Prozent des Gewichts der Mutter macht das Geburtsgewicht jeweils aus? Welcher Säuger bringt, verglichen mit dem Gewicht der Mutter, die schwersten Kinder zur Welt?

	Geburtsgewicht	Gewicht der Mutter
Afrikanischer Elefant	100 kg	2500 kg
Riesenkänguru	2 g	60 kg
Zwergfledermaus	1 g	5 g
Seehund	7 kg	70 kg
Mensch	3,4 kg	60 kg

Rückblick

Prozentangaben

Der Ausdruck 15 % ist eine andere Schreibweise für $\frac{15}{100}$.
Allgemein: p % ist eine andere Schreibweise für $\frac{p}{100}$.

$\frac{1}{2} = 50\,\%$ $\frac{1}{3} = 33\frac{1}{3}\,\%$ $\frac{1}{4} = 25\,\%$
$\frac{1}{5} = 20\,\%$ $\frac{1}{8} = 12{,}5\,\%$ $\frac{1}{10} = 10\,\%$
$\frac{1}{1} = 100\,\%$ $\frac{3}{2} = 150\,\%$ $\frac{2}{1} = 200\,\%$

Prozentsatz – Prozentwert – Grundwert

Prozentsatz p % = $\frac{W}{G}$ $\frac{\text{Prozentwert}}{\text{Grundwert}}$

Bei festem Grundwert G ist der Prozentwert W zum Prozentsatz p % proportional.

Berechnen des Prozentsatzes p %
W = 40 g; G = 200 g
$p\,\% = \frac{40\,g}{200\,g} = \frac{20}{100} = 20\,\%$

Wenn p % und G gegeben sind, dann berechnet man den Prozentwert W mithilfe der Gleichung
$W = \frac{G}{100} \cdot p = \frac{p}{100} \cdot G = p\,\% \cdot G.$

Berechnen des Prozentwertes W
p % = 25 %; G = 400 €

p %	€
100 %	400
1 %	4
25 %	100

$W = \frac{400\,€}{100} \cdot 25 =$
$4\,€ \cdot 25 = 100\,€$

Wenn p % und W gegeben sind, dann berechnet man den Grundwert G mithilfe der Gleichung
$G = \frac{W}{p} \cdot 100 = \frac{W}{\frac{p}{100}} = \frac{W}{p\,\%}.$

Berechnen des Grundwertes G
p % = 15 %; W = 300 m

p %	m
15 %	300
1 %	20
100 %	2000

$G = \frac{300\,m}{15} \cdot 100 =$
$20\,m \cdot 100 = 2000\,m$

Zinssatz – Zinsen – Guthaben – Zinseszinsen

Begriffe aus dem Bankwesen	Bedeutung in der Prozentrechnung
Zinssatz	Prozentsatz p %
Zinsen	Prozentwert W
Guthaben oder Kapital	Grundwert G
ein Monat	30 Tage
ein Jahr	360 Tage

Anna hat bei der Bank ein Kalenderjahr lang ein Guthaben von 200 €. Die Bank verzinst ihr Geld mit dem Zinssatz 1,5 %.

Sie bekommt dann am Jahresende 1,5 % von 200 € als Zinsen, das sind $\frac{200\,€}{100} \cdot 1{,}5 = 3\,€$. *Ihr Guthaben wächst dadurch auf* $1{,}015 \cdot 200\,€ = 203\,€$.

Wenn ein Guthaben innerhalb eines Jahres nur für t Tage angelegt wird, so werden die Zinsen anteilig berechnet. Es werden dann $\frac{t}{360}$ der Jahreszinsen gutgeschrieben.

Wenn Anna ihr Geld innerhalb eines Jahres nur 90 Tage lang bei der Bank anlegt, bekommt sie $\frac{90}{360} \cdot 3\,€ = 0{,}75\,€$ *Zinsen.*

Wenn am Jahresende die Zinsen einem Guthaben hinzugefügt werden, erbringen die Zinsen im folgenden Jahr auch Zinsen – diese nennt man Zinseszinsen.

Wenn Anna ihr Geld für drei Jahre bei der Bank anlegt, erhält sie am Ende $1{,}015 \cdot 1{,}015 \cdot 1{,}015 \cdot 200\,€ = 209{,}135675\,€ \approx 209{,}14\,€$.

Training

Runde 1

1 Gib die Brüche in Prozentschreibweise und die Prozentangaben als Brüche an.
a) $\frac{11}{100}$ b) 20 % c) $\frac{8}{13}$ d) 85 % e) 120 % f) 0,35

2 Welche Zahl ist größer?
a) 5 % oder $\frac{7}{150}$ b) 22 % oder 0,23 c) $\frac{7}{8}$ oder 87 %

3 Übertrage die Tabelle in dein Heft und vervollständige sie.

	a)	b)	c)	d)	e)	f)
p %	2 %		25 %		2,3 %	2,3 %
W		45 m	250	2,3 kg	69 kg	
G	400 €	900 m		69 kg		69 kg

4 Erstelle ein Kreisdiagramm mit Prozentangaben zu der Tabelle der Schülerzahlen in Klassenstufe 6.

Klasse	6a	6b	6c
Schülerzahl	26	30	24

5 Das gleiche Radio kostet bei Elektro Meier 176 € und bei EloWest 198 €.
a) Um wie viel Prozent ist es bei Elektro Meier billiger als bei EloWest?
b) Um wie viel Prozent ist es bei EloWest teurer als bei Elektro Meier?

Runde 2

1 Ordne die Zahlen 18 %; $\frac{39}{200}$; 0,19 und $\frac{3}{16}$ der Größe nach.

2 a) Wie viel Prozent sind 340 von 625?
b) Welche Zahl ist um 15 % größer als 220?
c) Eine Zahl wird um 35 % verkleinert, und man erhält 162,5. Wie heißt die Zahl?

3 Beschreibe den Unterschied zwischen den beiden Werbetexten.
(1) „Beim Kauf einer Jeans sparen Sie 30 €".
(2) „Beim Kauf einer Jeans sparen Sie 30 %".

4 a) Bei welchem Zinssatz erhält man 18 € Jahreszinsen für ein Guthaben von 720 €?
b) Auf welchen Betrag wächst ein Guthaben von 2000 € bei einem Zinssatz von 3,5 % in zwei Jahren an?

5 Auf einem rechteckigen Grundstück wird ein L-förmiges Haus gebaut. Die Maße in Fig. 1 sind in Meter angegeben. Die Zeichnung ist nicht maßstabsgerecht. Wie viel Prozent des Grundstücks werden bebaut?

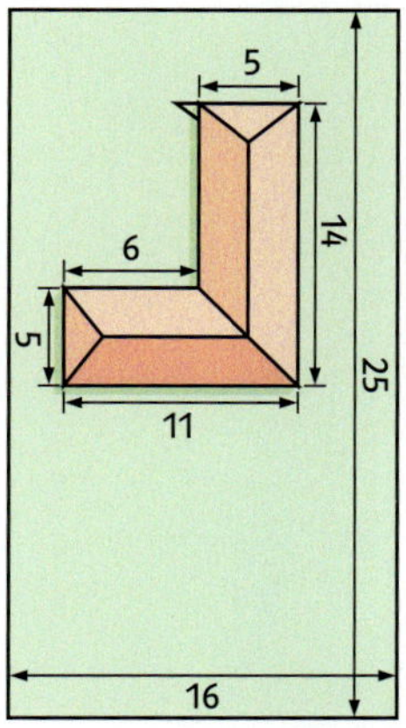

Fig. 1

6 Vor Schuljahresende soll in einem Schreibwarengeschäft das Lager geleert werden. Daher werden viele Artikel mit Preisnachlass verkauft.
Jens kauft fünf Hefte, zwei Radierer und vier Stifte. Wie viel Prozent spart er im Vergleich zum alten Preis?

Artikel	alter Preis (in €)	Rabatt (in %)
Heft	0,72	25
Radierer	0,90	40
Stift	1,40	60

Lösungen auf den Seiten 252 – 253.

Problemlösetipps

Die Mathe-AG trifft sich wie immer am Donnerstag in der Bibliothek. Bisher haben sie in jeder Woche an verschiedenen Aufgaben und Rätseln gearbeitet. Ricarda meint: „Wir waren ganz gut im Lösen der Aufgaben, aber wie haben wir das gemacht? Lasst uns mal darüber nachdenken, was uns helfen kann, die Lösung einer Aufgabe zu finden." „Das ist eine prima Idee. Dann können wir unsere Tipps zum Aufgabenlösen auf Postern darstellen und für alle aufhängen", entgegnet Björn. Lena, Nico, Arthur und Sarah sind auch von der Idee begeistert. Nach einer Weile sind sie fertig und hängen die Poster mit ihren Tipps auf.

Das Huhn Erna ist übrigens das Maskottchen der Mathe-AG.

Nachdem sie die Poster betrachtet haben, sammeln sie die Aufgaben und Rätsel, die sie für heute mitgebracht haben. Arthurs Rätsel klingt besonders interessant. Aber schaut selbst:

1 Ein Riese hält im Zauberwald besondere Tiere. Es handelt sich um Einhörner, Flugochsen und Triceratops (Saurier mit drei Hörnern).
Er verrät: „Meine Tiere haben insgesamt 32 Köpfe und 60 Hörner. Außerdem kommen auf jeden Triceratop 2 Flugochsen." Finde heraus, um wie viele Tiere welcher Art es sich handelt.

Lena hält das Rätsel zwar für witzig, meint aber, es sei auch nicht leicht zu lösen. Ihr fällt noch ein weiterer guter Tipp ein, den sie schnell auf einen großen Zettel schreibt:

WAS WISSEN WIR?
WAS WOLLEN WIR AUSRECHNEN?

Viele Wege führen zum Ziel

Auf ganz **unterschiedliche Arten probieren** sie, Arthurs Rätsel zu lösen. Sarah malt zunächst ein Bild, Nico versucht einen anderen Weg. Ricarda denkt kurz nach und erinnert sich daran, dass sie schon eine **ähnliche Aufgabe** gelöst hatten und schaut in ihr Heft. Tatsächlich:

In einem Gehege befinden sich Fasane und Schafe.
Bauer Butt gibt folgende Auskunft: „Die Tiere haben insgesamt 26 Köpfe und 62 Beine."
Wie viele Fasane und wie viele Schafe sind es?

Fasane	Schafe	Beine
13	13	78
16	10	72
20	6	64
21	5	62

Ricarda versucht, sich zu erinnern und murmelt vor sich hin:
„Wie war das noch …? Zuerst habe ich die Tabelle erstellt und mit einem Beispiel angefangen … zu viele Beine, also weniger Schafe, aber es müssen immer 26 Tiere bleiben … dann hat es fast gestimmt … ein Schaf durch einen Fasan ersetzen bedeutet 2 Beine weniger – fertig."

Hatte ich schon mal eine ähnliche Aufgabe?

Ricarda sagt zu Lena: „Schau, hier habe ich sogar deinen Tipp angewendet. Ich habe notiert, was ich wusste, nämlich die Arten der Tiere, und ich habe notiert, was ich wissen wollte, nämlich die Anzahl ihrer Beine. Dein Tipp ist klasse. Dass ich das so gemacht hatte, war mir gar nicht bewusst gewesen."

Lena erwidert: „Super, aber was du gemacht hast, ist auch gut. Du hast nämlich überlegt, ob du schon mal so ähnlich vorgegangen bist. Außerdem hast du alles in einer Tabelle notiert. Da behält man gut den Überblick. Das könnten wir auch als Problemlösetipps aufschreiben."

HABE ICH BEREITS EINE ÄHNLICHE AUFGABE GELÖST?

TABELLEN SCHAFFEN ÜBERBLICK!

Jetzt fangen alle an, die Aufgabe mit dem Riesen zu lösen. Das Ausprobieren hat allen gut gefallen, auch wenn Björn zwei Schritte mehr zum Ergebnis gebraucht hat als Nico.

Alles eine Sache des Überblicks

Sarah stellt nun ihre Aufgabe vor. Sie hat bei den Pfadfindern ein Eichhörnchen beobachtet und eine **Tabelle** erstellt. „Ein Eichhörnchen wäre mal gut für ein Poster, das Huhn ist doch zu langweilig“, nörgelt Nico und macht sich dann an die Arbeit.

Was macht das Eichhörnchen in genau einer Stunde?
Was macht das Eichhörnchen in vier Stunden?

ausdauernd sein

Nico stellt fest, dass man ziemlich ausdauernd sein muss, um die Tätigkeiten des Eichhörnchens aufzuschreiben. Aber er findet die Tabelle gut, denn sie ist übersichtlich. Zu Arthur sagt er: „Erst hatte ich gedacht, ich müsste diese Tabelle für vier Stunden fortsetzen. Dann wäre sie sehr lang geworden. Aber mir ist eine Regelmäßigkeit aufgefallen. Immer nach 25 min wiederholt sich die Tätigkeit des Eichhörnchens.“
Arthur: „Stimmt. Dann verlässt das Eichhörnchen nach 4 Stunden, also nach 240 Minuten, gerade den Komposthaufen und beginnt, wieder zu sammeln.“

Tätigkeit	Dauer	Vergangene Zeit
Sammeln	10 Minuten	10 Minuten
Baum	2 Minuten	12 Minuten
Sammeln	10 Minuten	22 Minuten
Kompost	3 Minuten	25 Minuten
Sammeln	10 Minuten	35 Minuten
Baum	2 Minuten	37 Minuten
Sammeln	10 Minuten	47 Minuten
Kompost	3 Minuten	50 Minuten
Sammeln	10 Minuten	60 Minuten

Björn ist mit dem Ergebnis nicht zufrieden. Er meint: „Rechnerisch habt ihr zwar Recht, aber ein Eichhörnchen ist doch keine Maschine. Es macht doch nicht immer dasselbe. Theoretisch verlässt es zwar gerade den Komposthaufen, aber in Wirklichkeit ...?“

Solche Aufgaben muss man genau lesen. Denke an Lenas Tipp: „Was wissen wir? Was wollen wir ausrechnen?“ Aber probiere es selbst mit der folgenden Aufgabe.

1 Der Flussdampfer Ariadne fährt das ganze Jahr regelmäßig die Strecke Kala – Silk und zurück mit folgendem Fahrplan:

Kala – Silk (flussabwärts)	Silk (Hafentag)	Silk – Kala (flussaufwärts)	Kala (Hafentag)
3 Tage	1 Tag	4 Tage	1 Tag

Die Ariadne fährt am Dienstag um 18 Uhr in Kala ab.
a) An welchem Wochentag nimmt der Kapitän sein Mittagessen wieder in Kala ein?
b) Wird der Kapitän jemals wieder an einem Dienstag in Kala zu Mittag essen?

Gib an, welcher der Problemlösetipps dir beim Lösen der Aufgabe geholfen hat.

Detektivarbeit

Heute stehen Kriminalgeschichten auf dem Programm der Mathe-AG.
Björn: „Oft sind Kriminalfälle nur schwierig zu lösen, meint ihr nicht auch?"
Nico: „Schon, aber man muss die **Situation genau untersuchen**, dann entdeckt man oft viel mehr Hinweise, als man ursprünglich dachte."
Björn: „Ich habe in einer Zeitschrift diese Geschichte gefunden."

In der Gold-Bank ist eingebrochen worden. Kommissar Ochsenhorn hat die drei Gauner Edi, Jimmi und Timmi, von denen mindestens einer bei dem Einbruch dabei war, hinter Gitter gebracht. Kommissar Ochsenhorn weiß außerdem:
Wenn Edi und Jimmi nicht beide dabei waren, dann war auch Timmi nicht dabei.
Ist Jimmi schuldig, dann war er es nicht alleine, aber Edi ist dann unschuldig.

1 Wer ist an dem Einbruch beteiligt gewesen?

Die Mathe-AG ist sich einig. Dieser Kriminalfall ist nicht so einfach. Aber sie haben ja die Problemlösetipps. Vielleicht können sie einige davon gebrauchen.

Arthur erinnert an den Tipp „Was wissen wir? Was wollen wir herausfinden?" und Sarah erinnert an die **Tabelle**, in der man die Kombinationen übersichtlich aufschreiben kann.

Ricarda schlägt vor, die Aufgabe trotzdem noch einmal **sorgfältig** zu **lesen** und **Wichtiges** zu **markieren**.
Die anderen stimmen ihr zu und schon steht der nächste Problemlösetipp auf einem Plakat.

SORGFÄLTIG LESEN,
WICHTIGES MARKIEREN!

„Das ist gar nicht so einfach", meint Nico. „Dabei steht alles, was wir brauchen, sicher da."
Sarah schmunzelt. „Also schreiben wir es vielleicht noch mal auf eine andere Art auf ..."

Nachdem der Fall gelöst ist, erzählt Lena von einer Flussüberquerung, die fast zu einem Kriminalfall geworden wäre. Dabei geht es um Leben und Tod einer Ziege, eines Wolfs und eines Kohlkopfes! Die anderen lachen, aber wie lautet die Aufgabe? Lena: „Hört zu!"

Zuerst markieren sie, wer nicht mit wem fahren darf, aber sie haben keine Lust auf eine Tabelle. Stattdessen stellen sie die Situation nach und probieren Kombinationen aus.
Sicher gibt es auch noch andere Wege. Versuche es selbst.

2 Am Ufer eines Flusses steht ein Mann mit einem Wolf, einer Ziege und einem Kohlkopf. Er möchte mit allen über den Fluss setzen, hat aber nur ein kleines Boot zur Verfügung, das außer ihm selbst nur noch einen von den dreien tragen kann. Zudem darf der Mann den Wolf und die Ziege nicht allein lassen, da sonst die Ziege aufgefressen wird. Auch die Ziege und den Kohlkopf darf er nicht allein lassen, sonst frisst die Ziege den Kohlkopf. Wer es kann, der möge zeigen, wie der Mann alles unverletzt über den Fluss bringt.

3 Eine Frau, ein Mann und zwei Kinder wollen über den Fluss. Das Boot trägt aber nur den Mann oder die Frau oder die beiden Kinder. Wie kommen alle über den Fluss?

Mach' dir ein Bild

Das Treffen letzte Woche war sehr lustig, heute stellt Niels eine Aufgabe vor.

Ein Regionalzug startet in Adorf in Richtung Bestadt und legt je Stunde 50 Kilometer zurück. Ein Schnellzug startet eine halbe Stunde später aus Bestadt in Richtung Adorf und schafft pro Stunde 70 Kilometer. Nach welcher Zeit treffen sie sich, wenn die Strecke zwischen Adorf und Bestadt 235 Kilometer lang ist?

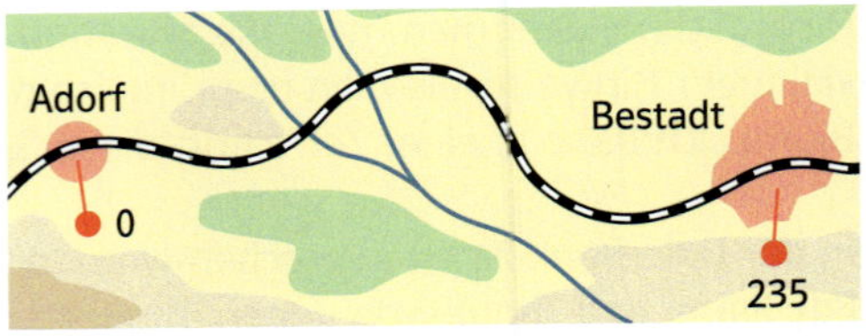

MANCHMAL HILFT EINE ZEICHNUNG

Während die Mitglieder der Mathe-AG anfangen, hört man ein Durcheinander gemurmelter Gedanken. „Genau lesen!", „Kennen wir eine ähnliche Aufgabe?", „Eine Tabelle anlegen". Plötzlich ruft Arthur: „Ha! Ich hab's! Es ist ganz einfach. Klar, eine Tabelle hilft auch, aber ich habe eine **Zeichnung** gemacht und war ganz fix fertig." Die anderen staunen. Tatsächlich, Arthur hat bereits die Lösung. Aber sieh selbst.

Arthur erklärt: „Ich stelle die Zeit in einem Diagramm dar. Der Regionalzug fährt in 60 Minuten 50 Kilometer, in 120 Minuten 100 km usw. Der Schnellzug befindet sich nach einer halben Stunde noch am Ausgangspunkt (235 km). Nach 90 Minuten befindet er sich bei Streckenkilometer 165, nach 150 Minuten bei Streckenkilometer 95. Schließlich kann ich ablesen, dass die Züge nach etwa 135 Minuten, das sind $2\frac{1}{4}$ Stunden, aneinander vorbeifahren."

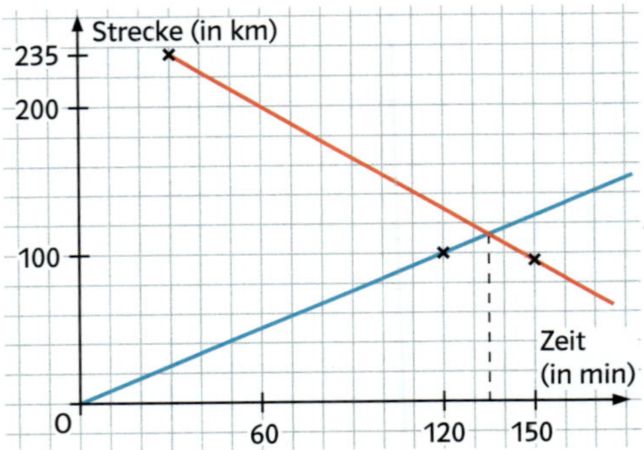

Mache eine Skizze oder eine Zeichnung.

Die anderen betrachten Arthurs Lösung genau. Björn meint schließlich, dass er die Lösung mit einer **Tabelle** und dem **gezielten Probieren** besser gefunden hätte, kann sich mit Arthur aber nicht einigen. Lena wirft ein: „Es gibt halt nicht das Hilfsmittel. Das hängt immer von der Aufgabe ab und natürlich vom persönlichen Geschmack."
Jetzt seid ihr dran. Probiert beide Methoden mit eurer Banknachbarin oder eurem Banknachbarn aus. Überlegt, welche euch in diesem Fall besser gefallen hat. Warum?

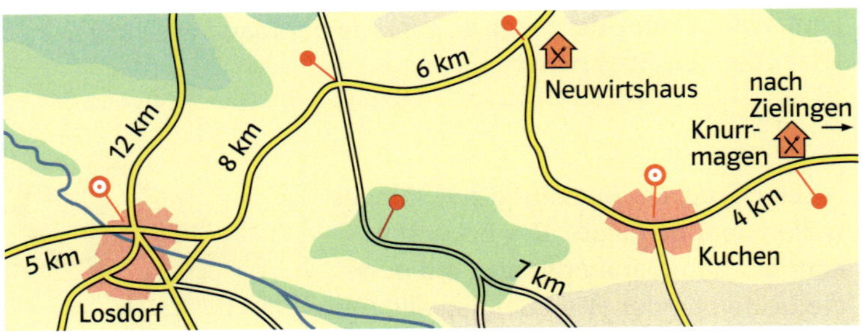

1 Katrin ist um 9 Uhr in Losdorf zu einer Fahrradtour nach Zieglingen aufgebrochen. Sie fährt gleichmäßig schnell und legt in einer Stunde 12 Kilometer zurück. Felizitas hat sie verpasst und möchte sie einholen. Sie startet in Losdorf 20 Minuten nach Katrin und schafft pro Stunde 15 Kilometer. Wann holt Felizitas Katrin ein? Wo können die beiden frühestens gemeinsam zum Essen gehen?

Übersicht über Problemlösetipps

An diesem Donnerstag fasst die Mathe-AG noch einmal zusammen, welche **Problemlösetipps** sie im Laufe der letzten Wochen formuliert hat. Es sind sehr viele Tipps und es gibt sicherlich noch viel mehr.

Ricarda stellt fest: „Eigentlich ist das wie ein Kreislauf. Erst war ein Problem gegeben, das wir zunächst einmal durchschauen mussten. Dann haben wir getüftelt und gerechnet und so versucht, das Problem zu lösen. Dabei waren die verschiedenen Problemlösetipps sehr hilfreich." Sarah ergänzt: „Stimmt, aber manchmal haben wir auch geprüft, ob die Lösung überhaupt sinnvoll ist. Erinnere dich an die Aufgabe mit dem Eichhörnchen."

Gemeinsam erstellen sie die folgende **Übersicht**, um sich das Bild des Kreislaufs nochmals klar zu machen.

Zusätzlich hängen sie an einer Wand noch einmal alle Problemlösetipps auf.

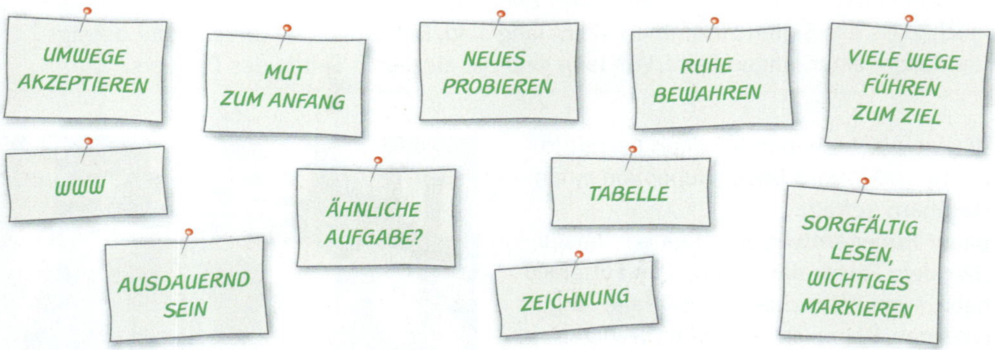

Aber Sarah, Björn, Nico, Lena, Arthur und Ricarda sind sich einig. Nicht jeder Tipp hilft jedem und nicht jeder Tipp ist für jedes Problem geeignet.
Jetzt bist du wieder dran. Wenn du wieder eine Aufgabe lösen sollst, schau auf die Zettel mit den Problemlösetipps. Viele helfen dir sicherlich beim Lösen auch schwierigerer Probleme.

Auf den vorigen Seiten hast du sehr viele Problemlösetipps kennen gelernt. Versuche sie nun, beim Bearbeiten der Übungsaufgaben anzuwenden.

Anna, Berta, Celia und Dagmar kommen zu einem Pfadfindertreffen aus den vier Städten Hannover, Hamburg, Stuttgart und München. Celia und die Teilnehmerinnen aus München und Stuttgart sind die einzigen, die schon im letzten Jahr dabei waren. Anna ist die Älteste, dann kommt die Teilnehmerin aus Hannover, dann Berta und als Jüngste die Teilnehmerin aus München. Anna hat eine Brieffreundschaft mit der Teilnehmerin aus Stuttgart.

1 Zu welcher Stadt gehört welches Mädchen?

2 Sebastian hat 80 Münzen vor sich liegen, Tobias hat 38. Sie spielen folgendes Spiel. Sebastian schiebt bei jedem Zug zwei Münzen in die Mitte, Tobias nimmt sich dabei eine dieser Münzen. Sie spielen so lange, bis jeder gleich viele Münzen hat. Wie viele Münzen sind das? Wie viele Züge müssen sie spielen?

Zwei Wanderer gehen auf einem sehr schmalen Bergpfad. Ihnen kommen zwei Wanderer entgegen, aber es gibt keinen Platz, um auszuweichen. Auf der einen Seite des Pfades tut sich eine tiefe Schlucht auf, auf der anderen Seite steigt die Felswand senkrecht an. Nur an einer Stelle ist der Pfad etwas breiter. Dort ist eine kleine Höhle in der Felswand, in die sich gerade noch ein Wanderer so hineindrücken kann, dass andere vorbeigehen können.

3 Können die Wanderer aneinander vorbeigehen oder müssen sie umkehren?

4 Von einem Dreieck ist bekannt, dass zwei seiner Seiten gleich lang sind. Man weiß auch, dass alle Seiten zusammen 42 cm lang sind. Die Länge der kurzen Seite beträgt $\frac{1}{2}$ der Länge einer langen Seite. Wie lang sind die einzelnen Seiten des Dreiecks?

Wie viele Kühe haben Sie denn derzeit in Ihrem Stall?", wird Bauer Huber von einem Nachbarn gefragt.
Bauer Huber antwortet mit einem Rätsel: „Mit dem Futter, das ich noch im Futtersilo habe, kann ich meine Kühe 30 Tage lang ernähren. Wenn ich zehn Kühe weniger hätte, würde das Futter zehn Tage länger ausreichen. Wenn ich 50 Kühe hätte, würde das Futter sechs Tage weniger lang ausreichen."

5 Wie viele Kühe stehen denn nun im Stall von Bauer Huber?

6 Jana hat eine rote, eine blaue und eine weiße Kugel vor sich liegen. In wie vielen verschiedenen Reihenfolgen kann sie diese Kugeln anordnen?

7 Auf den beiden Waagschalen einer Waage liegen verschiedene Gegenstände. In der linken Schale liegen drei Bausteine und fünf Kugeln, in der rechten liegen 13 Kugeln. Dennoch befinden sich beide Waagschalen im Gleichgewicht. Erkläre warum.

8 Bei dem Igelbaum in Fig. 1 wachsen jedes Jahr aus jeder Spitze zwei neue Spitzen.
a) Wie viele Spitzen hat der Igelbaum nach acht Jahren?
b) Wann hat der Igelbaum erstmalig mehr als 3000 Spitzen? Überschlage zunächst.

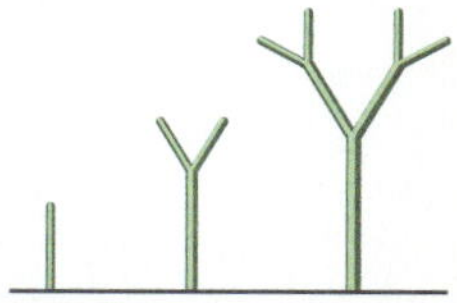

Fig. 1

9 Tanja besitzt noch 16 Murmeln. Sie hat Peter vier Murmeln gegeben und Silke die Hälfte der Anzahl der Murmeln, die sie ursprünglich gehabt hatte. Wie viele Murmeln hatte sie zu Beginn?

10 Auf einem Tisch stehen zwei identische Gefäße. Das eine ist mit 12 l Wasser gefüllt, das andere ist leer. Aus dem ersten Gefäß fließen pro Minute 0,4 l Wasser aus, in das zweite Gefäß fließen pro Minute 0,6 l hinein. Wann enthalten beide Gefäße gleich viel Wasser? Schätze zunächst.

Schachmatt?

Beim Schachspiel kann jede Figur andere Felder bedrohen. Es gilt, dass der Springer je nach seiner Stellung 2; 3; 4; 6 oder 8 Felder bedrohen kann.

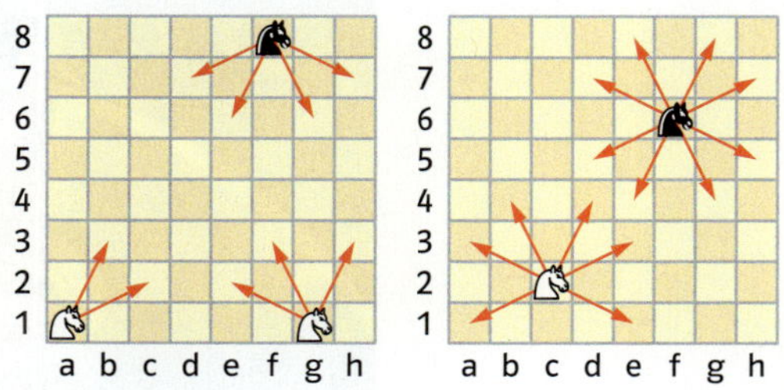

11 Auf dem Schachbrett steht auf einem Feld die angegebene Figur. Sonst ist das Brett leer. Wie viele Felder können durch diese Figur bedroht werden? Die Antwort hängt davon ab, auf welchem Feld die Figur steht.
a) König b) Turm c) Läufer d) Dame

Auf das Schachbrett sollen nur Türme gestellt werden. Jedes Feld des Brettes soll durch mindestens einen Turm bedroht werden. Kein Turm darf einen anderen Turm bedrohen.

12 Wie viele Türme kann man unter diesen Bedingungen auf dem Brett postieren?

Auf das Schachbrett sollen nur Läufer gestellt werden. Jedes Feld des Brettes soll durch mindestens einen Läufer bedroht werden. Kein Läufer darf einen anderen bedrohen.

13 a) Wie viele Läufer muss man unter diesen Bedingungen mindestens postieren?
b) Wie viele Läufer kann man unter diesen Bedingungen höchstens postieren?

Olympische Spiele

Olympia – die Zeitungen sind voll mit Bildern, Berichten, Sensationen, Rekorden, Medaillenspiegeln, Tragödien und Skandalen. Das Fernsehen ist überall dabei: Live-Reportagen, Menschen, Schicksale, Interviews, Zeitlupen, rund um die Uhr.

Geschlagen – Superstar Franziska van Almsick enttäuscht
Sie schwamm in Athen 2004 nicht die erwarteten Zeiten.

Birgit Fischer gewann ihr achtes Gold
Rekorde und Medaillen – Als älteste Kanufahrerin gewann Birgit Fischer mit 42 Jahren in Athen 2004 eine Goldmedaille. Mit 18 gewann sie ihr erstes Gold – als jüngste Kanutin.

Totaler Absturz – Tim Lobinger versagt
Dreimal scheiterte er beim Stabhochsprung an der Höhe von 5,65 m und schied als Achter aus.

Den Sack nicht zugemacht – aber Silber gewonnen
Der Traum vom Gold zerplatzte für die deutsche Handballmannschaft 2004 in Athen im Finale. Sie hatte nicht genügend Tore geworfen. Aber das Team hatte grandios aufgespielt und in der Vorrunde 6:4 Punkte gewonnen.

Warum waren gerade die Olympischen Spiele 2004 in Athen so interessant? Was hat es mit der Geschichte um die Spiele auf sich? Die Schüler der Klasse 6b unterhalten sich angeregt. Marius ist im Leichtathletikverein, Daniela spielt Volleyball, Christoph ist leidenschaftlicher Schwimmer … Jeder ist ein kleiner Spezialist auf seinem Gebiet und verfolgt daher Sportwettkämpfe in seiner Disziplin ganz intensiv. Ein besonderer Höhepunkt sind die Olympischen Spiele alle vier Jahre. Plötzlich haben die Schülerinnen und Schüler eine Idee: „Wir organisieren eine Ausstellung zum Thema ‚Olympia'. Jeder vertieft sein Spezialgebiet und stellt es den anderen vor." Da gibt es eine Menge Fragen zu klären, und darin sind sich alle einig: Die Ausstellung soll interessant und pfiffig werden, es muss so richtig „was los" sein. Es soll lebhaft zugehen wie auf einem Marktplatz, auf dem man alles kaufen, anschauen, sich anhören und miteinander reden kann. Plötzlich kommen ganz viele Ideen zur Gestaltung des Marktplatzes zusammen. „Wir organisieren einen Nachmittag mit dem Thema

Marktplatz ‚Olympia' – LIVE dabei.

Dazu laden wir Eltern und Freunde ein und bauen viele verschiedene Marktstände auf. "

„Gute Idee! Lass uns einen Marktstand machen, an dem man alles über die verschiedenen Läufe, die Spitzenzeiten und die Veränderung der Laufzeiten von 1896 bis heute erfahren kann. Unseren Stand nennen wir dann **Laufen, laufen** *…"*

Zahlen, Diagramme und mehr *„Wir veranschaulichen die vielen Zahlen mithilfe verschiedener Diagramme. In einem Kreisdiagramm ist der Medaillenspiegel der Teilnehmerländer gut zu zeigen. Mit Säulendiagrammen kann man die Durchschnittsgeschwindigkeiten der Schwimmer in ihren Schwimmstilen veranschaulichen."*

Die Zeitleiste *„Wir zeichnen eine riesengroße Zeitleiste auf Packpapier, tragen alle Olympischen Spiele ein und kleben interessante Bilder auf."*

„Die olympischen Ringe müssen wir auf jeden Fall ganz groß aufzeichnen!"

Steckbriefe *„Wir beschreiben interessante Athletinnen und Athleten in Form von Steckbriefen auf Plakaten."*

„Stopp, Stopp! Eure Idee mit den Plakaten ist ja gut. Aber könnten wir noch etwas mehr Action auf den Marktplatz bringen?"

Weiten im Vergleich *„Ja, klar! Die Weiten, die beim Weitsprung erzielt wurden, zeichnen wir auf dem Schulhof auf und tragen unsere eigenen Weiten im Vergleich dazu ein."*

Die Reportage *„Ein Reporter berichtet live von einem spannenden Ruderwettkampf und vergleicht die verschiedenen Zeiten in den Einern, Zweiern, Vierern und Achtern."*

Wettkämpfe live *„Bei uns kann jeder die antiken Wettkämpfe einmal selbst ausprobieren. Der Sieger wird dann wie damals ermittelt und geehrt. Antike Sportgeräte können mit den heutigen Geräten verglichen werden."*

Quiz *„Hier kann jeder sein Wissen testen."*

Das Interview *„Ein Reporter interviewt einen Kugelstoßer und testet ihn, ob er nicht nur stark ist, sondern auch einiges zum Kugelstoßring weiß."*

Sketch *„Bei uns geht es zum Abschluss der Veranstaltung dann ganz lustig zu. Hier wird ein Sketch aufgeführt zum Thema ‚Wie stellen wir uns Olympia in 50 Jahren vor?'. Jeder Besucher kann mitmachen. Das wäre sicher ein super Abschluss!"*

Wie fing alles an? Die Olympischen Spiele der Antike.

Der antike Fünfkampf
Er umfasste die Disziplinen Diskuswerfen, Weitsprung, Speerwerfen, Laufen und Ringen. Beim Diskuswerfen wurde eine ca. 5,7 kg schwere Scheibe aus Bronze, Eisen, Blei oder Stein mit einem Durchmesser von 34 cm verwendet.
Beim Weitsprung hielt der Athlet Sprunggewichte von 1,4 kg bis 4,6 kg aus Stein, Blei oder Bronze in jeder Hand. Der Sprung selbst soll aus dem Stand heraus erfolgt sein. Es wurden fünf Sprünge hintereinander ausgeführt. Am Schluss zählte die Gesamtdistanz. Der Speer wurde mithilfe einer Lederriemenschlaufe abgeworfen. Die Laufstrecke war wahrscheinlich eine Stadionlänge. Es wird vermutet, dass der Sieger nicht nach einem Punktesystem, sondern nach einem Ausscheidungsverfahren ermittelt wurde.

Im Laufe der Jahre wurden die Disziplinen erweitert und die Spiele von einem Tag auf fünf Tage ausgedehnt.[1] Man unterschied die gymnischen (oder athletischen) und die hippischen Wettkämpfe sowie einen Wettstreit der Trompeter und Herolde.

[1] *In manchen Quellen ist auch von sechs Tagen die Rede.*

2 Welche Disziplinen umfassten diese Wettkämpfe?

3 Wie groß und wie schwer ist die heutige Diskusscheibe?

Von Anfang bis Ende
776 v. Chr. wird als das erste Jahr der Olympischen Spiele bezeichnet. Das Datum konnte man aus Siegerlisten ableiten. Bei den ersten Spielen fand nur ein Lauf, der so genannte Stadionlauf, über die Länge das Stadions (192,27 m) statt. Die Spiele dauerten einen Tag und fanden nach der Sommersonnenwende statt. Der Sieger bekam als Preis einen Kranz aus Olivenzweigen.
Ab den 14. Olympischen Spielen im Jahr 724 v. Chr. kam der Doppellauf als neue Disziplin hinzu. Der Läufer musste am Ende des Stadions eine Wendemarke umrunden und zur Startlinie zurückkehren. Ab 720 v. Chr. wird von Langsteckenläufern über 20 oder 24 Stadionlängen, dem so genannten Pendellauf, berichtet. 708 v. Chr. wurde der Fünfkampf eingeführt. 680 v. Chr. fand das erste Wagenrennen mit einem Vierspänner statt. 476 v. Chr. wurden die Olympischen Spiele durch Hinzunahme weiterer Disziplinen zu einem fünftägigen Fest erweitert. Im Laufe der Jahre wurden die Spiele rauer und teilweise sogar gewalttätig.
393 n. Chr. wurden die Olympischen Spiele von Kaiser Theodosius I abgeschafft.

1 Welche Disziplinen zählt man heute zum modernen Fünfkampf?

In verschiedenen Quellen findet man folgende Angaben:
Die Stadionlänge entsprach der Legende nach dem Sechshundertfachen der Fußgröße des Herakles. Die Reitbahn – das Hippodrom – war ca. 4 Stadien lang. Die Zwei- und Vierspänner legten darin zwölf Runden (Längen des Hippodroms) zurück.

4 Stelle zu den verschiedenen Messgrößen Berechnungen an.

5 Fertige eine Zeitleiste an, die von 776 v. Chr. bis heute reicht. Markiere alle Jahre, in denen Olympische Spiele stattgefunden haben.

Modell der Bauten im Heiligtum von Olympia

1 Zeustempel 2 Gästehaus für die Ehrengäste

Ein berühmter Athlet: Milon von Kroton

Milon von Kroton siegte als 17-Jähriger im Jahr 540 v. Chr. zum ersten Mal bei Olympischen Spielen als Ringer. Er ging aus dem Leistungszentrum von Kroton in Süditalien hervor. Die Überlieferung sagt, dass der berühmte Mathematiker Pythagoras, der selbst Olympiasieger im Ringkampf war, sein Lehrmeister gewesen sei.

Insgesamt errang Milon von Kroton sechs Olympiasiege.

Von ihm wird erzählt, dass er in seiner Jugend täglich ein Kalb getragen habe. Mit zunehmendem Gewicht des Kalbs wuchs auch seine Muskelkraft. Später soll er einen Stier auf den Schultern rund um die Laufbahn eines Stadions von 1,5 km Länge getragen haben. Man sagt ihm nach, dass er täglich 17 Pfund Brot und 17 Pfund Fleisch gegessen und 10 Liter Wein getrunken habe.

1 Versuche, noch mehr über die Olympischen Spiele der Antike zu erfahren. Interessante Informationen erhältst du aus dem Internet, wenn du das Suchwort „Antikes Olympia“ eingibst.

2 Wer war 776 v. Chr. der erste Olympiasieger?
Warum wurde nur ein Teilnehmer Olympiasieger?
Wie wurde der Sieger ermittelt?

Der Marathonlauf

Wer war der erste Marathonsieger?

Spiridon Louis wurde am 12. Januar 1873 als fünftes Kind der Bauersleute Kalomira und Athanasios Louis in Marusi geboren. Sonntags verkauften Spiridon und sein Vater in Athen Quellwasser aus Marusi. Am 10. April 1896 startete Spiridon beim ersten offiziellen Marathonlauf in Marathon. Er berichtete über seinen Lauf: „Am Wege nach Pikermi stand mein nachmaliger Schwager Kontos an der Straße und streckte mir einen Becher Wein und ein rohes Osterei entgegen. Ich schlürfte das Weinchen im Laufen und fühlte mich hernach so gestärkt, dass ich mich ins Zeug legte …" Spiridon traf als Erster im Stadion ein. Er legte die Marathonstrecke in 2 Stunden 58 Minuten und 50 Sekunden zurück. Die Griechen feierten ihn als Helden. Im März 1940 starb Louis in Marusi so arm, wie er geboren war.

Quelle: Das Olympiabuch Athen 1896 – 2004. Delius Klasing Verlag, Bielefeld

Wie ging es weiter? – Olympiasieger im Marathonlauf

1896	Spiridion Louis	GRE	2:58:50 h	1960	Abebe Bikila	ETH	2:15:16 h
1900	Michael Thealo	FRA	2:59:45 h	1964	Abebe Bikila	ETH	2:12:11 h
1904	Thomas Hicks	USA	3:28:53 h	1968	Amamo Wolde	ETH	2:20:26 h
1908	J. Joseph Hayes	USA	2:55:18 h	1972	Frank Shorter	USA	2:12:19 h
1912	Kenneth McArtur	RSA	2:36:54 h	1976	Waldemar Cierpinski	GDR	2:09:55 h
1920	Hannes Kolehmainen	FIN	2:32:35 h	1980	Waldemar Cierpinski	GDR	2:11:03 h
1924	Albin Sleenros	FIN	2:41:22 h	1984	Carlos Lopez	POR	2:09:21 h
1928	Mohamed El Quafi	FRA	2:32:57 h	1988	Gelindo Bordin	ITA	2:10:32 h
1932	Juan Carlos Zabata	ARG	2:31:36 h	1992	Hwang Young-Cho	KOR	2:13:23 h
1936	Kitei Son	JPN	2:29:19 h	1996	Josiah Thungwane	RSA	2:12:36 h
1948	Delfo Cabrera	ARG	2:34:51 h	2000	Gezangne Abera	ETH	2:10:11 h
1952	Emil Zatopek	TCH	2:23:03 h	2004	Stefano Baldini	ITA	2:10:55 h
1956	Alain Mimoun	FRA	2:25:00 h				

Die Zwischenzeiten von Stefano Baldini, Athen 2004

5 km	10 km	15 km	20 km	25 km	30 km	35 km	40 km
15:58 min	31:56 min	48:18 min	1:03:55 h	1:20:08 h	1:35:50 h	1:50:37 h	2:04:49 h

1 Vergleiche die Laufzeit von Stefano Baldini mit der Laufzeit von Spiridon Louis und der besten olympischen Laufzeit.

2 In welchen Jahren wichen die Zeiten um mehr als zehn Minuten von der Laufzeit Baldinis ab?

3 Stelle weitere Vergleiche und Berechnungen an und veranschauliche sie.

Höhenprofil der Laufstrecke Marathon – Athen

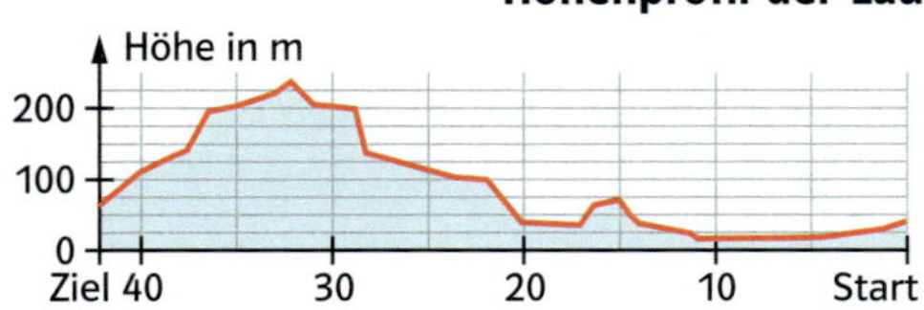

Fig. 1

4 Welche Durchschnittsgeschwindigkeit erzielte Baldini auf den jeweiligen Streckenabschnitten? Vergleiche sie untereinander. Stelle eine Verbindung zum Höhenprofil der Laufstrecke her.

Marathonlauf der Frauen
Erst 88 Jahre nach Spiridon Louis' Marathonsieg fand der erste olympische Marathon der Frauen statt. Man war lange Zeit der Überzeugung, dass ein Marathon zu anstrengend sei für Frauen. Zwar nahmen ab 1972 erstmals Frauen am Boston-Marathon teil, aber erst 1984 durften sie auch bei den Olympischen Spielen in Los Angeles starten.

Olympiazeiten

1984	Joan Benoi	USA	2:24:52 h
1988	Rosa Mota	POR	2:25:40 h
1992	Walentina Jegorowa	EUN	2:32:41 h
1996	Fatuma Roba	ETH	2:26:05 h
2000	Naoka Takahashi	JPN	2:23:14 h
2004	Mizuki Noguchi	JPN	2:26:20 h

Entwicklung der Weltbestzeiten seit 1970

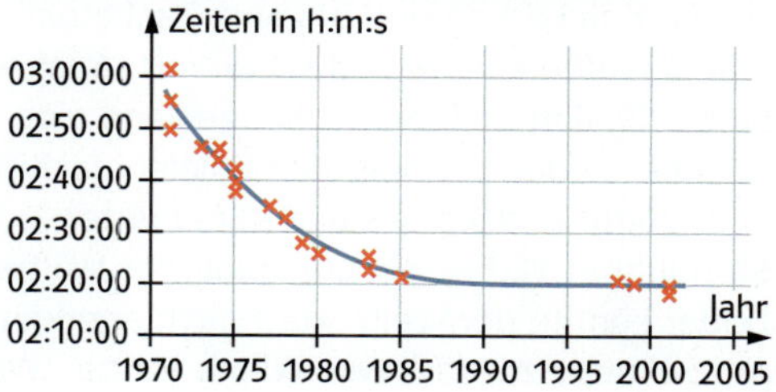

Fig. 1

1 Welche Informationen kann man der Grafik mit den Weltbestzeiten entnehmen?

2 Erstelle eine Grafik für die Olympiazeiten und vergleiche die Weltbestzeiten mit den Olympiazeiten.

Portrait einer Olympiasiegerin: Mizuki Noguchi
Die Vorbereitung auf Olympia 2004 mit dem Ziel der Goldmedaille startete für Mizuki Noguchi bereits kurz nach ihrem Vizeweltmeister-Titel im Marathon 2003 in Paris. Die aus Kyoto stammende Noguchi trainierte im Winter hauptsächlich im südchinesischen Höhenzentrum Konmei in 1600 m Höhe. Jeden Morgen standen vor dem Frühstück 10–12 km auf dem Programm, nachmittags oft Tempoeinheiten über 10- oder 20-mal 1000 m. Manchmal stand ein 40-km-Lauf an. Der wurde dann vor dem Mittagessen ausgetragen, ohne dass dafür auf den Trainingslauf am frühen Morgen verzichtet wurde.
Für ihren Olympialauf in Athen konstruierte der Chefschuhentwickler einer bedeutenden Sportfirma einen Spezialschuh, der nur sensationelle 118 g wog. Er war wohl nur für eine superleichte Läuferin wie Mizuki Noguchi mit ihren 40 kg Gewicht tragbar.
Ihre Bestzeiten erzielte Mizuki Noguchi im 10 000-m-Lauf im Jahr 2004 in Kobe mit 31:21,03 min, im 21,1-km-Lauf im gleichen Jahr in Myazaki mit 67:47 min, im 30-km-Straßenlauf in Ohme (ebenso 2004) in einer Zeit von 1:39:02 h und im Marathonlauf im Jahr zuvor in Osaka in 2:21:18 h.
Quelle: Laufmagazin Spiridon 10/2004, Seite 20. Spiridon Verlags-GmbH, Düsseldorf

3 Wie viele Kilometer läuft Mizuki Noguchi durchschnittlich im Monat, wenn sie jeden dritten Tag einen 40-km-Lauf macht?

4 Wie viele Trainingsmonate braucht sie, um die Erde auf der Höhe des Äquators einmal zu umrunden?

5 Welche Durchschnittsgeschwindigkeiten hatte sie bei ihren Läufen mit den Bestzeiten? Veranschauliche diese.

Läufe im Olympiastadion

Wilma Rudolph – die schwarze Gazelle

Wilma Rudolph wurde 1940 als 20. von 22 Kindern einer armen Familie in einem Ghetto in Tennessee (USA) geboren. Sie erkrankte im Alter von vier Jahren an Kinderlähmung, sodass sie ihr linkes Bein nicht mehr bewegen konnte und zwei Jahre im Bett verbringen musste. Mit sechs Jahren konnte sie wieder mit einer Stütze gehen. Mit elf Jahren warf sie die Krücke weg und begann, Basketball zu spielen. Bald wurde erkannt, wie schnell Wilma laufen konnte und schon mit 16 Jahren qualifizierte sie sich für die Olympischen Spiele 1956 in Melbourne. Sie gewann eine Bronzemedaille in der 4x100-m-Staffel. Als sie 1960 zu den Olympischen Spielen nach Rom kam, hielt sie bereits den Weltrekord über 200 m und war als erste Frau unter 23,0 s gelaufen. Im Finale über 100 m zeigten die Stoppuhren 11,0 s – ein unglaublicher Weltrekord, denn bis dahin war die Bestzeit 11,3 s. Leider konnte der Weltrekord nicht anerkannt werden, da der Rückenwind mit 2,47 Meter pro Sekunde zu stark war. Wilma fragte: „War ich nicht schneller als der Wind?" Außerdem gewann sie in Rom die Goldmedaillen über 200 m und 4x100 m. 1962 zog sich die schnellste Frau der Welt aus der Leichtathletik zurück. Sie bekam vier Kinder und arbeitete als Sportlehrerin. Wilma Rudolph starb 1994 an einem Gehirntumor.

Der 100-m-Lauf

Einige 100-m-Olympiasieger

1896	Thomas Burke	USA	12,0 s
1908	Reggie Walker	RSA	10,8 s
1924	Harold Abrahams	GBR	10,6 s
1936	Jesse Owens	USA	10,3 s
1948	Harrison Dillard	USA	10,3 s
1960	Armin Hary	GER	10,0 s
1972	Waleri Borsow	RUS	10,14 s
1984	Carl Lewis	USA	9,99 s
1996	Donavan Bailey	CAN	9,84 s
2004	Justin Gatlin	USA	9,85 s

Armin Hary

Der 100-m-Lauf ist die Königsdisziplin der Olympischen Spiele, denn die Goldmedaillengewinner sind die schnellsten Männer der Welt.

1 Stelle in Diagrammen (z. B. Säulendiagrammen) dar, wie sich die 100-m-Zeiten und die Durchschnittsgeschwindigkeiten im Laufe der Jahrzehnte verbessert haben.

2 Wie viele Kilometer pro Stunde laufen die schnellsten Menschen über 100 m? Vergleiche mit verschiedenen Tieren. In der Tabelle sind die Laufzeiten der Tiere über 100 m angegeben.

Eisbär	Hausmaus	Katze	Gepard	Elefant
5,56 s	$\frac{1}{2}$ min	7,5 s	3,0 s	9,23 s

3 Welchen Bruchteil der Zeit benötigte der Olympiasieger mit der besten Zeit im Vergleich zu dem mit der längsten Zeit? Wie groß wäre sein Vorsprung?

Kelly Holmes

Die Läufe im Vergleich
Olympiasiegerinnen von Athen 2004

100 m	Julia Nesterenko	BLR	10,93 s
200 m	Veronica Campbell	JAM	22,05 s
400 m	Tonique Williams-Darling	BAH	49,41 s
800 m	Kelly Holmes	GBR	1:56,38 s
1500 m	Kelly Holmes	GBR	3:57,90 s
5000 m	Meseret Defar	ETH	14:45,65 s
10 000 m	Huina Xing	CHN	30:24,36 s

1 Wie schnell wäre Julia Nesterenko auf der Marathonstrecke (42,195 km), wenn sie ihr Tempo halten könnte? Wie schnell wäre Huina Xing?

2 Stelle in Diagrammen dar, wie sich die Siegerzeiten und die Durchschnittsgeschwindigkeiten je nach Streckenlänge verändern.

3 Kann man bei den Laufzeiten für die verschiedenen Strecken einfach ineinander umrechnen?

Das Olympiastadion

Olympiastadion Berlin

Die Laufbahn im Olympiastadion besteht aus der Zielgeraden und der Gegengeraden, beide sind 100 m lang. Sie werden durch die Kurvenbahnen verbunden, die die Form von Halbkreisen haben. Alle acht Bahnen sind je 1 m breit.

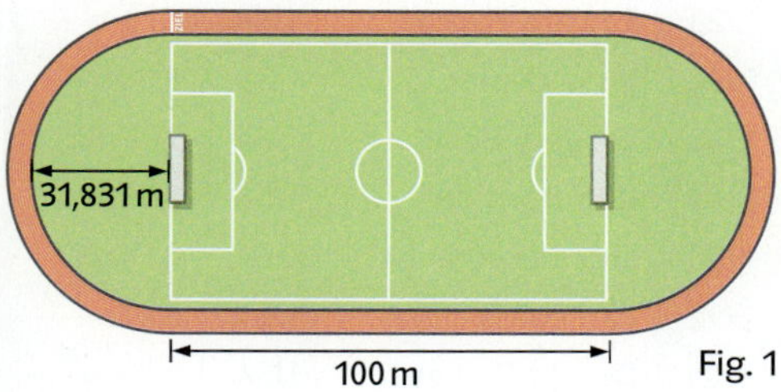

Fig. 1

4 Wie viele Runden muss man für die einzelnen Laufstrecken zurücklegen? Wo auf der Bahn ist jeweils der Start zu dieser Laufstrecke?

5 Welches sind für den 400-m-Lauf wohl die „besten Bahnen“ und warum?

6 Zeichne ein Stadion im Maßstab 1 : 500.

Höhen und Weiten

Ulrike Meyfarth – Höhen und Tiefen

Als Ulrike Meyfarth mit dreizehn Jahren mit dem Hochsprung begann, war gerade das Zeitalter des Fosbury-Flop angebrochen, eines neuen Sprungstils, bei dem die Latte rückwärts überquert wird. Mit diesem Sprungstil kam die damals bereits 1,86 m große Ulrike mit ihren langen Beinen blendend zurecht. Dass sie mit sechzehn schon zu den Olympischen Spielen 1972 in München fahren durfte, war auch Glück: Teure Tickets fielen nicht an, man wollte der jungen Athletin die Chance geben, Erfahrung zu sammeln. Die Situation im Olympiastadion am 4.9.1972 war unglaublich. Mühelos hielt Ulrike mit den Großen mit. Mit einer Bestleistung von 1,85 m war sie angereist, als sie über 1,88 m flog, hatte sie schon eine Medaille sicher. Als Einzige überquerte sie 1,90 m und hatte somit die Goldmedaille. Anschließend sprang sie im Höhenrausch noch die Weltrekordhöhe von 1,92 m. Bis heute ist sie die jüngste Olympiasiegerin in einem Leichtathletik-Einzelwettbewerb.
Am Tag nach ihrem euphorischen Olympiasieg wurde auf die israelische Olympiamannschaft ein Anschlag verübt, 17 Menschen starben. Weltweite Trauer überschattete den Rest der Spiele.
Bei den Olympischen Spielen 1976 sprang Ulrike dann nur 1,80 m. Erst 1981 fand sie wieder zurück. Sie sprang als eine der ersten Frauen über 2 m hoch und sprang Weltrekordhöhe. Bei den Olympischen Spielen 1984 in Los Angeles wurde sie mit 2,02 m zum zweiten Mal Olympiasiegerin. Mit ihren 28 Jahren war sie nun die älteste Athletin, die bisher Hochsprunggold gewann.

Der Weitsprung
Einige Olympiasieger im Weitsprung

1896	Ellery Clark	USA	6,35 m
1908	Francis Irons	USA	7,48 m
1920	William Peterson	SWE	7,15 m
1928	Edward Hamm	USA	7,73 m
1936	Jesse Owens	USA	8,06 m
1956	Gregory Bell	USA	7,83 m
1968	Bob Beamon	USA	8,90 m
1980	Lutz Dombrowski	GDR	8,54 m
1992	Carl Lewis	USA	8,67 m
2004	Dwight Philips	USA	8,59 m

1 Stelle mithilfe eines Kreisdiagramms die Verteilung der in der obigen Tabelle aufgeführten Goldmedaillengewinner auf die Länder dar. Oder recherchiere alle Weitsprung-Olympiasieger und ihre Herkunftsländer und fertige ein Kreisdiagramm für die Verteilung auf die Länder an.

2 Stelle mithilfe von Diagrammen dar, wie sich die Weiten im Laufe der Zeit verändert haben.

3 Veranschauliche die unterschiedlichen Weiten der Olympiasieger durch eine maßstabsgetreue Zeichnung der Weiten. Markiere auch deine Bestweiten. Oder markiere im Klassenzimmer, im Flur oder auf dem Schulhof mit Kreide die Weiten.

4 Warum nannte man Bob Beamons Siegessprung 1968 einen „Sprung ins nächste Jahrtausend"?

1 Vergleiche die weitesten Sprünge von Menschen mit denen von Tieren. Wie weit sind die weitesten Sprünge jeweils im Verhältnis zur Körperlänge des Tieres?

Schneeleopard	Floh	Känguru	Springmaus	Springfrosch
15 m	60 cm	12,5 m	2,5 m	2 m

2 Den Dreisprung-Weltrekord hält Jonathan Edwards mit 18,29 m (Stand 2005). Wie weit sind die drei Sprünge im Durchschnitt?

Das Kugelstoßen

Am 18. 8. 2004 wurde zum ersten Mal nach zweitausend Jahren im antiken Olympiagelände wieder ein olympischer Wettbewerb ausgetragen, das Kugelstoßen der Frauen. Die Tabelle zeigt das Ergebnis der sechs Versuche der besten fünf Sportlerinnen (in m):

Ostaptschuk	BLR	18,25	x	19,01	x	x	x
Kleinert	GER	18,77	19,55	19,17	18,55	x	x
Kriweljowa	RUS	18,55	19,49	19,29	19,15	19,20	18,44
Cumba	CUB	x	18,39	18,74	x	x	19,59
Choroneko	BLR	18,82	18,09	18,87	18,59	18,59	18,96

Nadine Kleinert

3 Wie ist die Siegerreihenfolge der fünf Sportlerinnen?

4 Wer hat den besten Mittelwert aller gültigen Versuche? Wer hat den besten Mittelwert aller Versuche?

5 Der Abstoßkreis (Kugelstoßring) hat einen Durchmesser von 7 Fuß (1 Fuß = 30,48 cm). Sein Mittelpunkt ist Scheitelpunkt des Wurfsektors, der einen Winkel von 35° hat. Zeichne maßstäblich eine Kugelstoßanlage (s. Fig. 1) und markiere die Auftreffpunkte für Weltrekorde und Olympiasiege. Du kannst eine solche Anlage auch in Originalgröße auf den Schulhof zeichnen.

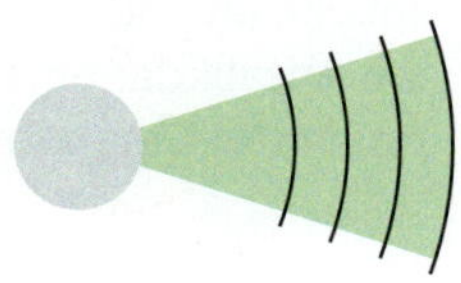

Fig. 1

6 Ein Kugelstoßer stößt aus einer Höhe von 2 m ab. Die Tabelle enthält für verschiedene Abstoßwinkel die Koordinaten des höchsten Punktes H der Flugbahn (in m).
Markiere in einem Koordinatensystem den Startpunkt S(0 | 2) und zeichne die Abstoßhöhe (in Fig. 2 ist es die blaue Gerade) ein. Zeichne für jeden Winkel am Scheitelpunkt S den Abstoßwinkel ein und markiere den zugehörigen höchsten Punkt H der Flugbahn. Skizziere schließlich den ungefähren Verlauf der Flugkurve. In Fig. 2 ist die Flugkurve für 30° gezeichnet.

7 Wie groß ist die maximale Weite? Welcher Abstoßwinkel ist am besten?

Winkel	20°	30°	40°	50°	60°	80°
x-Koordinate	6,3	8,5	9,7	9,7	8,5	3,4
y-Koordinate	3,2	4,5	6,1	7,8	9,4	11,5

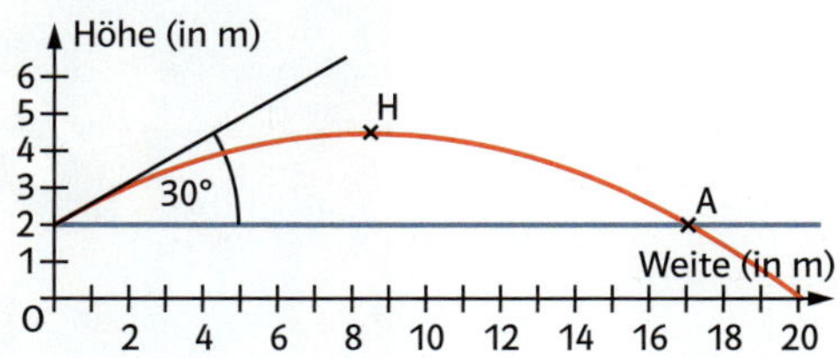

Fig. 2

Ballsportarten bei Olympia

Magic Johnson and the Dream Team
Born: Aug. 14, 1959 in East Lansing, Michigan
Basketball player Earvin Johnson earned the nickname „Magic“ when he was only 15 years old. The tallest point guard in NBA history (6-foot-9, 225-pound), Johnson was elected the most valuable player of the year three times and, with the Lakers, won five championships. His all-around play inspired the term „triple-double“ to refer to a game in which he scored at least 10 points, captured at least 10 rebounds and made at least 10 assists. From the moment he stepped onto the court, people pondered: How could a man so big do so many things with the ball and with his body? It was Magic. 1991 Magic Johnson announced that he had tested positive for HIV. For the 1992 Barcelona Games the United States chose a squad of all-stars that deservedly came to be known as the Dream Team. Magic was honoured with the position of a co-captain. The Dream Team was so much better than their opponents that their average margin of victory was 43¾ points. They also averaged an Olympic record 117¼ points per game. After the Olympic games Magic was retiring from Basketball.

1 Eine Vorrundengruppe hat vier Mannschaften. Wie viele Gruppenspiele gibt es in dieser Gruppe, wenn jede Mannschaft gegen jede spielt? Wie ist es bei einer Gruppe mit fünf oder sechs Mannschaften? Eine Zeichnung wie in Fig. 1 und Fig. 2 kann helfen. Lege eine Tabelle an und versuche, einen Term für die Anzahl der Spiele bei x Mannschaften in der Gruppe zu finden.

Die Anzahl der Spiele
Bei Olympischen Spielen gibt es in den Ballsportarten zunächst eine Vorrunde mit Gruppenspielen, danach schließt sich Viertelfinale, Halbfinale und Finale an.

Die Gruppenspiele bei vier Mannschaften

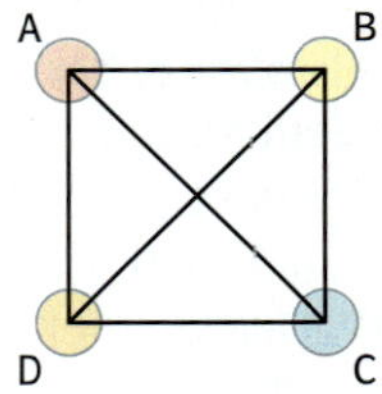

Fig. 1

fünf Mannschaften

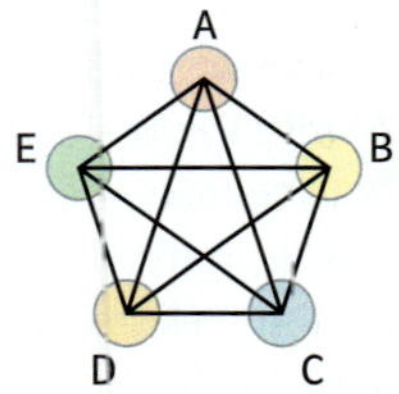

Fig. 2

Beim olympischen Hockeyturnier der Frauen 2004 gab es zwei Gruppen mit je fünf Mannschaften. In den Gruppen spielte jede Mannschaft gegen jede. Danach gab es Viertelfinale, Halbfinale, Finale und Spiel um Platz drei. Die Verliererinnen im Viertelfinale trugen ein Spiel um Platz fünf und ein Spiel um Platz sieben aus.

2 Wie viele Frauenhockeyspiele gab es insgesamt? Wer wurde Olympiasieger?

3 Wie viele Spiele gab es bei den Männern mit zwei Sechsergruppen (ansonsten gleiches Verfahren)?

Beim Tischtennis wurden die Medaillengewinner unter den 32 Teilnehmern, die sich nach der Vorrunde für die Hauptrunde qualifiziert hatten, im K.-o.-System ermittelt. Außerdem gab es ein Spiel um Platz drei.

1 Wie viele Spiele gäbe es bei einem solchen Turnier bei 64 Teilnehmern? Welche Teilnehmerzahlen sind günstig für ein Turnier, das im K.-o.-System ausgetragen werden soll?

2 Wie viele Spiele gab es nach der Vorrunde?

Basketball

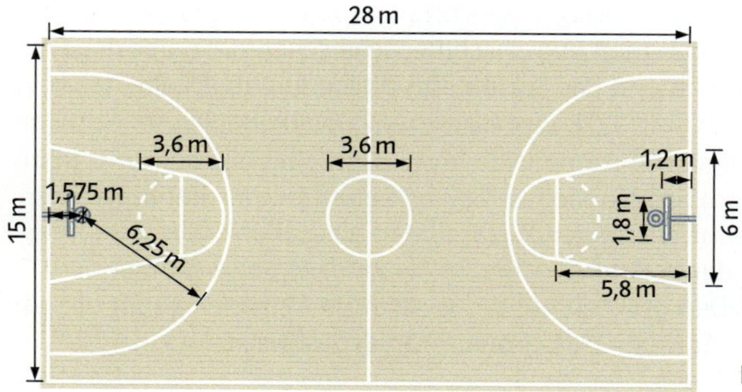

Fig. 1

3 Fertige eine maßstabsgetreue Zeichnung, z. B. im Maßstab 1:100, von einem Basketballfeld an.

4 Welchen Flächeninhalt hat das Basketballfeld?

5 Michael Jordan hatte bei den Olympischen Spielen 1992 in Barcelona 19 Freiwurfversuche, 13 davon traf er. Wie hoch war seine Freiwurfquote (in Prozent)?

6 John Stockton war mit $6\frac{1}{6}$ Fuß der kleinste Spieler im amerikanischen Dream Team 1992; Charles Barkley und Michael Jordan waren $\frac{1}{4}$ Fuß größer, Scottie Pippen $\frac{1}{2}$ Fuß, Larry Bird, Magic Johnson und Karl Malone $\frac{2}{3}$ Fuß, Christian Laettner $\frac{3}{4}$ Fuß, Patrick Ewing $\frac{5}{6}$ Fuß und David Robinson $\frac{11}{12}$ Fuß. Wie groß waren die Spieler in Fuß und Zoll, wie groß in Meter (12 Zoll sind ein Fuß; 1 Zoll ≈ 2,54 cm)?

7 Die Tabelle zeigt die Ergebnisse der acht Spiele des Dream Team bei Olympia 1992. Stimmen die Behauptungen, die in dem Bericht über Magic Johnson auf der vorigen Seite über die Olympia-Ergebnisse der USA erwähnt wurden?

USA	116	Angola	48
USA	103	Kroatien	70
USA	111	Deutschland	68
USA	127	Brasilien	83
USA	122	Spanien	81
USA	115	Puerto Rico	77
USA	127	Litauen	76
USA	117	Kroatien	85

8 In welchen Spielen konnte der Gegner mehr als $\frac{2}{3}$ der Punkte der USA erzielen?

Wasser

Johnny Weissmüller – der olympische Tarzan

Johnny Weissmüller kam 1904 in Freidorf zur Welt, das damals zu Österreich-Ungarn gehörte. Kurz darauf wanderten seine Eltern nach Amerika aus, sein Vater war ein armer Bergarbeiter. Er starb, als Johnny 10 Jahre alt war. Johnny musste mit 12 die Schule verlassen und in Chicago als Page arbeiten. Mit 16 wurde er von einem strengen Schwimmtrainer entdeckt, der ihn im Training wie einen Sklaven behandelte und quälte. Mit 18 schwamm er als erster Mensch über 100 m unter 1 Minute. In den Folgejahren stellte er 67 Weltrekorde auf, die zum Teil sehr lange hielten. Bei den Olympischen Spielen 1924 in Paris besiegte er über 100 m Freistil den Olympiasieger von 1912 und 1920 Duke Kahanamoku aus Hawaii, den man den „Fischmenschen“ nannte, da er das Freistilschwimmen und das Surfen entscheidend entwickelte. Johnny gewann 1924 und 1928 insgesamt fünf Goldmedaillen im Schwimmen und eine Bronzemedaille im Wasserball. Unbesiegt trat Johnny 1929 vom Schwimmen zurück und wurde unter 150 Bewerbern für die Hauptrolle in den Tarzanfilmen ausgewählt. Für viele ist er bis heute der beliebteste Tarzan. Als guter Jodler erfand er den Tarzanruf. Den größten Teil der verdienten Millionen verlor er später wieder. Er starb 1984 arm in Acapulco, Mexico.

Schwimmen 100 m Freistil

1 Stelle mithilfe von Diagrammen dar, wie sich die Zeiten und die Durchschnittsgeschwindigkeiten im Lauf der Jahrzehnte verbessert haben.

2 Wie groß wäre der Vorsprung von Peter van den Hoogenband vor Alfred Hajos im Ziel? Welche Schwimmer haben weniger als $\frac{2}{3}$ der Zeit von Alfred Hajos gebraucht?

Fächerfisch	Eisbär	Magellanpinguin	Orca	Seepferdchen	Grauwal
3,40 s	36,00 s	10,00 s	6,55 s	225,00 s	48,00 s

Einige 100-m-Freistil-Olympiasieger

1896	Alfred Hajos	HUN	1:22,2
1912	Duke Kahanamoku	USA	1:03,4
1928	Johnny Weissmüller	USA	58,6
1936	Ferenc Csik	HUN	57,6
1948	Walter Ris	USA	57,3
1956	Jon Henricks	AUS	55,4
1964	Don Schollander	USA	53,4
1972	Mark Spitz	USA	51,22
1980	Jörg Woithe	GDR	50,40
1988	Matt Biondi	USA	48,63
1996	Alexander Popov	RUS	48,74
2004	Peter v. d. Hoogenband	NED	48,17

3 Wie viele Kilometer pro Stunde schwimmen die schnellsten Menschen über 100 m? Vergleiche mit den Schwimmgeschwindigkeiten von verschiedenen Tieren. In der Tabelle sind die Schwimmzeiten über 100 m angegeben. Welche Tiere können schneller schwimmen, als du laufen kannst?

Die unterschiedlichen Freistilschwimmstrecken
Olympiasiegerinnen von Athen 2004

50 m	Inge de Bruijn	NED	24,58 s
100 m	Judie Henry	AUS	53,84 s
200 m	Camelia Potec	ROM	1:58,03 min
400 m	Laure Manaudou	FRA	4:05,34 min
800 m	Ai Shibata	JPN	8:24,54 min

Inge de Bruijn

1 Wie schnell wäre Inge de Bruijn auf der 800-m-Strecke, wenn sie ihr Tempo halten könnte? Wie schnell wäre Judie Henry?

2 Wann schwammen die Männer über 100 m Freistil so schnell, wie die Frauen 2004 schwammen? Wie verhält sich das beim 100-m-Lauf oder anderen Strecken?

3 Stelle in Diagrammen dar, wie sich die Siegerzeiten und die Durchschnittsgeschwindigkeiten je nach Schwimmstrecke verändern.

Die unterschiedlichen Schwimmstile
Die Schwimmstile im Vergleich bei den Spielen in Athen 2004

200 m Brust	Kosuke Kitajima	JPN	2:09,44
200 m Freistil	Ian Thorpe	AUS	1:44,71
200 m Lagen	Michael Phelps	USA	1:57,14
200 m Rücken	Aaron Peirsol	USA	1:54,95
200 m Schmetterling	Michael Phelps	USA	1:54,04

4 Welches ist der schnellste Schwimmstil, welches der langsamste? Zeichne ein Diagramm für die Zeiten, bei dem die Unterschiede deutlich werden.

5 Die 200-m-Lagenstrecke besteht aus vier Bahnen, die in je einem der vier Schwimmstile geschwommen werden. Ist die Lagenzeit auch eine Durchschnittszeit der anderen Zeiten? Begründe.

6 Kannst du die Schwimmstile vormachen?

Das Rudern
Die Olympiasiegerinnen im Rudern 2004 in Athen

Einer	Rutschow-Stomporowski	GER	7:18,12
Zweier	Evers-Swindell	NZL	7:01,79
Vierer	Boron, …	GER	6:29,29
Achter	Florea, …	ROM	6:17,70

7 Wie verhalten sich die Zeiten bei zunehmender Zahl der Ruderinnen? Zeichne ein Diagramm, in dem man die Unterschiede erkennen kann.
Wie schnell könnte ein Sechzehner sein?

8 Vergleiche die Durchschnittsgeschwindigkeiten für die einzelnen Ruderklassen und zeichne ein Diagramm. Die Streckenlänge ist jeweils 2000 m. Vergleiche diese Geschwindigkeiten mit deiner Laufgeschwindigkeit. Kannst du neben den Booten herlaufen?

Lösungen

Kapitel I, Bist du sicher? Seite 12

1

a) $\frac{31}{24}$ b) $\frac{59}{20}$ c) $\frac{67}{18}$ d) $\frac{1}{18}$

$\frac{11}{24}$ $\frac{83}{60}$ $\frac{67}{18}$ $\frac{1}{6}$

2

a) $\frac{3}{40}$ b) $\frac{9}{100}$

Kapitel I, Bist du sicher? Seite 16

1

a) 7,6; 1,2; 8,72 b) 20,39; 5,828; 3,53
c) 22,1 kg; 26,1 kg; 47 m^3

2

a) 11,54 b) 10,65

Kapitel I, Bist du sicher? Seite 19

1

a) $\frac{8}{11}$ b) $\frac{5}{2}$ c) $\frac{3}{23}$ d) $\frac{1}{68}$ e) $\frac{2}{3}$

2

$4\frac{1}{2}$ Liter

3

17,5 g Pulverkaffee, $\frac{5}{4}$ Esslöffel Zucker, $\frac{1}{10}$ l süße Sahne, $\frac{1}{8}$ Stange Vanille, $\frac{3}{16}$ l Milch, 1 Eigelb

Kapitel I, Bist du sicher? Seite 22

1

a) $\frac{1}{3}$ kg b) $\frac{7}{20}$ t
c) $\frac{9}{8}$ km = $1\frac{1}{8}$ km d) $\frac{15}{2}$ m^3 = $7\frac{1}{2}$ m^3

2

a) $\frac{8}{9}$ b) $\frac{20}{3}$ c) $\frac{7}{2}$ d) 3 e) $\frac{161}{72}$

3

Der Weizenanteil beträgt $\frac{2}{5}$.

Kapitel I, Bist du sicher? Seite 24

1

a) $\frac{5}{8}$ b) $\frac{9}{2}$ c) $\frac{21}{10}$ d) $\frac{38}{15}$

2

a) $\frac{25}{84}$ b) 8 c) $\frac{16}{27}$ d) $\frac{9}{2}$

3

31 Dosen

4

Man muss durch einen Bruch teilen, der kleiner als 1 ist.

Kapitel I, Bist du sicher? Seite 27

1

a) 4,5 b) 31 c) 0,0007 d) 0,00507 e) 0,0230

2

a) Multiplikation mit 10^3
b) Division durch 100
c) Multiplikation mit 100
d) Division durch 1000

3

10 Münzen: 21,25 mm hoch und 75 g schwer
100 Münzen: 212,5 mm = 21,25 cm hoch und 750 g schwer
1000 Münzen: 2125 mm = 2,125 m hoch und 7500 g = 7,5 kg schwer

Kapitel I, Bist du sicher? Seite 30

1

a) 0,15 b) 0,48 c) 0,0012 d) 0,64 e) 0,006

2

a) Ü: $8 \cdot 3 = 24$; R: 23,925
b) Ü: $830 \cdot 3 = 2490$; R: 2520,96
c) Ü: $5 \cdot 5 = 25$; R: 21,825
d) Ü: $0{,}5 \cdot 7 = 3{,}5$; R: 3,2046
e) Ü: $15 \cdot 20 = 300$; R: 285,64

3

7473,48 Euro

Kapitel I, Bist du sicher? Seite 33

1

a) 5 b) 0,8 c) 0,043 d) 3,8 e) 0,1375

2

a) 0,125 b) 0,45 c) 0,4375 d) 0,225 e) 1,75

Kapitel I, Bist du sicher? Seite 36

1
a) 25 b) 9 c) 3 d) 2 e) 3000

2
a) Ü: 1570 : 2 = 785; R: 654 b) Ü: 2700 : 9 = 300; R: 314
c) Ü: 7 : 7 = 1; R: 1,06 d) Ü: 39 : 3 = 13; R: 12,34375

Kapitel I, Training Runde 1, Seite 47

1
a) $\frac{28}{45}$ b) $\frac{7}{75}$ c) 11,9 d) 5,5

2
a) um mindestens 17,91 Sekunden
b) 18,41 Sekunden

3
a) $\frac{15}{7}$ b) $\frac{2}{5}$ c) 7 d) $\frac{12}{5}$
e) $\frac{6}{5}$ f) $\frac{21}{10}$ g) $\frac{3}{2}$ h) 20

4
a) 0,0009 b) 6,09 c) 195,02
d) 0,06 e) 2,6 f) 50

5
Tischtennisplatte: 2,74 · 1,53 = 4,1922 gerundet: 4,19
Billardtisch: 2,84 · 1,42 = 4,0328 gerundet: 4,03
Die Tischtennisplatte hat den größeren Flächeninhalt.

6
a) Auch im Ergebnis verschiebt sich das Komma um eine Stelle nach rechts.
b) Das Ergebnis verändert sich nicht.

Kapitel I, Training Runde 2, Seite 47

1
a) Ü: (100 − 16) − (14 + 5) = 84 − 19 = 65; R: 65,82
b) Ü: 201 − 64 − 124 = 13; R: 13,8
c) Ü: (34 − 4) − (19 − 13) = 30 − 6 = 24; R: 23,9

2
a) $\frac{15}{4}$ b) $\frac{5}{3}$ c) $\frac{96}{25}$ d) $\frac{21}{20}$
e) 32 f) 0,1523 g) 0,0125 h) 50

3
a) 152,7 b) 14,7 c) 0,0075
d) 0,009 e) 3,2 f) 51

4
a) 40 : 5 = 8 Der Verbrauch beträgt geschätzt 8 l auf 100 km.
b) 39,6 : 5,5 = 7,2 Der tatsächliche Verbrauch beträgt 7,2 l auf 100 km.

5
5,04 : 0,045 = 112; 9,18 : 0,045 = 204; 44,91 : 0,045 = 998

6
18 900 : 0,9 = 21 000; 21 000 : 175 = 120
Es können 120 Fässer gefüllt werden.

7
1,1 : 3 = 0,3666… 1,55 : 5 = 0,31
Das zweite Angebot ist günstiger.

Kapitel II, Bist du sicher? Seite 55

1
a) Die Winkel α und β sind Wechselwinkel an den Parallelen g und h. Deshalb gilt $\alpha = \beta$.
Der Winkel γ ist Nebenwinkel zu α. Deshalb gilt $\alpha = 180° - \gamma$.
b) Mit den Winkelbeschriftungen in Fig. 1 gilt z. B. $\alpha_1 = \gamma$ (Scheitelwinkel) oder $\alpha_1 = 180° - \alpha$ (Nebenwinkel) oder $\alpha_1 = \beta_3$ (Stufenwinkel) oder $\alpha_1 = \beta_2$ (Wechselwinkel).
c) Man kann alle vorkommenden Winkel berechnen:
$\alpha = \beta = \beta_2 = 70°$ und $\alpha_1 = \gamma = \beta_3 = \beta_1 = 110°$.

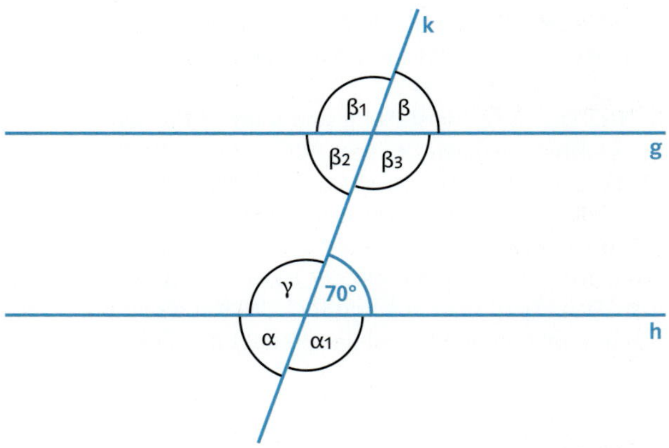

Fig. 1

2

Fritz hat Recht. Mit den Bezeichnungen in Fig. 1 gilt:
Im Punkt A: $\alpha_1 = \gamma_1 = 30°$ (Scheitelwinkel);
$\delta_1 = 180° - \alpha_1 = 150°$ (Nebenwinkel);
$\beta_1 = \delta_1 = 150°$ (Scheitelwinkel).
Im Punkt B: $\alpha_2 = \gamma_2 = 135°$;
$\beta_2 = 180 - \alpha_2 = 45°$ (Nebenwinkel);
$\delta_2 = \beta_2$ (Scheitelwinkel).
Im Punkt C: $\beta_3 = \alpha_1 = 30°$ (Wechselwinkel an g und h) und
$\alpha_3 = \delta_2 = 45°$ (Stufenwinkel an g und h).
Der Winkel γ_3 ergibt mit α_3 und δ_3 einen Winkel von 180°.
Also ist $\gamma_3 = 180° - 30° - 45° = 105°$.

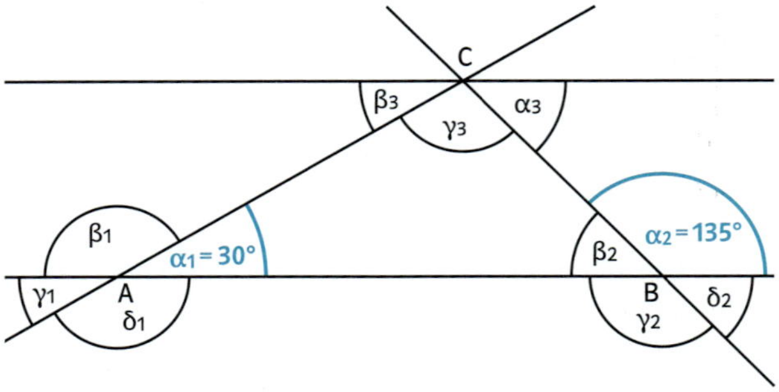

Fig. 1

Kapitel II, Bist du sicher? Seite 59

1

a) Mit dem Satz über die Winkelsumme im Dreieck kann man den fehlenden Winkel γ berechnen. Es gilt
$\gamma = 180° - 54° - 32° = 94°$.
b) Nach der Aufgabenstellung sind α und β Basiswinkel eines gleichschenkligen Dreiecks ABC und c ist die Basis. Die Winkel α und β müssen deshalb gleich groß sein und zusammen mit $\gamma = 76°$ einen Winkel von 180° ergeben. Deshalb gilt $\alpha = \beta = (180° - 76°) : 2 = 52°$.
Die Konstruktion beginnt mit der Basis $c = \overline{AB}$ mit der Länge 4 cm. Dann trägt man in A und B die Winkel α und β an. Der Schnittpunkt der beiden Schenkel ergibt den Punkt C.

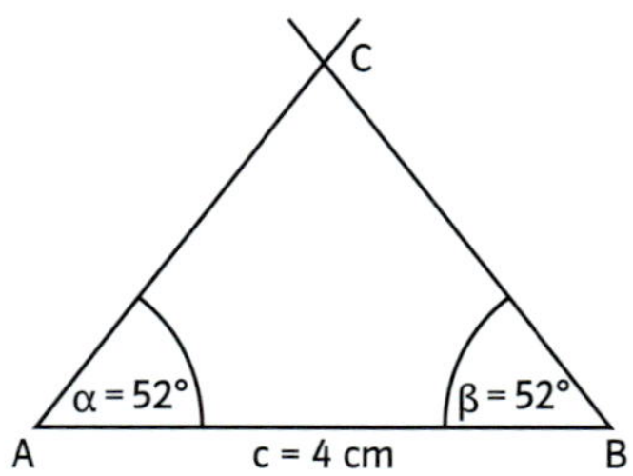

Fig. 2

2

a) Der Satz ist richtig. Es gibt gleichschenklige Dreiecke mit einem rechten Winkel von 90° und zwei gleich großen Basiswinkeln von je 45°.
b) Ein stumpfer Winkel ist größer als 90°. Mit zwei stumpfen Winkeln in einem Dreieck wäre ihre Summe dann schon größer als 180°. Das ist nach dem Winkelsummensatz nicht möglich.
c) Bei einem gleichschenkligen Dreieck sind mindestens zwei Winkel gleich groß. Da aber $70° + 70° + 60° = 200°$ ergibt und $60° + 60° + 70° = 190°$ ist, kann es kein solches Dreieck geben. Dann wäre ja in dem gesuchten Dreieck die Summe der Winkel noch größer als 200° bzw. 190°.

Kapitel II, Bist du sicher? Seite 69

1

In jedem der beiden Fälle ergibt sich eine euklidische Parkettierung mit gleichseitigen Dreiecken.

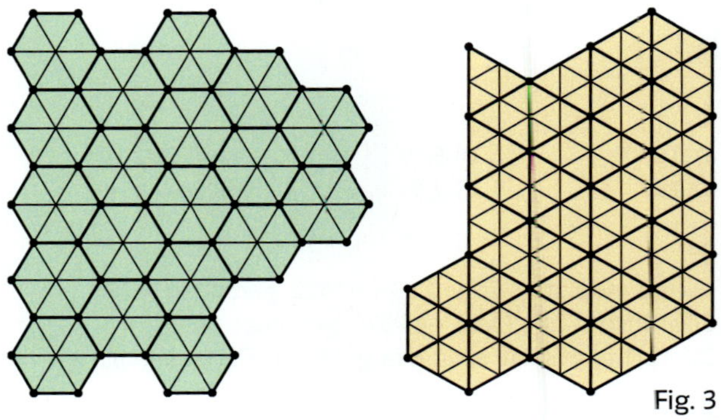

Fig. 3

Kapitel II, Bist du sicher? Seite 72

1

Ja.

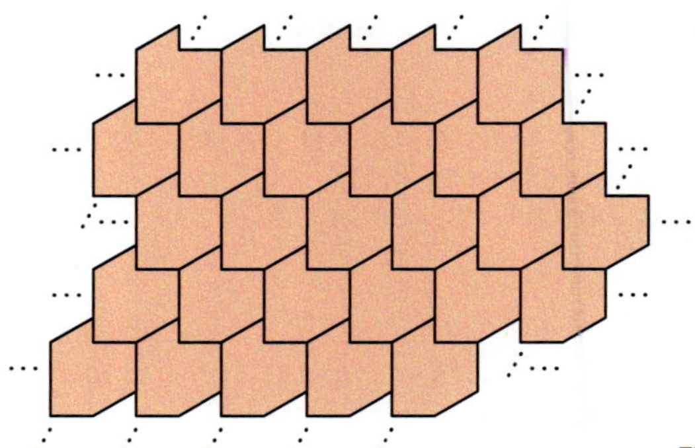

Fig. 4

Kapitel II, Bist du sicher? Seite 75

1

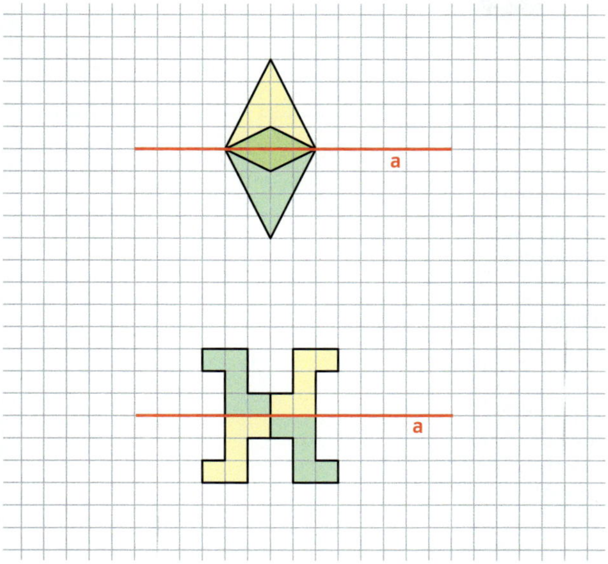

2
Das Dreieck muss gleichschenklig sein, wobei a die Basis ist.

Kapitel II, Training Runde 1, Seite 97

1
a) (Abbildung verkleinert)

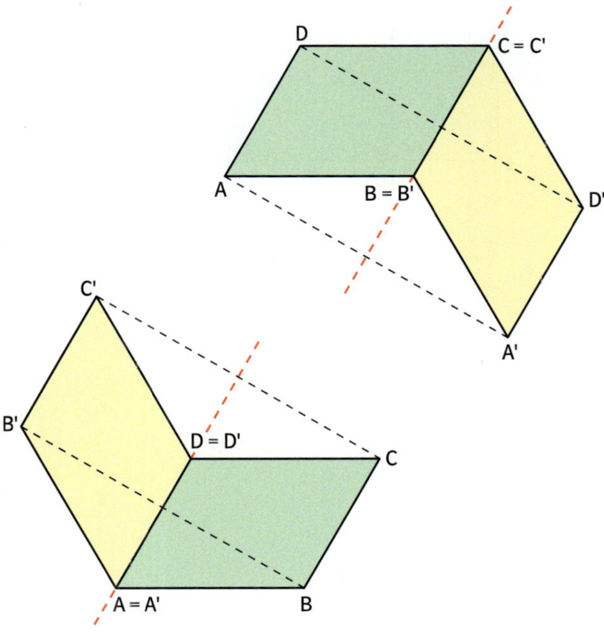

b)

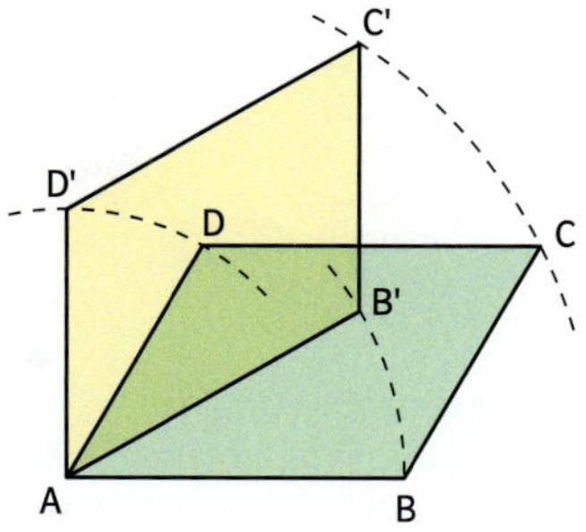

c) Das Parallelogramm ABCD ist punktsymmetrisch bezüglich des Schnittpunktes seiner Diagonalen (d.h. auch drehsymmetrisch mit $\alpha = 180°$).

2
a) Das Drehzentrum ist der Punkt C des Dreiecks. Es wurde um 45° gedreht.
b) Die Verschiebungsweite beträgt 8 Kästchen.
c) Das Konstruktionsergebnis entspricht dem Bild zur Aufgabe.

3

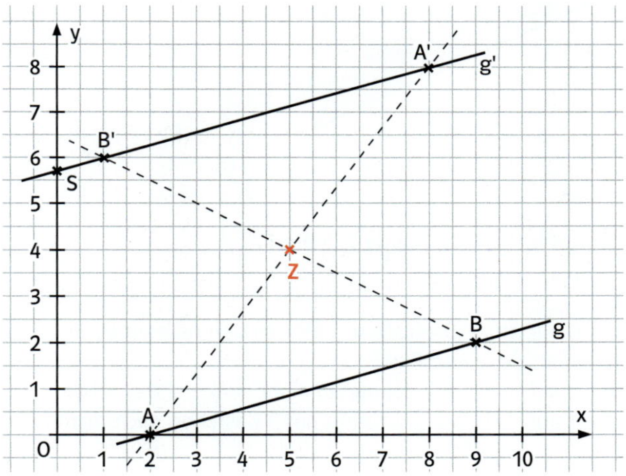

Der Schnittpunkt mit der y-Achse ist S(5,7|0).

4

von innerhalb des Kartons

Karton auf dem Kopf

Die Bilder sind kongruent zum Original.
Das erste Bild erhält man, indem man an einer senkrechten Geraden spiegelt. Das zweite Bild entsteht durch Spiegeln an einer waagerechten Geraden.

5

Diese Aussage ist falsch. Das lässt sich leicht durch ein Gegenbeispiel belegen.
Gegenbeispiel: Die Drehung des gelben Dreiecks um 180° um einen Eckpunkt ergibt das grüne Dreieck. Unabhängig von der Wahl des Drehzentrums wird das Original nicht auf sich selbst abgebildet.

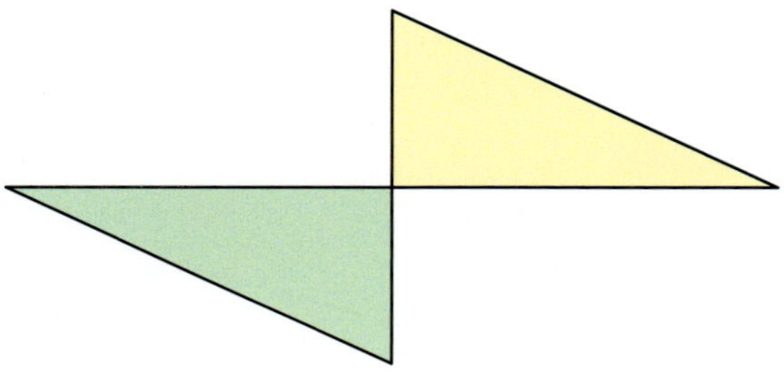

Kapitel II, Training Runde 2, Seite 97

1

a) rot auf grün: Drehung um 45° um den rechten oberen Eckpunkt der roten Figur
b) rot auf blau: Spiegelung an einer senkrechten Achse
c) rot auf gelb: Verschiebung um 9 Kästchen nach rechts

2

	Quadrat	Rechteck	Parallelogramm	gleichschenkliges Trapez
Skizze			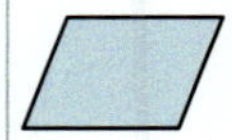	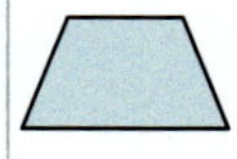
Achsensymmetrie	ja	ja	nein	ja
Anzahl der Symmetrieachsen	4	2	–	1
Punktsymmetrie	ja	ja	ja	ja
Drehsymmetrie	ja	ja	ja	nein
Größe des Drehwinkels	90°; 180°; 270°	180°	180°	–

Bemerkung: Die angegebenen Eigenschaften gelten für alle Vierecke der jeweiligen Art.

3

(Abbildung verkleinert)

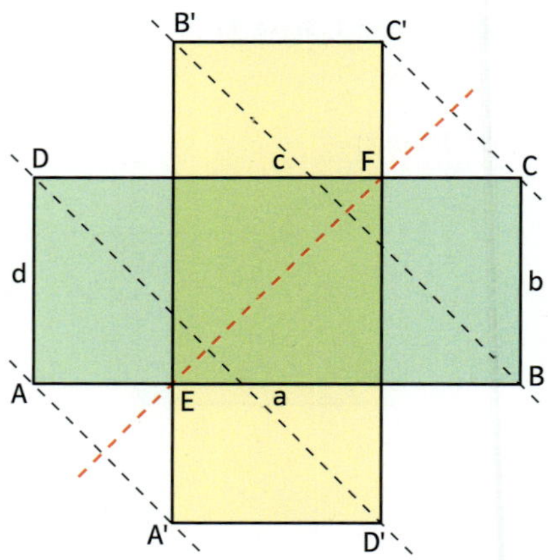

4
(Abbildung verkleinert)

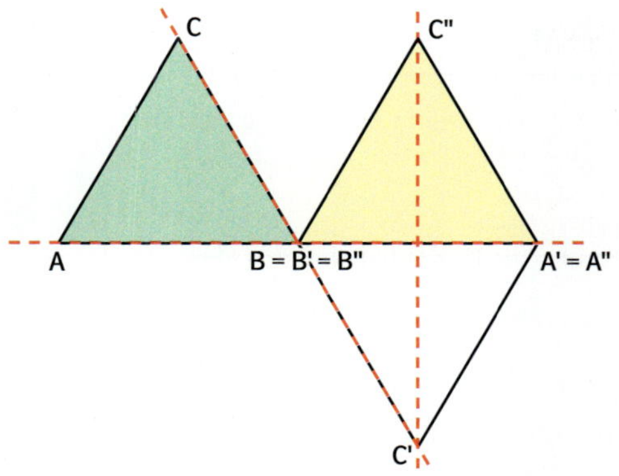

A″B″C″ entsteht auch bei der Verschiebung von ABC in Richtung $\overrightarrow{AB}$ um 3,5 cm.

5
Bei einer Raute halbieren die Diagonalen einander. Die Zeichnung beginnt mit den Diagonalen (Abbildung verkleinert).

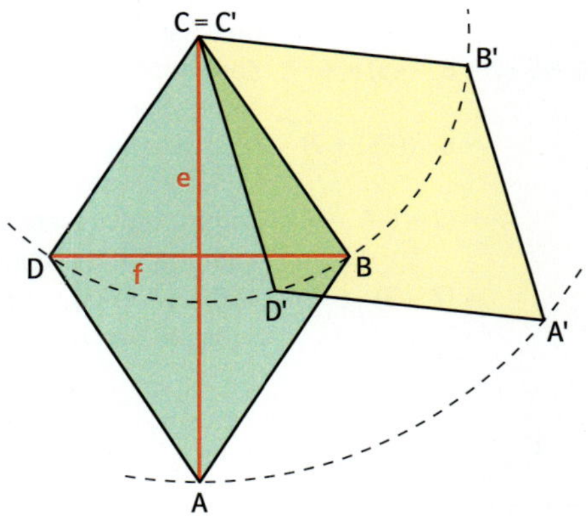

Kapitel III, Bist du sicher? Seite 107

1
a) −4 °C b) +36 °C

Kapitel III, Bist du sicher? Seite 113

1
35; −8; −12; −47; 10; 32; −10; 0

2
9240; 1554; −3620; 379; −1520; −6033

Kapitel III, Bist du sicher? Seite 116

1
a) 18 b) −66 c) 110 d) −30

2
a) (2619 + (−3883)) − 1156 = −2420
b) (−5976 − 3613) + (55 156 − 67 821) = −22 254

Kapitel III, Bist du sicher? Seite 118

1
a) −100; −5; −2 b) 5256; −124

Kapitel III, Bist du sicher? Seite 120

1
a) −5 b) $\frac{3}{2}$ c) $\frac{2}{3}$ d) −2

2
a) $-\frac{1}{7}$ b) −4

Kapitel III, Bist du sicher? Seite 123

1
a) −8,6 b) $-\frac{1}{3}$ c) 0,25

2
$0{,}2 \cdot 3{,}5 - \frac{3}{14} \cdot \left(-\frac{7}{5}\right)$
$= 0{,}7 + \frac{3}{14} \cdot \frac{7}{5}$
$= 0{,}7 + 0{,}3$
$= 1$

Kapitel III, Bist du sicher? Seite 126

1
a) −9,2 − (8,1 − 9,2)
= −9,2 − 8,1 + 9,2 (Minusklammerregel)
= −8,1
b) $\frac{5}{6} \cdot \frac{7}{8} - \frac{5}{6} \cdot \frac{1}{8}$
$= \frac{5}{6} \cdot \left(\frac{7}{8} - \frac{1}{8}\right)$ (Ausklammern)
$= \frac{5}{6} \cdot \frac{6}{8}$
$= \frac{5}{8}$
c) (−5) · (400 − 20)
= (−5) · 400 − (−5) · 20 (Ausmultiplizieren)
= −2000 + 100
= −1900

2

a) Fehler: Beim Auflösen der Minusklammer dreht sich das Vorzeichen um. Daher wird aus der −13 eine +13.

Richtig: $27-(-13+14)$ oder $27-(-13+14)$

$=27+13-14 \qquad = 27-1$

$=40-14 \qquad = 26$

$=26$

b) Fehler: Beim Ausmultiplizieren wurde das Minuszeichen vor der 5 nicht immer berücksichtigt.

Richtig: $(-5)\cdot\left(2-\frac{1}{5}\right)$ oder $(-5)\cdot\left(2-\frac{1}{5}\right)$

$=(-5)\cdot 2-(-5)\cdot\frac{1}{5} \qquad =(-5)\cdot\left(\frac{10}{5}-\frac{1}{5}\right)$

$=-10+1 \qquad =(-5)\cdot\frac{9}{5}$

$=-9 \qquad =-9$

c) Fehler: Beim Ausklammern wurde das Minuszeichen vor der zweiten Klammer übersehen.

Richtig: $(-0{,}5)\cdot 18-(-0{,}5)\cdot 2$

$=(-0{,}5)\cdot(18-2)$

$=(-0{,}5)\cdot 16$

$=-8$

Kapitel III, Training Runde 1, Seite 133

1

−11 020; −10 990; −10 960; −10 920; −10 880

2

a) $-450<-405<-54<-45<45<540$

b) $6\cdot(-2)<18-27<9-13<24:(-8)<7-9<-3+10$

3

a) $\frac{4}{5}$ b) $-\frac{1}{4}$ c) $\frac{39}{5}=7\frac{4}{5}$

4

a) 6 b) 321 c) 51 d) 201

e) 2,2 f) 0 g) $\frac{5}{8}$ h) $\frac{7}{4}=1{,}75$

5

6036,80 €

6

a) $23{,}9+7{,}1-6-23{,}9=(23{,}9-23{,}9)+7{,}1-6=7{,}1-6=1{,}1$

b) $5{,}3-0{,}8+3{,}2+1{,}5-12{,}2=5{,}3+3{,}2+1{,}5-(0{,}8+12{,}2)$
$=10-13=-3$

c) $-0{,}75+0{,}3-12{,}5+\frac{3}{4}+\frac{7}{10}=\left(-0{,}75+\frac{3}{4}\right)+\left(0{,}3+\frac{7}{10}\right)-12{,}5$
$=1-12{,}5=-11{,}5$

7

a) Januar bis Juni, Oktober bis Dezember

b) zwischen März und April

Kapitel III, Training Runde 2, Seite 133

1

a)

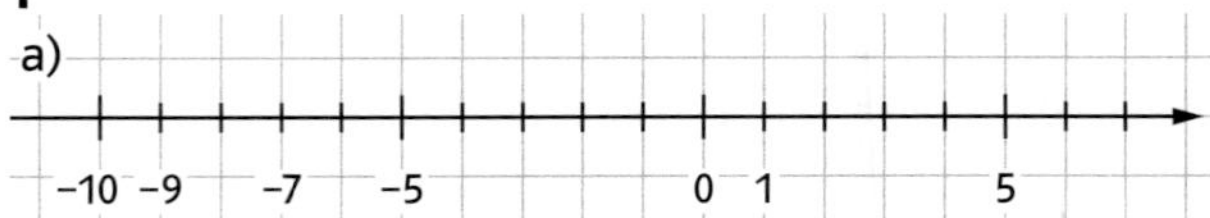

b)

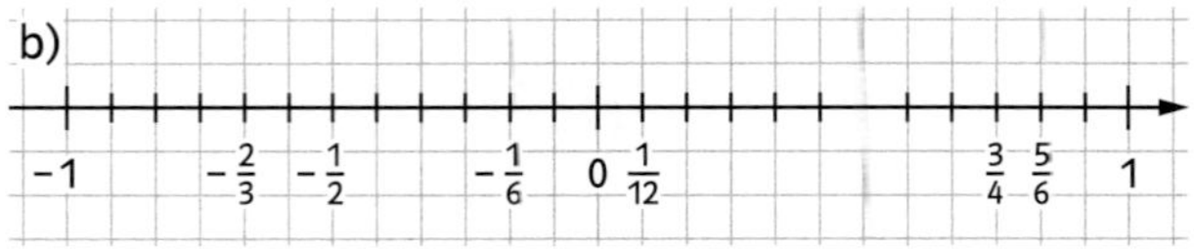

2

a) $-870<-780<-88<-87<78<780$

b) $-\frac{5}{3}<-\frac{13}{12}<-\frac{3}{4}<\frac{4}{9}<\frac{5}{6}<\frac{3}{2}$

3

a) $2\cdot(3+4)=2\cdot 3+2\cdot 4$	Distributivgesetz (Ausmultiplizieren)
$=3\cdot 2+4\cdot 2$	Kommutativgesetz der Multiplikation für jeden Summanden
$=(3+4)\cdot 2$	Distributivgesetz (Ausklammern)
b) $(-5)\cdot 6+6\cdot 7=6\cdot(-5)+6\cdot 7$	Kommutativgesetz im ersten Summanden
$=6\cdot((-5)+7)$	Distributivgesetz (Ausklammern)
$=(7+(-5))\cdot 6$	Kommutativgesetz der Addition in der Klammer
$=(7-5)\cdot 6$	Addieren entspricht dem Subtrahieren der Gegenzahl

4

a) $-\frac{9}{7}\cdot\frac{3}{4}+\frac{16}{7}\cdot\frac{3}{4}+1=\frac{3}{4}\cdot\left(-\frac{9}{7}+\frac{16}{7}\right)+1=\frac{7}{4}$

b) $-2:\frac{7}{2}+3:\frac{7}{2}+1:\frac{2}{7}=(-2+3):\frac{7}{2}+\frac{7}{2}=\frac{2}{7}+\frac{7}{2}=\frac{53}{14}$

c) $-\left(\frac{5}{4}-\frac{6}{7}\right)+\frac{5}{4}=-\frac{5}{4}+\frac{5}{4}+\frac{6}{7}=\frac{6}{7}$

d) $2-\left(\frac{13}{45}+2\right)=2-2-\frac{13}{45}=-\frac{13}{45}$

5

a) $36:(3\cdot(-6))=36:(-18)=-2$

b) $\left(-\frac{7}{16}\cdot\left(-\frac{8}{7}\right)\right)-\frac{21}{32}\cdot\frac{8}{7}=\frac{7}{16}\cdot\frac{8}{7}-\frac{3}{4}=\frac{1}{2}-\frac{3}{4}=-\frac{1}{4}$

6

a) 10,20 : 4 = 2,55 €

b) 24,10 : 11 = 2,19090; gerundet 2,19 €

c) 24,1 : 2,7 = 8,9259… 75 : 2,7 = 27,777…

Eine Wochenkarte lohnt sich, wenn man mindestens 9-mal fährt, eine Monatskarte ab 28 Fahrten.

Kapitel IV, Bist du sicher? Seite 138

1

a) Es handelt sich um ein Zufallsexperiment. Es gibt zwei mögliche Lagen für die Reißzwecke (vgl. Bild auf Seite 139): Spitze nach oben (Kopf) oder Spitze nach unten (Seite). Welche Lage eintritt, kann man aber nicht vorhersagen.
b) Es handelt sich um kein Zufallsexperiment. Man erhält als Ergebnis immer 100 °C.

2

a) Etwa bei jedem zehnten Drehen erhält man die Null.
b) In etwa vier von zehn Versuchen erhält man das Ergebnis „hellblau".

Kapitel IV, Training Runde 1, Seite 155

1

a) 11 der 15 Kugeln sind weiß. Also beträgt die Wahrscheinlichkeit für das Ziehen einer weißen Kugel $\frac{11}{15} \approx 73{,}3\,\%$.
b) Auf 7 der 15 Kugeln steht eine gerade Zahl. Also beträgt die Wahrscheinlichkeit für das Ziehen einer geraden Zahl $\frac{7}{15} \approx 46{,}7\,\%$.

2

Die absolute Häufigkeit für C beträgt $96 - (39 + 27) = 30$.
Die relativen Häufigkeiten sind $\frac{39}{96} \approx 40{,}6\,\%$ für A, $\frac{27}{96} \approx 28{,}1\,\%$ für B und $\frac{30}{96} \approx 31{,}3\,\%$ für C.
Geschätzte Wahrscheinlichkeiten sind z. B. 41 % für A, 28 % für B und 31 % für C.

3

a) Wenn die Würfel unterscheidbar sind (einer ist rot, der andere grün), dann gibt es insgesamt 36 mögliche Ergebnisse. Zum gesuchten Ereignis gehören die Ergebnisse (1; 2), (1; 3), (1; 4), (1; 5), (1; 6), (2; 1), (3; 1), (4; 1), (5; 1) und (6; 1). Damit beträgt die Wahrscheinlichkeit $\frac{10}{36} \approx 27{,}7\,\%$.
b) Zu den Ergebnissen aus a) kommt noch das Ergebnis (1; 1) hinzu. Damit beträgt die Wahrscheinlichkeit $\frac{11}{36} \approx 30{,}6\,\%$.

4

a) $\frac{1}{2} \cdot \frac{1}{2} = \frac{1}{4}$

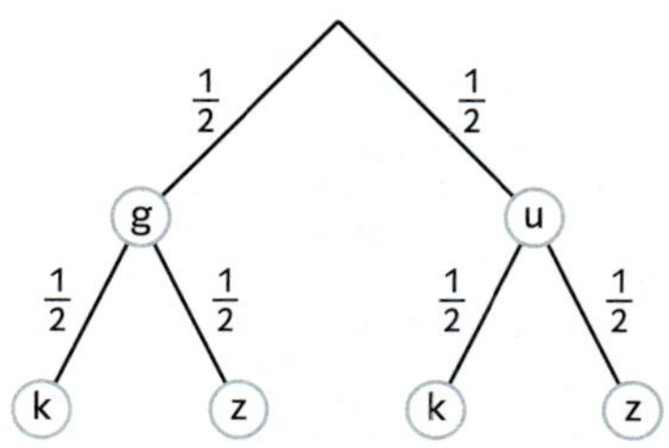

b) $\frac{5}{6} \cdot \frac{1}{2} = \frac{5}{12}$

(6) Eine Sechs wird geworfen

(~~6~~) Keine Sechs wird geworfen

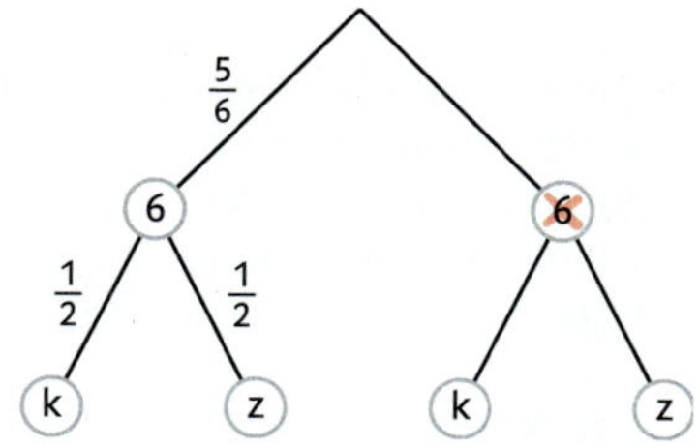

5

a)

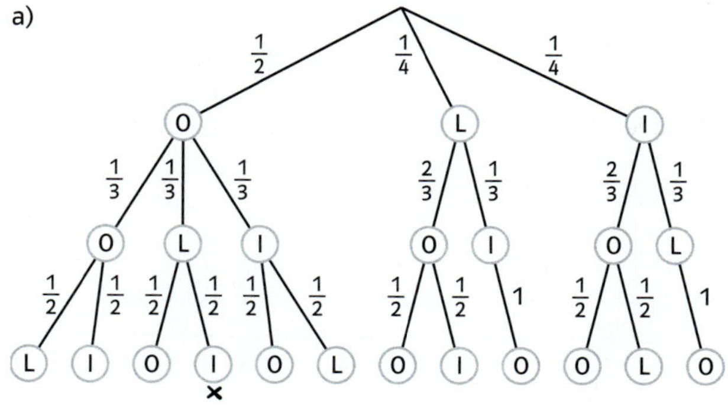

b) Wahrscheinlichkeit für „OLI": $\frac{1}{12} \approx 8{,}3\,\%$

Kapitel IV, Training Runde 2, Seite 155

1

a) Es sind insgesamt 12 Felder. Also beträgt die Wahrscheinlichkeit der „Sieben" $\frac{1}{12} \approx 8{,}3\,\%$.
b) 3 der 12 Felder sind blau. Also beträgt die Wahrscheinlichkeit für „Blau" $\frac{3}{12} = 25\,\%$.

2

Mögliche Geburtstagstermine sind der 20. und der 31. Januar. Also beträgt die Ratewahrscheinlichkeit $\frac{1}{2} = 50\,\%$.

3

Die geschätzte Wahrscheinlichkeit für B beträgt
$100\,\% - (7\,\% + 70\,\%) = 23\,\%$.
Die erwarteten absoluten Häufigkeiten sind $0{,}07 \cdot 300 = 21$ für A, $0{,}23 \cdot 300 = 69$ für B und $0{,}7 \cdot 300 \approx 210$ für C.

4

Es gibt insgesamt 36 mögliche Ergebnisse (siehe Training 1, Aufgabe 3)
a) Für die Augensumme 2 gibt es nur das Ergebnis (1; 1), also beträgt die Wahrscheinlichkeit $\frac{1}{36} \approx 27{,}8\,\%$.
b) Für die Augensumme 4 gibt es die Ergebnisse (1; 3), (3; 1), (2; 2), also beträgt die Wahrscheinlichkeit $\frac{3}{36} \approx 8{,}3\,\%$.
c) Für die Augensumme 7 gibt es die Ergebnisse (1; 6), (6; 1), (2; 5), (5; 2), (3; 4), (4; 3), also beträgt die Wahrscheinlichkeit $\frac{6}{36} \approx 16{,}7\,\%$.

d) Für die Augensumme 9 gibt es die Ergebnisse (3; 6), (6; 3), (4; 5), (5; 4), also beträgt die Wahrscheinlichkeit $\frac{4}{36} \approx 11{,}1\,\%$.
e) Für die Augensumme 11 gibt es die Ergebnisse (5; 6), (6; 5), also beträgt die Wahrscheinlichkeit $\frac{2}{36} \approx 5{,}6\,\%$.
f) Für die Augensumme 12 gibt es die Ergebnisse (6; 6), also beträgt die Wahrscheinlichkeit $\frac{1}{36} \approx 27{,}8\,\%$.

Kapitel V, Bist du sicher? Seite 163

1
a)

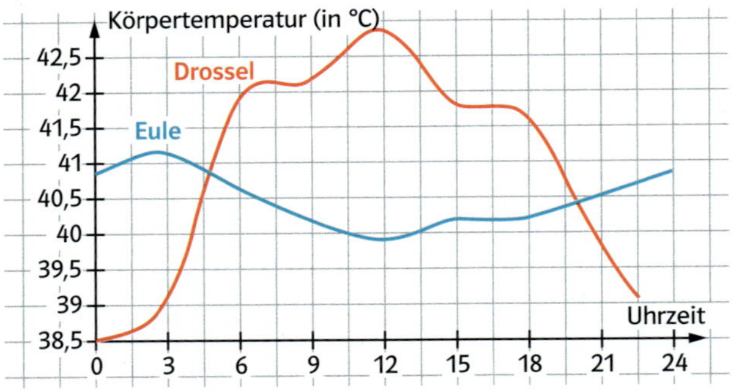

b) Drossel: 42,1 °C; Eule: 40,4 °C
c) Die Drossel ist ein Tagtier, ihre Temperatur ist am Tag höher als in der Nacht. Bei der Eule ist es genau umgekehrt: Die Körpertemperatur ist nachts höher als am Tag, sie ist ein Nachttier.

2
a)

Zeit (in Monaten)	0	1	2	3	4	5	6
Tankinhalt (in l)	4000	3300	2500	2200	1850	1500	1500

Zeit (in Monaten)	7	8	9	10	11	12
Tankinhalt (in l)	1500	1500	1500	1000 3000	2500	2000

b) Vom Beginn des Jahres bis Ende Februar nimmt der Tankinhalt stark ab, bis Ende Mai nimmt er weniger stark ab. Von Anfang Juni bis Ende September verändert er sich nicht. Im Oktober wird wieder Öl verbraucht. Nachdem Ende Oktober nur noch 1000 l im Tank sind, werden 2000 l aufgefüllt. Im November und Dezember nimmt dieser Vorrat bereits wieder um 1000 l ab.

Kapitel V, Bist du sicher? Seite 169

1
a) Wenn die Fahrgeschwindigkeit konstant ist, dann ist die Fahrstrecke zur Fahrzeit proportional. Der Proportionalitätsfaktor $\frac{126\,\text{km}}{3\,\text{h}} = 42\,\frac{\text{km}}{\text{h}}$ gibt die Geschwindigkeit des Radrennfahrers an.

b)

Fahrzeit (in min)	20	40	60	80	100	120	…	200
Fahrstrecke (in km)	14	28	42	56	70	84	…	140

2
Die angegebenen Zahlenpaare sind quotientengleich:
$\frac{2}{3} = \frac{4}{6} = \frac{6}{9}$.
Es kann eine proportionale Zuordnung dargestellt sein. Zu $x = 15$ ergibt sich dann $y = 10$; zu $y = 20$ ergibt sich $x = 30$.

Kapitel V, Bist du sicher? Seite 172

1
a) Die Jugendgruppe kann täglich 210,00 € (140,00 €; 105,00 €) ausgeben.
b)

Anzahl der Tage	1	2	3	4	5	6	7	8	9	10
Ausgaben pro Tag (in €)	840,00	420,00	280,00	210,00	168,00	140,00	120,00	105,00	93,33	84,00

Es handelt sich um eine antiproportionale Zuordnung.
c) Die Wandergruppe benötigt 600 € (960 €; 1680 €) für ihre Wanderkasse.
d)

Anzahl der Tage	1	2	3	4	5	6	7	8	9	10
Betrag in Wanderkasse (in €)	120	240	360	480	600	720	840	960	1080	1200

Es handelt sich um eine proportionale Zuordnung.

Kapitel V, Bist du sicher? Seite 175

1
a)

	Anzahl	Gewicht (in g)	
	150	750	
:3	50	250	:3
· 20	1000	5000	· 20

Die Packung wiegt 5000 g = 5 kg.
b)

	Gewicht (in g)	Anzahl	
	750	150	
:3	250	50	:3
· 5	1250	250	· 5

Der Stapel besteht aus 250 Blättern.

Kapitel V, Training Runde 1, Seite 189

1

a) 2. Graph; die Höhe der brennenden Kerze nimmt gleichmäßig ab.
b) 3. Graph; die Körpergröße nimmt bis zum Erwachsenenalter zu und bleibt dann annähernd konstant.
c) 1. Graph; die Höhe der Schaukel nimmt periodisch immer wieder zu und wieder ab.
d) 4. Graph; die Temperatur nimmt ab und nähert sich an die Umgebungstemperatur an.

2

a) Preis für 5 Brezeln: 1,20 € + 2 · 0,50 € = 2,20 €
b)

Anzahl der Brezeln	1	2	3	4	5	6	7	8	9	10
Gesamtpreis (in €)	0,5	1	1,2	1,7	2,2	2,4	2,9	3,4	3,6	4,1

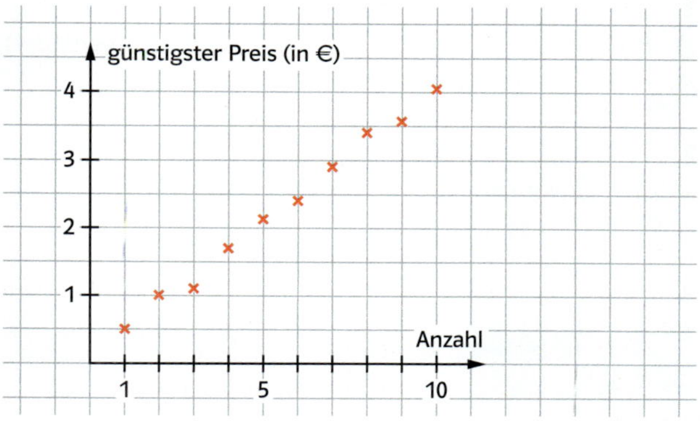

3

a)

	Gewicht (in t)	Preis (in €)	
	18 t	64,80	
:3	6 t	21,60	:3
· 4	24 t	86,40	· 4

Dieses Mal muss er 86,40 € bezahlen.
b) alter Preis pro Tonne: 64,80 € : 18 = 3,60 €
neuer Preis für 24 t: (3,60 € + 0,30 €) · 24 = 93,60 €

4

a)

Person	Frau Tüchtig	Herr Lustig	Frau Putzig	Herr Lässig
Winkel	135°	90°	45°	90°
Stimmenzahl	48	32	16	32

Herr Lässig erhielt 32 Stimmen.

b)

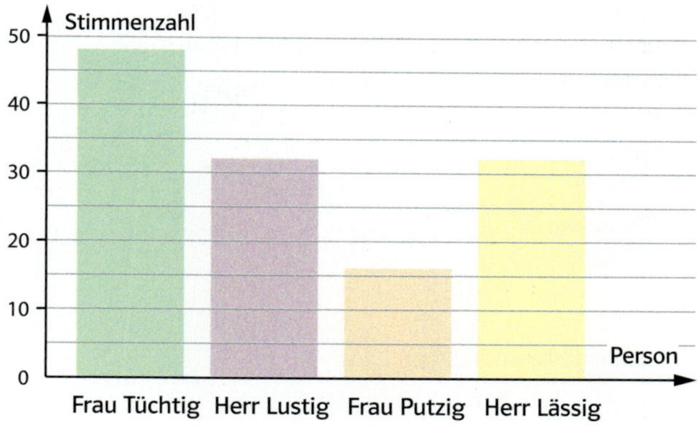

Kapitel V, Training Runde 2, Seite 189

1

a)

Jahreszahl	90 000	80 000	70 000	60 000	50 000	40 000	30 000	20 000	10 000	0
Jahresmitteltemperatur (in °C)	8	8	4	3,6	−0,8	−3,6	−4	−4	4	8

b) Beim Graphen kann man Zwischenwerte direkt ablesen. Weiterhin lässt sich der Temperaturverlauf besser überblicken.

2

Kandidat	Frau Platte	Frau Netz	Herr Schläger	Frau Ball
Stimmenzahl	3	5	8	2
Anteil	$\frac{1}{6}$	$\frac{5}{18}$	$\frac{4}{9}$	$\frac{1}{9}$
Winkel im Kreisdiagramm	60°	100°	160°	40°

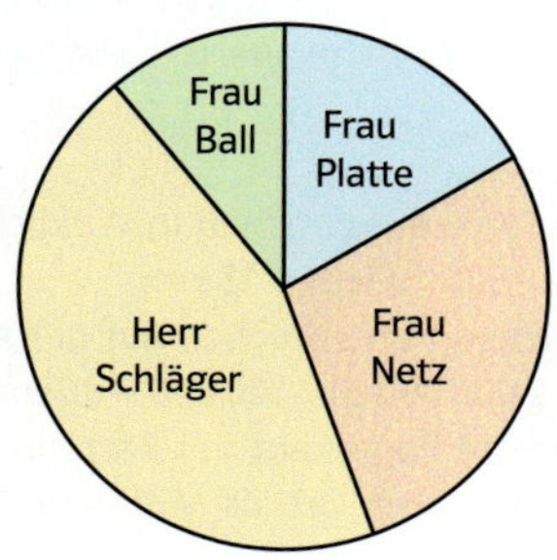

3

a) 8 Cent = 5 Cent + 2 Cent + 1 Cent = 8 · 1 Cent

Mindestgewicht: 3,92 g + 3,06 g + 2,30 g = 9,28 g

Höchstgewicht: 8 · 2,30 g = 18,40 g

b)

Geldbetrag (in ct)	1	2	3	4	5	6	7	8	9
Mindestgewicht (in g)	2,30	3,06	5,36	6,12	3,92	6,22	6,98	9,28	10,04

c)

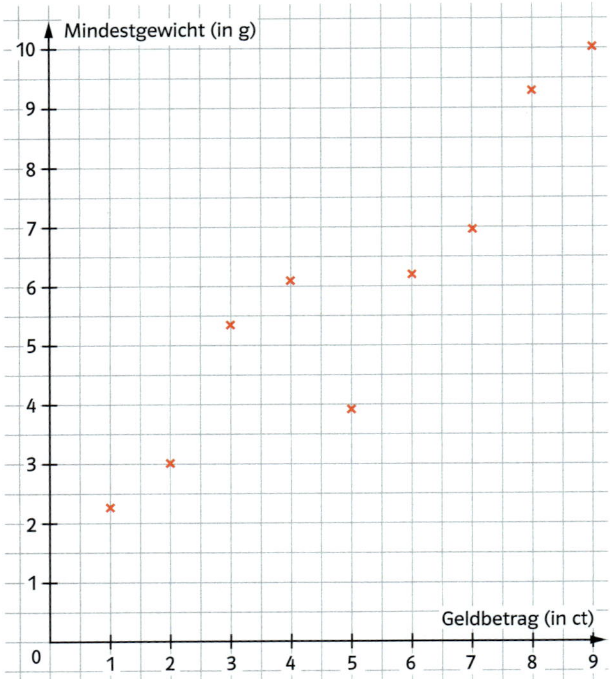

Es ist nicht sinnvoll, die Punkte miteinander zu verbinden, da es keine Münzen mit Zwischenwerten wie 1,4 Cent gibt.

4

a) 7,5 cm auf der Karte entsprechen in Wirklichkeit
7,5 cm · 200 000 = 1 500 000 cm = 15 km.

b) 20 km in Wirklichkeit entsprechen auf der Karte
20 km : 200 000 = 2 000 000 cm : 200 000 = 10 cm.

Die gesuchten Punkte liegen auf der Karte in oder auf einem Kreis mit dem bestimmten Ort als Mittelpunkt und dem Radius 10 cm.

Kapitel VI, Bist du sicher? Seite 197

1

a) $\frac{36\,€}{400\,€} = \frac{9}{100} = 9\,\%$ b) $\frac{48\,kg}{1200\,kg} = \frac{4}{100} = 4\,\%$

c) $\frac{345\,m}{500\,m} = \frac{69}{100} = 69\,\%$ d) $\frac{90\,l}{500\,l} = \frac{18}{100} = 18\,\%$

2

Einzelkindanteil in der Klasse 6a: $\frac{12}{30} = \frac{2}{5} = 40\,\%$

Einzelkindanteil in der Klasse 6b: $\frac{7}{28} = \frac{1}{4} = 25\,\%$

Der Anteil an Einzelkindern ist in der Klasse 6a höher als in der Klasse 6b.

Kapitel VI, Bist du sicher? Seite 201

1

a) 33,25 kg b) 33 % c) 32 €

2

38 % bzw. 55 %

3

34 €

Kapitel VI, Training Runde 1, Seite 219

1

a) 11 % b) $\frac{1}{5}$ c) 61,5 % (gerundet)

d) $\frac{17}{20}$ e) $\frac{6}{5}$ f) 35 %

2

a) $5\,\% > \frac{7}{150} \approx 4{,}7\,\%$ b) $22\,\% < 0{,}23 = 23\,\%$

c) $\frac{7}{8} = 87{,}5\,\% > 87\,\%$

3

	a)	b)	c)	d)	e)	f)
p %	2 %	5 %	25 %	$3\frac{1}{3}\,\%$	2,3 %	2,3 %
W	8 €	45 m	250	2,3 kg	69 kg	1,587 kg
G	400 €	900 m	1000	69 kg	3000 kg	69 kg

4

Kreisdiagramm und ergänzte Tabelle der Schülerzahlen in Klassenstufe 6:

Klasse	Schülerzahl	Prozent	Winkel
6a	26	32,5 %	117°
6b	30	37,5 %	135°
6c	24	30,0 %	108°
Summe	80	100,0 %	360°

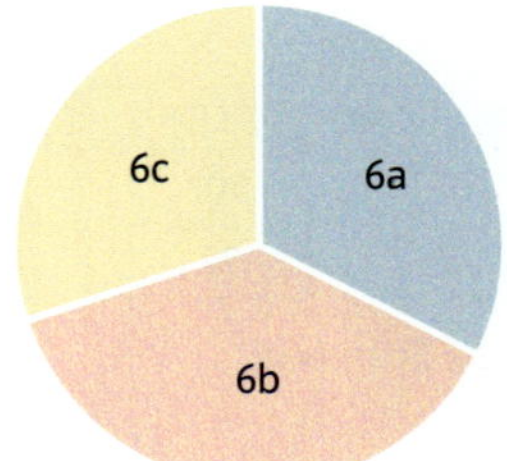

5

a) Bei Elektro Meier ist das Radio um $11\frac{1}{9}$% billiger als bei EloWest.

b) Bei EloWest ist das Radio um $12\frac{1}{2}$% teurer als bei Elektro Meier.

Kapitel VI, Training Runde 2, Seite 219

1

a) 18 %; $\frac{39}{200} = 19{,}5\,\%$; $0{,}19 = 19\,\%$ und $\frac{3}{16} = 18{,}75\,\%$.

Also: $18\,\% < \frac{3}{16} < 0{,}19 < \frac{39}{200}$.

2

a) $\frac{340}{625} = 0{,}544 = 54{,}4\,\%$, d.h. 340 von 625 sind 54,4 %.

b) $(220 : 100) \cdot 115 = 253$, d.h. 253 ist um 15 % größer als 220.

c) $(162{,}5 : 65) \cdot 100 = 250$, die gesuchte Zahl heißt also 250.

3

Bei (1) wird für jede Jeans der gleiche Betrag abgezogen, bei (2) kommt es auf den alten Preis der Hose an. Wenn eine Hose vorher z. B. 60 € gekostet hat, werden bei (2) 18 € Nachlass gewährt. Nur für eine Hose mit dem alten Preis 100 € würde man bei (1) und bei (2) den gleichen Betrag sparen, nämlich jeweils 30 €.

4

a) $\frac{18\,€}{720\,€} = \frac{1}{40} = 0{,}025 = 2{,}5\,\%$, d.h.: Bei einem Zinssatz von 2,5 % erhält man 18 € Jahreszinsen für ein Guthaben von 720 €.

b) $(2000\,€ \cdot 1{,}035) \cdot 1{,}035 = 2070\,€ \cdot 1{,}035 = 2142{,}45\,€$, d.h.: Ein Guthaben von 2000 € wächst bei einem Zinssatz von 3,5 % in zwei Jahren auf 2142,45 € an.

5

Das gesamte Grundstück ist $400\,m^2$ groß. Die Grundfläche des Hauses ist $11 \cdot 14\,m^2 - 6 \cdot 9\,m^2 = 100\,m^2$. Also werden 25 Prozent des Grundstücks bebaut.

6

Artikel	alter Preis (in €)	Rabatt (in %)	neuer Preis (in €)	gekauft	Preise alt (in €)	Preise neu (in €)
Heft	0,72	25	0,54	5	3,60	2,70
Radierer	0,90	40	0,54	2	1,80	1,08
Stift	1,40	60	0,56	4	5,60	2,24
Summe					11,00	6,02

Jens spart also 4,98 €, das sind etwa $45\frac{3}{11}$% von 11,00 €.

Register

Bildquellen

S. U1.1 – U1.2: Klett-Archiv (Katja Krause), Stuttgart – **S. 4.1:** Getty Images (Stone+), München – **S. 4.2:** Avenue Images GmbH (Digital vision), Hamburg – **S. 4.3:** Bilderberg (Grames), Hamburg – **S. 5.1 – 2:** Getty Images (Stone, Garry Wade/Stone), München – **S. 5.3:** Mauritius (age), Mittenwald – **S. 8.1:** Getty Images (Ryan McVay), München – **S. 8.2 – 8.3:** Fotosearch RF (PhotoDisc), Waukesha, WI – **S. 8.4 – 8.6:** Klett-Archiv (KomaAmok), Stuttgart – **S. 9.1 – 9.2:** Getty Images (Image Bank/Stone+), München – **S. 12:** Mauritius (Doc Max), Mittenwald – **S. 13 – 14:** Corbis (Richard T. Nowitz/Reuters), Düsseldorf – **S. 17:** Look GmbH, München – **S. 19.1:** Image 100, Berlin – **S. 19.2:** Getty Images RF (PhotoDisc), München – **S. 20:** Dieter Schmidtke, Schorndorf – **S. 21:** Avenue Images GmbH (Index Stock), Hamburg – **S. 22.1:** Klett-Archiv (Zuckerfrabrik digital), Stuttgart – **S. 22.2:** MEV, Augsburg – **S. 27.1:** Helga Lade (Geoff du Feu), Frankfurt – **S. 27.2:** Fotofinder (auto motor und sport), Berlin – **S. 28:** Corbis (Ronnie Kaufmann), Düsseldorf – **S. 29:** Klett-Archiv (Stöckle), Stuttgart – **S. 33:** ullstein bild, Berlin – **S. 35:** Picture-Alliance (epa/Louisa Gouliama), Frankfurt – **S. 36.1:** Fotofinder (Zierhut/F1 ONLINE), Berlin – **S. 36.2:** Klett-Archiv, Stuttgart – **S. 40.1:** MEV, Augsburg – **S. 40.2 – 40.3:** Klett-Archiv (Silberzahn), Stuttgart: – **S. 42** Avenue Images GmbH (Digital vision), Hamburg – **S. 44:** Klett-Archiv (Simianer&Blühdorn), Stuttgart – **S. 47:** IMAGO (Camera 4), Berlin – **S. 48.1:** MEV, Augsburg – **S. 48.2:** Picture-Alliance (ZB/Lander), Frankfurt – **S. 48.3:** Getty Images (Paul Taylor), München – **S. 48.4:** Avenue Images GmbH (Digital vision), Hamburg – **S. 48.5:** AKG, Berlin – **S. 48.6:** Bildagentur-online (Fotofinder/Klein), Burgkunstadt – **S. 48.7:** Picture-Alliance (KPA/Ziese), Frankfurt – **S. 49:** The M. C. Escher Company, Baarn – **S. 50.1:** Avenue Images GmbH (Photo Disc), Hamburg – **S. 50.2:** Landeshauptstadt Hannover – **S. 52:** Allover (Fotofinder), Kleve – **S. 63.1:** MEV, Augsburg – **S. 63.2:** Klett-Archiv (Anita Wolfsteiner), Stuttgart – **S. 63.3:** MEV, Augsburg – **S. 63.4:** Getty Images (Photonica), München – **S. 63.5:** Fotosearch RF, Waukesha, WI – **S. 63.6:** Villeroy & Boch, Mettlach – **S. 64.1:** Bernd Johann – **S. 64.2:** ars liturgica BUCH- UND KUNSTVERLAG MARIA LAACH, Nr. 5339; VG Bild Kunst, Bonn 2005 – **S. 64.3:** Museum für Vor- und Frühgeschichte, Saarbrücken – **S. 64.4:** iStockphoto, Calgary, Alberta – **S. 64.5:** Corbis (Bob Rowan), Düsseldorf – **S. 64.6:** Alamy Images RM (Zak Waters), Abdindon, Oxon – **S. 65.1 – 65.3:** The M. C. Escher Company, Baarn – **S. 66.1:** Villeroy & Boch, Mettlach – **S. 66.2:** ullstein bild, Berlin – **S. 73:** Klett-Archiv, Stuttgart – **S. 76:** Werner Otto (Fotofinder), Oberhausen – **S. 79:** Getty Images (Image Bank), München – **S. 82.1:** www.kunstdrachen.de – **S. 82.2:** Creativ Collection Verlag GmbH, Freiburg – **S. 89.1:** Deutsches Museum, München – **S. 90.1 – 90.3:** The M. C. Escher Company, Baarn – **S. 98.1 – 98.2:** Bilderberg (Grames), Hamburg – **S. 99:** Astrofoto, Sörth – **S. 100.1:** Staatsarchiv, Hamburg – **S. 100.2:** Dietmar Hasenpusch, Schenefeld – **S. 100.3:** Klett-Archiv, Stuttgart – **S. 117.1:** SAGA, Hamburg – **S. 117.2:** Alamy Images RM (David Fleetham), Abingdon, Oxon – **S. 120:** Erzgebirgsmuseum, Annaberg-Buchholz – **S. 123.1:** Corel Corporation, Unterschleissheim – **S. 123.2:** iStockphoto, Calgary, Alberta – **S. 124:** Getty Images (Darren Robb), München – **S. 134.1:** Getty Images (Taxi/Marc Douet), München – **S. 134.2:** iStockphoto, Calgary, Alberta – **S. 134.3 – 135.1:** Getty Images (Stone/Gary Holsche/Garry Wade), München – **S. 135.2:** Deutscher Wetterdienst, Offenbach – **S. 135.3:** Getty Images (Taxi/Space Frontiers), München – **S. 138.1 – 138.2:** Klett-Archiv, Stuttgart – **S. 138.3:** Deutsches Spielkartenmuseum Leinfelden-Echterdingen, Ein Zweigmuseum des Württembergischen Landesmuseums Stuttgart – **S. 139:** Klett-Archiv, Stuttgart – **S. 140:** Klett-Archiv (KD Busch Fotostudio), Stuttgart – **S. 142.1:** Deutsches Museum, München – **S. 142.2 – 142.3:** Klett-Archiv (Simianer&Blühdorn), Stuttgart – **S. 144.1 – 144.2:** Klett-Archiv, Stuttgart – **S. 145:** Klett-Archiv, Stuttgart – **S. 149:** FERRERO, Frankfurt am Main – **S. 151:** Klett-Archiv, Stuttgart – **S. S. 156.1 – 156.3:** Getty Images (Image Bank/Stone/Image Bank), München – **S. 157.1:** Fotosearch RF (Photodisc), Waukesha, WI – **S. 157.2 – 157.4:** Getty Images (Botonica/Image Bank/Image Bank), München – **S. 158.1:** Bananastock RF, Watlington, Oxon – **S. 158.2:** IFA, Ottobrunn – **S. 158.3:** IMAGO (Peter Widmann), Berlin – **S. 160.1:** Action Press (Hans-Jürgen Jakubeit), Hamburg – **S. 160.2:** Klett-Archiv, Stuttgart – **S. 161:** Mauritius (Jiri), Mittenwald – **S. 162.1:** Mauritius (Raith), Mittenwald – **S. 162.2:** Getty Images (Taxi), München – **S. 162.3:** Okapia, Frankfurt – **S. 163:** Mauritius (Phototheque SDP), Mittenwald – **S. 165:** MEV, Augsburg – **S. 167:** Corel Corporation, Unterschleissheim – **S. 168:** Trakus-Bremicker, Bergneustadt – **S. 169:** Picture-Alliance (dpa), Frankfurt – **S. 170:** Mauritius (IPS), Mittenwald – **S. 172:** MEV, Augsburg – **S. 175:** Mauritius (Pigneter), Mittenwald – **S. 176:** Conrad Electronic GmbH, Hirschau – **S. 177.1:** Picture-Alliance (ZB/Hiekel), Frankfurt – **S. 177.2:** Mauritius (N. Fischer), Mittenwald – **S. 179:** Getty Images RF (EyeWire), München – **S. 180:** RB-Deskart Ralf Brennemann, Hamburg – **S. 181.1:** Landesvermessungsamt Baden-Württemberg, Stuttgart – **S. 181.2:** BPK, Berlin – **S. 183:** Picture-Alliance (epa/Rick Tomlinson), Frankfurt – **S. 185:** Landesvermessungsamt Baden-Württemberg, Stuttgart – **S. 186.1:** MEV, Augsburg – **S. 186.2 – 187.4:** Klett-Archiv, Stuttgart – **S. 190.1 – 190.2:** Picture-Alliance (dpa/Oliver Berg), Frankfurt – **S. 190.3:** Corbis (Underwood&Underwood), Düsseldorf – **S. 190.4 – 190.6:** Picture-Alliance (dpa/epa Hrusa/AKG/dpa/Zentralbild), Frankfurt – **S. 191.1:** Avenue Images GmbH (Photo Disc), Hamburg – **S. 191.2:** Mauritius (age), Mittenwald – **S. 194:** f1 online digitale Bildagentur (Fotofinder), Frankfurt – **S. 203:** Mauritius (age), Mittenwald – **S. 209:** Klett-Archiv, Stuttgart – **S. 213:** Corbis (Sergio Pitamitz), Düsseldorf – **S. 214.1:** Mauritius (Kerscher), Mittenwald – **S. 214.2:** Picture-Alliance (AFP/Matt Campbell), Frankfurt – **S. 217.1:** Okapia (Stephen Dalton), Frankfurt – **S. 217.2:** Corel Corporation, Unterschleissheim – **S. 217.3 – 217.4:** MEV, Augsburg – **S. 221.1:** Mauritius, Mittenberg – **S. 221.2:** MEV, Augsburg – **S. 222:** Fotosearch RF (Digital Vision), Waukescha, WI – **S. 226.1:** Corbis (Don Mason), Düsseldorf – **S. 226.2:** Silvestris (Jürgen Lindenburger), Dießen – **S. 227:** Getty Images (Stone), München – **S. 228.1 – 228.4:** IMAGO (Camera 4/Camera 4/Sven Simon/Ulmer), Berlin – **S. 230.1:** AKG (John Hios), Berlin – **S. 230.2 – 231.1:** Picture-Alliance (ASA/akg-images), Frankfurt – **S. 231.2:** Bridgeman Art Library, London – **S. 231.3 – 235.1:** Picture-Alliance (akg-images/dpa-Sportreport/dpa-Bildarchiv), Frankfurt – **S. 235.2:** IMAGO (Ulmer), Berlin – **S. 236.1 – 236.2:** Picture-Alliance (dpa-Sportreport), Frankfurt – **S. 237 – 239.1:** IMAGO (Sven Simon/Camera 4/Sven Simon/Sven Simon), Berlin – **239.2:** Picture-Alliance (dpa-Sportreport), Frankfurt – **S. 240.1 – 240.2:** Corbis (Bettmann/Underwood&Underwood), Düsseldorf – **S. 241.1 – 241.2:** IMAGO (Sven Simon/Hoch Zwei), Berlin

Nicht in allen Fällen war es uns möglich, den Rechteinhaber ausfindig zu machen. Berechtigte Ansprüche werden selbstverständlich im Rahmen der üblichen Vereinbarungen abgegolten.